AF337204

FLORE FRANÇOISE

OU

DESCRIPTION SUCCINCTE

DE

TOUTES LES PLANTES

Qui croiffent naturellement EN FRANCE,

Difpofée felon une nouvelle méthode d'Analyfe, & à laquelle on a joint la citation de leurs vertus les moins équivoques en Médecine, & de leur utilité dans les Arts.

Par M. le Chevalier DE LAMARCK.

Tome Troifième.

A PARIS,

DE L'IMPRIMERIE ROYALE.

M. DCCLXXVIII.

Naturam invisere tecum
Dulce mihi . . . .
Et præferre facem & gressus firmare labantes.

Anti-Lucr. Lib. III.

FLORE FRANÇOISE

OU

DESCRIPTION SUCCINCTE

DE

TOUTES LES PLANTES

Qui croissent naturellement EN FRANCE,

Disposée selon une nouvelle méthode d'Analyse, &
à laquelle on a joint la citation de leurs vertus
les moins équivoques en Médecine, & de leur
utilité dans les Arts.

Par M. le Chevalier DE LAMARCK.

Tome Troisième.

A PARIS,

DE L'IMPRIMERIE ROYALE.

M. DCCLXXVIII.

Naturam invisere tecum

Dulce mihi . . . .
Et præferre facem & gressus firmare labantes.

Anti-Lucr. Lib. III.

MÉTHODE ANALYTIQUE.

661.   *Tige garnie de feuilles.*

Patience. *Lapathum.*

Les fleurs de Patience font petites, herbacées, compofées d'un calice de trois pièces caduques & très-ouvertes, de trois pétales perfiftans, de fix étamines, & d'un ovaire chargé de trois ftyles plumeux. Le fruit eft une femence triangulaire, enveloppée inférieurement par la corolle. Dans quelques efpèces, les fleurs font tout-à-fait unifexuelles.

ANALYSE.

La plupart des fleurs hermaphrodites.	Toutes les fleurs unifexuelles.
I.	- X X.

I.   *La plupart des fleurs hermaphrodites.*

Pétales ou valves de la femence chargés d'un grain particulier.	Valves de la femence nues & fans grain remarquable.
I I.	X I I I.

661. **II.** *Pétales ou valves de la semence chargés d'un grain particulier.*

Valves séminales très-entières.	Valves séminales dentées.
I I I.	V I I I.

III. *Valves seminales très-entières.*

Feuilles dont les pétioles & les nervures sont d'un rouge noirâtre.	Feuilles dont les pétioles & les nervures sont simplement verdâtres.
I V.	V.

IV. *Feuilles dont les pétioles & les nervures sont d'un rouge noirâtre.*

Patience sanguine. *Lapathum sanguineum.*

Lapathum folio acuto rubente. Tournef. 504.
Rumex sanguineus. Lin. Sp. 476.

Sa tige est haute d'un pied & demi, droite, d'un rouge noirâtre & légèrement rameuse vers son sommet ; ses feuilles sont alternes, lancéolées, pointues, & remarquables par la couleur de leur pétiole & de leurs nervures qui sont très-ramifiées : les fleurs sont petites & disposées par verticilles, en épis fort grêles. Cette plante croît en Alsace où elle est indiquée par Mappus, ♃ : ses feuilles sont laxatives ; sa racine & ses semences sont astringentes.

V. *Feuilles dont les pétioles & les nervures sont simplement verdâtres.*

Feuilles ovales-lancéolées, planes, ou légèrement ondulées en leurs bords.	Feuilles étroites-lancéolées, très-ondulées, & comme frisées en leurs bords.
V I.	V I I.

661. **VI.** *Feuilles ovales-lancéolées, planes, ou légèrement ondulées en leurs bords.*

Patience des jardins. *Lapathum hortense.*

Lapathum hortense folio oblongo, f. secundum dioscoridis. Tournef. 504.

Rumex patientia. Lin. Sp. 476.

Sa tige est épaisse, cannelée, médiocrement rameuse, & s'élève jusqu'à quatre ou cinq pieds ; ses feuilles sont grandes, pétiolées, alongées & pointues ; les gaines que forment leurs stipules ont près d'un pouce de largeur : les fleurs sont verdâtres & disposées en épis rameux. On cultive cette plante dans les jardins. Vaillant la cite comme une des plantes des environs de Paris, ♃ ; sa racine est astringente, tonique & légèrement purgative.

VII. *Feuilles étroites - lancéolées, très-ondulées & comme frisées en leurs bords.*

Patience frisée. *Lapathum crispum.* Scop. carn. 1, p. 261.

Lapathum folio acuto crispo. Tournef. 504.

Rumex crispus. Lin. Sp. 476.

Sa tige est haute de deux ou trois pieds, cannelée & un peu rameuse ; ses feuilles inférieures sont oblongues & légèrement émoussées à leur sommet : toutes les autres sont longues, étroites, pointues & frisées. Les fleurs sont disposées en épis rameux, placés dans les aisselles & au sommet de la tige. Ces épis sont ordinairement dénués de feuilles. On trouve cette plante dans les fossés le long des chemins & dans les terreins humides. ♃

VIII. *Valves séminales dentées.*

Toutes les feuilles simples & sans échancrure latérale.	Feuilles radicales ayant une échancrure de chaque côté.
I X.	X I I.

661. IX. *Toutes les feuilles simples & sans échancrure latérale.*

Feuilles inférieures ayant une échancrure à l'insertion de leur pétiole. X.	Toutes les feuilles sans échancrure à l'insertion de leur pétiole. X I.

X. *Feuilles inférieures ayant une échancrure à l'insertion de leur pétiole.*

Patience sauvage. *Lapathum sylvestre.*

> *Lapathum folio minus acuto.* Tournef. 504.
> *Rumex obtusifolius.* Lin. Sp. 478.
> β. *Lapathum folio acuto.* Tournef. 504.
> *Rumex acutus.* Lin. Sp. 478.

Sa racine est épaisse, brune en-dehors, jaunâtre intérieurement, & pousse une tige droite, cannelée, rameuse & haute de trois pieds; ses feuilles inférieures sont larges, ovales-oblongues & plus ou moins pointues; les autres sont étroites-lancéolées & aiguës : les fleurs sont disposées en épis nus & rameux. La variété β se distingue par ses feuilles moins larges, toutes très-pointues, & par les dents de ses valves séminales un peu moins alongées. Cette plante est commune dans les fossés, sur le bord des chemins & dans les prés couverts, ♃; sa racine est astringente, tonique, sudorifique & utile dans les maladies de la peau.

XI. *Toutes les feuilles sans échancrure à l'insertion de leur pétiole.*

Patience mineure. *Lapathum minus.*

> *Lapathum aquaticum luteolæ folio.* Tournef. 504.
> *Lapathum minimum.* Ibid.
> *Rumex maritimus.* Lin. Sp. 478.

Sa tige est haute d'un pied, & se divise dès sa base en rameaux très-ouverts; ses feuilles sont lancéolées - linéaires,

661. planes, très-entières & à peine pétiolées : les fleurs sont verticillées, axillaires, & occupent la plus grande partie de la longueur de la tige. Les valves féminales ont des dents longues & fétacées qui font paroître les verticilles velus. On trouve cette plante fur le bord des étangs & des foffés aquatiques.

XII.   *Feuilles radicales ayant une échancrure de chaque côté.*

Patience finuée. *Lapathum finuatum.*

> *Lapathum pulchrum bononienfe finuatum.* Tournef. 504.
> *Rumex pulcher.* Lin. Sp. 477.

Sa tige est très-rameuse, presque paniculée, & s'élève un peu au-delà d'un pied ; ses feuilles radicales, fur-tout celles qui naiffent lorfque la tige n'est pas encore développée, font pétiolées, ovales, très-obtufes à leur fommet & remarquables par une échancrure de chaque côté, qui leur donne la forme d'un violon : ces feuilles difparoiffent la plupart dans la plante adulte ; celles de la tige font entières, lancéolées & pointues. On trouve cette efpèce le long des haies & fur le bord des chemins. ♃

XIII.   *Valves de la femence fans grain remarquable.*

Feuilles longues de plus de fix pouces. X I V.	Feuilles n'ayant pas trois pouces de longueur. X V.

XIV.   *Feuilles longues de plus de fix pouces.*

Patience aquatique. *Lapathum aquaticum.* Scop. carn. I, p. 263.

> *Lapathum aquaticum folio cubitali.* Tournef. 504.
> *Rumex aquaticus.* Lin. Sp. 479.

Sa racine est grande, jaunâtre intérieurement, & pouffe une tige droite, épaiffe, cannelée, qui s'élève jufqu'à quatre ou cinq pieds ; fes feuilles radicales font fort amples, lancéolées, pétiolées, non en cœur à leur bafe & ordinairement affez droites : elles ont quelquefois un pied & demi

661. de longueur ; celles de la tige sont longues, pointues & ondulées en leurs bords : les fleurs sont verticillées & disposées en épis longs & rameux. Cette plante croît sur le bord des étangs, des fossés aquatiques & des rivières, ♃ ; sa racine est purgative, tonique & bonne dans les maladies cutanées.

XV. *Feuilles n'ayant pas trois pouces de longueur.*

Ovaire chargé de deux styles.	Ovaire chargé de trois styles.
X V I.	X V I I.

XVI. *Ovaire chargé de deux styles.*

Patience digyne. *Lapathum digynum.*

> *Acetosa rotundifolia Alpina.* Tournef. 503.
> *Rumex digynus.* Lin. Sp. 480.

Ses tiges sont foibles & peu élevées ; ses feuilles sont pétiolées, arrondies & souvent un peu échancrées à leur sommet ; les fleurs ont un calice de deux pièces, une corolle à deux pétales, six étamines & deux styles. Cette plante croît dans les montagnes du Dauphiné & de la Provence, ♃ ; sa saveur est acide.

XVII. *Ovaire chargé de trois styles.*

Valves séminales entières ; feuilles oreillées ou hastées.	Valves séminales dentées ; feuilles très-entières.
X V I I I.	X I X.

XVIII. *Valves séminales entières ; feuilles oreillées ou hastées.*

Patience à écussons. *Lapathum scutatum.*

> *Acetosa scutata repens.* Tournef. 503.
> β. *Acetosa rotundifolia hortensis.* Ibid. [oseille ronde]
> *Rumex scutatus.* [α, β.] Lin. Sp. 480.

Ses tiges sont un peu couchées à leur base, menues,

661. foibles & hautes presque d'un pied & demi; ses feuilles sont pétiolées, hastées, assez larges, courtes & garnies de deux oreillettes divergentes. Celles de la variété β. sont plus arrondies & d'un vert glauque, presque blanchâtre : les fleurs sont disposées en épis grêles & rameux. Cette plante croît dans les montagnes de la Provence, ♃ ; sa variété est cultivée dans les jardins; elle a une saveur acide & agréable; elle est rafraîchissante, apéritive & diurétique.

XIX. *Valves séminales dentées; feuilles très-entières.*

Patience bouviette. *Lapathum bucephalophorum.*

Acetosa ocymi folio Neapolitana. Tournef. 503.
Rumex bucephalophorus. Lin. Sp. 479.

Sa tige est haute de quatre à six pouces, droite & striée; ses feuilles sont ovales & rétrécies en pétiole à leur base; les inférieures sont spatulées, obtuses, & les supérieures sont pointues : les fleurs sont disposées en épi simple & terminal, & les semences sont suspendues par des péduncules courts & épais. On trouve cette plante en Provence dans les lieux maritimes. ☉

XX. *Toutes les fleurs unisexuelles.*

Feuilles ovales-arrondies, & larges de plus de quatre pouces.	Feuilles alongées, & n'ayant jamais quatre pouces de largeur.
XXI.	XXII.

XXI. *Feuilles ovales-arrondies, & larges de plus de quatre pouces.*

Patience des Alpes. *Lapathum Alpinum.*

Lapathum folio rotundo Alpinum. Tournef. 504.
Rumex Alpinus. Lin. Sp. 480.

Sa tige est épaisse, striée, rameuse, & haute de trois à quatre pieds; ses feuilles radicales sont grandes, pétiolées, ovales-arrondies, obtuses ou quelquefois légèrement pointues; celles de la tige sont lancéolées : les fleurs forment des épis

661. fort denfes & alongés. On trouve cette plante dans les montagnes du Dauphiné & de la Provence, ♃; fa racine eft purgative & amère.

XXII. *Feuilles alongées, & n'ayant jamais quatre pouces de largeur.*

Feuilles étroites, ayant des oreillettes très-divergentes & prefque perpendiculaires à leur axe.	Feuilles oblongues, dont les oreillettes ne font point divergentes.
X X I I I.	X X I V.

XXIII. *Feuilles étroites, ayant des oreillettes très-divergentes & prefque perpendiculaires à leur axe.*

Patience des champs. *Lapathum arvenfe.*

Acetofa arvenfis lanceolata. Tournef. 503.

Rumex acetofella. Lin. Sp. 481.

Sa racine eft ligneufe, horizontale, rameufe, de couleur brune, & pouffe plufieurs tiges extrêmement grêles qui s'élèvent rarement au-delà de huit ou neuf pouces; les feuilles font pétiolées, lancéolées, pointues & haftées; les épis de fleurs font très-menus, quelquefois ramaffés & affez courts, d'autres fois très-lâches & prefque filiformes. On trouve cette plante dans les terreins fablonneux fur le bord des champs. ♃

XXIV. *Feuilles oblongues, dont les oreillettes ne font point divergentes.*

Patience des prés. *Lapathum pratenfe.* [ofeille commune]

Acetofa pratenfis. Tournef. 502.

Rumex acetofa. Lin. Sp. 481.

Sa tige eft haute d'un pied & demi, cannelée & rameufe, fes feuilles font pétiolées, ovales & fagittées; fes épis de

661. fleurs font rameux & un peu ramaffés. On trouve cette plante dans les prés où elle eft très-commune : on la cultive dans les jardins pour l'ufage de la cuifine, ♃ ; elle eft ftyptique, rafraîchiffante, & paffe pour un excellent anti-fcorbutique ; fes feuilles font réfolutives & fes femences cordiales.

662.

Feuilles oppofées ou verticillées. } Quatre étamines...... 663

Huit étamines........ 665

663.

Quatre étamines .... { Tige pauciflore ; feuilles étroites & linéaires............ 664

Tige multiflore ; feuilles ovales & point linéaires. 702 — XVII

664. *Tige pauciflore ; feuilles étroites & linéaires.*

Sagine. *Sagina.*

Les Sagines portent des fleurs fort petites, compofées d'un calice de quatre pièces, de quatre pétales fort courts, de quatre étamines & d'un ovaire chargé de quatre ftyles. Le fruit eft une capfule quadrivalve & polyfperme.

A N A L Y S E.

Tiges droites. I.	Tiges couchées. I I.

I. *Tiges droites.*

Sagine droite. *Sagina erecta.* Lin. Sp. 185.

Alfine verna glabra. Tournef. 242.

β. *Sagina apetala.* Lin. mant. 559.

Ses tiges font hautes de deux ou trois pouces, très-menues, quelquefois fimples, mais ordinairement dichotomes ; fes feuilles font oppofées, connées, étroites, pointues & plus courtes que les entre-nœuds ; les péduncules font uniflores,

664. filiformes & toujours redreſſés. La variété β eſt plus rameuſe, ſes fleurs ſont plus petites, en plus grand nombre , & leur corolle manque ou ſe dérobe aux yeux par ſa petiteſſe. On trouve cette plante dans les lieux ſablonneux , dans les bois. ⊙

II.　　　　　　　*Tiges couchées.*

Sagine rampante. *Sagina procumbens.* Lin. Sp. 185.

Alſine minima , flore fugaci. Tournef. 243.

Ses tiges ſont longues de deux pouces, nombreuſes, glabres, très-menues, couchées & diſpoſées en gazon ; ſes feuilles ſont oppoſées, connées, étroites, linéaires & aiguës : les péduncules ſont uniflores, & les pétales beaucoup plus courts que le calice, ſont difficiles à appercevoir. Cette plante croît ſur les murs & dans les lieux ſablonneux. ♃

665.

Huit étamines . . . . {
Tiges chargées de pluſieurs fleurs axillaires. 666
Tige chargée d'une ſeule fleur terminale. 667

666.　　*Tiges chargées de pluſieurs fleurs axillaires.*

Élatine. *Elatine!*

Les Élatines portent des fleurs axillaires, ſolitaires, compoſées d'un calice de quatre pièces , de quatre pétales courts & ouverts , de huit étamines & d'un ovaire chargé de quatre ſtyles. Le fruit eſt une capſule à quatre loges.

A N A L Y S E.

Feuilles oppoſées.	Feuilles verticillées.
I.	I I.

666. I. *Feuilles opposées.*

Élatine conjuguée. *Elatina conjugata.*

Alsinastrum serpyllifolium , flore albo tetrapetalo. Vail. Parif. V , tab. 11, fig. 2.

β. *Alsinastrum serpyllifolium, flore roseo tripetalo.* Vail. Ibid. fig. 1.

Elatine hydropiper. Lin. Sp. 527. [α , β].

Ses tiges font longues de quatre à cinq pouces, menues, liffes, rampantes, rameufes & diffufes ; fes feuilles font ovales-lancéolées, oppofées & très-glabres. Les fleurs font blanches ou rougeâtres, portées fur des péduncules plus courts que les feuilles. On trouve cette plante dans les mares & dans les lieux où l'eau féjourne. ⊙

II. *Feuilles verticillées.*

Élatine verticillée. *Elatine verticillata.*

Alsinastrum gallii folio. Tournef. 244.

β. *Alsinastrum gratiolæ folio.* Ibid. Vail. Parif. t. I, f. 6.

Elatine alsinastrum. Lin. Sp. 527. [α , β].

Sa tige eft fimple, un peu épaiffe, garnie dans fa partie inférieure de petites racines fibreufes, flottantes, difpofées à la manière des feuilles, & s'élève au-deffus de la furface de l'eau de quelques pouces, dans une direction affez droite ; fes feuilles font nombreufes à chaque nœud, & forment des verticilles peu écartés : celles qui font cachées fous l'eau, font capillaires & longues de huit à dix lignes, mais les autres font beaucoup plus courtes, plus élargies, liffes & un peu fucculentes. Les fleurs font petites, de couleur blanche & portées fur de très-courts péduncules. On trouve cette plante dans les mares & dans les foffés où l'eau fe conferve.

667. *Tige chargée d'une seule fleur terminale.*

Parifette à quatre feuilles. *Paris quadrifolia.* Lin. Sp. 527.

Herba paris. Tournef. 234.

Sa tige eft haute d'un demi-pied, droite, très-fimple &

667. chargée vers son sommet de quatre à cinq feuilles, ovales très-entières, glabres & disposées en verticilles. La fleur naît au-dessus des feuilles, soutenue par un péduncule droit & long de six ou huit lignes ; elle est composée d'un calice de quatre feuilles longues & lancéolées, de quatre pétales étroits & linéaires, de huit étamines, dont les anthères sont placées dans la partie moyenne de leur filet, & d'un pistile coloré d'un violet noirâtre, formé par un ovaire anguleux chargé de quatre styles. Le fruit est une baie tétragone, arrondie, noirâtre & polysperme. On trouve cette plante dans les bois, ♃ ; elle passe pour alexipharmaque, céphalique, résolutive & anodine.

668.

Cinq pétales ou plus . . . . . . { Ovaire chargé de style ; les stigmates sont pédiculés. . . 669

{ Ovaire privé de style ; les stigmates sont sessiles. 703

669.

Ovaire chargé de style . . . . . { Un seul style terminé par plusieurs stigmates. 670

{ Plusieurs styles très-distincts, terminés chacun par un stigmate simple. 673

670.

Un seul style terminé par plusieurs stigmates . . . . . { Style terminé par trois ou six stigmates, toutes les feuilles très-entières. 671

{ Style terminé par cinq stigmates ; feuilles découpées, ou lobées, ou dentées. 672

---

671. *Style terminé par trois ou six stigmates ; toutes les feuilles très-entières.*

Franquenne. *Frankenia.*

Les Franquennes portent des fleurs fort petites, composées d'un calice à cinq divisions, de cinq pétales, de six étamines, & d'un ovaire dont le style est chargé de trois ou six stigmates. Le fruit est une capsule uniloculaire & trivalve.

671.

A N A L Y S E.

Feuilles vertes, étroites & linéaires. I.	Feuilles poudreuses & ovales-obtuses. I I.

I. *Feuilles vertes, étroites & linéaires.*

Franquenne lisse. *Frankenia lævis.* Lin. Sp. 473.

> *Alsine maritima, supina, foliis quasi vermiculatis.* Tournef. 244.

Ses tiges sont longues de quatre ou cinq pouces, couchées sur la terre, dures, très-rameuses, diffuses, & forment un gazon bien garni ; ses feuilles sont petites, nombreuses, opposées, fasciculées & comme verticillées : les fleurs sont axillaires, solitaires, presque sessiles & d'un rouge violet. Leurs anthères sont de couleur jaune. Cette plante croît dans les lieux maritimes des provinces méridionales. ♃

II. *Feuilles poudreuses & ovales-obtuses.*

Franquenne poudreuse. *Frankenia pulverulenta.* Lin. Sp. 474.

> *Alsine maritima supina, foliis chamæsices.* Tournef. 244.

Cette espèce a beaucoup de rapport avec la précédente ; ses tiges sont également menues, couchées & rameuses, mais elles forment un gazon moins garni ; ses feuilles sont plus courtes, moins étroites & presque blanchâtres, & ses fleurs sont plus petites & d'un violet fort pâle. On la trouve dans les provinces méridionales sur les bords de la mer.

672. *Style terminé par cinq stigmates ; feuilles découpées, ou lobées, ou dentées.*

Bec-de-grue. *Geranium.*

Les fleurs de Bec-de-grue sont composées d'un calice de cinq feuilles, de cinq pétales quelquefois inégaux, de cinq à dix étamines plus ou moins réunies, & d'un ovaire

672. arrondi, surmonté d'un style en alène ou en pyramide, terminé par cinq stigmates ; le fruit est une capsule à cinq coques, chargée d'un long bec anguleux, & qui s'ouvre avec élasticité de bas en haut. On trouve des stipules à la base des feuilles & sous les divisions des péduncules.

ANALYSE.

Péduncules chargés d'une ou deux fleurs. I.	Péduncules chargés de plus de deux fleurs. XXVIII.

I. *Péduncules chargés d'une ou deux fleurs.*

Péduncules chargés d'une seule fleur. I I.	Péduncules chargés de deux fleurs. I I I.

II. *Péduncules chargés d'une seule fleur.*

Bec-de-grue sanguin. *Geranium sanguineum.* Lin. Sp. 958.

Geranium sanguineum, maximo flore. Tournef. 267.

Ses tiges sont droites, un peu rameuses, velues, & s'élèvent jusqu'à un pied & demi ; ses feuilles sont pétiolées, arrondies, & profondément découpées en lobes étroits, la plupart trifides : ses fleurs sont grandes, de couleur rouge ou violette, & portées sur de longs péduncules. On trouve cette plante dans les bois & les prés couverts, ♃ ; elle est vulnéraire & astringente.

III. *Péduncules chargés de deux fleurs.*

Pétales entiers. I V.	Pétales échancrés. X I.

672. **IV.** *Pétales entiers.*

Feuilles découpées & anguleuses ; leurs découpures sont pointues. **V.**	Feuilles arrondies, incisées & lobées ; leurs découpures sont obtuses. **X.**

V. *Feuilles découpées & anguleuses.*

Fleurs d'un rouge incarnat, ou d'un pourpre livide, mais point tachées de bleu. **V I.**	Fleurs de couleur bleue, ou blanches, avec des taches bleues. **I X.**

VI. *Fleurs d'un rouge incarnat, ou d'un pourpre livide, mais point tachées de bleu.*

Pétales simplement ouverts & d'un rouge incarnat ; calices striés. **V I I.**	Pétales réfléchis vers le calice, & d'un pourpre livide ; calices non striés. **V I I I.**

VII. *Pétales simplement ouverts & d'un rouge incarnat ; calices striés.*

Bec-de-grue Robertin. *Geranium Robertianum.* Lin. Sp. 955.

Geranium Robertianum rubens [& viride]. Tournef. 268.

Ses tiges sont rameuses, velues, rougeâtres, noueuses & hautes d'un pied ou un peu plus ; ses feuilles sont pétiolées & divisées en trois ou cinq lobes ailés ou pinnatifides. Les fleurs sont axillaires, portées sur des péduncules plus longs que les feuilles ; leur calice est velu, chargé de dix stries assez saillantes, & ses folioles sont terminées par une espèce de barbe ou filet particulier : le fruit est toujours dans la direction du pétiole. Cette plante croît le long des

672. haies & sur les vieux murs; dans les lieux secs, elle est d'un rouge vif dans toutes ses parties, ♂. Elle est vulnéraire & astringente.

VIII. *Pétales réfléchis vers le calice, & d'un pourpre livide; calices non striés.*

Bec-de-grue livide. *Geranium phæum.* Lin. Sp. 953.

> *Geranium phæum sive fuscum, petalis reflexis.* Tournef. 267.

> *Geranium phæum sive fuscum, petalis rectis seu planis.* Ibid.

> • *Geranium fuscum.* Lin. mant. 97.

Sa tige est droite, velue & haute d'un pied & demi; ses feuilles sont pétiolées, molles, un peu velues, nerveuses, ridées, palmées & divisées en cinq lobes dentés & incisés : les supérieures sont alternes & presque sessiles. Les fleurs forment, vers le sommet de la tige, une espèce de grappe droite ou d'épi fort lâche; elles sont remarquables par leur corolle livide ou d'un rouge-brun, plus ou moins réfléchie selon son âge, & par leur calice chargé de poils assez longs & souvent taché à sa base. Cette plante croît en Alsace, où elle est indiquée par Mappus. ♃

IX. *Fleurs de couleur bleue, ou blanches avec des taches bleues.*

Bec-de-grue des prés. *Geranium pratense.* Lin. Sp. 954.

> *Geranium batrachioides, gratia Dei Germanorum.* Tournef. 267.

> β. *Geranium batrachioides maximum, minus laciniatum, folio aconiti.* Ibid. 266.

Ses tiges sont hautes d'un à deux pieds, presque glabres & un peu rameuses; ses feuilles sont grandes, pétiolées, palmées & découpées profondément en cinq ou sept lobes pinnatifides & anguleux : elles ont beaucoup de rapport avec celles de l'Aconit napel. Les fleurs sont grandes, fort belles & portées sur de longs pédoncules; leur calice est chargé de poils courts, & ses folioles sont terminées par une

672. une pointe particulière. La variété β est remarquable par ses feuilles ridées & beaucoup moins profondément découpées, sur-tout les inférieures; elles ressemblent un peu à celles de l'Aconit *tue-loup* : ses fleurs sont un peu moins grandes & soutenues par des péduncules plus courts. On trouve cette plante dans les prés montagneux des provinces méridionales; sa variété croît en Alsace. ♃

X.   *Feuilles arrondies, incisées & lobées.*

Bec-de-grue à feuilles rondes. *Geranium rotundifolium.* Lin. Sp. 957.

Geranium folio malvæ rotundo. Tournef. 268.

Cette plante est un peu visqueuse; ses tiges sont légèrement velues, rameuses, foibles & quelquefois un peu couchées: ses feuilles sont pétiolées, arrondies, presque semiquinquefides, à lobes obtus, incisés ou crénelés, bordées dans leur jeunesse, de points rouges, & chargées particulièrement en-dessous, d'un duvet court & visqueux. Les fleurs sont petites & rougeâtres; leurs pétales sont entiers, très-obtus & à peine plus grands que le calice. On trouve cette plante dans les lieux cultivés. ☉

XI.   *Pétales échancrés.*

Feuilles arrondies & lobées; leurs lobes ou découpures sont obtus. X I I.	Feuilles anguleuses, plus ou moins découpées, mais point à lobes obtus. X I X.

XII.   *Feuilles arrondies & lobées.*

Tiges couchées sur la terre. X I I I.	Tiges droites, plus ou moins étalées. X I V.

Tome III.   B

672. **XIII.** *Tiges couchéees sur la terre.*

Bec de grue mauvin. *Geranium malvæfolium.* Scop. carn. II,
P. 37.

> *Geranium columbinum majus, flore minore cæruleo.* Tourn.
> 268. Vail. Parif. 79, tab. 15, fig. 1.
> β. *Geranium columbinum tenuius laciniatum.* Tournef. 268.
> *Geranium pufillum.* Lin. Sp. 957.

Ses tiges font longues de cinq à huit pouces, rameufes &
légèrement velues ; fes feuilles font pétiolées, arrondies,
femi-feptifides & incifées en leurs lobes, qui font obtus à
leur fommet, mais plus étroits que dans l'efpèce précédente
avec laquelle celle-ci a beaucoup de rapport : les fleurs font
petites, de couleur bleue ou violette, remarquables par leurs
pétales échancrés en cœur, & par leur calice dont les folioles
font pointues, mais fans filets ni barbe particulière. La
variété β ne diffère que par fa petiteffe, & par fes feuilles
plus finement découpées. On trouve cette plante fur les
peloufes, le long des chemins & dans les lieux cultivés. ☉

XIV. *Tiges droites plus ou moins étalées.*

Calices ridés transverfalement ; feuilles luifantes.	Calices non ridés ; feuilles point fenfiblement luifantes.
X V.	X V I.

XV. *Calices ridés transverfalement ; feuilles luifantes.*

Bec-de-grue luifant. *Geranium lucidum.* Lin. Sp. 955.

> *Geranium lucidum faxatile.* Tournef. 267.

Ses racines font d'un rouge noirâtre, & pouffent plufieurs
tiges rameufes qui s'élèvent jufqu'à un pied ; fes feuilles
font pétiolées, arrondies & découpées jufqu'à leur moitié
en cinq ou fix lobes obtus, garnis de quelques dents peu
profondes ; elles font luifantes, mais chargées de quelques
poils épars : les fleurs font petites, de couleur rofe, &
remarquables par leur calice pyramidal, anguleux & ridé.
On trouve cette plante dans les lieux montueux & pierreux,
où elle acquiert fouvent une couleur rougeâtre. ☉

672. XVI. *Calices non ridés ; feuilles point sensiblement luisantes.*

Fleurs ayant dix étamines fertiles & d'égale longueur ; feuilles toutes larges de moins de deux pouces.	Fleurs ayant cinq étamines fertiles, & cinq autres plus courtes & stériles ; feuilles larges de deux pouces ou davantage.
X V I I.	X V I I I.

XVII. *Fleurs ayant dix étamines fertiles & d'égale longueur ; feuilles toutes larges de moins de deux pouces.*

Bec-de-grue mollet. *Geranium molle.* Lin. Sp. 955.

Geranium columbinum minus, majori flore, & foliis florum bifidis. Tournef. 268.

Ses tiges sont velues, rameuses, diffuses, & s'élèvent jusqu'à un pied ; ses feuilles sont molles, blanchâtres, velues, arrondies, incisées, crénelées & portées sur de longs pétioles : les fleurs sont petites, de couleur rose, velues en leur calice, & à anthères violettes. On trouve cette plante dans les lieux secs & montueux. ☉

XVIII. *Fleurs ayant cinq étamines fertiles & cinq autres plus courtes & stériles ; feuilles larges de deux pouces ou davantage.*

Bec-de-grue des Pyrénées. *Geranium Pyrenaicum.* Lin. mant. 97.

Geranium columbinum perenne Pyrenaicum maximum. Tournef. 268.

Ses tiges sont cylindriques, velues, rameuses, & s'élèvent jusqu'à deux pieds ; ses feuilles sont pétiolées, arrondies, vertes, rougeâtres en leurs bords, & découpées en lobes incisés & très-obtus : les stipules sont purpurines ; les fleurs sont d'un pourpre violet, & les folioles de leur calice sont terminées par un point glanduleux & rougeâtre. Cette plante croît en Provence. ♃

672.

XIX. *Feuilles anguleuses plus ou moins découpées, mais point à lobes obtus.*

Feuilles palmées ou partagées en lobes anguleux, non divisés jusqu'au pétiole. **X X.**	Feuilles finement découpées & toutes divisées jusqu'au pétiole. **X X I I I.**

XX. *Feuilles palmées ou partagées en lobes anguleux, non divisés jusqu'au pétiole.*

Feuilles luisantes en-dessous; celles de la tige à trois lobes simples. **X X I.**	Feuilles non luisantes en-dessous, & toutes à cinq ou sept lobes incisés. **X X I I.**

XXI. *Feuilles luisantes en-dessous; celles de la tige à trois lobes simples.*

Bec-de-grue noueux. *Geranium nodosum.* Lin. Sp. 953.

Geranium nodosum. Tournef. 267.

Ses tiges font droites, rameuses, & s'élèvent jusqu'à un pied & demi; ses feuilles font pétiolées, presque glabres, nerveuses & luisantes en-dessous, & divisées en lobes simples, ovales, dentés & pointus. Les inférieures ont toujours cinq lobes, mais les supérieures n'en n'ont ordinairement que trois, & font portées sur des pétioles beaucoup plus courts. Les fleurs font d'un rouge tirant sur le violet, & les filamens de leurs étamines persistent assez long-temps avec le fruit après la chute de la corolle. Cette plante croît dans les montagnes de la Provence vers le Dauphiné. ♃

XXII. *Feuilles non luisantes en-dessous, & toutes à cinq ou sept lobes incisés.*

Bec-de-grue des bois. *Geranium sylvaticum.* Lin. Sp. 954.

Geranium batrachioides, folio aconiti. Tournef. 266.

Sa tige est droite, médiocrement rameuse, & s'élève un

72. peu au-delà d'un pied ; ses feuilles sont pétiolées, palmées, ridées, un peu velues & découpées à peu-près comme celles du bec-de-grue des prés, mais moins profondément : ses fleurs sont grandes, purpurines & rayées. On trouve cette plante dans les lieux humides & couverts des montagnes. ♃

XXIII. *Feuilles finement découpées, & toutes divisées jusqu'au pétiole.*

Feuilles soyeuses & blanchâtres ; hampes nues & radicales.	Feuilles vertes & point soyeuses ; tige portant les fleurs & les feuilles.
X X I V.	X X V.

XXIV. *Feuilles soyeuses & blanchâtres ; hampes nues & radicales.*

Bec-de-grue argenté. *Geranium argenteum.* Lin. Sp. 954.

Geranium argenteum Alpinum. Tournef. 267.

Sa racine est longue, noirâtre en-dehors, & se divise supérieurement en plusieurs souches épaisses, sur lesquelles naissent les feuilles & les hampes qui portent les fleurs ; les feuilles sont petites, arrondies, pétiolées & divisées en lanières étroites, nombreuses & serrées : les péduncules sont nus, rarement plus longs que les feuilles d'entre lesquelles ils partent, & soutiennent chacun deux fleurs rougeâtres & striées. Cette plante croît en Dauphiné dans les environs de Chaliole-le-vieux, où elle a été observée par Dom Fourmault & M. de Villars. ♃

XXV. *Feuilles vertes & point soyeuses ; tige portant les fleurs & les feuilles.*

Péduncules fort courts, & dont la longueur n'excède pas un pouce.	Péduncules fort longs, ou dont la longueur excède deux pouces.
X X V I.	X X V I I.

672. **XXVI.** *Péduncules fort courts, & dont la longueur n'excède pas un pouce.*

Bec-de-grue disséqué. *Geranium dissectum.* Lin. Sp. 956.

> *Geranium columbinum maximum, foliis dissectis.* Tournef. 268.

Ses tiges sont rameuses, légèrement velues, foibles, plus ou moins droites & hautes d'un pied ; ses feuilles sont portées sur de longs pétioles, & découpées profondément en lanières étroites, pointues, simples ou trifides : les péduncules sont très-courts, & portent chacun deux fleurs purpurines assez petites, dont le calice est terminé par des barbes ou filets particuliers. On trouve cette plante le long des haies & sur le bord des bois. ☉

XXVII. *Péduncules fort longs, ou dont la longueur excède deux pouces.*

Bec-de-grue colombin. *Geranium columbinum.* Lin. Sp. 956.

> *Geranium columbinum dissectis foliis, pediculis florum longissimis.* Tournef. 268.

Cette espèce a beaucoup de rapport avec la précédente ; ses tiges sont rameuses, foibles, souvent un peu couchées & longues d'un pied ou davantage : ses feuilles sont multifides & portées sur de longs pétioles. Ses fleurs sont assez grandes, de couleur rouge ou bleuâtre, & soutenues par des péduncules fort longs ou qui surpassent ordinairement la longueur des pétioles ; les pétales ont assez communément une petite pointe dans leur échancrure ; les calices sont presque glabres & terminés par des barbes longues d'une ligne au moins. On trouve cette plante dans les lieux cultivés & couverts, sur le bord des haies. ☉

XXVIII. *Péduncules chargés de plus de deux fleurs.*

Feuilles ovales-en-cœur, un peu lobées, mais point découpées jusqu'à la côte.	Feuilles découpées jusqu'à la côte, & une ou plusieurs fois ailées.
X X I X.	X X X.

672. **XXIX.** *Feuilles ovales-en-cœur, un peu lobées, mais point découpées jusqu'à la côte.*

Bec-de-grue guimauvier. *Geranium malacoides.* Lin. Sp. 952.

Geranium folio altheæ. Tournef. 268.

Ses tiges font longues d'un pied, rameufes, légèrement velues, quelquefois un peu droites, mais plus ordinairement couchées ; fes feuilles font pétiolées, crénelées, incifées en un ou deux lobes de chaque côté, velues & d'un vert un peu blanchâtre : les ftipules font fcarieufes & tranfparentes. Les fleurs font petites, rougeâtres ou violettes, & leur calice eft ftrié, velu & prefque fans barbes. Cette plante croît dans les champs des provinces méridionales.

XXX. *Feuilles découpées jufqu'à la côte, & une ou plufieurs fois ailées.*

Feuilles dont les pinnules ou folioles font finement découpées, & n'ont pas un pouce de longueur. X X X I.	Feuilles dont les pinnules font groffièrement découpées, & ont plus d'un pouce de longueur. X X X I V.

XXXI. *Feuilles dont les pinnules ou folioles font finement découpées, & n'ont pas un pouce de longueur.*

Feuilles prefque triangulaires, leurs pinnules inférieures étant beaucoup plus grandes que les autres. X X X I I.	Feuilles fimplement alongées, leurs pinnules inférieures étant égales aux autres, ou même plus courtes. X X X I I I.

672. **XXXII.** *Feuilles presque triangulaires, leurs pinnules*
inférieures étant beaucoup plus grandes
que les autres.

Bec-de-grue des rochers. *Geranium pœtreum.* **Gouan.** Obf.
p. 45, t. XXI, f. 1.

> *Geranium petrœum, cicutæ folio, radice craffâ.* Tournef.
> 269.

Sa racine eft longue, épaiffe, ligneufe, & fon collet
s'alonge en une fouche écailleufe, vivace, qui porte les
feuilles & les péduncules des fleurs; fes feuilles font deux
fois ailées, à découpures fines, pointues, & font portées
fur des pétioles velus, & longs de deux à trois pouces. Les
péduncules naiffent parmi les feuilles, dont ils furpaffent un
peu la longueur, & foutiennent chacun trois à cinq fleurs
affez grandes, d'un rouge violet ou bleuâtre; ils font velus,
& les calices des fleurs font ftriés. On trouve cette plante
dans les fentes des rochers en Languedoc. ♃

XXXIII. *Feuilles fimplement alongées; leurs pinnules*
inférieures étant égales aux autres, ou
même plus courtes.

Bec-de-grue cicutin. *Geranium cicutarium.* **Lin.** Sp. 951.

> *Geranium cicutæ folio, minus & fupinum.* Tournef. 269.
> β. *Geranium fupinum.* Dod. pempt. 63.

Ses tiges font longues de deux à trois pouces, couchées,
fimples & légèrement velues; fes feuilles font longues de
quatre à cinq pouces, ailées dans prefque toute leur longueur, à pinnules à peu-près égales, & dont les découpures
font profondes & pointues; elles font couchées en rond fur
la terre où elles forment un gazon ou une rofette affez
grande. Les péduncules font de la longueur des feuilles, &
foutiennent quatre à fix fleurs de couleur rouge ou violette.
La variété β pourroit, felon l'opinion de M. Gouan, être
diftinguée comme une efpèce à part; fes tiges font toujours
beaucoup plus longues que les feuilles, & font quelquefois
rameufes : les pinnules inférieures des feuilles font plus diftantes les unes des autres, & celles du milieu font les plus
grandes; les péduncules font fort longs, & portent jufqu'à

672. huit ou dix fleurs. On trouve cette plante sur le bord des chemins & dans les terreins sablonneux ; sa variété croît dans les pâturages fertiles. ☉

XXXIV. *Feuilles dont les pinnules sont grossièrement découpées, & ont plus d'un pouce de longueur.*

Bec-de-grue ciconier. *Geranium ciconium.* Lin. Sp. 952.

Geranium cicutæ folio, acu longissima. Tournef. 268.

Ses tiges sont longues d'un pied & demi, épaisses, cylindriques, légèrement velues & un peu couchées ; ses feuilles sont grandes, pétiolées, ailées, à pinnules larges, incisées, & dont les découpures sont presque obtuses : les péduncules sont axillaires, & soutiennent chacun quatre à six fleurs violettes, dont les calices sont striés & terminés par des barbes. Les becs des capsules sont longs de quatre ou cinq pouces. On trouve cette plante en Provence. ☉

---

673. *Plusieurs styles très-distincts, terminés chacun par un stigmate simple* . . . .

{ Trois styles 674

{ Quatre ou cinq styles . . . 685

---

674. *Trois styles* . . . .

{ Calice monophylle 675

{ Calice polyphylle 676

---

675. *Calice monophylle.*

Carnillet. *Cucubalus.*

Les fleurs de Carnillet sont composées d'un calice tubulé ou ventru, dont le bord est à cinq dents, de cinq pétales soutenus par des onglets étroits, ayant communément chacun deux petites écailles dans leur partie moyenne, qui forment à l'entrée de la corolle une couronne plus ou moins apparente ; de dix étamines & d'un ovaire chargé de trois styles.

675. Le fruit eſt une capſule à une ou trois loges ; les feuilles ſont oppoſées & connées.

OBS. Je ne connois pas de caractère ſuffiſant pour établir une diſtinction générique entre les *ſilène* & les *cucubalus* de M. Linné : celle qu'offrent les écailles de la corolle qui ſont très-apparentes dans les premiers & moins ſenſibles dans les ſeconds, me paroît défectueuſe, ces écailles n'étant vraiment nulles que dans un très-petit nombre d'eſpèces.

A N A L Y S E.

Pétales entiers & point découpés.	Pétales échancrés ou découpés.
I.	X.

I.   *Pétales entiers & point découpés.*

Corolle ſans couronne ; pétales linéaires.	Corolle ayant une couronne ; pétales non linéaires.
I I.	I I I.

II.   *Corolle ſans couronne ; pétales linéaires.*

Carnillet parviflore. *Cucubalus parviflorus.*

> *Lychnis viſcoſa , flore muſcoſo minor.* Tournef. 336.
> *Cucubalus otites.* Lin. Sp. 594.

Sa tige eſt droite , aſſez ſimple , cylindrique , glutineuſe vers ſon ſommet , peu garnie de feuilles , & s'élève juſqu'à un pied & demi ; ſes feuilles inférieures ſont nombreuſes, longues , ſpatulées , rétrécies en pétiole à leur baſe & d'une conſiſtance un peu ferme : celles de la tige ſont étroites & en petit nombre. Les fleurs ſont fort petites , d'un blanc jaunâtre ou verdâtre , ſouvent uniſexuelles , & ramaſſées par paquets ou eſpèces de verticilles qui forment au ſommet de la tige un épi interrompu & quelquefois un peu paniculé. Cette plante croît dans les lieux ſtériles & ſablonneux. ♃

675. **III.** *Corolle ayant une couronne; pétales non linéaires.*

Feuilles glabres.	Feuilles velues.
I V.	V I I.

IV. *Feuilles glabres.*

Calice en maffue,	Calice conique,
& fort étroit	& renflé
dans fa partie inférieure.	dans fa partie inférieure.
V.	V I.

V. *Calice en maffue & fort étroit dans fa partie inférieure.*

Carnillet fafciculé. *Cucubalus fafciculatus.*

> *Lychnis vifcofa purpurea latifolia lævis.* Tournef. 335.
> *Silene armeria,* Lin. Sp. 601.

Sa tige eft droite, glabre, médiocrement rameufe, & haute d'un pied ou un peu plus; fes entre-nœuds fupérieurs font enduits d'un fuc glutineux qui retient les infectes qui s'y pofent : les feuilles font larges, ovales, liffes & d'un vert un peu glauque. Les fleurs font rougeâtres, terminales & difpofées par faifceaux. Cette plante croît dans les provinces méridionales. ☉

VI. *Calice conique & renflé dans fa partie inférieure.*

Carnillet conoïde. *Cucubalus conoideus.*

> *Lychnis fylveftris latifolia, calyculis turgidis ftriatis.* Tournef. 337.
> *Silene conoidea,* Lin. Sp. 598.

Sa tige eft droite, fimple, pubefcente, & s'élève jufqu'à un pied; fes feuilles font lancéolées, pointues, glabres & un peu rétrécies vers leur bafe, fur-tout les inférieures qui font prefque fpatulées. Les fleurs font rouges, terminales & remarquables par leur calice conique, pointu, ventru à fa bafe & chargé de ftries très-nombreufes. On trouve cette plante fur le bord des champs. ☉

675. **VII.** *Feuilles velues.*

| Pétales pourpres en leur superficie, & blancs en leur bord terminal.
V I I I. | Pétales également rougeâtres ou blanchâtres en leur superficie & en leurs bords.
I X. |

VIII. *Pétales pourpres en leur superficie, & blancs en leur bord terminal.*

Carnillet panaché. *Cucubalus variegatus.*

> *Lychnis hirta minor, flore variegato.* Tournef. 338.
> *Silene quinque vulnera.* Lin. Sp. 595.

Sa tige est haute de neuf à dix pouces, droite, velue & rameuse; ses feuilles sont oblongues, étroites, légèrement spatulées & un peu rudes au toucher. Les fleurs sont droites, presque sessiles, alternes & disposées au sommet de la tige en épi unilatéral; leur calice est velu & strié. On trouve cette plante dans les lieux montueux des provinces méridionales. ☉

IX. *Pétales également rougeâtres ou blanchâtres en leur superficie & en leurs bords.*

Carnillet sauvage. *Cucubalus sylvestris.*

> *Lychnis sylvestris, hirsuta, annua, flore minore, carneo.* Tournef. 337. Vail. Paris. 121, tab. 16, fig. 12.
> *Silene gallica.* Lin. Sp. 595.
> β. *Lychnis sylvestris, hirsuta, annua, flore minore, albo.* Vail. Paris. 121.
> *Silene anglica.* Lin. Sp. 594.

Sa tige est droite, velue, rameuse, cylindrique, & s'élève jusqu'à un pied; ses feuilles sont oblongues, légèrement spatulées, rétrécies vers leur base & chargées de poils écartés & un peu rudes. Les fleurs sont petites, droites, alternes & portées sur de courts péduncules; leur calice est strié, hérissé & un peu visqueux. On trouve cette plante dans les environs de Paris. ☉

675. **X.** *Pétales échancrés ou découpés.*

Tige & feuilles tout-à-fait glabres. **X. I.**	Tige & feuilles velues ou pubescentes. **X X I I.**

XI. *Tige & feuilles tout-à-fait glabres.*

Toutes les feuilles linéaires & dont la largeur n'égale jamais deux lignes. **X I I.**	Feuilles inférieures, ovales ou lancéolées, & dont la largeur excède toujours deux lignes. **X V I I.**

XII. *Toutes les feuilles linéaires & dont la largeur n'égale jamais deux lignes.*

Calice en massue ; il est étroit dans sa partie inférieure, & renflé vers son sommet. **X I I I.**	Calice campanulé ou cylindrique, mais point en massue. **X I V.**

XIII. *Calice en massue.*

Carnillet casse-pierre. *Cucubalus saxifragus.*

Lychnis minor saxifraga. Tournef. 338.

Silene saxifraga. Lin. Sp. 602.

Ses tiges sont menues, filiformes, articulées & longues de six à huit pouces ; ses feuilles sont lisses, étroites, linéaires & disposées par paires peu distantes ; les fleurs sont terminales, solitaires, droites & portées chacune sur un péduncule nu & fort grêle. Leur corolle est un peu rougeâtre en dehors. Cette plante croît dans les lieux pierreux des provinces méridionales. ♃

675. **XIV.** *Calice campanulé ou cylindrique, mais point en massue.*

Fleurs rougeâtres ; feuilles longues à peine de trois ou quatre lignes. X V.	Fleurs blanches ; feuilles longues de plus de six lignes. X V I.

XV. *Fleurs rougeâtres ; feuilles longues à peine de trois ou quatre lignes.*

Carnillet moussier. *Cucubalus muscosus.*

> *Lychnis alpina pumila, folio gramineo, sive muscus alpinus, lychnidis flore.* Tournef. 337.
> *Silene acaulis.* Lin. Sp. 603.

Ses tiges font longues d'un pouce & demi, nombreuses, diffuses, très-garnies de feuilles & ramassées en un gazon dense qui a l'aspect d'une mousse ; ses feuilles font courtes, étroites, linéaires & pointues ; les fleurs font solitaires, terminales, sessiles & de couleur rouge. Cette plante croît dans les pâturages élevés des montagnes en Provence. ♃

XVI. *Fleurs blanches ; feuilles longues de plus de six lignes.*

Carnillet de roche. *Cucubalus saxatilis.*

> *Lychnis sylvestris IX*, Cluf. hist. p. 291.
> *Silene quadrifida.* Lin. Sp. 602.
> β. *Lychnis saxatilis alpina glabra pumila.* Tournef. 338.
> *Silene rupestris.* Lin. Sp. 602.

Sa tige est haute de cinq ou six pouces, menue, souvent rougeâtre & branchue seulement à son sommet, où elle forme quelquefois une espèce de corymbe ; ses feuilles font longues d'un pouce & demi, linéaires, larges d'une ligne à peu-près, mais un peu plus étroites à leur base ; ses fleurs font terminales, pédunculées, assez grandes, courtes & fort belles ; leur corolle est d'un blanc de lait & ses pétales ont leur limbe divisé en trois ou quatre dents ou espèce de lobes ; la variété β est moins grande dans toutes ses parties, moins

675. chargée de fleurs , & le limbe de ses pétales n'a souvent qu'une couple de dents, ce qui le fait paroître simplement échancré. On trouve cette plante dans les montagnes des provinces méridionales , parmi les rochers. ♂

XVII. *Feuilles inférieures, ovales ou lancéolées , & dont la largeur excède toujours deux lignes.*

Corolle fort courte, dont le limbe est peu sensible, & presque point ouvert. **XVIII.**	Corolle assez grande, dont le limbe est très-apparent & très-ouvert. **XIX.**

XVIII. *Corolle fort courte , dont le limbe est peu sensible & presque point ouvert.*

Carnillet fermé. *Cucubalus inapertus.*

Lychnis sylvestris minima , flore muscoso. **Tournef.** 337.
Silene inaperta. **Lin. Sp.** 600.

Sa tige est haute de six à sept pouces , glabre , branchue ou dichotome; ses feuilles sont lisses & lancéolées, & ses fleurs sont pédunculées & blanchâtres; elles ont un calice glabre, strié & un peu enflé. On trouve cette plante dans les environs de Montpellier. ☉

XIX. *Corolle assez grande , dont le limbe est très-apparent & très-ouvert.*

Fleurs rouges , & presque sessiles; tige un peu visqueuse. **X X.**	Fleurs blanches , & toutes pédunculées; tige non visqueuse. **X X I.**

675. **XX.** *Fleurs rouges & presque sessiles : tige un peu*
visqueuse.

Carnillet fourchu. *Cucubalus dichotomus.*

Lychnis sylvestris viscosa rubra altera. Tournef. 337.
Silene muscipula. Lin. Sp. 601.

Ses tiges font hautes d'un pied, lisses, cylindriques, branchues dès leur base, & fourchues vers leur sommet ; ses
feuilles inférieures font longues, lancéolées & un peu rétrécies
à leur base : les supérieures font presque linéaires ; les fleurs
font rouges, portées sur de très-courts péduncules, & disposées dans les bifurcations supérieures des tiges & de leurs
rameaux. Cette plante croît dans les champs stériles des provinces méridionales.

Nota. Si les fleurs font fasciculées, *voyez* n.° V.

XXI. *Fleurs blanches & toutes pédunculées ; tige non*
visqueuse.

Carnillet behen. *Cucubalus behen.* Lin. Sp. 591.

Lychnis sylvestris, quæ behen album vulgo. Tournef. 335.
β. *Lychnis sylvestris, quæ behen album vulgo, foliis angustio-*
ribus & acutioribus. Ibid.
γ. *Lychnis maritima, repens.* Ibid.

Ses tiges font lisses, cylindriques, tendres, un peu foibles,
branchues, & s'élèvent jusqu'à un pied & demi ; ses feuilles
font ovales-lancéolées, glabres & d'un vert glauque : les
fleurs font blanches & remarquables par leur calice enflé,
glabre, veiné & quelquefois rougeâtre. Cette plante est
commune dans les champs. La variété β n'en diffère que
par ses feuilles qui font plus longues & plus étroites. La
variété γ a les tiges grêles, couchées & moins longues ;
mais ses fleurs font plus grandes que dans les deux premières.
On la trouve dans les lieux maritimes des provinces méridionales. ♃

675. **XXII.** *Tige & feuilles velues ou pubescentes.*

Calice conique, pointu, & chargé de trente stries. **X X I I I.**	Calice non conique, & n'ayant pas plus de dix stries. **X X I V.**

XXIII. *Calice conique, pointu & chargé de trente stries.*

Carnillet conique. *Cucubalus conicus.*

> *Lychnis sylvestris angustifolia, calyculis turgidis striatis.*
> Tournef. 337.
>
> *Silene conica.* Lin. Sp. 598.

Sa tige est haute de six à sept pouces, ordinairement simple, cylindrique & pubescente; ses feuilles sont longues, lancéolées-linéaires, aiguës, molles & chargées d'un duvet fort court : ses fleurs sont rougeâtres, oblongues, terminales & remarquables par leur calice, dont les dents sont presque conniventes entre les pétales. Cette plante croît dans les lieux secs & sablonneux de la Provence. ⊙

XXIV. *Calice non conique, & n'ayant pas plus de dix stries.*

Calice court, campaniforme, non strié & semiquinquefide. **X X V.**	Calice oblong, strié & point semiquinquefide. **X X V I.**

XXV. *Calice court, campaniforme, non strié & semiquinquefide.*

Carnillet baccifère. *Cucubalus bacciferus.* Lin. Sp. 591.

> *Cucubalus Plinii.* Tournef. 339.

Ses tiges sont longues de deux à trois pieds, très-branchues, étalées, diffuses, pubescentes, foibles & un peu sarmenteuses; ses feuilles sont ovales, pointues & chargées de poils extrêmement courts. Les fleurs sont pédunculées & blanchâtres; leur corolle est composée de cinq pétales écartés

Tome III.   C

675. les uns des autres, étroits, laciniés & auriculés à leur base.
Le fruit est une capsule ovale-obronde, noirâtre & bacci-
forme. Cette plante croît dans les lieux couverts & dans
les vignes des provinces méridionales. ♃

XXVI. *Calice oblong, strié & point semi-quinquefide.*

Fleurs droites, alternes & solitaires sur leurs péduncules. **XXVII.**	Fleurs penchées ou pendantes, & disposées en panicule. **XXX.**

XXVII. *Fleurs droites, alternes & solitaires sur leur péduncule.*

Fleurs presque sessiles, disposées en épi unilatéral; dents calicinales longues d'une ligne à peu - près. **XXVIII.**	Fleurs pédunculées & point en épi; dents calicinales longues de trois lignes au moins. **XXIX.**

XXVIII. *Fleurs presque sessiles, disposées en épi uni-*
latéral; dents calicinales longues d'une
ligne à peu-près.

Carnillet à épi. *Cucubalus spicatus.*

> *Lychnis segetum meridionalium, annua, hirta, floribus albis,*
> *uno versu dispositis.* Morif. Hift. p. 346, f. 5, t. 36.
> f. 7.
>
> *Silene nocturna.* Lin. Sp. 595.
>
> β. *Lychnis sylvestris, alba, spicâ reflexâ.* Tournef. 338.
> *Cucubalus reflexus.* Lin. Sp. 594.

Sa tige est haute d'un pied, cylindrique, velue & plus ou
moins rameuse; ses feuilles radicales sont ovales, rétrécies
en pétiole à leur base, un peu rudes au toucher & étendues
sur la terre; celles de la tige sont alongées & plus étroites.
Les fleurs forment un épi unilatéral souvent un peu courbé
à son extrémité avant leur entier développement. Leurs pétales

675. font blancs & un peu verdâtres en dehors. Les calices font ftriés & toujours plus longs que les pédunculaes pendant la floraifon. Cette plante croît dans les champs des provinces méridionales. ☉

XXIX. *Fleurs pédunculées & point en épi ; dents calicinales longues de trois lignes au moins.*

Carnillet noctiflore. *Cucubalus noctiflorus.*

> *Lychnis noctiflora.* Tournef. 335.
> *Silene noctiflora.* Lin. Sp. 599.

Sa tige eft velue & s'élève un peu au-delà d'un pied ; fes feuilles font ovales - lancéolées & rétrécies à leur bafe ; les inférieures font prefque fpatulées, & moins rudes que celles de l'efpèce précédente. Les calices font ftriés, très-renflés après la floraifon, & remarquables par leurs dents fort longues. Cette plante croît en Provence. ☉

XXX. *Fleurs penchées ou pendantes, & difpofées en panicule.*

Carnillet penché. *Cucubalus nutans.*

> *Lychnis montana vifcofa alba latifolia.* Tournef. 335.
> *Silene nutans.* Lin. Sp. 596.

Ses tiges font hautes d'un pied & demi, cylindriques, pubefcentes, peu garnies de feuilles & légèrement vifqueufes vers leur fommet. Ses feuilles radicales font élargies dans leur partie fupérieure & rétrécies en pétiole à leur bafe ; celles des tiges font lancéolées - linéaires & en petit nombre. Les fleurs font difpofés fur des pédunculaes communs oppofés. Leur corolle eft blanche, quelquefois rougeâtre en dehors, & fes pétales font fémibifides. Cette efpèce a beaucoup de rapport avec le *filene amœna* & le *filene paradoxa* de M. Linné, mais elle s'élève moins, fes fleurs font moins longues, & fes calices font moins fenfiblement en maffue. On la trouve fur le bord des bois & dans les vignes. ♃

676.

Calice polyphille . . . . { Cinq pétales très-entiers. 677

Cinq pétales échancrés ou bi-
fides. 678

---

677.   *Cinq pétales très-entiers.*

Sabline. *Arenaria.*

Les fleurs de Sabline font petites, compofées d'un calice
de cinq feuilles, de cinq pétales entiers, de dix étamines
difpofées fur deux rangs, & d'un ovaire chargé de trois ftyles.
Le fruit eft une capfule uniloculaire & polyfperme.

ANALYSE.

Feuilles ovales. I.	Feuilles étroites & linéaires. VIII.

I.   *Feuilles ovales.*

Feuilles pétiolées & à trois ou cinq nervures. II.	Feuilles feffiles & point chargées de nervures. III.

II.   *Feuilles pétiolées & à trois ou cinq nervures.*

Sabline nerveufe. *Arenaria nervofa.*

Alfine plantaginis folio. Tournef. 242.
Arenaria trinervia. Lin. Sp. 605.

Ses tiges font légèrement velues, grêles, rameufes, foibles
& hautes de fept à huit pouces; fes feuilles font ovales,
pointues, chargées de trois ou cinq nervures & diftinctement
pétiolées, fur-tout les inférieures. Les fleurs font blanches,
pédunculées & folitaires. Les pétales font plus courts que
le calice. On trouve cette plante dans les bois. ⊙

577. III. *Feuilles seffiles & point chargées de nervures.*

Corolle beaucoup plus grande que le calice. **I V.**	Corolle de même grandeur, ou plus courte que le calice. **V.**

IV. *Corolle beaucoup plus grande que le calice.*

Sabline ciliée. *Arenaria ciliata.* Lin. Sp. 608.

> *Alsine minor, montana, magno flore.* Raj. syll. p. 59.
>
> ß. *Alsine alpina, serpylli folio, multicaulis & multiflora.* Tournef. 243.
>
> *Arenaria multicaulis.* Lin. Sp. 605.

Ses tiges sont longues de deux à trois pouces, un peu rameuses & presque glabres ; ses feuilles sont petites, ovales, un peu charnues, vertes & légèrement ciliées à leur base ; ses fleurs sont blanches, pédunculées & assez grandes. La variété ß est remarquable par ses tiges plus rameuses & longues presque de quatre pouces, & par ses feuilles plus fortement ciliées. On trouve ces plantes dans les lieux pierreux des montagnes de la Provence & du Dauphiné. ♃

V. *Corolle de même grandeur ou plus courte que le calice.*

Fleurs pédunculées ; feuilles minces & point charnues. **V I.**	Fleurs presque sessiles & ramassées ; feuilles épaisses & charnues. **V I I.**

VI. *Fleurs pédunculées ; feuilles minces & point charnues.*

Sabline serpoliette. *Arenaria serpyllifolia.* Lin. Sp. 606.

> *Alsine minor multicaulis.* Tournef. 243.

Ses tiges sont hautes de trois à six pouces, menues, rameuses, dichotomes & légèrement velues, ainsi que les feuilles & les calices ; ses feuilles sont courtes, ovales & très-pointues. Les fleurs sont petites, blanches, pédunculées, & naissent dans les

677. bifurcations & vers le sommet des tiges. On trouve cette plante sur les murs & dans les champs sablonneux. ⊙

VII. *Fleurs presque sessiles & ramassées ; feuilles épaisses & charnues.*

Sabline pourpière. *Arenaria portulacea.*

Alsine littoralis, foliis portulacæ. Tournef. 242.
Arenaria peploides. Lin. Sp. 605.

Ses tiges sont hautes de trois pouces, cylindriques, tendres, succulentes, simples & feuillées dans toute leur longueur ; ses feuilles sont ovales, pointues, charnues & assez rapprochées les unes des autres, sur-tout les supérieures. Ses fleurs sont blanches & ramassées au sommet des tiges ; leurs pétales sont un peu écartés entre eux. Cette plante croît sur les bords de la mer aux environs de la Rochelle & dans les îles de Ré & d'Oléron, où elle a été observée par Dom Fourmault. ♃

VIII.	*Feuilles étroites & linéaires.*
Fleurs blanches.	Fleurs rouges.
I X.	X X V I.

IX.	*Fleurs blanches.*
Corolle plus grande que le calice.	Corolle de même grandeur, ou plus courte que le calice.
X.	X I X.

X.	*Corolle plus grande que le calice.*
Fleurs sessiles & ramassées en tête.	Fleurs pédunculées & point ramassées en tête.
X I.	X I I.

677. **XI.** *Fleurs sessiles & ramassées en tête.*

Sabline capitée. *Arenaria capitata.*

Caryophyllus saxatilis , ericæ foliis , umbellatis corymbis.
Bauh. pin. 211, magn. bot. 52.

Arenaria tetraquetra. Lin. mant. 386.

Ses tiges sont hautes de trois ou quatre pouces, dures,
menues, blanchâtres & rameuses inférieurement; ses feuilles
sont courtes, étroites, aiguës, un peu pliées en gouttière,
connées & fort roides. Les fleurs sont blanches & disposées
en tête ou en un ou deux faisceaux placés au sommet des
tiges; ces faisceaux ne sont composés que de deux à quatre
fleurs sessiles, dont les calices sont remarquables par leurs
écailles aiguës, roides & scarieuses. Cette plante croît dans
les montagnes de la Provence. ♃

XII. *Fleurs pédunculées & point ramassées en tête.*

Calices velus.	Calices glabres.
X I I I.	X I V.

XIII. *Calices velus.*

Sabline melesiette. *Arenaria laricifolia.* Lin. Sp. 607.

Alsine Alpina junceo folio. Tournef. 243.
Alsine saxatilis , laricis folio , major & majori flore. Ibid.
β. *Alsine saxatilis , laricis folio , minor & minori flore.* Ibid.

Sa racine pousse beaucoup de feuilles linéaires, aiguës, un
peu dures, ramassées & disposées en gazon ou en faisceaux,
à la base des tiges qui sont hautes de trois à cinq pouces,
presque nues dans leur partie supérieure & légèrement velues :
ses feuilles caulinaires sont en petit nombre, un peu velues,
en alène, mais légèrement élargies vers leur base. Les fleurs
sont assez grandes, en petit nombre & remarquables par leur
calice oblong, sillonné & pubescent. On trouve cette plante
dans les lieux montagneux & pierreux. ♃

677. **XIV.** *Calices glabres.*

Tiges chargées d'une ou deux fleurs. **X V.**	Tiges chargées de plus de deux fleurs. **X V I.**

XV. *Tiges chargées d'une ou deux fleurs.*

Sabline grandiflore. *Arenaria grandiflora.* Lin. Sp. 608.

> *Alsine foliis sulcatis, argutè lanceolatis, petiolis unifloris.* Hall. Hist. n.° 874.

Ses tiges sont basses, feuillées médiocrement vers leur sommet, & chargées chacune d'une ou deux fleurs seulement; ses feuilles sont rudes, lancéolées-linéaires, aiguës, sillonnées & ramassées à la base des tiges. Ses fleurs sont blanches, fort grandes, & les folioles de leur calice sont ovales-lancéolées. On trouve cette plante dans les environs de Montpellier. ♃

XVI. *Tiges chargées de plus de deux fleurs.*

Folioles du calice, ovales; péduncules non pendans. **X V I I.**	Folioles du calice, aiguës; péduncules défleuris pendans. **X V I I I.**

XVII. *Folioles du calice, ovales; péduncules non pendans.*

Sabline de roche. *Arenaria saxatilis.* Lin. Sp. 607.

> *Alsine saxatilis & multiflora, capillaceo folio.* Tournef. 243. Vail. Parif. 7, tab. 2, f. 3.

Sa racine, qui est longue & fibreuse, pousse un grand nombre de tiges menues, rameuses, hautes de quatre à six pouces, très-feuillées dans leur partie inférieure & disposées en gazon assez dense; ses feuilles sont glabres, étroites, aiguës, un peu élargies à leur base & connées : les inférieures sont beaucoup plus longues que les autres. Les fleurs sont blanches, pédunculées, presque paniculées & très-nombreuses. On trouve cette plante parmi les rochers, dans les environs de Fontainebleau. ♃

XVIII. *Folioles du calice aiguës ; pédoncules défleuris pendans.*

· Sabline de montagne. *Arenaria montana.* Lin. Sp. 606.

Alsine foliis linearibus acuminatis , petalis florum integris calyce duplo longioribus. Monn. Obs. 127.

Ses tiges font longues de quatre ou cinq pouces, rougeâtres & droites feulement lorfqu'elles fleuriffent ; fes feuilles font lancéolées-linéaires, un peu rudes en leurs bords & en leur nervure poftérieure. Les fleurs font grandes, blanches & folitaires fur leurs pédoncules qui font affez longs. Cette plante croît dans les montagnes des provinces méridionales.

XIX. *Corolle de même grandeur ou plus courte que le calice.*

Fleurs portées fur de très-courts pédoncules, & ramaffées par faifceaux. **X X.**	Fleurs pédonculées, folitaires, ou difpofées en panicule. **X X I.**

XX. *Fleurs portées fur de très-courts pédoncules, & ramaffées par faifceaux.*

Sabline fafciculée. *Arenaria fafciculata.* Gouan. Obf. p. 30.

Stellaria rubra. Scop. carn. 1 , p. 316 , tab. 17.

Alsine foliis filiformibus, pungentibus, calycibus ariftatis. Hall. Hift. n.° 870.

Alsine mucronata. Lin. Sp. 389.

Sa tige eft droite, menue, un peu roide, pubefcente, rameufe & haute de trois à quatre pouces ; elle eft fouvent rougeâtre à fes articulations : fes feuilles font fétacées, linéaires, aiguës, droites & affez roides. Ses fleurs font petites, nombreufes & remarquables par les folioles de leur calice, qui font longues, fubulées, très-aiguës, roides & ftriées fur leur dos : les pétales font extrêmement petits, & la capfule du fruit eft une fois plus courte que le calice.

677. On trouve cette plante dans les environs de Montpellier. M. de Villars l'a auſſi obſervée dans le Dauphiné. ⊙

XXI. *Fleurs pédunculées, ſolitaires, ou diſpoſées en panicule.*

| Feuilles plus courtes que les entre-nœuds, & point garnies de ſtipules remarquables. X X I I. | Feuilles auſſi longues que les entre-nœuds, & garnies de ſtipules tranſparentes & frangées. X X V. |

XXII. *Feuilles plus courtes que les entre-nœuds, & point garnies de ſtipules remarquables.*

| Pétales de même longueur que le calice. X X I I I. | Pétales toujours plus courts que le calice. X X I V. |

XXIII. *Pétales de même longueur que le calice.*

Sabline printannière. *Arenaria verna.* Lin. mant. 72.

> *Alſine puſilla, pulchro flore, folio tenuiſſimo, noſtras, ſeu ſaxifraga caryophylloides, puſilla, flore albo, pulchello.* Tournef. 243.

> β. *Arenaria foliis linearibus, erectis, ſubtùs ſtriatis, floribus faſtigiatis inæqualiter pedunculatis.* Ger. prov. 405, t. 15, f. 1.

> *Arenaria juniperina.* Lin. mant. 72.

Ses tiges ſont hautes de deux à quatre pouces, droites, menues, preſque glabres & plus ou moins rameuſes; ſes feuilles radicales ſont ſétacées, aſſez longues, nombreuſes & diſpoſées en gazon : celles des tiges ſont plus courtes, droites, aiguës & un peu plus larges vers leur baſe. Les fleurs ſont blanches, & les écailles de leur calice ſont ſtriées & aiguës. La variété β a ſes feuilles roides & preſque épineuſes ſelon M. Linné. On trouve cette plante dans les

677. lieux stériles des montagnes de la Provence, ♃ ; elle a été aussi observée en Dauphiné par M. de Villars.

XXIV. *Pétales toujours plus courts que le calice.*

Sabline à feuilles menues. *Arenaria tenuifolia.* Lin. Sp. 607.

Alsine tenuifolia. Tournef. 243. Vail. Parif. 7, t. 3, f. 1.

Ses tiges sont longues de quatre à six pouces, extrêmement menues, glabres, rameuses & presque paniculées ; ses feuilles sont petites, étroites, aiguës & connées. Ses fleurs sont nombreuses, fort petites, pédunculées & de couleur blanche ; les folioles de leur calice sont aiguës & à peine striées, & la capsule du fruit est pointue & plus longue que le calice. On trouve cette plante sur les murs & dans les lieux sablonneux. ☉

XXV. *Feuilles aussi longues que les entre-nœuds,*
& garnies de stipules transparentes
& frangées.

Sabline des blés. *Arenaria segetalis.*

Alsine segetalis, gramineis foliis unum latus spectantibus. Vail. Parif. 8, t. 3, f. 3.

Alsine segetalis. Lin. Sp. 390.

Cette espèce est très-distinguée de la précédente, & ne doit pas lui être reunie, comme le pense M. de Haller, *Hist. n.° 866.* Sa tige est haute de quatre pouces, droite, filiforme, articulée, rameuse sur-tout dans sa partie supérieure, & chargée de quelques poils ; à chaque articulation, même celles du sommet, on observe une stipule vaginale, courte, transparente & déchirée en ses bords : ses feuilles sont sétacées, linéaires, longues de cinq à six lignes & souvent tournées d'un seul côté. Les fleurs sont extrêmement petites ; les péduncules défleuris sont presque pendans, & la capsule du fruit n'est pas plus longue que le calice. J'ai trouvé cette plante parmi les blés, dans les environs de Celloville, à deux lieues de Rouen. ☉

677. **XXVI.** *Fleurs rouges.*

Sabline rouge. *Arenaria rubra.* Lin. Sp. 606.

> *Alsine spergulæ facie minor, sive spergula minor, flosculo sub cæruleo.* Tournef. 244.
>
> *.β. Alsine spergulæ facie media.* Tourn. 243.

Ses tiges sont couchées, rameuses, articulées, un peu velues dans leur partie supérieure, & longues de trois à six pouces ; chaque articulation est remarquable par une stipule vaginale, membraneuse, sèche, transparente, & plus ou moins déchirée en ses bords ; les feuilles sont linéaires, un peu charnues, opposées, paroissant souvent fasciculées à cause des nouvelles pousses, & presque aussi longues que les entre-nœuds : les fleurs sont rouges ou d'un pourpre bleuâtre. Les pétales sont à peine plus grands que le calice, & les péduncules défleuris sont très-ouverts. On trouve cette plante dans les terreins sablonneux. ☉

---

678. *Cinq pétales échancrés ou bifides* .... $\left\{\begin{array}{l} \text{Trois à huit étamines.. } 679 \\[1em] \text{Dix étamines........ } 682 \end{array}\right.$

---

679. *Trois à huit étamines.* .... $\left\{\begin{array}{l} \text{La plupart des feuilles quaternées ou verticillées........... } 680 \\[1em] \text{Toutes les feuilles simplement opposées............. } 681 \end{array}\right.$

---

680. *La plupart des feuilles quaternées ou verticillées.*

Polycarpe quaterné. *Polycarpon tetraphyllum.* Lin. Sp. 131.

> *Herniaria alsines folio.* Tournef. 507.

Ses tiges sont hautes de trois ou quatre pouces, menues, cylindriques, presque glabres, fourchues, très-rameuses & paniculées ; ses feuilles sont ovales-oblongues, un peu spatulées, rétrécies en pétiole vers leur base, simplement opposées dans la partie inférieure des tiges ; & verticillées quatre

680. ou cinq ensemble aux articulations supérieures. On obſerve à leur baſe, des ſtipules fort petites, ſcarieuſes & argentées. Les fleurs ſont nombreuſes, extrêmement petites, terminales & ramaſſées par bouquets légèrement paniculés; ces bouquets paroiſſent panachés par les ſtipules qui ſont plus ſenſibles & plus rapprochées vers le ſommet des rameaux. Cette plante croît dans les provinces méridionales. ⊙

---

681. *Toutes les feuilles ſimplement oppoſées.*

Morgeline. *Alſine.*

Les fleurs de Morgeline ſont compoſées d'un calice de cinq feuilles, de cinq pétales égaux, dentés, échancrés ou bifides, de trois à huit étamines & d'un ovaire chargé de trois ſtyles. Le fruit eſt une capſule uniloculaire & polyſperme.

ANALYSE.

Feuilles ſeſſiles; fleurs en ombelle terminale. I.	Feuilles pétiolées; fleurs non en ombelle. I I.

I. *Feuilles ſeſſiles; fleurs en ombelle terminale.*

Morgeline ombellée. *Alſine umbellata.*

Alſine verna, glabra, floribus umbellatis albis. Tournef. 242.

Holoſteum umbellatum. Lin. Sp. 130.

Sa tige eſt haute de quatre à cinq pouces, droite, ſimple, très-menue & peu garnie de feuilles dans ſa partie ſupérieure; ſes feuilles ſont ovales-oblongues, glabres & d'un vert-glauque. Les fleurs ſont blanches, aſſez petites & ſolitaires ſur chaque péduncule; ces péduncules, au nombre de cinq ou ſix, ſont inégaux, s'inſèrent tous en un point commun au ſommet de la tige, & pendent lorſqu'ils ſont défleuris. On trouve cette plante ſur les vieux murs. ⊙

681. II. *Feuilles petiolées ; fleurs non en ombelle.*

Morgeline des oiseaux. *Alsine avicularum.*

Alsine media. Lin. Sp. 389. Tournef. 242.

Ses tiges sont longues de six à dix pouces, plus ou moins droites, menues, cylindriques, tendres, légèrement velues & rameuses ; ses feuilles sont ovales, pointues, pétiolées & un peu succulentes. Les fleurs disposées vers le sommet des tiges, sont axillaires, solitaires, pédunculées & de couleur blanche ; leurs pétales sont profondément bifides & de la longueur du calice qui est communément un peu velu. Cette plante est commune dans les jardins, les cours & le long des haies, ⊙ ; elle est vulnéraire, détersive & rafraîchissante ; on la donne aux petits oiseaux & sur-tout aux serins, qui l'aiment beaucoup.

682.

Dix étamines . . . . ⎰ Pétales portant les étamines. 683

⎱ Pétales ne portant point les étamines 684

683. *Pétales portant les étamines.*

Cherlerie à gazons. *Cherleria cespitosa.*

Cherleria sedoides. Lin. Sp. 608.

Cette plante est fort petite ; sa racine se divise supérieurement en plusieurs souches couchées & rampantes ; ces souches sont garnies chacune vers leur sommet, d'un grand nombre de feuilles étroites, linéaires, aiguës, un peu fermes, connées, extrêmement rapprochées & disposées en rosettes très-denses, qui par leur assemblage, forment des gazons assez épais. Les fleurs sont d'un jaune-verdâtre & portées sur des péduncules fort courts. Elles sont composées d'un calice de cinq folioles lancéolées & striées, de cinq pétales très-petits, portant chacun une étamine, & échancrés en cœur, de dix étamines dont les filamens sont alternativement insérés sur les pétales & sur le réceptacle ; & d'un ovaire surmonté de trois styles. On trouve cette plante dans les fentes des rochers en Provence. ♃

Pétales ne portant point les étamines.

Stellaire. *Stellaria.*

Les fleurs de Stellaire sont composées d'un calice de cinq feuilles ordinairement ouvertes, de cinq pétales échancrés, quelquefois assez grands, de dix étamines, & d'un ovaire chargé de trois styles. Le fruit est une capsule uniloculaire & polysperme.

ANALYSE.

Feuilles larges, ovales ou en cœur.	Feuilles alongées & point ovales ni en cœur.
I.	I V.

I. *Feuilles larges, ovales ou en cœur.*

Péduncules rameux; feuilles ovales en cœur & pétiolées.	Péduncules simples; feuilles ovales & sessiles.
I I.	I I I.

I I. *Péduncules rameux; feuilles ovales en cœur & pétiolées.*

Stellaire des bois. *Stellaria nemorum.* Lin. Sp. 603.

Alsine altissima nemorum. Tournef. 243.

Sa tige s'élève jusqu'à trois ou quatre pieds, elle est foible, articulée & feuillée dans toute sa longueur. Ses feuilles sont molles, larges d'un pouce au moins, pointues, & portées sur des pétioles fort courts; les supérieures sont sessiles. Les fleurs sont blanches, terminales & d'une grandeur médiocre. Leurs pétales sont profondément bifides. On trouve cette plante dans les bois & les lieux couverts.

III. *Péduncules simples; feuilles ovales & sessiles.*

Stellaire fourchue. *Stellaria dichotoma.* Lin. Sp. 603.

Myosotis foliis petiolatis, cordatis, tubis ternis. Hall. hist. n.° 886. ß.

Sa tige est haute de deux à trois pieds, feuillée & un peu

684. plus rameuse que celle de la précédente. Ses feuilles sont ovales, sessiles & légèrement velues; ses fleurs sont blanches, terminales & solitaires sur leurs péduncules qui sont fléchis & pendans lorsqu'ils sont défleuris. Cette plante croît dans les environs de Montpellier. ☉

IV. *Feuilles alongées & point ovales ni en cœur.*

| Fleurs en panicule; péduncules rameux.
V. | Fleurs non paniculées; péduncules simples.
V I I I. |

V. *Fleurs en panicule; péduncule rameux.*

| Calice une fois plus court que la corolle & point strié.
V I. | Calice presque aussi long que la corolle & strié.
V I I. |

VI. *Calice une fois plus court que la corolle & point strié.*

Stellaire holostée. *Stellaria holostia.* Lin. Sp. 603.

Alsine pratensis, gramineo folio ampliore. Tournef. 243.

Sa tige est menue, droite, glabre, feuillée & s'élève jusqu'à un pied & demi; ses feuilles sont longues, un peu élargies à leur base, se rétrécissent ensuite insensiblement vers leur sommet & forment en se terminant une pointe fort aiguë; elles sont glabres, d'une consistance sèche, & remarquables par des aspérités ou de petites dents presque imperceptibles, situées en leurs bords & sur leur nervure postérieure, qui les rendent comme accrochantes & rudes au toucher. Les fleurs sont grandes & de couleur blanche. On trouve cette plante dans les haies & les bois taillis. ♃

VII. *Calice presque aussi long que la corolle & strié.*

Stellaire graminée. *Stellaria graminea.* Lin. Sp. 604.

Alsine pratensis, gramineo folio angustiore. Tournef. 243.

Cette espèce a beaucoup de rapport avec la précédente; mais elle est plus petite dans toutes ses parties; sa tige est fort grêle

684. grêle & s'élève rarement jusqu'à un pied ; ses feuilles sont étroites, aiguës, longues de six à huit lignes & presque point rudes en leurs bords ; ses fleurs sont blanches, assez petites, remarquables par leur calice strié, & par leurs pétales bifides au-delà de moitié, qui ne surpassent que de très-peu la longueur du calice. On la trouve sur le bord des bois & dans les prés. ♃

VIII. *Fleurs non paniculées ; péduncules simples.*

Stellaire aquatique. *Stellaria aquatica.*

> *Alsine aquatica media.* Tournef. 243.
> *Alsine hyperici folio.* Vaill. Parif. 9.

Ses tiges sont menues, rameuses, foibles & souvent couchées ; ses feuilles sont sessiles, alongées, lancéolées, glabres & assez lisses : les péduncules sont uniflores ou quelquefois biflores, & disposés au sommet des tiges & des rameaux. Les fleurs sont petites, de couleur blanche ; les pétales sont profondément bifides & à peine aussi longs que le calice. On trouve cette plante sur le bord des ruisseaux & des fossés aquatiques.

---

685. Quatre ou cinq styles . . . . .
{ Feuilles opposées ou verticillées. 686
{ Feuilles ou alternes ou radicales. 693

---

686. *Feuilles opposées, ou verticillées* . . . .
{ Calice monophylle 687
{ Calice polyphille 689

---

687. *Calice monophylle* . . . .
{ Feuilles simples, sessiles, opposées & connées 688
{ Feuilles ternées & pétiolées. 698

---

688. *Feuilles simples, sessiles, opposées & connées.*

Lampette. *Lychnis.*

Les Lampettes ont un très-grand rapport avec les carnillets n.º 675. Leurs fleurs sont composées d'un calice tubulé, dont le bord est à cinq dents, de cinq pétales soutenus par des onglets étroits, de dix étamines & d'un ovaire chargé de cinq styles; dans une espèce, les fleurs sont unisexuelles. Le fruit est une capsule à une ou plusieurs loges polyspermes.

A N A L Y S E.

Fleurs hermaphrodites.	Fleurs unisexuelles.
I.	X.

I. *Fleurs hermaphrodites.*

Calice aussi long, ou même plus long que la corolle.	Calice jamais aussi long que la corolle.
I I.	I I I.

II. *Calice aussi long, ou même plus long que la corolle.*

Lampette des blés. *Lychnis segetum.*

Lychnis segetum major. Tournef. 335.
Agrostemma githago. Lin. Sp. 624.

Sa tige est haute de deux pieds, droite, souvent simple, velue & cylindrique; ses feuilles sont alongées, linéaires, pointues, velues & presque cotonneuses. Les fleurs sont grandes, solitaires, terminales & d'un rouge-bleuâtre, leurs pétales sont légèrement échancrés. Cette plante est commune dans les champs, parmi les blés. ☉

III. *Calice jamais aussi long que la corolle.*

Pétales entiers & point découpés.	Pétales échancrés ou découpés.
I V.	V.

688. **IV.** *Pétales entiers & point découpés.*

Lampette visqueuse. *Lychnis viscaria.* Lin. Sp. 625.

Lychnis sylvestris, viscosa, rubra, angustifolia. Tournef. 337.

Sa tige est haute d'un pied, droite, simple, articulée, un peu rougeâtre & visqueuse dans sa partie supérieure; ses feuilles sont glàbres, lancéolées & pointues. Ses fleurs sont rouges, terminales & disposées par bouquets opposés & presque paniculés. On trouve cette plante dans les lieux secs & pierreux, dans la forêt de Fontainebleau. ♃

V. *Pétales échancrés ou découpés.*

Pétales très-découpés; fleurs disposées en panicule lâche.	Pétales échancrés ou bifides; fleurs ramassées en bouquet serré ou en corymbe.
V I.	V I.I.

VI. *Pétales très-découpés; fleurs disposées en panicule lâche.*

Lampette déchirée. *Lychnis laciniata.*

Lychnis pratensis, flore laciniato simplici. Tournef. 334. *Lychnis flos cuculi.* Lin. Sp. 625.

Sa tige est droite, cannelée, rougeâtre, légèrement visqueuse vers son sommet, & haute d'un pied & demi; ses feuilles sont lisses, lancéolées & pointues. Ses fleurs sont grandes, de couleur rouge & fort belles; leur calice est anguleux, strié, rougeâtre & à peine aussi long que les onglets des pétales. Cette plante croît dans les marais & les prés humides. ♃

VII. *Pétales échancrés ou bifides; fleurs ramassées en bouquet serré, ou en corymbe.*

Feuilles vertes & glabres.	Feuilles cotonneuses & blanchâtres.
V I I I.	I X.

688. **VIII.** *Feuilles vertes & glabres.*

Lampette des Alpes. *Lychnis alpina.* Lin Sp. 626.

Lychnis pyrenaica umbellifera minima. Lin. Sp. 338.

Sa tige est droite, simple & haute de cinq à six pouces ; ses feuilles sont lancéolées, étroites & pointues ; ses fleurs sont rouges & ramassées en bouquet serré & terminal. Les pétales sont bifides, & l'ovaire n'est ordinairement chargé que de quatre styles. On trouve cette plante dans les montagnes de la Provence. ♃

IX. *Feuilles cotonneuses & blanchâtres.*

Lampette ombellifère. *Lychnis umbellifera.*

Lychnis umbellifera montana helvetica. Tournef. 334.
Agrostemma flos jovis. Lin. Sp. 625.

Sa tige est haute d'un pied, droite ; ordinairement simple & très-cotonneuse dans toute sa longueur. Ses feuilles sont ovales-lancéolées & pareillement cotonneuses ; les fleurs sont purpurines, terminales & ramassées en une ombelle serrée, mais peu garnie. Leurs pétales sont échancrés en cœur. Cette plante croît dans les montagnes de la Provence. ♃

X. *Fleurs unisexuelles.*

Lampette dioïque. *Lychnis dioica.* Lin. Sp. 626.

Lychnis sylvestris, alba simplex. Tournef. 334.
β. *Lychnis sylvestris sive aquatica, purpurea simplex.* Tournef. 335.

Ses tiges sont hautes d'un pied & demi, droites, cylindriques, articulées, velues, & un peu rameuses ; ses feuilles sont larges, ovales, velues, molles, terminées en pointe & d'un vert-foncé ; les fleurs sont blanches, & disposées au sommet de la plante sur des péduncules assez courts ; elles ont leur calice velu, strié & un peu ventru ; & leurs pétales échancrés en cœur. La variété β est plus fortement velue dans toutes ses parties ; ses feuilles sont plus molles, ses calices moins ventrus & ses fleurs de couleur rouge. On trouve cette espèce sur le bord des champs. Sa variété croît dans les lieux humides. ♃

689. *Calice polyphylle* . . . . $\left\{\begin{array}{l} \text{Pétales entiers . . . . 690} \\[1em] \text{Pétales échancrés . . . . . . 692} \end{array}\right.$

690. *Pétales entiers* . . . . $\left\{\begin{array}{l} \text{Feuilles étroites \& linéaires.} \\ \text{691} \\ \text{Feuilles ovales \& point linéaires.} \\ \text{702 — XVIII.} \end{array}\right.$

691. *Feuilles étroites & linéaires.*

Spargoute. *Spergula.*

Les Spargoutes ont un très-grand rapport avec les Sablines n.° 677. Leurs fleurs font affez petites, compofées d'un calice de cinq feuilles, de cinq pétales entiers, de cinq à dix étamines & d'un ovaire furmonté de cinq ftyles. Le fruit eft une capfule uniloculaire, polyfperme & à cinq valves.

A N A L Y S E.

Feuilles verticillées.	Feuilles oppofées.
I.	I V.

I. *Feuilles verticillées.*

Fleurs à cinq étamines.	Fleurs à dix étamines.
I I.	I I I.

II. *Fleurs à cinq étamines.*

Spargoute pentandrique. *Spergula pentandra.* Lin. Sp. 630.

Alfine fpergulæ facie minima feminibus marginatis. Tournef. 244.

Ses tiges font hautes de trois ou quatre pouces, droites, articulées & légèrement velues ; fes feuilles font linéaires, verticillées, tournées fouvent d'un même côté & prefque auffi

691. longues que les entre-nœuds. Chaque verticille est garni à sa base de stipules ovales & membraneuses ; les fleurs sont blanches & portées sur des péduncules dont les uns sont droits & les autres plus ou moins inclinés. On trouve cette plante dans les champs. ☉

III. *Fleurs à dix étamines.*

Spargoute des champs. *Spergula arvensis.* Lin. Sp. 630.

Alsine spergula dicta, major. Tournef. 243.

Ses tiges sont hautes de six à sept pouces, articulées, rameuses ou fourchues vers leur sommet, & médiocrement velues ; ses feuilles sont linéaires, plus courtes que les entre-nœuds & au nombre de huit à douze à chaque verticille. Les fleurs sont blanches, terminales, presque paniculées & portées sur des péduncules divergens & pendans lorsqu'ils sont défleuris. Cette plante croît dans les champs. ☉

IV. *Feuilles opposées.*

Tige droite & simple ; péduncules assez courts.	Tige couchée & rameuse ; péduncules fort longs.
V.	V I.

V. *Tige droite & simple ; péduncules assez courts.*

Spargoute noueuse. *Spergula nodosa.* Lin. Sp. 630.

Alsine arenaria dicta. Vaill. Paris. p. 7.

Sa tige est haute de trois pouces, très-menue, presque filiforme, glabre & garnie d'articulations nombreuses, fort rapprochées les unes des autres, sur-tout celles du sommet ; ses feuilles sont linéaires & connées : les supérieures sont extrêmement courtes, & les jeunes pousses qui sont dans leurs aisselles, les font paroître fasciculées, & donnent un aspect noueux à la tige. Les fleurs sont blanches, pédunculées & terminales. Cette plante croît dans les lieux sablonneux & humides. ♃

691. **VI.** *Tige couchée & rameuse; péduncules fort longs.*

Spargoute faginette. *Spergula faginoïdes.* Lin. Sp. 631.

Alfine tenuifolia, pediculis florum longiffimis. Vail. Parif. p. 8.

Cette plante reffemble beaucoup par fon port, à la fagine rampante n.° 664 — 11; fes tiges font très-menües, longues de trois pouces, rameufes & diffufes : fes feuilles font linéaires, très-étroites, connées, liffes & un peu roides; celles de la bafe des tiges font nombreufes & ramaffées. Les fleurs font blanches & portées chacune fur un péduncule long d'un pouce ou quelquefois davantage. On trouve cette plante dans les lieux pierreux, parmi les mouffes.

---

692. *Pétales échancrés.*

Ceraifte. *Cerastium.*

Les Ceraiftes ont beaucoup de rapport avec les morgelines n.° 681, & les ftellaires n.° 684. Leurs fleurs font compofées d'un calice de cinq feuilles, de cinq pétales échancrés ou bifides, de cinq ou dix étamines & d'un ovaire chargé de cinq ftyles. Le fruit eft une capfule uniloculaire, polyfperme, & qui s'ouvre à fon fommet.

A N A L Y S E.

Toutes les feuilles feffiles.	Feuilles inférieures pétiolées.
I.	X.

I. *Toutes les feuilles feffiles.*

Corolle une fois plus grande que le calice.	Corolle à peu près de même grandeur que le calice.
I I.	V I I.

692.   II.   *Corolle une fois plus grande que le calice.*

Feuilles ovales. I I I.	Feuilles lancéolées-linéaires. I V.

III.   *Feuilles ovales.*

Ceraifte à feuilles larges. *Cerastium latifolium.* Lin. Sp. 629.

Myosotis Alpina latifolia. Tournef. 244.

Ses tiges font baffes, couchées & divifées en rameaux très-ouverts; fes feuilles font ovales, un peu épaiffes & légèrement cotonneufes. Ses fleurs font fort grandes, blanches, pédunculées & fouvent folitaires fur chaque rameau; elles ont leur calice velu & leurs pétales profondément bifides. Cette plante croît dans les environs de Montpellier. ♃

IV.   *Feuilles lancéolées-linéaires.*

Feuilles blanches & très - cotonneufes. V.	Feuilles verdâtres, glabres, ou légèrement velues. V I.

V.   *Feuilles blanches & très-cotonneufes.*

Ceraifte cotonneux. *Cerastium tomentofum.*

Myosotis incana, repens. Tournef. 245.

Myosotis tomentofa, linariæ folio anguftiore. Ibid.

Les tiges, les feuilles & les calices de cette plante, font couverts d'un coton blanc très-remarquable; ces tiges font hautes de fix à fept pouces, très-rameufes & couchées dans leur partie inférieure; les feuilles font étroites & linéaires. Les fleurs font blanches, grandes, fort belles & portées par des péduncules rameux; il leur fuccède des capfules courtes, mais cylindriques & jamais globuleufes. Cette plante croît en Languedoc. ♃

Obs. Le premier des deux synonymes de M. Tournefort, que je viens de citer, ne doit être rapporté à aucune des espèces de *Myosotis* figurées par M. Vaillant.

VI. *Feuilles verdâtres, glabres ou légèrement velues.*

Céraiste des champs. *Cerastium arvense.*

> *Myosotis arvensis subhirsuta, flore majore.* Tournef. 245. Vail. Paris. p. 141, tab. 30, f. 4.
>
> *Myosotis arvensis, polygoni folio.* Ibid. Vail. Paris. 141, tab. 30, f. 5.

Ses tiges sont hautes d'un demi-pied, cylindriques, pubescentes, articulées, rameuses & un peu couchées dans leur partie inférieure ; les jeunes rameaux non fleuris sont très-garnis de feuilles, mais les tiges fleuries les ont très-distantes, & paroissent presque nues vers leur sommet : les feuilles sont étroites, lancéolées-linéaires, d'un vert clair, assez glabres en-dessus & légèrement velues en-dessous. Les fleurs sont grandes, de couleur blanche, terminales & portées sur des péduncules rameux. Le fruit est une capsule oblongue, cylindrique & un peu courbée en manière de corne. On trouve cette plante sur le bord des champs, le long des chemins, ♃ ; elle fleurit au commencement de Mai.

VII. *Corolle à peu-près de même grandeur que le calice.*

Feuilles vertes & pointues.	Feuilles jaunâtres & obtuses.
V I I I.	I X.

VIII. *Feuilles vertes & pointues.*

Ceraiste commun. *Cerastium vulgatum.* Lin. Sp. 627.

> *Myosotis arvensis hirsuta, parvo flore.* Tournef. 245. Vail. tab. 30, fig. 1, non. 3.

Ses tiges sont longues de sept à dix pouces, plus ou moins couchées, articulées, rameuses & légèrement velues ; ses feuilles sont ovales-lancéolées, pointues, connées, vertes, velues & un peu épaisses. Ses fleurs sont blanches, petites, terminales & portées sur des péduncules d'abord fort courts, qui les font paroître ramassées, mais ces péduncules se développent

692. à mesure que la fructification s'achève ou se perfectionne, & alors les fleurs sont un peu paniculées : le calice est presque aussi grand que la corolle ; ses écailles sont pointues & scarieuses en leurs bords ; les pétales sont étroits, semi-bifides, & n'ont pas plus de deux lignes de longueur. Cette plante est commune dans les lieux incultes & le long des chemins. ♃

IX.   *Feuilles jaunâtres & obtuses.*

Ceraiste à feuilles obtuses. *Cerastium obtusifolium.*

Myosotis hirsuta, altera, viscosa. Tournef. 245. Vail. tab. 30, fig. 3, non. 1.

Cerastium viscosum. Lin. Sp. 627.

β. *Myosotis hirsuta, minor.* Tournef. 245. Vail. tab. 30, fig. 2.

Cerastium semi-decandrum. Lin. Sp. 627.

Cette espèce diffère de la précédente par ses tiges plus droites, moins nombreuses, & qui ne forment point de gasons, & par ses feuilles fort courtes, ovales - obtuses, & qui jaunissent de bonne heure ; ses fleurs sont petites & un peu ramassées. La variété β ne s'élève que jusqu'à quatre ou cinq pouces ; & ses fleurs ont, comme celles des autres espèces, dix étamines & cinq styles, selon l'observation de M. Scopoli. [*Flora*, carn. 1, p. 321, n.° 549.] On trouve cette plante sur le bord des champs & dans les lieux un peu secs ou sablonneux. ⊙

X.   *Feuilles inférieures pétiolées.*

Ceraiste aquatique. *Cerastium aquaticum.* Lin. Sp. 629.

Alsine maxima, solanifolia. Tournef. 242.

Ses tiges sont longues d'un pied & demi, souvent un peu couchées, anguleuses, rameuses, articulées, feuillées dans toute leur longueur, lisses inférieurement, & pubescentes vers leur sommet ; ses feuilles sont larges, ovales en cœur pointues, la plupart entièrement glabres, mais les supérieures sont un peu velues en-dessous : les fleurs sont blanches

692. pédonculées & terminales ; leurs pétales font profondément bifides & un peu plus grands que le calice. On trouve cette plante dans les foffés aquatiques ; ♃. M. l'abbé Haüy l'a obfervée dans le foffé qui borde le chemin entre Fitz-James & Clermont en Beauvoifis.

693. *Feuilles ou alternes ou radicales.* { Feuilles fimples ; cinq étamines. 695

Feuilles ternées ; dix étamines. 698

694. *Cinq ftyles.* . . . . { Feuilles engainées à leur bafe. 701 — VIII

Feuilles non engainées . . 722

695. *Feuilles fimples ; cinq étamines.* . . . . { Calice d'une feule pièce, entier ou femi-quinquefide 699

Calice de plufieurs pièces, ou divifé jufqu'à fa bafe en cinq folioles diftinctes 702

696. *Feuilles radicales ou alternes.* { Feuilles fimples ; cinq ovaires diftincts 697

Feuilles ternées ; un feul ovaire à cinq angles 698

697. *Feuilles fimples ; cinq ovaires diftincts.*

Cotylier ombiliqué. *Cotyledon umbilicata.*

Cotyledon major. Tournef. 90.

Cotyledon umbilicus. Lin. Sp. 615.

Sa racine eft tubéreufe & pouffe une tige droite haute de fix à dix pouces, tendre, un peu foible & plus ou moins rameufe ; fes feuilles radicales font nombreufes, pétiolées, arrondies, la plupart ombiliquées, fur-tout dans la jeuneffe de la plante, crénelées en leurs bords, liffes, charnues & fucculentes : celles de la tige font plus petites, moins

697. arrondies, presque cunéiformes & un peu lobées. Les fleurs
font affez petites, d'un blanc-verdâtre ou jaunâtre, nombreufes & difpofées en épi ; elles ont un calice à cinq divifions,
une corolle campanulée femi - quinquefide & dix étamines.
On trouve cette plante en Provence dans les lieux pierreux
& fur les vieux murs, ♃ ; fes feuilles font anodines &
rafraîchiffantes.

---

698. *Feuilles ternées ; dix étamines.*

Surelle. *Oxys.*

Les fleurs de Surelle font compofées d'un calice court à
cinq divifions profondes, de cinq pétales adhérens par leurs
onglets, de dix étamines difpofées fur deux rangs, & d'un
ovaire anguleux chargé de cinq ftyles. Le fruit eft une capfule
oblongue, pentagone & à cinq loges.

A N A L Y S E.

Hampe nue & uniflore.	Tige rameufe & pluriflore.
I.	I I.

I.   *Hampe nue & uniflore.*

Surelle blanche. *Oxis alba.*   [Alleluia].

   Oxis flore albo. Tournef. 88.

   Oxalis acetofella. Lin. Sp. 620.

Sa racine eft écailleufe & dentée ; elle pouffe beaucoup
de feuilles portées fur de longs pétioles, compofées de trois
folioles en cœur, d'un vert-clair, d'une faveur acide, &
qui ont quelque efpèce de fenfibilité felon M. de Haller.
Les fleurs font blanches, & foutenues par des pédúncules
foibles qui naiffent immédiatement du collet de la racine
entre les feuilles. On trouve cette plante dans les lieux
couverts, les bois, ♃ ; elle eft rafraîchiffante & tempérante.

II.   *Tige rameufe & pluriflore.*

Surelle jaune. *Oxis lutea.* Tournef. 88.

   Oxalis corniculata. Lin. Sp. 623.

Ses tiges font longues de cinq à huit pouces, menues

698. couchées, feuillées, rameuses & diffuses ; ses feuilles sont pétiolées & composées de trois folioles cordiformes & légèrement velues : les péduncules sont axillaires, & portent chacun deux à cinq fleurs de couleur jaune. Cette plante croît dans les provinces méridionales. ☉

699.

Calice d'une seule pièce, entier ou semi - quinque - fide . . . .

{ Calice semi-quinquefide & point scarieux ; feuilles couvertes de poils rouges 700

Calice presque entier & scarieux ; feuilles non chargées de poils rouges 701

700. *Calice semi-quinquefide & point scarieux ; feuilles couvertes de poils rouges.*

Rossoli. *Drosera.*

Les fleurs de Rossoli sont petites, composées d'un calice court & semi-quinquefide, de cinq pétales, de cinq étamines & d'un ovaire chargé de cinq styles. Le fruit est une capsule uniloculaire, polysperme & à cinq valves.

A N A L Y S E.

Feuilles arrondies & pétiolées.	Feuilles oblongues & rétrécies insensiblement en pétiole.
I.	I I.

I. *Feuilles arrondies & pétiolées.*

Rossoli à feuilles rondes. *Drosera rotundifolia.* Lin. Sp. 402.

Ros solis folio subrotundo. Tournef. 245.

Petite plante assez jolie, dont la racine est fibreuse, noirâtre, & pousse beaucoup de feuilles portées sur de longs péduncules, petites, arrondies, orbiculaires & remarquables par les poils rouges & glanduleux, dont elles sont hérissées. Du milieu de ces feuilles, naît immédiatement de la racine, une ou plusieurs tiges nues, grêles, presque filiformes, hautes

700. de quatre à cinq pouces, qui portent en leur sommet de petites fleurs blanchâtres, disposées en épi unilatéral. Cette plante croît dans les lieux humides & marécageux. ⊙

II. *Feuilles oblongues & rétrécies insensiblement*
en pétiole.

Rossoli à feuilles longues. *Drosera longifolia.* Lin. Sp. 403.

Ros solis folio oblongo. Tournef. 245.

Cette espèce ressemble beaucoup à la précédente, mais la forme constante de ses feuilles l'en distingue suffisamment. M. Scopoli pense qu'elle n'est qu'une variété de la première, qui dégénère insensiblement, & se change en celle-ci; mais je suis porté à croire avec M. de Haller, que ces deux espèces sont toujours distinctes, ayant observé pendant long-temps la première dans un endroit où elle étoit assez abondante, sans jamais y trouver un seul pied de la seconde. On la trouve aussi dans les prés humides, les marais, ⊙; l'une & l'autre espèce sont regardées comme pectorales & béchiques, cependant M. de Haller les dit âcres & un peu caustiques. On a en effet observé qu'elles nuisoient beaucoup aux moutons qui en mangeoient.

---

701. *Calice presque entier & scarieux ; feuilles non*
chargées de poils rouges.

Statice. *Statice.*

Les fleurs de Statice sont composées d'un calice monophylle, lisse & scarieux, de cinq pétales dans le plus grand nombre des espèces, de cinq étamines, & d'un ovaire chargé de cinq styles. Le fruit est une semence renfermée dans le calice qui s'est resserré, & tient lieu de capsule.

A N A L Y S E.

Hampe simple, terminée par une tête de fleurs.	Tige ou hampe rameuse, chargée de fleurs non ramassées en tête.
I.	I I.

I. *Hampe simple, terminée par une tête de fleurs.*

Statice capitée. *Statice capitata.*   [gazon d'Olympe]

Statice Lugdunensium. Tournef. 341.

Statice montana minor. Ibid.

Statice armeria. Lin. Sp. 394.

Les tiges de cette plante font des hampes nues, grêles, très-simples, & qui s'élèvent jufqu'à huit- ou dix pouces ; les feuilles font radicales, nombreufes, affez longues, étroites, linéaires & difpofées en gazon au bas des tiges : les fleurs font rougeâtres ou de couleur blanche, ramaffées en tête terminale, & renfermées dans un calice commun, compofé de plufieurs rangs d'écailles. A la bafe de ce calice, on obferve une gaine ou une efpèce de fourreau long de quatre à cinq lignes, fendu ou déchiré en fon bord inférieur, & qui enveloppe le fommet de chaque hampe. On trouve cette plante dans les lieux fecs, fur les collines & fur le bord des bois, ♃ ; on la cultive en bordure dans les jardins.

II. *Tige ou hampe rameufe, chargée de fleurs non ramaffées en tête.*

Corolle compofée de cinq pétales très-diftincts.	Corolle monopétale & infundibuliforme.
I I I.	V I I I.

III. *Corolle compofée de cinq pétales très-diftincts.*

Collet de la racine fimple, pouffant immédiatement les hampes, & ne produifant qu'une rofette de feuilles.	Collet de la racine divifé en plufieurs fouches ligneufes qui produifent chacune une rofette de feuilles.
I V.	V I I.

701.

IV. *Collet de la racine simple, pouffant immédiatement les hampes, & ne produifant qu'une rofette de feuilles.*

Feuilles liffes & point rudes au toucher.	Feuilles chargées de tubercules très-rudes au toucher.
V.	V I.

V. *Feuilles liffes & point rudes au toucher.*

Statice maritime. *Statice maritima.*

> *Limonium maritimum, majus.* Tournef. 342.
> *Limonium maritimum, minus, oleæ folio.* Ibid. 342.
> *Statice limonium.* Lin. Sp. 934.
> β. *Limonium maritimum, minus, foliis cordatis.* Tournef. 342.
> *Limonium parvum, bellidis minoris folio.* Ibid.
> *Statice cordata.* Lin. Sp. 394.

Ses tiges font nues, dures, rameufes, paniculées fupé-rieurement, & hautes de fix à dix pouces. On obferve à la bafe de chaque rameau une écaille courte, pointue & amplexicaule; les fleurs font petites, nombreufes, de couleur violette ou blanchâtre, & difpofées par feries unilatérales: elles font ordinairement tournées vers le ciel. Les feuilles font radicales, couchées en rond fur la terre, longues, un peu élargies vers leur fommet, plus ou moins pointues, liffes & affez épaiffes. La variété β eft moins grande dans toutes fes parties; fes feuilles font fpatulées, un peu plus obtufes, mais jamais en cœur. Cette plante croît fur les bords de la mer dans les provinces méridionales. ♃

VI. *Feuilles chargées de tubercules très-rudes au toucher.*

Statice âpre. *Statice afpera.*

> *Limonium minus annuum, bullatis foliis, vel echioides.* Tournef. 342.
> *Statice echioides.* Lin. Sp. 394.

Ses tiges font menues, rameufes, paniculées, ponctuées, hautes de fix à fept pouces, & garnies à l'origine de leurs divifions,

701. divisions, de petites écailles amplexicaules, pointues & rouges à leur sommet; ses feuilles sont radicales, couchées en rond sur la terre, tuberculeuses, rudes au toucher, chargées de plusieurs nervures & d'une forme presque ovale; ses fleurs sont petites, purpurines & peu nombreuses. On trouve cette plante en Provence & en Languedoc. ☉

VII. *Collet de la racine divisé en plusieurs souches ligneuses, qui produisent chacune une rosette de feuilles.*

Statice mineure. *Statice minuta.* Lin. mant. 59.

Limonium maritimum minimum. Tournef. 342.

Cette espèce est la plus petite de toutes; elle forme, par le rapprochement des rosettes de feuilles qui sont à sa partie inférieure, un gazon fort dense & serré; ses feuilles sont petites, courtes, spatulées, arrondies à leur sommet, un peu dures, entassées & ramassées au sommet des souches produites par les divisions du collet de la racine. Les tiges sont nues, grêles, rameuses, hautes de deux à trois pouces, & naissent chacune du milieu d'une rosette de feuilles. Les fleurs sont très-petites, d'un rouge pâle, disposées comme celles des deux espèces précédentes. Cette plante croît dans les lieux maritimes des provinces méridionales. ♄

VIII. *Corolle monopétale & infundibuliforme.*

Statice monopétale. *Statice monopetala.* Lin. Sp. 396.

Limonium foliis halimi. Tournef. 342.

Petit arbrisseau dont la tige est rameuse, rougeâtre, feuillée, ordinairement un peu couchée, quelquefois tout-à-fait droite, sur-tout lorsqu'il est cultivé, & qui s'élève jusqu'à trois ou quatre pieds; ses feuilles sont alongées, un peu étroites, obtuses à leur extrémité, ponctuées, chagrinées, d'un vert blanchâtre, un peu dures & engainées à leur base; ses fleurs sont d'un rouge violet, sessiles & disposées en épis rameux & paniculés; elles naissent chacune de l'aisselle d'une écaille vaginale. Cet arbrisseau croît dans les environs de Narbonne où il a été observé par M. l'abbé Pourret. ♄

702. *Calice de plusieurs pièces, ou divisé jusqu'à sa base en cinq folioles distinctes.*

Lin. *Linum.*

Les fleurs de Lin sont composées d'un calice de cinq feuilles, de cinq pétales élargies vers leur sommet, communément de cinq étamines, accompagnées quelquefois d'un pareil nombre de filamens stériles & d'un ovaire chargé de cinq styles. Le fruit est une capsule courte, divisée en huit ou dix loges.

ANALYSE.

Feuilles éparses & alternes. I.	Feuilles opposées. XVI.

I.   *Feuilles éparses & alternes.*

Fleurs bleues ou blanches, ou rougeâtres. I I.	Fleurs de couleur jaune. I X.

II.   *Fleurs bleues ou blanches, ou rougeâtres.*

Écailles calicinales courtes & un peu obtuses. I I I.	Écailles calicinales lancéolées & pointues. I V.

III.   *Écailles calicinales courtes & un peu obtuses.*

Lin vivace. *Linum perenne.* Lin. Sp. 397.

> *Linum perenne, majus cæruleum, capitulo majore.* Tournef. 339.

Ses tiges sont droites, cylindriques, glabres, feuillées, rameuses vers leur sommet, & hautes de deux à trois pieds; ses feuilles sont lancéolées-linéaires, pointues, nombreuses & éparses; ses fleurs sont terminales, pédunculées, fort grandes & de couleur bleue. Cette plante croît dans les pâturages des montagnes de la Provence. ♃

IV. *Écailles calicinales, lancéolées & pointues.*

Pétales crénelés ou denticulés.	Pétales très-entiers.
V.	**V I.**

V. *Pétales crénelés ou denticulés.*

Lin d'usage. *Linum usitatissimum.* Lin. Sp. 397.

> *Linum arvense.* Tournef. 339.
> *Linum sativum.* Tournef. ibid.

Sa tige est lisse, cylindrique, feuillée, rameuse seulement à son sommet, & s'élève jusqu'à un pied & demi ; ses feuilles sont éparses, lancéolées-linéaires, pointues, & d'un vert un peu glauque. Ses fleurs sont bleues, pédunculées & terminales. Cette plante croît dans les champs. On la cultive pour sa grande utilité qui est suffisamment connue. ☉ Sa semence est très-mucilagineuse. On l'emploie dans les lavemens émolliens ; & on en tire par l'expression une huile très-anodine, anti-dysurique & béchique.

VI. *Pétales très-entiers.*

Feuilles lancéolées - aiguës ; corolle d'un beau bleu.	Feuilles sétacées-linéaires ; corolle blanche ou purpurine.
V I I.	**V I I I.**

VII. *Feuilles lancéolées-aiguës ; corolle d'un beau bleu.*

Lin de Narbonne. *Linum Narbonense.* Lin. Sp. 399.

> *Linum sylvestre cæruleum, folio acuto.* Tournef. 340.

Sa tige est haute d'un pied & demi tout-au-plus, grêle, cylindrique, feuillée & rameuse à son sommet. Ses feuilles sont éparses, presque toutes rapprochées de la tige, un peu roides & d'un vert-clair. Les fleurs sont fort grandes, pédunculées & terminales. Elles ont leurs écailles calicinales très-aiguës & membraneuses en leurs bords, & leurs étamines réunies à leur base. Cette plante croît en Languedoc & en Provence. ♃

702. **VIII.** *Feuilles sétacées - linéaires; corolle blanche ou purpurine.*

Lin à feuilles menues. *Linum tenuifolium.* Lin. Sp. 399.

> *Linum sylvestre angustifolium, floribus dilute purpurascentibus vel carneis.* Tournef. 340.
>
> *Linum sylvestre angustifolium, flore magno albo.* Ibid.

Ses tiges sont hautes d'un pied, menues, assez dures & garnies dans toute leur longueur de feuilles éparses très-étroites, linéaires, aiguës, un peu roides & rudes en leurs bords; ses fleurs sont grandes, pédunculées, terminales & ordinairement purpurines ou couleur de chair. Elles ont, comme celles de la précédente, leurs étamines réunies à leur base. On trouve cette plante sur les collines sèches & arides. ♃

IX. *Fleurs de couleur jaune.*

Corolle deux ou trois fois plus grande que le calice. **X.**	Corolle n'étant pas une fois plus grande que le calice. **X I I I.**

X. *Corolle deux ou trois fois plus grande que le calice.*

Tiges simples, & chargées de deux ou trois fleurs. **X I.**	Tiges rameuses, & chargées de plus de trois fleurs. **X I I.**

XI. *Tiges simples, & chargées de deux ou trois fleurs.*

Lin campanulé. *Linum campanulatum.* Lin. Sp. 400.

> *Linum sylvestre, luteum, foliis subrotundis.* Tournef. 340.

Ses tiges sont hautes de quatre à cinq pouces, menues & feuillées; elles soutiennent ordinairement à leur sommet deux ou trois fleurs assez grandes, dont les folioles calicinales sont lancéolées & pointues : les feuilles sont remarquables, selon M. Linné, par un point glanduleux, situé à leur base

702. de chaque côté. On trouve cette plante dans les lieux arides des provinces méridionales. ♃

XII. *Tiges rameuses, & chargées de plus de trois fleurs.*

Lin jaune. *Linum flavum.* Lin. Sp. 399.

Linum sylvestre latifolium luteum. Tournef. 340.

Ses tiges sont hautes de huit à dix pouces, menues, un peu dures, feuillées & rameuses à leur sommet ; ses feuilles sont éparses, étroites, pointues, & n'ont que cinq ou six lignes de longueur. Les fleurs sont pédunculées, assez grandes, d'un beau jaune ; & disposées dans la partie supérieure des tiges ; elles ont un calice court, dont les folioles sont petites, ovales & un peu pointues. On trouve cette plante dans les environs de Montpellier. ♃

XIII. *Corolle n'étant pas une fois plus grande que le calice.*

Fleurs ramassées par bouquets glomérulés. X I V.	Fleurs libres, & point ramassées par bouquets glomérulés. X V.

XIV. *Fleurs ramassées par bouquets glomérulés.*

Lin ramassé. *Linum strictum.* Lin. Sp. 400.

Linum foliis asperis, umbellatum luteum. Tournef. 340.

Sa tige est haute de six pouces, menue, droite & divisée vers son sommet en rameaux corymbiformes ; ses feuilles sont lancéolées-linéaires, pointues, assez roides, rudes en leurs bords & un peu serrées contre la tige. Les fleurs sont jaunes, terminales, & leurs folioles calicinales sont longues & aiguës. On trouve cette plante sur le bord des chemins, en Provence & en Languedoc. ☉

702. **XV.** *Fleurs libres, & point ramassées par bouquets glomérulés.*

Lin maritime. *Linum maritimum.* Lin. Sp. 400.

> *Linum maritimum luteum.* Tournef. 340.
>
> β. *Linum calycibus acutis, foliis lineari-lanceolatis, paniculæ pedunculis bifloris.* Ger. prov. 421, tab. 16, fig. 1.
>
> *Linum gallicum.* Lin. Sp. 401.

Ses tiges sont hautes de six à huit pouces, très-menues & rameuses dans leur moitié supérieure; elles sont glabres & légèrement anguleuses: les feuilles sont lancéolées-linéaires, pointues, éparses, un peu écartées les unes des autres dans la partie supérieure des tiges, mais nombreuses, serrées & presque ramassées dans l'inférieure. Les fleurs sont petites, de couleur jaune, terminales & disposées en panicule. La variété β a les folioles calicinales très-aiguës. On trouve cette espèce dans les lieux maritimes des provinces méridionales.

| **XVI.** | *Feuilles opposées.* |

| Corolle de quatre pièces. | Corolle de cinq pièces. |
| X V I I. | X V I I I. |

XVII. *Corolle de quatre pièces.*

Lin multiflore. *Linum multiflorum.*

> *Chamælinum vulgare.* Vail. Parif. 33, tab. 4, fig. 6.
>
> *Linum radiola.* Lin. Sp. 402.

Sa tige s'élève à peine jusqu'à un pouce & demi; elle est extrêmement rameuse, paniculée & remarquable par ses nombreuses bifurcations: son épaisseur ne surpasse pas celle d'un fil ordinaire; ses feuilles sont ovales, glabres, & n'ont pas plus d'une ligne de longueur. Ses fleurs sont blanches, très-petites, très-nombreuses & disposées au sommet des rameaux; elles ont un calice de quatre feuilles, quatre pétales, quatre étamines, & un ovaire chargé de quatre styles: leur fruit est une capsule à huit loges. On trouve cette plante dans les allées des bois, les lieux couverts & humides. ⊙

702. XVIII. *Corolle de cinq pièces.*

Lin purgatif. *Linum catharticum.* Lin. Sp. 402.

Linum pratense, floribus exiguis. Tournef. 340.

Sa tige est haute de cinq à sept pouces, droite, très-menue, glabre & rameuse à son sommet ; ses feuilles sont ovales-oblongues, lisses & plus courtes que les entre-nœuds. Ses fleurs sont assez petites, pédunculées & terminales ; leurs pétales sont blancs, jaunâtres en leur onglet, & une fois plus longs que le calice. On trouve cette plante dans les prés secs, ⊙ ; elle est amère, purgative & légèrement hydragogue.

703. *Ovaire privé de style* . . . . . { Tige herbacée 704

{ Tige ligneuse 709

704. *Tige herbacée* . . . . { Tiges couchées sur la terre. 705

{ Tiges droites & point couchées. 708

705. *Tiges couchées sur la terre* . . { Tiges simples ; capsules uniloculaires & trivalves 706

{ Tiges rameuses ; semences nues & triangulaires 707

706. *Tiges simples ; capsules uniloculaires & trivalves.*

Telephe rampant. *Telephium repens.*

Telephium Dioscoridis. Tournef. 248.
Telephium impetrati. Lin. Sp. 388.

Ses tiges sont longues d'un pied, simples, couchées, menues, glabres, légèrement anguleuses & feuillées dans toute leur longueur ; ses feuilles sont alternes, ovales & d'un vert glauque. Ses fleurs sont blanches, petites, &

E iv

706. difposées en bouquet glomérulé aux extrémités des tiges : elles ont un calice de cinq feuilles, cinq pétales, cinq étamines, & un ovaire chargé de trois ftigmates aigus. On trouve cette plante en Provence. ♃

---

707. *Tiges rameufes ; femences nues & triangulaires.*

Corrigiole des rives. *Corrigiola littoralis.* Lin. Sp. 388.

> *Polygoni vel linifolia per terram fparfa, flore fcorpioidis.* Tournef. Bot. par. 1, p. 218.

Ses tiges font longues de cinq à fept pouces, très-menues, rameufes, couchées & difpofées en rond fur la terre ; elles font garnies de feuilles oblongues, beaucoup moins larges que celles de l'efpèce précédente, alternes, un peu diftantes & d'un vert glauque prefque blanchâtre. On obferve à la bafe de chaque feuille, une couple de ftipules fort petites & argentées. Les fleurs font blanches, extrêmement petites, & ramaffées en bouquets glomérulés aux extrémités des rameaux & des tiges ; elles ont un calice de cinq feuilles, cinq pétales, cinq étamines, & un ovaire chargé de trois ftigmates. On trouve cette plante dans les lieux fablonneux, fur le bord des ruiffeaux. ⊙

---

708. *Tiges droites & point couchées.*

Parnaffie des marais. *Parnaffia paluftris.* Lin. Sp. 391.

> *Parnaffia paluftris & vulgaris.* Tournef. 246.

Sa racine eft fibreufe, chevelue, & pouffe une ou plu-fieurs tiges menues, très-fimples, chargées d'une feuille dans leur partie moyenne, & hautes d'un pied à peu-près ; les feuilles radicales font pétiolées, cordiformes, liffes & très-glabres : celles des tiges font feffiles & amplexicaules. Chaque tige eft terminée par une fleur affez grande, compofée d'un calice à cinq divifions profondes, de cinq pétales blancs, rayés & d'une forme ovale, de cinq follicules particuliers, bordés de cils globulifères, de cinq étamines, & d'un ovaire chargé de quatre ftigmates. Le fruit eft une capfule quadri-valve & polyfperme. On trouve cette plante dans les marais, les prés humides. ♃

---

709.   *Tige ligneuse* . . . . {   Feuilles sessiles 710

                                            Feuilles pétiolées 711

---

710.   *Feuilles sessiles.*

Tamaris.   *Tamariscus.*

Les fleurs de Tamaris sont petites, composées d'un calice à cinq divisions, de cinq pétales ouverts, de cinq ou dix étamines, & d'un ovaire chargé de trois stigmates plumeux. Le fruit est une capsule uniloculaire & trivalve.

A N A L Y S E.

Fleurs à cinq étamines.	Fleurs à dix étamines.
I.	I I.

I.   *Fleurs à cinq étamines.*

Tamaris pentandrique. *Tamariscus pentandra.*

Tamariscus Narbonensis. Tournef. 661.

Tamarix Gallica. Lin. Sp. 386.

Arbrisseau de cinq à huit pieds, très-rameux, dont l'écorce est grisâtre ou rougeâtre & les rameaux très-flexibles ; ses feuilles sont extrêmement petites, courtes, pointues, très-rapprochées & embriquées sur les jeunes pousses : elles ressemblent un peu à celles des bruyères ou des cyprès. Les fleurs sont disposées en épis grêles, placés vers le sommet des tiges & des branches ; elles sont fort petites, & de couleur blanche ou purpurine Cet arbrisseau croît dans les provinces méridionales, ♄ ; son écorce & sa racine sont regardées comme apéritives, diurétiques & même un peu sudorifiques : le sel lixiviel, qu'on retire de ses cendres, est de la nature du sel de Glauber.

710. **II.** *Fleurs à dix étamines.*

Tamaris decandrique. *Tamariscus decandra.*

Tamariscus Germanica. Tournef. 661.

Tamarix Germanica. Lin. Sp. 387.

Cet arbrisseau a beaucoup de rapport avec le précédent ; mais ses feuilles sont une fois plus grandes, moins serrées, moins pointues & d'un vert glauque. Ses fleurs sont aussi une fois plus grandes, de couleur de rose ou violette, & ont dix étamines disposées sur deux rangs. Il croît en Alsace, où il est indiqué par Mappus, ♄ ; il a les mêmes vertus que le précédent.

711. *Feuilles pétiolées.*

Sumac. *Rhus.*

Les fleurs de Sumac sont très-petites & disposées en panicule ou en épi dense & rameux ; elles sont composées d'un calice à cinq divisions, de cinq pétales, de cinq étamines & d'un ovaire chargé de trois stigmates. Le fruit est une baie monosperme.

A N A L Y S E.

Feuilles simples & arrondies. I.	Feuilles ailées avec impaire. I I.

I. *Feuilles simples & arrondies.*

Sumac fustet. *Rhus cotinus.* Lin. Sp. 383.

Cotinus coriaria. Tournef. 610.

Arbrisseau de cinq à six pieds, dont l'écorce est lisse, le bois jaunâtre & les rameaux cylindriques & flexibles ; ses feuilles sont arrondies, ovoïdes, très-lisses, nerveuses, vertes en-dessus, blanchâtres en-dessous & portées sur de longs pétioles. Les fleurs sont verdâtres & disposées en panicule au sommet des rameaux. On trouve cet arbrisseau dans les

711. montagnes de la Provence, ♄ ; il eſt odorant : ſon bois eſt employé pour teindre en jaune, & ſes feuilles ſervent pour tanner les cuirs.

II.   *Feuilles ailées avec impaire.*

Sumac des corroyeurs. *Rhus coriaria.* Lin. Sp. 379.

Rhus folio ulmi. Tournef. 611.

Arbriſſeau de quatre à cinq pieds, dont les rameaux ſont nombreux, flexibles & couverts d'un duvet rouſſâtre ; ſes feuilles ſont compoſées de neuf à onze folioles ovales-oblongues, velues, dentées, oppoſées, ſeſſiles & diſpoſées ſur un pétiole commun également velu & ſouvent rougeâtre. Les fleurs ſont blanchâtres & ramaſſées au ſommet des branches en épis denſes & ſerrés ; il leur ſuccède des baies recouvertes d'un duvet rougeâtre. Cet arbriſſeau croît dans les lieux ſecs & pierreux des provinces méridionales, ♄ ; ſes feuilles, ſes fleurs & ſes fruits ſont aſtringens & rafraîchiſſans. On le réduit en poudre après l'avoir fait ſécher, & on s'en ſert pour préparer les cuirs.

---

712. *Pluſieurs ovaires, ou un ſeul profondément diviſé....* { Quatre pétales ou moins. 713

{ Cinq pétales ou plus.. 717

---

713. *Quatre pétales ou moins...* { Trois ou quatre étamines. 714

{ Six étamines........ 715

---

714.   *Trois ou quatre étamines.*

Tilli. *Tillæa.*

Les fleurs de Tilli ſont petites, compoſées d'un calice à trois ou quatre diviſions, de trois ou quatre pétales, d'autant d'étamines, & d'un pareil nombre d'ovaires qui ſe changent en capſules polyſpermes.

ANALYSE.

714.

Corolle de trois pièces; trois étamines. I.	Corolle de quatre pièces, quatre étamines. I I.

I.   *Corolle de trois pièces; trois étamines.*

Tilli mousset. *Tillæa muscosa.* Lin. Sp. 186.

    Sedum, quod polygonum minimum muscosum. Vail. Parif.
182.

Cette plante est très-petite; sa tige est menue, rameuse,
rougeâtre, lisse, entre-coupée par des nœuds très-rapprochés,
& s'élève rarement au-delà d'un pouce : ses feuilles sont opposées, perfoliées & n'ont pas plus d'une ligne de longueur.
Elles ont chacune dans leur aisselle un petit faisceau d'autres
feuilles, formé par les nouvelles pousses. Les fleurs sont extrêmement petites & presque sessiles. On trouve cette plante
dans les allées des bois humides. ⊙

II.   *Corolle de quatre pièces; quatre étamines.*

Tilli aquatique. *Tillæa aquatica.* Lin. Sp. 186.

    Sedum minimum annuum, flore roseo tetrapetalo. Vail.
Parif. 182, tab. 10, f. 2.

Cette espèce s'élève jusqu'à un pouce & demi ; sa tige
est rameuse, succulente, lisse & un peu rougeâtre ; ses feuilles
sont opposées, charnues, émoussées à leur sommet, & un peu
plus grandes que celles de l'espèce précédente : ses fleurs sont
solitaires, pédunculées & de couleur de rose. On trouve
cette plante dans les lieux humides & couverts. ⊙

715.   *Six étamines.*

Fluteau. *Alisma.*

Les Fluteaux sont des plantes aquatiques qui ont beaucoup
de rapport avec la fléchière, n.° 169 ; leurs fleurs sont composées d'un calice de trois pièces, de trois pétales arrondis,

715. & de plusieurs ovaires ramassés qui se changent en capsules monospermes.

A N A L Y S E.

Tiges droites. I.	Tiges rampantes. V I.

I.   *Tiges droites.*

Feuilles un peu en cœur à leur base. I I.	Feuilles point en cœur à leur base. I I I.

II.   *Feuilles un peu en cœur à leur base.*

Fluteau étoilé. *Alisma stellata.*

> *Damasonium stellatum.* Tournef. 257.
> *Alisma damasonium.* Lin. Sp. 486.

Ses tiges sont hautes de quatre à six pouces, simples, lisses, nues, & soutiennent à leur sommet, un ou deux verticilles de fleurs, dont le terminal imite une ombelle; les feuilles sont radicales, nombreuses, pétiolées, ovales-oblongues, lisses & très-glabres: les fleurs sont assez petites, de couleur blanche, & portées sur des péduncules verticillés ou en ombelle. A la base de ces péduncules, on observe une collerette composée de trois écailles membraneuses & pointues. Les capsules sont aplaties, terminées en pointe & disposées en étoile. On trouve cette plante sur le bord des étangs. ♃

III.   *Feuilles non en cœur à leur base.*

Fruits en tête ronde, très-hérissée ; verticilles ou ombelles simples. I V.	Fruits formant trois angles émoussés; verticilles composés. V.

715. **IV.** *Fruits en tête ronde, très-hériffée; verticilles ou ombelles simples.*

Fluteau renonculier. *Alifina ranunculoides.* Lin. Sp. 487.

> *Ranunculus paluftris, plantaginis folio, humilis & fupinus.* Tournef. 292.

Ses tiges font hautes de quatre pouces, droites, ou quelquefois légèrement inclinées, & fe terminent par un ou deux verticilles umbelliformes qui ne font jamais compofés. fes feuilles font radicales, étroites, pointues, & portées fur de longs pétioles. Les péduncules propres de chaque fleur ont près d'un pouce de longueur. On trouve cette plante dans les lieux aquatiques. ♃

V. *Fruits formant trois angles émouffés; verticilles compofés.*

Fluteau plantaginé. *Alifina plantago.* Lin. Sp. 486.

> *Ranunculus paluftris, plantaginis folio ampliore.* Tournef. 292.
>
> β. *Ranunculus paluftris, plantaginis folio anguftiore.* Ibid.

Sa tige eft droite, nue, haute d'un à deux pieds, & foutient à fon fommet plufieurs verticilles compofés, & formant une panicule étalée & fort grande; fes feuilles font radicales, droites, pétiolées, ovales - oblongues, pointues, glabres & nerveufes : les fleurs font petites, très-nombreufes, pédunculées & de couleur blanche ou rougeâtre. La variété β eft moins grande, fa panicule de fleurs eft moins compofée, & fes feuilles font plus étroites. On trouve cette plante dans les foffés aquatiques, les mares, & fur le bord des étangs. ♃

VI. *Tiges rampantes.*

Fluteau nageant. *Alifina natans.* Lin. Sp. 487.

> *Damafonium radiculas emittens ex geniculis.* Vail. Parif. 46.

Ses tiges font couchées, rampantes & radicantes ; fes feuilles font oblongues & obtufes, & les péduncules de fes fleurs font folitaires ou en ombelle peu garnie. Les capfules font fouvent au nombre de huit. Cette plante croît dans les environs de Paris.

716. *Corolle irrégulière.......*
Corolle à éperon...... 908
Corolle sans éperon... 909

717. *Cinq pétales ou plus......*
Trois à six ovaires..... 718
Plus de six ovaires..... 724

718. *Trois à six ovaires......*
Trois ovaires........ 719
Plus de trois ovaires... 720

Trois ovaires.

719. Garidelle nielline. *Garidella nigellastrum.* Lin. Sp. 608.

Garidella foliis tenuissime divisis. Tournef. 665.

Sa tige est haute d'un à deux pieds, grêle, anguleuse, glabre, divisée en quelques rameaux droits & presque nue dans sa partie supérieure; ses feuilles radicales sont longues, ailées & finement découpées; celles de la tige sont écartées, peu nombreuses, & composées de trois ou cinq découpures linéaires : les fleurs sont terminales & solitaires; elles ont un calice de cinq pièces, cinq pétales rougeâtres, labiés & bifides, dix étamines, & trois ovaires oblongs & pointus qui se changent en autant de capsules polyspermes. Cette plante croît en Provence. ☉

720. *Plus de trois ovaires......*
Tige herbacée; feuilles charnues. 721
Tige ligneuse; feuilles non charnues............ n.º 244

721. *Tige herbacée; feuilles char-* { Cinq étamines. 722
  nues. . . . " . . . . { Dix étamines. . . . . . . 72??

---

722. ### Cinq étamines.

Craſſule. *Craſſula.*

Les Craſſules ont un très-grand rapport avec les orpins,
n.° 723 & les joubarbes n.° 785 ; leurs fleurs ſont compoſées d'un calice à cinq diviſions, de cinq pétales lancéolées,
de cinq étamines & de cinq ovaires pointus. A la baſe de
chacun de ces ovaires, on obſerve une écaille pareillement
pointue. Le fruit eſt formé par cinq capſules polyſpermes.

A N A L Y S E.

Feuilles alternes ; tiges un peu velues.	Feuilles oppoſées ; tiges très - glabres.
I.	I I.

I. *Feuilles alternes ; tiges un peu velues.*

Craſſule rougeâtre. *Craſſula rubens.* Murraj. Syſt. vég.
  253.

> *Sedum arvenſe, flore rubente.* Tournef. 265.
> *Sedum rubens.* Lin. Sp. 619, & mant 388.

Ses tiges ſont hautes de quatre pouces tout au plus, un
peu velues, rougeâtres, rameuſes & fourchues, trifides ou
quadrifides à leur extrémité ; ſes feuilles ſont alternes, éparſes,
oblongues, preſque cylindriques, charnues, courtes, glabres
& ſouvent rougeâtres. Les fleurs ſont ſeſſiles, & les pétales
ſont blancs, chargés d'une ligne purpurine, & velues en-
deſſous. On trouve cette plante dans les lieux ſablonneux &
ſur les murs humides ☉

II. *Feuilles oppoſées ; tiges très-glabres.*

Craſſule diffuſe. *Craſſula diffuſa.*

> *Craſſula verticillaris.* Lin. mant. 361.

Ses tiges ſont hautes de trois pouces, très-grêles, liſſes,
  rougeâtres ;

722. rougeâtres, extrêmement rameuses & diffuses ; leurs divisions sont opposées, & ressemblent à des bifurcations : les feuilles sont petites, ovales-oblongues, opposées, un peu distantes dans la partie inférieure des tiges, mais plus rapprochées, & presque ramassées vers leur sommet. Les fleurs sont très-petites, sessiles, & disposées dans les bifurcations des tiges & des rameaux. Les pétales sont plus courts que le calice. Cette plante croît dans les lieux couverts & humides des provinces méridionales.

723.

Dix étamines.

Orpin. *Sedum.*

Les Orpins sont des plantes charnues & succulentes, qui ne diffèrent des crassules n.° 722, & des joubarbes n.° 785, que par le nombre des parties de leurs fleurs. Ces fleurs ont la plupart un calice à cinq divisions, cinq pétales, dix étamines, & cinq ovaires qui se changent en un pareil nombre de capsules polyspermes. On trouve communément à la base de chaque ovaire une petite écaille pointue.

A N A L Y S E.

Feuilles planes. I.	Feuilles cylindriques ou coniques. V I I I.

I. *Feuilles planes.*

Feuilles dentées ou anguleuses. I I.	Feuilles très-entières. V.

II. *Feuilles dentées ou anguleuses.*

Fleurs pédunculées & disposées en corymbe. I I I.	Fleurs sessiles & point en corymbe. I V.

723. III. *Fleurs pédunculées & disposées en corymbe.*

Orpin reprise. *Sedum thelephium.* Lin. Sp. 616.

  Anacampseros vulgo faba crassa. Tournef. 264.
 β. *Anacampseros purpurea.* Ibid.
 γ. *Anacampseros minor purpurea.* Ibid.
 δ. *Anacampseros maxima.* Ibid.

Sa tige est tendre, cylindrique, feuillée dans toute sa longueur, rameuse seulement à son sommet, & s'élève jusqu'à un pied & demi ; ses feuilles sont sessiles, éparses ou opposées, ovales, planes, lisses, épaisses, succulentes, & légèrement dentées en leurs bords. Ses fleurs sont purpurines ou blanchâtres & disposées en corymbe serré & terminal. On trouve cette plante dans les vignes, les bois taillis & dans les lieux pierreux & couverts. ♃ Elle est anodine, rafraîchissante, vulnéraire & résolutive.

IV. *Fleurs sessiles & point en corymbe.*

Orpin étoilé. *Sedum stellatum.* Lin. Sp. 617.

  Sedum echinatum vel stellatum, flore albo. Tournef. 263.

Sa tige est foible & rameuse ; ses feuilles sont assez larges, ovales, planes, épaisses, dentées & anguleuses, selon la plupart des Auteurs. Ses fleurs sont blanches ou rougeâtres, sessiles & disposées au sommet des rameaux. Cette plante croît dans les provinces méridionales où elle a été observé par Dom Fourmault.

V. *Feuilles très-entières.*

Fleurs en corymbe ; feuilles ovales-arrondies.	Fleurs en panicule ; feuilles ovales-oblongues.
V I.	V I I.

VI. *Fleurs en corymbe ; feuilles ovales-arrondies.*

Orpin à feuilles rondes. *Sedum rotundifolium.*

  Anacampseros minor, rotundiore folio sempervirens. Tournef. 264.

  Sedum anacampseros. Lin. Sp. 616.

Sa racine est fibreuse, & pousse plusieurs tiges longues d

723. sept à huit pouces, cylindriques, simples, un peu couchées dans leur partie inférieure & très-garnies de feuilles vers leur sommet, lorsqu'elles ne sont pas fleuries; ses feuilles sont arrondies, un peu rétrécies en manière de coin vers leur base, charnues, d'un vert très-glauque tirant sur le bleu, & sont ramassées sur les tiges stériles, au sommet desquelles elles forment des rosettes très-remarquables. Les fleurs sont petites, légèrement rougeâtres, & disposées en corymbe serré & terminal. On trouve cette plante dans les provinces méridionales parmi les rochers. ♃

VII. *Fleurs en panicule; feuilles ovales-oblongues.*

Orpin paniculé. *Sedum paniculatum.*

Sedum cepæa dictum. Tournef. 263.

Sedum cepæa. Lin. Sp. 617.

Sa tige est haute de six à sept pouces, rameuse, cylindrique, feuillée & rougeâtre; ses feuilles sont planes, oblongues, un peu étroites & d'une couleur olivâtre; ses fleurs sont petites, nombreuses, blanchâtres, & disposées en une panicule qui s'alonge en manière de grappe droite. On trouve cette plante dans les lieux pierreux & couverts. ⊙

VIII. *Feuilles cylindriques ou coniques.*

Fleurs blanches ou rougeâtres. I X.	Fleurs de couleur jaune. X I V.

IX. *Fleurs blanches ou rougeâtres.*

Tiges glabres, au moins dans toute leur moitié inférieure. X.	Tiges velues, même dans leur moitié inférieure. X I I I.

723. **X.** *Tiges glabres, au moins dans toute leur moitié inférieure.*

Feuilles cylindriques, oblongues & un peu rougeâtres. X I.	Feuilles coniques, ventrues, très - courtes & d'un vert glauque. X I I.

XI. *Feuilles cylindriques, oblongues & un peu rougeâtres.*

Orpin à feuilles cylindriques. *Sedum teretifolium.*

    α. *Sedum minus, teretifolium, album.* Tournef. 262.
      Sedum album. Lin. Sp. 619.
    β. *Sedum minus teretifolium, alterum.* Tournef. 262.
    γ. *Sedum saxatile, atrorubentibus floribus.* Bauh. pin. 284.
      Sedum atratum. Lin. Sp. 1673.

Cette espèce varie dans sa grandeur & dans la quantité de points rouges dont ses feuilles sont ordinairement chargées. La plante α s'élève jusqu'à huit ou dix pouces, ses tiges sont cylindriques, glabres, peu colorées & se divisent à leur sommet en deux ou trois rameaux courts, qui soutiennent des fleurs blanches, disposées en corymbe rameux. Ses feuilles sont longues de quatre lignes & à peine rougeâtres; la variété β ne s'élève que jusqu'à quatre ou cinq pouces; ses tiges sont plus colorées. Ses feuilles sont éparses, ouvertes, plus rapprochées & plus chargées de points rouges; ses fleurs sont plus petites & en bouquet moins étalé. La variété γ ne s'élève que jusqu'à deux pouces; ses tiges, ses feuilles & les calices de ses fleurs sont abondamment couverts de points rouges qui donnent à toute la plante un aspect d'un pourpre foncé & obscur. Cette plante croît sur les murs & dans les lieux secs & pierreux. La variété γ a été observée en Dauphiné par M. de Villars.

XII. *Feuilles coniques, ventrues, très-courtes & d'un vert glauque.*

Orpin glauque. *Sedum glaucum.*

    Sedum minus, folio circinato. Tournef. 263.
    Sedum dasyphillum. Lin. Sp. 618.

Ses tiges sont hautes de trois ou quatre pouces, cylindriques

723. très-nombreuses & ramaſſées en gazon. Elles ſont chargées de quelques poils vers leur ſommet. Les feuilles ſont la plupart oppoſées, charnues, courtes, coniques ou en forme d'épiglotte, d'une couleur glauque un peu blanchâtre, & légèrement ponctuées. Les fleurs ſont pédunculées, terminales, diſpoſées en bouquet lâche, de couleur blanche, mais rougeâtres avant leur parfait développement. Cette plante croît en Provence & en Dauphiné, ſur les murs & dans les lieux pierreux. ♃

XIII. *Tiges velues, même dans leur moitié inférieure.*

Orpin velu. *Sedum villoſum.* Lin. Sp. 620.

Sedum paluſtre, ſubhirſutum purpureum. Tournef. 263.

Ses tiges ſont hautes de cinq ou ſix pouces, droites, velues, rougeâtres & peu rameuſes; ſes feuilles ſont éparſes, oblongues, étroites, convexes en-deſſous, légèrement aplaties en-deſſus, & ſouvent un peu rougeâtres. Les fleurs ſont rouges, pédunculées, terminales & diſpoſées en bouquet lâche. On trouve cette plante dans les lieux humides des montagnes.

OBS. Le *ſedum rubens* de M. Linné eſt placé parmi les craſſules, comme n'ayant que cinq étamines dans chacune de ſes fleurs; mais M.ʳˢ Gérard & Haller en admettent dix. En ce cas on diſtinguera cette plante de celle que je viens de décrire, par ſes fleurs ſeſſiles, axillaires, & légèrement rougeâtres en-deſſous. Voyez *Craſſule rougeâtre*, n.° 722. — I

XIV.   *Fleurs de couleur jaune.*

Tiges de trois ou quatre pouces; feuilles courtes & un peu coniques.	Tiges de plus de ſix pouces; feuilles cylindriques & aiguës.
X V.	X V I.

723. **XV.** *Tiges de trois ou quatre pouces, feuilles courtes & un peu coniques.*

Orpin brûlant. *Sedum acre.* Lin. Sp. 619.

Sedum parvum, acre, flore luteo. Tournef. 263.

β. *Sedum minus, luteum, non acre.* Ibid.

Sedum sexangulare. Lin. Sp. 620.

Ses tiges sont glabres, feuillées, trifides à leur sommet, nombreuses & ramassées en gazon. Ses feuilles sont vertes, plus épaisses à leur base & d'une forme un peu conique. Les fleurs sont jaunes presque sessiles & assez grandes. La variété β ne me paroît pas devoir être distinguée comme une espèce particulière. Ses feuilles sont un peu moins rapprochées les unes des autres, moins épaisses & d'une saveur moins brûlante, quoique réellement âcre. On trouve cette plante sur les murs & dans les lieux secs ; sa variété croît sur les murailles humides & placées à l'ombre. ♃ Elle est vomitive, purgative, anti-hydropique & passe pour bonne dans le scorbut & dans les ulcères chancreux.

XVI. *Tiges de plus de six pouces ; feuilles cylindriques & aiguës.*

Orpin réfléchi. *Sedum reflexum.* Lin. Sp. 618.

Sedum minus, luteum, folio acuto. Tournef. 263.

Sedum minus, luteum, ramulis reflexis. Ibid.

Ses tiges sont cylindriques, glabres, presque simples & garnies seulement à leur base, de quelques rameaux recourbés ou réfléchis à leur extrémité ; les feuilles sont cylindriques, terminées par une pointe remarquable, qui est quelquefois courbée, d'un vert glauque dans la jeunesse de la plante, éparses, nombreuses & très-rapprochées avant la floraison : mais lorsque les tiges sont développées & chargées de fleurs, les feuilles sont plus écartées, & les inférieures alors se desséchent, tombent & laissent ces tiges à demi-nues. Les fleurs sont jaunes, terminales, portées sur de courts péduncules, & disposées en une espèce de corymbe rameux, un peu serré, & dont les côtés sont quelquefois recourbés ou contournés. Cette plante croît sur les murs & parmi les rochers. ♃

724. **Plus de six ovaires.......** { Toutes les feuilles radicales.. 725

Tige garnie de feuilles.. 789

---

725. *Toutes les feuilles radicales.*

Ratoncule mineure. *Myosurus minimus.* Lin. Sp. 407.

Ranunculus gramineo folio, flore caudato, seminibus in capitulum spicatum congestis. Tournef. 293.

Plante fort petite, dont les tiges sont des hampes nues, filiformes, uniflores, & qui s'élèvent rarement au-delà de deux pouces; ses feuilles sont radicales, nombreuses, étroites, linéaires, redressées, & un peu moins longues que les tiges. Ses fleurs sont solitaires, terminales, & composées d'un calice de cinq feuilles étroites, de cinq pétales très-petits, ligulés & en cornet, de cinq à dix étamines disposées sur un seul rang, & d'un grand nombre d'ovaires entassés les uns sur les autres, formant une queue droite, cylindrique, qui s'alonge à mesure que la fructification se perfectionne. On trouve cette plante dans les terreins secs & sablonneux. ☉

---

726. **Onze étamines ou plus....** { Pétales insérés sur le calice. 727

Pétales non insérés sur le calice. 752

---

727. **Pétales insérés sur le calice.** { Un seul ovaire très-simple. 728

Ovaires nombreux & ramassés. 735

---

728. **Un seul ovaire très-simple..** { Ovaire pédiculé & chargé de trois styles; tige laiteuse.. 729

Ovaire sessile & chargé d'un seul style; tige non laiteuse. 730

F iv

729. *Ovaire pédiculé & chargé de trois styles;*
tige laiteuse.

Tithymale. *Tithymalus.*

Les fleurs de Tithymale font compofées d'un calice campaniforme ou en grelot, dont le bord eft à quatre ou cinq dents,
de quatre ou cinq pétales lunulés ou entiers, inférés au bord &
entre les dents du calice, de neuf à dix-huit étamines qui fe
développent fucceffivement, & d'un ovaire globuleux, à
trois côtés, foutenu par un pédicule & furmonté de trois
ftyles communément bifides. Le fruit eft une capfule à trois
coques monofpermes; toutes les efpèces contiennent un fuc
laiteux, abondant & très-âcre en général.

ANALYSE.

Ombelle compofée de cinq rayons ou davantage.	Ombelle nulle, ou compofée de trois ou quatre rayons feulement.
I.	XXXVI.

I. *Ombelle compofée de cinq rayons ou davantage.*

Ombelle à cinq rayons.	Ombelle à plus de cinq rayons.
I I.	X I X.

II *Ombelle à cinq rayons.*

Feuilles entières.	Feuilles fenfiblement dentées.
I I I.	X I.

III. *Feuilles entières.*

Pétales entiers & point cornus.	Pétales lunulés & à deux cornes.
I V.	X.

IV. *Pétales entiers & point cornus.*

La plupart des fleurs à quatre pétales. **V.**	La plupart des fleurs à cinq pétales. **X L I I I.***

V. *La plupart des fleurs à quatre pétales.*

Feuilles obtuses, & larges de trois lignes ou davantage. **V I.**	Feuilles terminées en pointe, & dont la largeur n'excède pas deux lignes. **V I I.**

VI. *Feuilles obtuses & larges de trois lignes ou davantage.*

Tithymale doux. *Tithymalus dulcis.* Scop. carn. 334.

Tithymalus montanus non acris. Tournef. 86.
Euphorbia dulcis. Lin. Sp. 656.

Sa tige est ordinairement simple, cylindrique, glabre & feuillée dans toute sa longueur; ses feuilles sont oblongues, elliptiques, obtuses, & quelquefois légèrement velues; elles sont partagées par une nervure blanche & longitudinale, & les supérieures sont souvent terminées par une petite échancrure. Les folioles de la collerette sont finement denticulées; les bractées sont ovales, obtuses & jaunâtres; les pétales sont entiers, & les capsules sont chagrinées ou verruqueuses. On trouve cette plante dans les champs & sur le bord des bois. ♃

VII. *Feuilles terminées en pointe, & dont la largeur n'excède pas deux lignes.*

Feuilles toutes redressées & terminées par une pointe courte non aiguë. **V I I I.**	Feuilles terminées par une pointe très-aiguë, & les inférieures réfléchies. **I X.**

729.

729. *VIII. Feuilles toutes redreſſées & terminées par une poin[te]
courte non aiguë.*

Tithymale maritime. *Tithymalus maritimus.* Tournef. 87[8]

Euphorbia paralias. Lin. Sp. 657.

Sa tige eſt haute d'un pied & demi, cylindrique, quel[que]
quefois rougeâtre, rameuſe dans ſa partie inférieure, &
feuillée dans toute ſon étendue; ſes feuilles ſont blanchâtres,
nombreuſes, éparſes, preſque embriquées, toutes redreſſées,
lancéolées & terminées par une pointe fort courte. Les foliol[es]
de la collerette ſont lancéolées, & les bractées ſont en cœur;
les capſules ſont liſſes. On trouve cette plante dans les lieu[x]
maritimes des provinces méridionales. ♃

*IX. Feuilles terminées par une pointue très-aiguë,
& les inférieures réfléchies.*

Tithymale à feuilles aiguës. *Tithymalus acutifolius.*

Tithymalus arboreus linifolius. Tournef. 87.

Euphorbia pithyuſa. Lin. Sp. 656.

Sa tige eſt haute d'un pied, rameuſe, ſouvent rougeâtre,
& ordinairement ligneuſe dans ſa partie inférieure; ſes feuille[s]
ſont d'un vert glauque, nombreuſes, embriquées, étroite[s]
& aiguës à leur ſommet : les folioles de la collerette ſon[t]
ovales, & les bractées ſont en cœur. On trouve cette plant[e]
dans les lieux ſablonneux des provinces méridionales. ♄

X. Pétales lunulés & à deux cornes.

Tithymale des champs. *Tithymalus ſegetalis.*

Tithymalus linariæ folio, lunato flore. Tournef. 86.

Euphorbia ſegetalis. Lin. Sp. 659.

Sa tige eſt haute d'un pied, tout au plus, nue & rougeâtr[e]
dans ſa partie inférieure, feuillée vers ſon ſommet, ainſ[i]
qu'en ſes rameaux, glabre, & quelquefois d'une conſiſtanc[e]
aſſez dure à ſa baſe; ſes feuilles ſont linéaires, pointues,
éparſes & d'un vert clair : les ombelles ont une grandeu[r]
remarquable, & ſont compoſées de cinq rayons, une o[u]
pluſieurs fois fourchus. La collerette de chaque ombelle e[ſt]
aſſez petite, & formée par cinq folioles oblongues; le[s]

729. bractées font un peu en cœur; les pétales font jaunâtres, & ont deux cornes fétacées : les capfules font ponctuées fur leurs angles. On trouve cette plante dans les champs des provinces méridionales. ⊙

XI. *Feuilles fenfiblement dentées.*

Feuilles lancéolées & point arrondies à leur fommet. X I I.	Feuilles fpatulées & arrondies à leur fommet. X V I I I.

XII. *Feuilles lancéolées & point arrondies à leur fommet.*

Corolle de deux ou trois pétales ; feuilles très-glabres. X I I I.	Corolle de quatre pétales ; feuilles légèrement velues. X I V.

XIII. *Corolle de deux ou trois pétales ; feuilles très - glabres.*

Tithymale denté. *Tithymalus ferratus.*

Tithymalus charachias , folio ferrato. Tournef. 87.

Euphorbia ferrata. Lin. Sp. 658.

Ses tiges font cylindriques, glabres, quelquefois fimples, & s'élèvent jufqu'à un pied & demi; ses feuilles font feffiles, ovales-lancéolées, pointues, remarquables par les dentelures de leurs bords, & fouvent rougeâtres dans la jeuneffe de la plante : celles des rameaux ftériles font étroites & prefque linéaires. Les folioles de la collerette font fort larges & cordiformes; la plupart des fleurs n'ont que deux pétales, qui font rouffâtres & terminées chacun par deux dents courtes & épaiffes : les capfules font glabres. On trouve cette plante fur le bord des champs & des chemins dans les provinces méridionales. ♃

729. **XIV.** *Corolle de quatre pétales : feuilles légèrement velues.*

Tiges glabres ; capsules verruqueuses. **X V.**	Tiges velues ; capsules non verruqueuses. **X X X V.***

XV. *Tiges glabres ; capsules verruqueuses.*

Tiges nombreuses, diffuses, & un peu inclinées. **X V I.**	Tige très-droite, & ordinairement solitaire. **X V I I.**

XVI. *Tiges nombreuses, diffuses & un peu inclinées.*

Tithymale verruqueux. *Tithymalus verrucosus.* Scop. carn. 336.

> *Tithymalus myrsinites, fructu verrucæ simili.* Tournef. 86.
> *Euphorbia verrucosa.* Lin. Sp. 658.

Ses tiges sont hautes d'un pied, cylindriques, ordinairement simples & feuillées dans toute leur longueur ; ses feuilles sont étroites, lancéolées, denticulées, presque glabres en-dessus & légèrement velues en-dessous : les ombelles ne sont pas considérables ; les pétales sont entiers & jaunâtres, & les capsules sont petites & verruqueuses. On trouve cette plante sur le bord des chemins & dans les lieux sablonneux des provinces méridionales. ♃

XVII. *Tige très-droite & ordinairement solitaire.*

Tithymale à feuilles larges. *Tithymalus platyphyllos.* Scop. carn. 337.

> *Tithymalus arvensis, latifolius, germanicus.* Tournef. 86.
> *Euphorbia platyphylla.* Lin. Sp. 660.

Sa tige est haute d'un pied ou un peu plus, cylindrique, glabre & communément simple ; ses feuilles sont lancéolées, denticulées, rougeâtres en leurs bords, sur-tout dans leur jeunesse, légèrement velues en-dessous, la plupart très-ouvertes, & les inférieures un peu réfléchies : l'ombelle est

29. composée de cinq rayons trifides à leur extrémité, les folioles de la collerette sont lancéolées & presque aussi longues que les rayons : les pétales sont jaunes & entiers, & les bractées sont un peu en cœur. Cette plante croît dans les lieux secs & montueux. ☉

XVIII. *Feuilles spatulées & arrondies à leur sommet.*

Tithymale réveil-matin. *Tithymalus helioscopius.* Tourn. 87.

Euphorbia helioscopia. Lin. Sp. 658.

Sa tige est haute de six à dix pouces, droite, presque glabre & souvent simple ; ses feuilles sont alternes, glabres, élargies vers leur sommet & terminées par un bord arrondi , chargé de dentelures : les folioles de la collerette sont plus grandes que les feuilles & pareillement spatulées ; l'ombelle est fort considérable & composée de cinq rayons très-ouverts : les pétales sont jaunâtres & entiers , & les capsules sont glabres. Cette plante est commune dans les jardins & les lieux cultivés. ☉

XIX.   *Ombelle à plus de cinq rayons.*

Tiges & feuilles glabres.	Tiges & feuilles velues.
X X.	X X X I.

XX.   *Tiges & feuilles glabres.*

Tiges droites.	Tiges couchées.
X X I.	X X V I I I.

XXI.   *Tiges droites.*

Tige arborescente, vivace, & dont les rameaux seulement sont feuillés.	Tige non arborescente, & chargée de feuilles , de même que ses rameaux.
X X I I.	X X I I I.

(94)

729. **XXII.** *Tige arborescente, vivace, & dont les rameaux seulement sont feuillés.*

Tithymale arborescent. *Tithymalus arboreus.* **Tournef.** 85.

Euphorbia dendroides. Lin. Sp. 662.

Sa tige est haute de quatre à cinq pieds, & recouverte d'une écorce brune, un peu gercée ; ses rameaux sont rougeâtres, feuillés, nombreux, & forment une large tête : ses feuilles sont lisses, étroites, lancéolées, éparses & ramassées aux extrémités des rameaux ; les folioles de la collerette sont étroites, pointues & nombreuses : les bractées sont en cœur, & les capsules sont glabres. Cet arbrisseau croît dans les îles d'Hières. ♄

XXIII. *Tige non arborescente & chargée de feuilles, de même que ses rameaux.*

Feuilles lancéolées, un peu obtuses, & la plupart larges de plus de trois lignes. **X X I V.**	Feuilles linéaires, toutes pointues, & dont la largeur n'excède jamais trois lignes. **X X V.**

XXIV. *Feuilles lancéolées, un peu obtuses, & la plupart larges de plus de trois lignes.*

Tithymale des marais. *Tithymalus palustris.*

Tithymalus palustris fruticosus. **Tournef.** 87.
Euphorbia palustris. Lin. Sp. 662.
β. *Tithymalus amygdaloides latifolius.* Vail. Parif. 192.
Euphorbia amygdaloides. Lin. Sp. 662.

Sa tige est haute de deux ou trois pieds, cylindrique, glabre, un peu épaisse, ferme, feuillée, & pousse latéralement beaucoup de rameaux rougeâtres, ordinairement stériles ; ses feuilles sont éparses, ovales-oblongues, lancéolées, légèrement obtuses à leur sommet, glabres des deux côtés, rougeâtres en leurs bords dans leur jeunesse, & partagées par une nervure blanche & longitudinale : les pétales sont entiers, & d'un jaune roussâtre ; les folioles de la collerette sont ovales ; les bractées sont obtuses, presque arrondies & de couleur jaune ; les capsules sont verruqueuses. La variété β ne s'élève pas au-delà de deux pieds ; sa tige est plus simple, & ne pousse latéralement & vers son sommet, que des rameaux fort courts : l'ombelle est composée de pédoncules moins nombreux & souvent simplement bifides à leur extrémité. Cette plante croît dans les marais, sur le bord des ruisseaux, des rivières, &c. ♃

XXV. *Feuilles linéaires, toutes pointues, & dont* **la** *largeur n'excède jamais trois lignes.*

Tiges simples ; bractées terminées par une pointe particulière.	Tiges rameuses vers leur sommet ; bractées sans pointe particulière.
X X V I.	X X V I I.

XXVI. *Tiges simples ; bractées terminées par une pointe particulière.*

Tithymale à feuilles de lin. *Tithymalus linifolius.*

> *Tithymalus foliis pini, fortè Dioscoridis pithyusa.* Tourn. 86.
> *Euphorbia esula.* Lin. Sp. 660.

Ses tiges sont cylindriques, glabres, feuillées dans toute leur longueur, presque toujours simples, & s'élèvent jusqu'à un pied & demi ; ses feuilles sont nombreuses, éparses, d'un vert glauque, linéaires, larges d'une ligne & demie, longues d'un pouce à peu-près, & terminées par une petite pointe. Les rayons de l'ombelle sont très-nombreux & une ou plusieurs fois fourchus ; les pétales sont presque entiers ou légèrement échancrés, & les capsules sont glabres. Cette plante croît dans les lieux secs. Elle est commune aux environs de Chantilly, sur le bord de la route d'Amiens. ♃

Obs. Il ne faut pas rapporter à cette espèce le *Tithymalus amgydaloides angustifolius* de M. Tournefort.

---

729. **XXVII.** *Tiges rameuses vers leur sommet ; bractées sans pointe particlière.*

Tithymale cypariffe. *Tithymalus cypariffias.* Tournef. 86.

Euphorbia cypariffias. Lin. Sp. 661.

Sa tige eft droite, rougeâtre inférieurement, garnie dans fa partie moyenne & fupérieure, de beaucoup de feuilles linéaires, vertes, glabres & très-rapprochées ; elle s'élève à peine jufqu'à un pied, & pouffe vers fon fommet, plu-fieurs rameaux chargés de feuilles plus étroites que les autres, prefque capillaires, extrêmement nombreufes & ramaffées : les pétales font jaunâtres, fort petits & un peu lunulés ; les capfules ne font pas liffes, mais fenfiblement verruqueufes. Cette plante eft commune fur le bord des bois, le long des chemins & dans les lieux fablonneux, ♃ ; elle eft comme la plupart des autres efpèces, âcre, cauftique & un violent purgatif.

XXVIII.	*Tiges couchées.*

| Pétales lunulés ; feuilles ovales & terminées par une pointe aiguë. X X I X. | Pétales entiers & tronqués ; feuilles étroites & fans pointe aiguë. X X X. |

XXIX. *Pétales lunulés ; feuilles ovales & terminées par une pointe aiguë.*

Tithymale myrtier. *Tithymalus myrfinites.*

Tithymalus myrfinites, latifolius. Tournef. 86.
Euphorbia myrfinites. Lin. Sp. 661.

Ses tiges font longues d'un pied, cylindriques, feuillées, & couchées fur la terre ; elles font marquées vers leur bafe par les cicatrices ou empreintes des feuilles qui font tombées ; les feuilles font nombreufes, éparfes, larges, charnues, d'un vert glauque & prefque blanchâtres : les folioles de la collerette font ovales avec une petite pointe à leur fommet : les pétales font rougeâtres, & les capfules font glabres & redreffées.

729. redreſſées. Cette plante croît dans les provinces méridionales. ♃

XXX. *Pétales entiers & tronqués ; feuilles étroites*
& ſans pointe aiguë.

Tithymale des rochers. *Tithymalus rupeſtris.*

Tithymalus amygdaloides anguſtifolius. Tournef. 86.

Cette plante eſt tout-à-fait différente de celle du n.° XXVI ;
ſes tiges ſont menues, dures, rougeâtres, rameuſes & longues
d'un pied tout au plus : ſes feuilles ſont étroites, lancéolées,
non linéaires, un peu fermes, très-rapprochées les unes des
autres, & vont en diminuant de grandeur vers le ſommet
des tiges, où elles ſont petites & preſque embriquées. Les
folioles de la collerette ſont étroites & preſque linéaires ;
les bractées ſont ovales, & les capſules ſont glabres. J'ai
trouvé cette eſpèce ſur les côtes pierreuſes qui bordent la
grande route de Paris à Rouen, du côté de la rivière,
à deux lieues de cette dernière ville. ♃

XXXI. *Tige & feuilles velues.*

Feuilles très-entières.	Feuilles denticulées.
X X X I I.	X X X V.*

XXXII. *Feuilles très-entières.*

Pétales jaunâtres & en croiſſant.	Pétales d'un pourpre noirâtre, & triangulaires.
X X X I I I.	X X X I V.

XXXIII. *Pétales jaunâtres & en croiſſant.*

Tithymale des bois. *Tithymalus ſylvaticus.*

Tithymalus ſylvaticus, lunato flore. Tournef. 85.
Euphorbia ſylvatica. Lin. Sp. 663.

Sa tige eſt droite, cylindrique, velue, aſſez ſimple, nue
dans ſa partie inférieure qui conſerve les empreintes des feuillles

Tome III.   G

729. qui font tombées, & s'élève jufqu'à deux pieds. Ses feuilles font ovales - lancéolées, légèrement velues, & d'une confiſtance un peu coriace. Celles des tiges fleuries, font obtuſes & d'une longueur médiocre ; mais celles qui occupent le fommet des fouches ftériles, font très-longues, très-ramaſſées & forment un toupet ou une efpèce de rofette large & bien garnie. Chaque fleur eſt accompagnée à fa bafe, par deux bractées réunies en une feule, dont la forme eſt orbiculaire, échancrée de chaque côté & perfoliée ou traverfée par le péduncule. On trouve cette plante fur le bord des bois. ♄

XXXIV. *Pétales d'un pourpre noirâtre, & triangulaires.*

Tithymale pourpre. *Tithymalus purpureus.*

Tithymalus charachias , rubens , peregrinus. Tournef. 85.
Euphorbia charachias. Lin. Sp. 662.

Ses tiges font hautes de trois ou quatre pieds, cylindriques, velues, vivaces, feuillées & affez fimples ; fes feuilles font éparfes, nombreufes, longues, lancéolées, étroites, molles, un peu coriaces, & couvertes d'un duvet fin. L'ombelle eſt terminale, feffile & ramaſſée ; au - deſſous de cette ombelle on obferve beaucoup de fleurs pédunculées, folitaires & axillaires, qui font paroître les tiges terminées chacune par un épi. Cette plante croît en Provence. ♄

XXXV. *** *Feuilles denticulées.*

Tithymale velu. *Tithymalus hirfutus.*

Tithymalus incanus , hirfutus. Tournef. 86.
Euphorbia pilofa. Lin. Sp. 659.

Ses tiges font hautes de deux à trois pieds, velues, cylindriques, feuillées & prefque fimples ; fes feuilles font éparfes, lancéolées, molles, velues, fenfiblement dentées, & partagées dans leur longueur par une nervure blanche. Les bractées & les fleurs font jaunâtres ; les pétales font entiers, & les capfules font liffes, mais chargées dans leur jeuneffe de quelques poils fins & affez longs. L'ombelle eſt compofée de fix ou fept rayons, au - deſſous defquels on en obferve plufieurs autres qui font folitaires & axillaires. Cette plante croît en Provence, dans les prés. ♃

Obs. Il ne faut pas rapporter à cette efpèce le *Tithymalus*

729. *pilofus* de M. Scopoli. C'eſt une plante différente de celle que je viens de décrire ; ſa tige s'élève moins ; ſes feuilles ſont entières & plus diſtantes entr'elles ; & l'ombelle de ſes fleurs n'eſt compoſée que de cinq rayons très-foibles. C'eſt le *tithymalus nemoroſus , villoſus , mollior* de Barrelier, ic. 198.

XXXVI. *Ombelle nulle , ou compoſée de trois ou quatre rayons ſeulement.*

Tiges droites.	Tiges couchées.
X X X V I I.	X L I V.

XXXVII.   *Tiges droites.*

Tige herbacée ; fleurs à quatre pétales.	Tige ligneuſe ; fleurs la plupart à cinq pétales.
X X X V I I I.	X L I I I. *

XXXVIII. *Tige herbacée ; fleurs à quatre pétales.*

Pétales à deux cornes appendiculées & obtuſes ; toutes les feuilles oppoſées.	Pétales à deux cornes aiguës ; la plupart des feuilles alternes.
X X X I X.	X L.

XXXIX. *Pétales à deux cornes appendiculées & obtuſes ; toutes les feuilles oppoſées.*

Tithymale épurge. *Tithymalus lathyris.* Scop. carn. 333.

Tithymalus latifolius cataputia dictus. Tournef. 86.
Euphorbia lathyris. Lin. Sp. 655.

Sa tige eſt haute de deux pieds , quelquefois beaucoup plus ; ferme, cylindrique, liſſe, d'un vert rougeâtre ou bleuâtre, & rameuſe à ſon ſommet. Ses feuilles ſont ſeſſiles, lancéolées d'un vert-foncé, très-liſſes, oppoſées & placées ſur quatre rangs. L'ombelle eſt quadrifide ; les bractées ſont ovales & pointues ; les pétales ſont à deux cornes, terminées chacune

729. par un petit appendice arrondi & lenticulaire ; & les capſules ſont très-glabres. On trouve cette plante dans les lieux cultivés & ſur le bord des chemins. ♂ Elle eſt émétique, draſtique, cauſtique & dépilatoire.

XL. *Pétales à deux cornes aiguës ; la plupart des feuilles alternes.*

Feuilles ovales ; les inférieures arrondies & pétiolées. X L I.	Feuilles alongées, étroites ou linéaires, & toutes ſeſſiles. X L I I.

XLI. *Feuilles ovales ; les inférieures arrondies & pétiolées.*

Tithymale à feuilles rondes. *Tithymalus rotundifolius.*

> *Tithymalus foliis rotundis non crenatis.* Tournef. 87.
> *Euphorbia peplus.* Lin. Sp. 653.

Sa tige eſt haute de ſix à ſept pouces, liſſe, cylindrique & rameuſe ; ſes feuilles ſont ovales-arrondies, vertes, glabres & très-entières, alternes ſur les rameaux, & oppoſées à la baſe de chaque diviſion de la tige. Les pétales ſont très - petits, d'un vert-jaunâtre, & ont deux cornes ſétacées. Les bractées ſont ovales ; & les capſules ſont glabres, obtuſes, & cannelées ou ſillonnées ſur leurs angles. Cette plante eſt commune dans les vignes, les jardins & le long des haies. ☉

XLII. *Feuilles alongées, étroites ou linéaires & toutes ſeſſiles.*

Tithymale fluet. *Tithymalus exiguus.*

> α. *Tithymalus ſive eſula exigua.* Tournef. 86.
> β. *Tithymalus ſive eſula exigua, foliis obtuſis.* Ibid.
> γ. *Tithymalus exiguus, ſexatilis.* Ibid.
> *Euphorbia exigua.* Lin. Sp. 654. [α. β. γ].

Cette eſpèce eſt fort petite ; ſa tige eſt menue, preſque filiforme, rameuſe & haute de trois à ſix pouces. Ses feuilles ſont éparſes, linéaires, glabres, la plupart pointues, mais les inférieures ſont ſouvent un peu obtuſes. L'ombelle eſt

729. trifide ou quelquefois quadrifide , & fes rayons font une ou plufieurs fois fourchus. Les bractées font lancéolées & aiguës ; les pétales font lunulés ; & les capfules font glabres. On trouve cette plante dans les champs. Elle fleurit en août & feptembre. ⊙

Obs. M. Gouan fait mention d'une nouvelle efpèce qu'il nomme *Euphorbia peploides*. Voy. fon *Flora Monfp*. p. 174.

XLIII. * *Tige ligneufe ; fleurs la plupart à cinq pétales.*

Tithymale diffus. *Tithymalus diffufus*.

   Tithimalus maritimus , fpinofus. Tournef. 87.
   Euphorbia fpinofa. Lin. Sp. 655.
   β. *Euphorbia epithymoides*. bid. 656.

Sous - arbriffeau de deux à trois pieds dont les tiges font nombreufes , rameufes , diffufes , & forment un petit buiffon touffu. Ses rameaux font grêles , durs , & les vieux fur-tout font prefque piquans , & font paroître le buiffon hériffé de pointes. Les feuilles font affez petites , alternes , oblongues , entières , ordinairement glabres & d'un vert-clair. L'ombelle eft médiocre , trifide ou quadrifide , & très - rarement quinquefide. Les bractées font ovales & jaunâtres ; les pétales font entiers & d'un jaune-rougeâtre ; les capfules font hériffées & verruqueufes. On trouve cette efpèce en Provence parmi les rochers. ♄

XLIV.	*Tiges couchées.*
Feuilles arrondies.	Feuilles ovales-oblongues.
X L V.	X L V I.

XLV.   *Feuilles arrondies.*

Tithymale monnoyer. *Tithymalus nummularius.*

   Tithymalus exiguus, glaber, nummulariæ folio. Tournef. 87.
   Euphorbia chamæfyce. Lin. Sp. 652.

Petite plante fort jolie , dont les tiges font menues , prefque filiformes , rougeâtres , glabres , longues de trois à fix pouces , très-rameules & étalées en rond fur la terre ; fes feuilles font petites, oppofées, pétiolées, arrondies, lenticulaires, un peu

G iij

729. irrégulières, à peine denticulées, quelquefois échancrées à leur sommet & très-souvent rougeâtres ; les fleurs sont axillaires, la plupart solitaires & presque sessiles. Les capsules sont glabres. Cette plante croît dans les lieux sablonneux des provinces méridionales. ☉

XLVI. *Feuilles ovales - oblongues.*

Tithymale auriculé. *Tithymalus auriculatus.*

Tithymalus maritimus, folio obtuso, aurito. Tournef. 87.
Euphorbia peplis. Lin. Sp. 652.

Cette espèce a beaucoup de rapport avec la précédente ; mais elle est plus grande & moins glabre dans toutes ses parties ; ses tiges sont longues de six à huit pouces, grêles, velues, très-rameuses & étalées sur la terre. Ses feuilles sont opposées, pétiolées & irrégulières à leur base, ayant un côté qui s'avance en forme d'oreillette, tandis que l'autre est très-déprimé. Les fleurs sont petites & axillaires ; & les capsules sont légèrement velues. Cette plante croît dans les lieux sablonneux & maritimes des provinces méridionales. ☉

---

730. Ovaire sessile & chargé d'un seul style ; tige non laiteuse.

Tige herbacée.......	731
Tige ligneuse........	732

---

731. *Tige herbacée.*

Salicaire. *Salicaria.*

Les fleurs de Salicaire sont composées d'un calice monophylle dont le bord est divisé en plusieurs dents droites, de quatre à six pétales insérés sur le calice, de six à douze étamines pareillement insérées sur le calice, & d'un ovaire oblong chargé d'un seule style. Le fruit est une capsule à deux loges polyspermes.

A N A L Y S E.

Feuilles opposées ; fleurs en épi.	Feuilles alternes ; fleurs axillaires.
I.	I I.

731. **I.** *Feuilles opposées ; fleurs en épi.*

Salicaire à épis. *Salicaria spicata.*

Salicaria vulgaris purpurea, foliis oblongis. Tournef. 253.

Lythrum salicaria. Lin. Sp. 640.

Sa tige est haute de deux ou trois pieds, droite, ferme, quarrée, rougeâtre & un peu rameuse vers son sommet ; ses feuilles sont opposées, quelquefois ternées, lancéolées, lisses, pointues & très-entières. Ses fleurs sont purpurines, & forment de beaux épis aux extrémités des rameaux & de la tige ; elles ont un calice strié & à douze dents, six pétales oblongs & une douzaine d'étamines. Cette plante est commune sur le bord des ruisseaux, des étangs & des fossés aquatiques, ♃ ; elle est vulnéraire, astringente & bonne dans les diarrhées.

II. *Feuilles alternes ; fleurs axillaires.*

Fleurs à cinq ou six pétales.	Fleurs à quatre pétales.
I I I.	I V.

III. *Fleurs à cinq ou six pétales.*

Salicaire à feuilles d'hysope. *Salicaria hyssopifolia.*

Salicaria hyssopifolio latiore. Tournef. 253.

Lythrum hyssopifolia. Lin. Sp. 642.

Ses tiges sont longues de six à huit pouces, un peu dures, rameuses & quelquefois assez droites ; ses feuilles sont alternes, linéaires, très-entières & obtuses à leur sommet. Ses fleurs n'ont que six étamines & un pareil nombre de pétales rougeâtres & lancéolés ; elles sont axillaires, ordinairement solitaires & presque sessiles : il leur succède une capsule cylindrique, qui est divisée en quatre loges selon M. Scopoli. On trouve cette plante dans les champs voisins des bois & dans les lieux humides. ☉

731. IV.   *Fleurs à quatre pétales.*

Salicaire à feuilles de thym. *Salicaria thymifolia.*

Salicaria minima tenuifolia. Tournef. 254.
Lythrum thymifolia. Lin. Sp. 642.

Cette espèce est une fois plus petite que la précédente, avec laquelle elle a beaucoup de rapport ; sa tige est droite & rameuse ; ses feuilles sont linéaires, peu distantes, la plupart alternes, mais les inférieures opposées. Ses fleurs sont axillaires, solitaires & sessiles. Elle croît dans les lieux humides des provinces méridionales. ☉

732.

Tige ligneuse . . . . { Ovaire glabre ; fruit dont le noyau est lisse. 733
Ovaire velu ; fruit dont le noyau est crevassé & réticulé . . . 734

733.   *Ovaire glabre ; fruit dont le noyau est lisse.*
                    Prunier. *Prunus.*

Les Pruniers & les Cerisiers sont réunis sous le même genre, parce que leur fructification est entièrement semblable. Les fleurs de ces arbres sont composées d'un calice monophylle à cinq divisions, de cinq pétales blancs, arrondis & insérés sur le calice, & de beaucoup d'étamines pareillement insérées sur le calice. Leur fruit est succulent, charnu, coloré, & contient un noyau osseux, à sutures saillantes, dans lequel est enfermé une semence qu'on nomme *amande.*

A N A L Y S E.

Péduncules uniflores, solitaires, ou réunis en ombelle sessile.	Péduncules communs, soutenant des fleurs en grappe ou en corymbe.
I.	V I.

733. I. *Pédoncules uniflores, solitaires, ou réunis en ombelle sessile.*

Arbre non épineux.	Arbrisseau garni d'épines.
I I.	V.

II.   *Arbre non épineux.*

Calice tout-à-fait réfléchi; pétioles des feuilles, glabres ou chargés de quelques poils écartés.	Calice jamais entièrement réfléchi; pétioles des feuilles, velus & presque cotonneux.
I I I.	I V.

III. *Calice tout-à-fait réfléchi; pétioles des feuilles, glabres ou chargés de quelques poils écartés.*

Prunier - cerisier. *Prunus cerasus.*

> *Cerasus major ac sylvestris, fructu subdulci, nigro colore inficiente.* Tournef. 626.
>
> *Prunus avium.* Lin. Sp. 680.
> Merisier.
>
> β. *Cerasus sativa, fructu rubro & acido.* Tournef. 625.
> Cerisier commun.
>
> *Cerasus sativa, fructu majori.* Ibid.
> Griotier.
>
> *Cerasus major, fructu magno cordato.* Tournef. 626.
> Bigarotier.
>
> *Cerasus fructu aquoso.* Ibid.
> Guignier.
>
> *Prunus cerasus.* Lin. Sp. 679. [*Vide* mant. 397].

Le Merisier ou Cerisier des bois est un arbre qui s'élève fort haut & dont l'écorce est d'un gris-argenté & blanchâtre. Ses feuilles sont ovales-lancéolées, chargées en-dessous de quelques poils écartés, & portées sur des pétioles rougeâtres. Elles sont

733. un peu visqueuses dans leur jeunesse. Ses fruits sont très-petits, un peu charnus, suspendus à de longs péduncules, quelquefois simplement rouges, mais plus ordinairement d'une couleur qui paroît noire. Le cerisier des jardins fournit beaucoup de variétés, dont je viens de citer quelques-unes des plus connues. En général, il s'élève moins que le merisier; ses feuilles sont plus glabres & ses fruits sont rarement aussi petits; mais les caractères exprimés par le plus ou le moins, ne me paroissent pas suffisans pour distinguer & déterminer des espèces. Le merisier est commun dans les bois. On rencontre souvent la plupart des autres variétés dans la campagne, où la culture les a suffisamment multipliées, ainsi que dans les jardins. ♄ Les fruits de cet arbre sont connus de tout le monde sous le nom de *cerises*. Ils sont d'un goût agréable, plus ou moins acidules, rafraîchissans, délayans & laxatifs.

IV. *Calice jamais entièrement réfléchi; pétioles des feuilles velues & presque cotonneux.*

Prunier domestique. *Prunus domestica.* Lin. Sp. 680.

Prunus sylvestris, fructu majore. Vail. Paris. 163.

β. *Pruni sativæ varietates innumeræ.* Tournef. 622.

Arbre médiocrement élevé, dont le bois est veiné & rougeâtre, l'écorce brune un peu cendrée, & les feuilles alternes, pétiolées, ovales-oblongues, nerveuses, d'un vert triste, dentées en leurs bords, & velues en-dessous. Ses fleurs sont blanches & sont remplacées par un fruit ovale, chargé dans sa maturité d'une poussière fine, à laquelle on donne vulgairement le nom de *fleur*, & qu'on n'observe jamais sur les cerises. Ce fruit est universellement connu sous le nom de *prune*, & l'on sait les variétés nombreuses que la culture en a formé. Cet arbre croît dans les bois, les haies; & ses variétés sont communes dans les jardins, & les champs où on le cultive. ♄ Les prunes ont une saveur très-agréable. Elles sont délayantes, laxatives, rafraîchissantes, mais un peu moins saines que les cerises.

V. *Arbrisseau garni d'épines.*

Prunier épineux. *Prunus spinosa.* Lin. Sp. 681.

Prunus sylvestris. Tournef. 623.

Arbrisseau médiocre, très-rameux, diffus, épineux &

733. souvent en buisson ; son écorce est brune ; ses feuilles sont ovales - lancéolées, assez petites & dentelées ; ses fleurs sont blanches, pédunculées, solitaires & paroissent avant les feuilles, & ses fruits, d'abord verdâtres, deviennent d'un bleu foncé en mûrissant. Ils sont petits & connus vulgairement sous le nom de *prunelles*. On trouve cet arbrisseau dans les haies & dans les lieux arides, ♄. Ses feuilles, son écorce & ses fruits, avant leur maturité, sont astringens & anti-diarrhoïques.

VI. *Péduncules communs, soutenant des fleurs en grappe ou en corymbe.*

Feuilles ovales–lancéolées ; fleurs en grappe assez longues.	Feuilles ovales - arrondies ; fleurs en corymbe.
V I I.	**V I I I.**

V I I. *Feuilles ovales - lancéolées ; fleurs en grappe assez longues.*

Prunier à grappe. *Prunus racemosa.*

Cerasus racemosa, sylvestris, fructu non eduli. Tournef. 626.

Prunus padus. Lin. Sp. 677.

Arbrisseau de cinq à huit pieds, dont l'écorce est d'un brun - rougeâtre ; les feuilles ovales - lancéolées, pétiolées, glabres, dentées en leurs bords & d'un vert-gai ; les fleurs blanches, pédunculées & disposées en grappes plus longues que les feuilles ; les pétales denticulés à leur sommet ; & les fruits petits, ronds & d'un goût amer & désagréable. Il croît en Lorraine où il a été observé par M. Buchoz, & est pareillement indiqué en Alsace par Mappus. ♄

Obs. Le prunier laurier - cerise. *Prunus lauro - cerasus.* Lin. Sp. 678, est une espèce étrangère qui paroît s'être naturalisée dans quelques provinces de la France. On le distinguera du prunier à grappe, par ses feuilles lisses, épaisses, dures, coriaces & persistantes pendant l'hiver.

733. **VIII.** *Feuilles ovales-arrondies; fleurs en corymbe.*

Prunier odorant. *Prunus odoratus.*

> *Cerasus sylvestris, amara, mahaleb putata.* Tournef. 627.
> *Prunus mahaleb.* Lin. Sp. 678.

Arbre qui s'élève dans les jardins, jusqu'à quinze ou dix-huit pieds de hauteur; son écorce est brune ou grisâtre, & son bois, dur & odorant, est connu vulgairement sous le nom de *bois de Sainte - Lucie.* Ses feuilles sont pétiolées, arrondies, mais avec une pointe à leur sommet, dentées en leurs bords, vertes, glabres & un peu fermes. Elles ont une odeur agréable, sur-tout lorsqu'elles sont sèches. Les fleurs sont blanches, pédunculées & disposées presque en corymbe, sur un péduncule commun, long d'un à deux pouces. Il leur succède un fruit noirâtre, petit, rond, d'un goût désagréable & amer. On trouve cet arbre dans les lieux incultes & les bois, en Provence, en Alsace & dans les environs de Paris, ♄. Dans son lieu natal, il a à peine la hauteur d'un arbrisseau.

---

734. *Ovaire velu; fruit dont le noyau est crevassé*
& réticulé.

Amandier commun. *Amygdalus communis.* Lin. Sp. 677.

> *Amygdalus amara.* Tournef. 627.
> β. *Amygdalus sativa.* Ibid.

Arbre de dix à quinze pieds, dont le bois est assez dur, l'écorce du tronc un peu gercée, & celle des rameaux lisse & grisâtre; ses feuilles sont alternes, pétiolées, longues, étroites, pointues & dentées en leurs bords. Ses fleurs sont presque sessiles, solitaires ou géminées, & composées d'un calice monophylle à cinq découpures obtuses; de cinq pétales blancs, rougeâtres en leurs onglets & insérés sur le calice; d'une trentaine d'étamines pareillement insérées sur le calice, & d'un ovaire velu, surmonté d'un style de la longueur des étamines : il leur succède un fruit suffisamment connu sous le nom d'*amande*, dont on distingue de deux sortes, les amandes douces & les amandes amères. Cet arbre est commun

734. dans les provinces méridionales, ♄ ; les amandes fourniffent par l'expreffion, une huile douce, laxative & très-anodine.

O B S. Le Pêcher eft une efpèce de ce genre, que M. Linné nomme *Amygdalus perfica.* On le cultive dans tous les jardins pour fes fruits, qui font des meilleurs qu'il y ait en Europe. On le diftingue de l'amandier commun, par fes fleurs folitaires & tout-à-fait rouges, & par la fubftance épaiffe, charnue, fucculente & favoureufe, qui recouvre les noyaux de fes fruits ; fes feuilles font amères, anti-feptiques & fébrifuges. Ses fleurs font purgatives.

735. *Ovaires nombreux & ramaffés.* { Calice à dix divifions... 736
Calice à moins de dix divifions. 743

736. *Calice à dix divifions.....* { Feuilles fimples, ou ternées, ou digitées ; leurs folioles s'insèrent toutes en un point commun. 737
Feuilles ailées, ayant cinq folioles ou davantage, qui ne s'insèrent pas toutes en un point commun. 740

737. *Feuilles fimples, ou ternées, ou digitées.........* { Feuilles fimples, ou compofées de trois folioles feulement. 738
Toutes les feuilles, ou plufieurs, compofées de plus de trois folioles. 739

738. *Feuilles fimples, ou compofées de trois folioles feulement.*

Fraifier. *Fragaria.*

Les fleurs de Fraifier font compofées d'un calice monophylle à dix divifions alternativement grandes & petites, de cinq pétales inférés fur le calice, de vingt étamines ou environ, inférées pareillement fur le calice, & d'un amas d'ovaires nombreux & extrêmement petits, dont les ftyles font courts

738. & latéraux. Dans quelques espèces, les semences sont piquées sur un réceptacle charnu, pulpeux & coloré.

Obs. Les fraisiers ne diffèrent des potentilles que par le nombre de leurs folioles, qui ne sont jamais au-delà de trois, & des argentines, que par la disposition de ces mêmes folioles qui s'insèrent toujours en un point commun. La réunion de ces trois genres, formée par M.rs de Haller & Scopoli, est désavantageuse en ce qu'elle multiplie tellement les espèces, qu'elle nuit à la facilité de les connoître, & sur-tout de se les rappeler sans confusion.

ANALYSE.

Fleurs blanches.	Fleurs jaunes.
I.	I V.

I.	*Fleurs blanches.*	

Base de la tige produisant des rejets longs, filiformes & traçans.	Base de la tige ne produisant aucun rejet remarquable.
I I.	I I I.

II. *Base de la tige produisant des rejets longs, filiformes & traçans.*

Fraisier de table. *Fragaria vesca.* Lin. Sp. 708.

Fragaria vulgaris. Tournef. 295.

β. *Fragaria fructu albo.* Ibid. 296.

γ. *Fragaria fructu parvi pruni magnitudine.* Ibid. 296.

δ. *Fragaria monophylla.* Murr. Syst. végét. 396.

Sa racine est noirâtre, fibreuse, rameuse, & pousse plusieurs tiges grêles, velues, peu garnies de feuilles & hautes de quatre ou cinq pouces ; les feuilles sont la plupart radicales, velues, portées sur de longs pétioles, & composées de trois folioles ovales, presque soyeuses en-dessous & fortement dentées en scie. Les fleurs sont blanches, pédunculées & terminales ; leurs pétales sont arrondis : le réceptacle des semences grandit après la floraison, devient pulpeux, succulent, acquiert ordinairement une couleur

38. rougeâtre, & se transforme en une espèce de fruit d'une odeur agréable, d'un goût exquis, & qui est connu généralement sous le nom de *fraise*. La variété β porte des fruits blancs, même dans leur maturité, & on la reconnoît souvent, lorsqu'elle est sans fructification, par les dentelures de ses feuilles, qui sont terminées par un point blanc & non rougeâtre, comme celles du fraisier à fruits rouges. La variété γ se distingue par ses fraises, dont la grosseur approche de celle d'une petite prune. La variété δ est remarquable par la plupart de ses feuilles simples & point ternées. Cette plante est commune dans les bois taillis, ♃ ; ses fruits sont rafraîchissans & diurétiques : ses feuilles & sa racine sont apéritives & légèrement astringentes.

III.   *Base de la tige ne produisant aucun rejet remarquable.*

Fraisier stérile. *Fragaria sterilis.* Lin. Sp. 709.

Fragaria sterilis. Tournef. 296.

Ses tiges sont longues de trois ou quatre pouces, presque filiformes, velues & couchées sur la terre ; elles sont garnies à leur base de plusieurs stipules lancéolées & d'une couleur souvent ferrugineuse : ses feuilles sont petites, velues, un peu soyeuses en-dessous, pétiolées & composées de trois folioles ovales, courtes, obtuses & dentées. Ses fleurs sont blanches & plus petites que celles de l'espèce précédente ; le réceptacle des semences se dessèche & ne grandit point. On trouve cette plante dans les bois & les lieux arides, ♃ ; elle fleurit de bonne heure.

IV.   *Fleurs jaunes.*

Feuilles soyeuses & blanchâtres ; tiges de trois pouces.	Feuilles vertes & point soyeuses ; tiges de six pouces ou davantage.
V.	V I.

738. V. *Feuilles soyeuses & blanchâtres ; tiges de trois pouces.*

Fraisier blanchâtre. *Fragaria incana.*

Fragaria sterilis, sylvestris, sericea seu incana. Tournef.
296.

Potentilla subacaulis. Lin. Sp. 715.

Ses tiges sont basses, diffuses & un peu couchées à leur
base ; ses feuilles sont pétiolées & composées de trois folioles
oblongues, cunéiformes, dentées à leur sommet, & cotonneuses ou soyeuses des deux côtés. Ses fleurs sont jaunes,
pédunculées & assez grandes. Cette plante croît en Provence
sur les montagnes. ♃

VI. *Feuilles vertes & point soyeuses ; tiges de six pouces
ou davantage.*

Corolle une fois plus grande que le calice.	Corolle de même grandeur ou plus courte que le calice.
V I I.	V I I I.

VII. *Corolle une fois plus grande que le calice.*

Fraisier grandiflore. *Fragaria grandiflora.*

Fragaria sterilis amplissimo folio & flore, petalis cordatis.
Vail. Paris. 55, tab. 10, fig. 1.

Potentilla grandiflora. Lin. Sp. 715.

Ses tiges sont inclinées, rougeâtres, légèrement velues,
& longues de sept à huit pouces ; ses feuilles sont pétiolées
& composées de trois folioles ovales, assez grandes, un
peu velues & profondément dentées en scie. Ses fleurs sont
pédunculées, terminales, fort grandes & d'un beau jaune.
On trouve cette plante dans les environs de Paris. ♃

738. **VIII.** *Corolle de même grandeur, ou plus courte que le calice.*

Fraisier parviflore. *Fragaria parviflora.*

Fragaria sterilis Alpina caulescens. Tournef. 296.

Potentilla Monspeliensis. Lin. Sp. 714.

Ses tiges sont longues d'un pied, un peu inclinées, assez épaisses, cylindriques & velues; ses feuilles sont grandes, pétiolées &· composées de trois folioles ovales, vertes, presque glabres en-dessus, velues en-dessous, & garnies en leurs bords de dents très-profondes. Ses fleurs sont pédunculées, de couleur jaune, & remarquables par leurs pétales fort petits. Cette plante croît dans les montagnes des provinces méridionales.

739. *Toutes les feuilles, ou plusieurs, composées de plus de trois folioles.*

Potentille. *Potentilla.*

Les Potentilles ont beaucoup de rapport avec les fraisiers; mais elles en sont suffisamment distinguées par la forme de leurs feuilles, dont la plupart, & sur-tout les inférieures, sont constamment digitées & composées de cinq folioles ou davantage.

ANALYSE.

Fleurs jaunes.	Fleurs blanches.
I.	XIII.

Fleurs jaunes.

Tiges droites.	Tiges couchées.
II.	VII.

Tiges droites.

739. **II.**

Feuilles très-blanches & argentées en-deſſous.	Feuilles n'étant point d'une couleur blanche & argentée en - deſſous.
I I I.*	I V.

III.* *Feuilles très-blanches & argentées en-deſſous.*

Potentille argentée. *Potentilla argentea.* Lin. Sp. 712.

Quinquefolium folio argenteo. Tournef. 297.

Sa tige eſt dure, rougeâtre dans ſa partie inférieure, cotonneuſe & blanchâtre vers ſon ſommet, & s'élève juſqu'à un pied; ſes feuilles ſont pétiolées & compoſées de cinq folioles découpées, ſemi-pinnatifides, chargées en-deſſous d'un coton fin & très-blanc. Les fleurs ſont petites, de couleur jaune, terminales & portées ſur des péduncules un peu courts; elles ont leur calice velu & cotonneux. On trouve cette plante dans les lieux ſecs & incultes. ♃

IV. *Feuilles n'étant point d'une couleur blanche & argentée en-deſſous.*

Corolle d'un jaune très-pâle; tige verdâtre.	Corolle d'un jaune-doré; tige rougeâtre.
V.	V I.

V. *Corolle d'un jaune très-pâle; tige verdâtre.*

Potentille ſouffrée. *Potentillá ſulfurea.*

Quinquefolium montanum, erectum, hirſutum, luteum, Tournef. 297. Garid. tab. 83.

Sa tige eſt haute de deux pieds, très-droite, cylindrique, feuillée, velue & ſimplement verdâtre; ſes feuilles ſont pétiolées, un peu épaiſſes, velues, & preſque rudes au toucher. Les inférieures ſont compoſées de ſept digitations oblongues & dentées en ſcie; les ſupérieures ſont preſque ſeſſiles & n'en ont ordinairement que cinq: les fleurs ſont terminales, d'un jaune de ſoufre, les unes ramaſſées & ſoutenues par des péduncules

739. fort courts, & les autres solitaires sur les péduncules qui naissent des bifurcations de la tige, & qui sont assez longs. On trouve cette plante dans les montagnes des provinces méridionales. ♃

VI.   *Corolle d'un jaune-doré ; tige rougeâtre.*

Potentille droite. *Potentilla recta.*

Quinquefolium rectum , luteum. Tournef. 297.
β. *Potentilla intermedia.* Lin. mant. 76. *Non synonima.*

Cette espèce a beaucoup de rapport avec la précédente, mais sa tige est moins épaisse, rougeâtre & ne s'élève que jusqu'à un pied & demi ; les digitations de ses feuilles sont plus étroites & garnies de dents plus profondes ; & ses fleurs sont un peu moins ramassées & d'un beau jaune. Les feuilles inférieures de la variété β , n'ont que cinq digitations. On trouve cette plante dans les montagnes de l'Alsace & de la Provence. ♃ Sa racine est vulnéraire & astringente.

VII.   *Tiges couchées.*

Feuilles presque toutes à cinq ou sept digitations ; tige d'un pied ou davantage.	Feuilles de la tige, la plupart ternées ; tige de moins d'un pied.
V I I I.	X.

VIII. *Feuilles presque toutes à cinq ou sept digitations ; tige d'un pied ou davantage.*

Feuilles vertes des deux côtés ; tige traçante.	Feuilles très - blanches & argentées en - dessous ; tige non traçante.
I X.	I I I. *

IX.   *Feuilles vertes des deux côtés ; tige traçante.*

Potentille rampante. *Potentilla reptans.* Lin. Sp. 714.

Quinquefolium majus , repens. Tournef. 297.

Ses tiges sont menues, longues d'un à trois pieds, feuillées

739. rampantes, & pouffent des racines à leurs articulations. Ses feuilles font portées fur de longs pétioles, & font compofées communément de cinq folioles ovales, obtufes, dentées, un peu velues & d'un vert-foncé. Ses fleurs font jaunes, axillaires, folitaires & foutenues par de forts longs péduncules. On trouve cette plante fur le bord des champs & dans les lieux un peu humides & couverts. ♃ Elle eft vulnéraire, aftringente, & anti-dyfentérique.

X. *Feuilles de la tige, la plupart ternées; tige de moins d'un pied*

Folioles des feuilles inférieures cunéiformes, & dentées feulemement en leur fommet, qui eft tronqué.	Folioles des feuilles inférieures, ovales, ayant quelques dents latérales, & point tronquées à leur fommet.
X I.	X I I.

XI. *Folioles des feuilles inférieures, cunéiformes & dentées feulement à leur fommet, qui eft tronqué.*

Potentille printannière. *Potentilla verna.* Lin. Sp. 712.

Quinquefolium minus, repens, luteum. Tournef. 297.

β. *Quinquefolium minus, repens, lanuginofum, luteum.* Ibid.

Ses tiges font couchées, menues, rameufes & longues de trois à cinq pouces. Ses feuilles font petites, pétiolées & compofées de folioles cunéiformes, légèrement velues, mais point foyeufes en leurs bords ni en leurs nervures poftérieures. Les folioles latérales font moins grandes que les autres. Les fleurs font jaunes, pédunculées & affez petites. Leurs pétales font un peu en cœur, & quelquefois tachés de roux à leur bafe. On trouve cette plante fur les collines sèches & fur le bord des chemins. ♃ Elle fleurit au printemps.

739. **XII.** *Folioles des feuilles inférieures, ovales, ayant quelques dents latérales, & point tronquées à leur sommet.*

Potentille dorée. *Potentilla aurea.* Lin. Sp. 712.

Quinquefolium minus, repens, aureum. Tournef. 297.

Cette espèce a beaucoup de rapport avec la précédente, mais elle est un peu plus grande dans toutes ses parties. Ses tiges sont longues de cinq à six pouces, très-menues, couchées, mais un peu redressées dans leur partie supérieure. Les folioles de ses feuilles sont légèrement soyeuses en leurs bords, & celles des inférieures ne sont pas sensiblement tronquées à leur sommet. Les fleurs sont grandes, d'un beau jaune & portées sur d'assez longs pédunucles. Leurs pétales sont en cœur & souvent d'un jaune de safran à leur base. On trouve cette plante dans les montagnes du Dauphiné & de la Provence. ♃

XIII. *Fleurs blanches.*

Tiges chargées d'une à trois fleurs. **X I V.**	Tiges chargées de plus de trois fleurs. **X V.**

XIV. *Tiges chargées d'une à trois fleurs.*

Potentille luisante. *Potentilla nitida.* Lin. Sp. 714.

Trifolium alpinum argenteum, persici flore. Bauh. p. 328.

Cette plante est couverte d'un coton fin, soyeux & luisant; ses tiges sont longues de quatre ou cinq pouces & souvent uniflores; ses feuilles inférieures sont portées sur des pétioles assez longs, & sont composées de cinq folioles ovales-oblongues, argentées, soyeuses & chargées de trois dents à leur sommet. Les autres feuilles sont petites & simplement ternées. Les fleurs sont blanches, un peu rougeâtres & grandes comme celles du pêcher. Le réceptacle des semences est laineux. Cette plante a été observée en Dauphiné, à trois lieues de Grenoble, au-dessus de Saint-Robert de Cornillon, par Dom Fourmault. ♃

739. **XV.** *Tiges chargées de plus de trois fleurs.*

Potentille blanche. *Potentilla alba.* Lin. Sp. 713.

Quinquefolium album majus alterum. Tournef. 297.
Quinquefolium album minus. Ibid.
β. *Quinquefolium album majus, caulescens.* Ibid.
Potentilla caulescens. Lin. Sp. 713.

Cette espèce a beaucoup de rapport avec la précédente, mais elle est plus grande & plus garnie dans toutes ses parties; ses feuilles radicales sont nombreuses, disposées en un gazon épais, portées sur de longs pétioles, & composées de cinq ou sept folioles ovales-oblongues, dentées à leur sommet, cotonneuses & soyeuses en-dessous. Les tiges naissent parmi ces feuilles. Elles sont cylindriques, velues, un peu inclinées & longues de six à dix pouces. Elles se partagent à leur extrémité en quelques rameaux qui soutiennent des fleurs blanches, assez grandes & un peu ramassées. Leurs pétales sont arrondis & échancrés; le réceptacle des semences est barbu. On trouve cette plante dans les montagnes du Dauphiné & de la Provence. ♃

740.

Feuilles ailées, ayant cinq folioles ou davantage, qui ne s'insèrent pas toutes en un point commun .... { Semences nues ou chargées de filets courts, non articulés ni repliés dans leur longueur .. 741

Semences chargées chacune d'une barbe ou d'un filet fort long, remarquable par une torsion & un repli particulier dans sa longueur 742

---

741. *Semences nues ou chargées de filets courts, non articulés ni repliés dans leur longueur.*

Argentine. *Argentina.*

Les Argentines ont un très-grand rapport avec les potentilles & les fraisiers, mais elles en diffèrent par la disposition des folioles de leurs feuilles, qui ne s'insèrent pas toutes en un point commun en forme de digitations, mais qui sont situées en manière d'aile.

ANALYSE.

Fleurs de couleur jaune. I.	Fleurs blanches ou de couleur rouge. I V.

I.   *Fleurs de couleur jaune.*

Pétales toujours plus grands que le calice ; feuilles foyeufes en-deffous. I I.	Pétales n'étant pas plus grands que le calice ; feuilles non foyeufes. I I I.

II. *Pétales toujours plus grands que le calice ; feuilles foyeufes en - deffous.*

Argentine commune. *Argentina vulgaris.*

> *Pentophylloides argenteum alatum , feu potentilla.* Tournef.
> 298.
>
> *Potentilla anferina.* Lin. Sp. 710.

Ses tiges font menues, rampantes, traçantes, légèrement velues & rameufes ; fes feuilles font affez grandes, ailées & compofées de quinze à dix-fept folioles ovales-oblongues, peu diftantes, dentées en leurs bords, velues, verdâtres en-deffus, mais blanchâtres, foyeufes & luifantes en-deffous. Entre ces folioles, on en trouve fouvent d'autres fort petites, qui font comme avortées. Les fleurs font axillaires, folitaires, & portées fur de longs péduncules ; les divifions moyennes de leur calice font quelquefois découpées ou dentées. Cette plante eft très-commune fur le bord des chemins & dans les lieux un peu humides. ♃ Elle eft vulnéraire, aftringente & deffative.

III. *Pétales n'étant pas plus grands que le calice ; feuilles non foyeufes.*

Argentine couchée. *Argentina fupina.*

> *Pentaphylloides fupinum.* Tournef. 298.
> *Potentilla fupina.* Lin. Sp. 711.

Ses tiges font longues d'un pied, couchées, rameufes vers

741. leur sommet & légèrement velues ; ses feuilles sont pétiolées, ailées, un peu velues, d'un vert pâle ou assez clair, composées de folioles incisées & pinnatifides. Les fleurs sont petites, & disposées, vers l'extrémité des tiges, sur des péduncules solitaires, axillaires & d'une longueur médiocre. Cette plante croît dans les environs de Paris. ⊙

IV.   *Fleurs blanches, ou de couleur rouge.*

Pétales blancs, & un peu plus grands que le calice. V.	Pétales d'un rouge obscur, & toujours plus petits que le calice. VI.

V. *Pétales blancs, & un peu plus grands que le calice.*

Argentine de roche. *Argentina rupestris.*

> *Pentaphylloides erectum.* Tournef. 298.
> *Potentilla rupestris.* Lin. Sp. 711.

Sa tige est haute d'un pied ou un peu plus, droite, rougeâtre, légèrement velue, & rameuse vers son sommet ; ses feuilles sont pétiolées, ailées, & composées de cinq ou de sept folioles ovales-arrondies, dentées, vertes, & dont les inférieures sont les moins grandes. Les fleurs sont blanches, pédunculées & terminales. Cette plante croît en Alsace & en Provence. ♃

VI. *Pétales d'un rouge obscur, & toujours plus petits que le calice.*

Argentine rouge. *Argentina rubra.*

> *Pentaphylloides palustre rubrum.* Tournef. 298.
> *Comarum palustre.* Lin. Sp. 718.

Sa tige est longue presque d'un pied & demi, & couchée dans sa moitié inférieure ; ses feuilles sont pétiolées, ailées, & composées de cinq ou de sept folioles ovales-oblongues, un peu étroites, vertes en-dessus, blanchâtres, & chargées d'un duvet très-court en-dessous. Les fleurs sont terminales, pédunculées & remarquables par leur calice coloré, à dix

41. divisions pointues, alternativement grandes & petites, & par leurs pétales rouges, ligulés & fort courts : le réceptacle est un peu charnu. On trouve cette plante dans les lieux marécageux & aquatiques. ♃

---

42. *Semences chargées chacune d'une barbe ou d'un filet fort long, remarquable par une torsion & un repli particulier dans sa longueur.*

Benoite. *Caryophyllata.*

Les Benoites ont beaucoup de rapport avec les Argentines. Leurs fleurs sont composées, comme les leurs, de cinq pétales & de beaucoup d'étamines insérées sur un calice à dix divisions alternativement grandes & petites ; mais elles en diffèrent essentiellement par leur semences qui sont ramassées, chargées de longues barbes, & forment une tête ronde, très-hérissée.

A N A L Y S E.

Tige uniflore. I.	Tige pluriflore. I V.

I.	*Tige uniflore.*
Lobe terminal des feuilles fort grand, ovale - arrondi, crénelé, & légèrement incisé. I I.	Lobe terminal des feuilles médiocre, denté, & profondément découpé. I I I.

II. *Lobe terminal des feuilles fort grand, ovale-arrondi, crénelé, & légèrement incisé.*

Benoite de montagne. *Caryophyllata montana.* Scop. carn. 364.

Caryophyllata Alpina lutea. Tournef. 295.

Geum montanum. Lin. Sp. 717.

Sa tige est haute de six à huit pouces, droite, simple,

742. cylindrique & légèrement velue; elle est presque nue & chargée de quelques feuilles sessiles, distantes & fort petites: les feuilles radicales sont grandes, pétiolées, ailées, velues & composées de pinnules qui vont en augmentant de grandeu vers le sommet de chaque feuille, de sorte que la pinnul terminale a au moins deux ou trois pouces de largeur. L fleur est grande, d'un beau jaune, & ses pétales sont u peu échancrés; les barbes des semences sont plumeuses. O trouve cette plante dans les montagnes du Dauphiné & de la Provence. ♃

III. *Lobe terminal des feuilles, médiocre, denté,*
& profondément découpé.

Benoite traçante. *Caryophyllata reptans.*

> *Caryophyllata Alpina, apii folio.* Tournef. 295.
> *Geum reptans.* Lin. Sp. 717.

Sa racine est fort grande, & pousse, outre les feuilles & les tiges, souvent des rejets grêles, couchés & presque traçans; ses tiges sont à peine plus longues que les feuilles, & portent chacune à leur sommet une fleur jaune & très-grande : les feuilles radicales sont longues, ailées, à pinnules découpées, & beaucoup moins larges que celles de l'espèce précédente. On trouve cette plante dans les montagnes de la Provence, la vallée de Barcelonnette. ♃

IV. *Tige pluriflore.*

Fleurs presque droites; barbes des semences glabres dans toute leur moitié supérieure.	Fleurs penchées; barbes des semences velues dans toute leur longueur.
V.	V I.

V. *Fleurs presque droites; barbes des semences glabres*
dans toute leur moitié supérieure.

Benoite commune. *Caryophyllata vulgaris.* Tournef. 294.

> *Geum urbanum.* Lin. Sp. 716.

Sa tige est haute d'un pied & demi, droite, feuillée,

légèrement velue, & rameuse dans sa partie supérieure ; ses feuilles radicales sont ailées, à pinnules peu nombreuses, dont la terminale est fort grande & dentée : celles de la tige sont presque en lyre. Les fleurs sont jaunes, pédunculées, terminales, ordinairement droites & assez petites ; leurs pétales sont très-ouverts, & les barbes des semences sont rouges & presque entièrement glabres. Cette plante est commune dans les bois, les lieux couverts & les haies. ♃ Elle est sudorifique, vulnéraire & un peu astringente.

VI. *Fleurs penchées ; barbes des semences velues dans toute leur longueur.*

Benoite aquatique. *Caryophyllata aquatica.*

Caryophyllata aquatica, nutante flore. Tournef. 294.

Geum rivale. Lin. Sp. 717.

Ses tiges sont hautes d'un pied, quelquefois davantage, droites, velues & presque simples ; leurs feuilles sont petites, ternées ou à trois lobes dentés, & sont portées sur de fort courts pétioles : celles de la racine sont longues, ailées, à pinnules latérales, petites & peu nombreuses, mais la terminale est fort grande, arrondie, dentée & souvent à trois lobes. Les fleurs, au nombre de deux ou trois, sont pédunculées, penchées, & terminent les tiges ; leur calice est d'un rouge-noirâtre, & les pétales sont un peu échancrés, légèrement couleur de rose, médiocrement ouverts, & point plus grands que le calice. On trouve cette plante dans les lieux aquatiques des montagnes, sur le bord des ruisseaux. ♃

743.

Calice à moins de dix divisions. . . . . { Calice à huit divisions. . 744

Calice à moins de huit divisions. 747

744.

Calice à huit divisions. . . . . . { Quatre pétales jaunes. . . 745

Huit pétales blancs. . . 746

745. *Quatre pétales jaunes.*

Tormentille droite. *Tormentilla erecta.* Lin. Sp.
716.

Tormentilla sylvestris. Tournef. 298.
β. *Tormentilla Alpina, vulgaris, major.* Ibid.

Ses tiges font menues, chargées de quelques poils, rameuses
longues de cinq à huit pouces, quelquefois affez droites
mais fouvent couchées & diffufes ; fes feuilles font feffiles
& compofées de trois ou de cinq digitations, dentées en
fcie. Ses fleurs font petites, folitaires, pédunculées & de
couleur jaune. La variété β eft remarquable par fa racine
qui eft groffe, dure, noueufe & rougeâtre intérieurement.
Cette plante eft commune fur le bord des bois, des chemins
fur les peloufes & dans les pâturages fecs, ♃. Elle eft
vulnéraire & aftringente.

746. *Huit pétales blancs.*

Chenette à huit pétales. *Dryas octopetala.* Lin. Sp.
717.

Caryophyllata Alpina chamædryos folio. Tournef. 295.

Ses tiges font longues de trois à fix pouces, couchées
rameufes, diffufes, rougeâtres, feuillées, dures & prefque
ligneufes ; fes feuilles font pétiolées, fimples, ovales, cre-
nelées, fermes, vertes en-deffus, fort blanches & couvertes
d'un coton court en-deffous. Les fleurs font affez grandes
folitaires, pédunculées & compofées d'un calice à huit
coupures un peu étroites, & de huit pétales oblongs ; elles
font remplacées par des femences ramaffées & chargées chacune
d'une longue barbe plumeufe. Cette plante croît dans les
montagnes du Dauphiné & de la Provence. ♃

747. *Calice à moins de huit divi-sions* . . . . { Fruit fec ; fleurs petites &
nombreufes. 74
Fruit charnu ou fucculent ;
fleurs affez grandes ou peu nombreufes. 74

Fruit sec ; fleurs petites & nombreuses.

Spirée. *Spiræa.*

Les fleurs de Spirée font ordinairement fort petites, nombreuses, & difposées en panicule, ou en épi, ou par bouquets corymbiformes ; elles font compofées d'un calice à cinq ou fix divifions, d'un pareil nombre de pétales & de beaucoup d'étamines inférées fur le calice : les ovaires varient de trois à quinze, & fe changent en autant de capfules réunies, monofpermes ou polyfpermes.

A N A L Y S E.

Feuilles ailées, ou furcompofées. I.	Feuilles fimples, entières ou dentées. V I.

I. *Feuilles ailées ou furcompofées.*

Fleurs hermaphrodites ; feuilles fimplement ailées. I I.	Fleurs la plupart unifexuelles ; feuilles furcompofées. V.

II. *Fleurs hermaphrodites ; feuilles fimplement ailées.*

Feuilles vertes des deux côtés, & compofées de plus de dix folioles. I I I.	Feuilles blanchâtres en-deffous, & compofées de moins de dix folioles. I V.

III. *Feuilles vertes des deux côtés, & compofées de plus de dix folioles.*

Spirée filipendule. *Spiræa filipendula.* Lin. Sp. 702.

Filipendula vulgaris. Tournef. 293.

Sa racine eft compofée de plufieurs tubérofités d'une forme ovale, attachées & comme fufpendues à des filets très-déliés ; elle pouffe une tige haute d'un pied & demi, droite, peu

748. feuillée, très - glabre, & souvent simple ; ses feuilles son
composées de beaucoup de folioles assez égales entr'elles,
petites, ovales ou oblongues, dentées en leurs bords, glabr
& d'un vert-foncé. Les stipules sont amplexicaules, denté
& un peu courantes sur les pétioles ; les fleurs sont blanches
quelquefois rougeâtres, nombreuses & disposées en une pani
cule ombelliforme & terminale ; elles ont leur calice réfléch
On trouve cette plante dans les bois & les prés couverts.
Elle est incisive, diurétique, vulnéraire & un peu astringent

---

IV. *Feuilles blanchâtres en-dessous & composées de moin*
de dix folioles.

Spirée ormière. *Spiræa ulmaria.* Lin. Sp. 702.

Ulmaria clusii. Tournef. 265.

Sa tige est haute de deux à trois pieds, droite, un pe
rameuse, dure, glabre & rougeâtre. Ses feuilles sont grandes
ailées, composées de folioles ovales, pointues, dentées, d'u
vert - foncé en - dessus, & toujours un peu blanchâtres er
dessous. La foliole terminale est plus grande que les autres
& partagée en trois lobes. Les fleurs sont petites, nom
breuses, de couleur blanche & ramassées au sommet de l
tige en panicule un peu dense. Il leur succède un fruit compos
de cinq à huit capsules comprimées & torses ou contournée
en spirale. On trouve cette plante dans les prés humides.
Elle est vulnéraire, astringente, tonique & sudorifique.

V. *Fleurs la plupart unisexuelles ; feuilles surcomposées.*

Spirée barbe de chèvre. *Spirea aruncus.* Lin. Sp. 702.

Barba capræ, floribus oblongis. Tournef. 265.

Sa tige est haute de quatre pieds, droite, ferme, glabre
feuillée & un peu rameuse ; ses feuilles sont alternes, pétiolées
trois fois ailées, & composées de folioles ovales, pointue
& dentées en scie. Les fleurs sont blanches, terminales
très-petites, extrêmement nombreuses, & disposées en un
panicule ample, formée par un grand nombre d'épis cylin
driques, portés sur des péduncules rameux ; elles sont l
plupart unisexuelles, & du même sexe sur chaque individu
mais on trouve souvent des fleurs hermaphrodites sur les pied
femelles, & même sur les pieds mâles, quoique stériles

8. Cette plante est commune dans le Dauphiné & dans le Bugey, où elle a été observée par Dom Fourmault. ♃

VI. *Feuilles simples , entières ou dentées.*

Spirée crénelée. *Spiræa crenata.* Lin. Sp. 701.

Spiræa Hispanica , hyperici folio crenato. Tournef. 618.

Arbrisseau de trois ou quatre pieds, dont les rameaux sont nombreux, grêles, rougeâtres & flexibles; ses feuilles sont petites, alternes, vertes, glabres, spatulées, quelquefois entières, mais la plupart dentées ou crénelées à leur sommet. Ses fleurs sont blanches, pédunculées & disposées par bouquets ombelliformes, placés sur le côté & dans la partie supérieure des rameaux. Cet arbrisseau croît en Languedoc, où il a été observé par M. Gouan. ♄

---

49. *Fruit charnu ou succulent; fleurs assez grandes, ou ou peu nombreuses.*

Base du calice charnue & globuleuse; stipules membraneuses, courantes sur les pétioles.. 750

Base du calice point charnue ni globuleuse; stipules non courantes sur les pétioles.... 751

---

50. *Base du calice charnue & globuleuse; stipules membraneuses, courantes sur les pétioles.*

Rosier. *Rosa.*

Les fleurs de Rosier, que l'on nomme communément *Roses*, sont composées d'un calice campanulé, charnu & globuleux dans sa partie inférieure, & partagé en son bord supérieur en cinq découpures simples ou quelquefois pinnatifides; de cinq pétales arrondis ou en cœur, & de beaucoup d'étamines insérées sur le calice : les ovaires sont velus, ramassés & renfermés dans la base du calice, qui persiste, se colore, devient un péricarpe pulpeux & couronné, dans lequel sont contenues les semences. Les tiges sont ordinairement garnies d'aiguillons, & les feuilles sont ailées avec une foliole impaire.

750.

ANALYSE.

Fleurs rouges ou blanches. I.	Fleurs de couleur jaune. XIV.

I. *Fleurs rouges ou blanches.*

Tige ou rameaux garnis d'aiguillons. II.	Tige & rameaux sans aiguillons remarquables. XIII.

II. *Tige ou rameaux garnis d'aiguillons.*

La plupart des feuilles à cinq ou sept folioles. III.	Presque toutes les feuilles à neuf ou onze folioles. XII.

III. *La plupart des feuilles à cinq ou sept folioles.*

Feuilles glabres. IV.	Feuilles chargées de poils glanduleux. XI.

IV. *Feuilles glabres.*

Péduncules presque entièrement glabres, & point hérissés d'aiguillons. V.	Péduncules hérissés d'aiguillons nombreux, & remarquables. VIII.

V. *Péduncules presque entièrement glabres, & point hérissés d'aiguillons.*

Fleurs blanches avec une teinte rougeâtre ; feuilles luisantes en-dessus. VI.	Fleurs tout-à-fait blanches ; feuilles non luisantes en-dessus. VII.

VI.

VI. *Fleurs blanches avec une teinte rougeâtre ; feuilles luisantes en-dessus.*

Rosier des haies. *Rosa sepium.*

Rosa sylvestris, vulgaris, flore odorato incarnato. Tournef. 638.

Rosa canina. Lin. Sp. 704.

Arbrisseau de cinq à huit pieds, très-rameux, diffus & en buisson ; ses rameaux sont longs, foibles, presque sarmenteux, lisses, verdâtres & garnis d'aiguillons un peu distans, mais très-forts : ses feuilles sont alternes, composées de sept folioles ovales, dentées, luisantes en-dessus & d'une couleur pâle ou un peu glauque en-dessous ; leur pétiole commun est chargé postérieurement de quelques aiguillons crochus ; les fleurs sont blanches, toujours un peu rougeâtres dans leur jeunesse, composées de cinq pétales en cœur, & d'un calice dont les divisions sont souvent pinnatifides. Cet arbrisseau est commun dans les haies, ♄ ; ses fleurs sont astringentes, anti-diarrhoïques & ophtalmiques ; ses fruits sont diurétiques & anti-hydropiques.

VII. *Fleurs tout-à-fait blanches ; feuilles non luisantes en-dessus.*

Rosier des champs. *Rosa arvensis.* Lin. mant. 245.

Rosa arvensis candida. Tournef. 638.

Cette espèce a beaucoup de rapport avec la précédente, mais ses tiges s'élèvent à peine au-delà de trois pieds, & sont garnies d'aiguillons moins forts ; ses rameaux sont rougeâtres ou bleuâtres ; ses feuilles sont d'un vert obscur, jamais luisantes en-dessus, & un peu blanchâtres en-dessous ; ses fleurs sont blanches, même dans leur jeunesse, & sont portées sur des péduncules assez longs, d'un rouge-bleuâtre, & qui ne sont pas parfaitement glabres avant l'entier développement des fleurs. Cet arbrisseau croît dans les lieux incultes, sur le bord des champs & des vignes. ♄

750. VIII. *Péduncules hériſſés d'aiguillons nombreux & remarquables.*

Fleurs blanches.	Fleurs rouges.
I X.	X.

IX. *Fleurs blanches.*

Roſier blanc. *Roſa alba.* Lin. Sp. 705.

Roſa alba vulgaris major. Tournef. 637.

Arbriſſeau très-rameux, diffus, & haut de quatre ou cinq pieds ; ſes feuilles ſont compoſées de ſept folioles ovales, dentées, glabres, mais portées ſur des pétioles pubeſcens & garnis d'aiguillons ; les ſtipules ſont étroites ; les fleurs ſont grandes, tout-à-fait blanches & odorantes ; elles ont les diviſions de leur calice pinnatifides. Cet arbriſſeau croît dans les lieux incultes & un peu couverts. ♄

X. *Fleurs rouges.*

Roſier rouge. *Roſa rubra.* (Roſes de Provins).

Roſa rubra ſimplex. Tournef. 637.

Roſa gallica. Lin. Sp. 704.

Arbriſſeau dont les tiges ſont rougeâtres, couvertes d'aiguillons, rameuſes, diffuſes & hautes de trois ou quatre pieds tout au plus ; ſes feuilles ſont compoſées de cinq ou ſept folioles ovales-obrondes, dentées, glabres, vertes en-deſſus, & d'une couleur pâle ou cendrée en-deſſous ; ſes fleurs ſont d'un rouge-foncé, panachées de blanc dans une variété, & ſont portées par des péduncules hériſſés d'aiguillons nombreux, mais extrêmement petits, courts & rougeâtres. On trouve cet arbriſſeau dans les provinces méridionales, ♄ ; ſes fleurs ſont aſtringentes & toniques.

750. **XI.** *Feuilles chargées de poils glanduleux.*

Rosier églantier. *Rosa eglanteria.*

> *Rosa sylvestris, foliis odoratis.* Tournef. 638.
>
> *Rosa sylvestris, foliis carinatis subtus scabris.* Vail. Parif. 173.
>
> β. *Rosa sylvestris pomifera, major.* Tournef. 638.
>
> *Rosa villosa.* Lin. Sp. 704.

Arbrisseau de trois ou quatre pieds dont les tiges sont rameuses & hérissées d'aiguillons crochus & nombreux ; ses feuilles sont composées de cinq ou sept folioles assez petites, ovales, dentées, odorantes, un peu rudes au toucher, & remarquables par des poils glanduleux, visqueux & roussâtres, placés entre leurs dentelures, & dans toute leur surface postérieure ; les fleurs sont rouges, petites, & portées sur des péduncules courts & hérissés ; les pétales sont échancrés en cœur, & les fruits sont lisses ou quelquefois chargés de petites pointes molles ; la variété β est plus fortement velue, & ses fruits sont plus constamment hérissés. On trouve cet arbrisseau dans les lieux secs & pierreux. ♄

XII. *Presque toutes les feuilles à neuf ou onze folioles.*

Rosier à feuilles de pimprenelle. *Rosa pimpinellifolia.* Lin. Sp. 703.

> *Rosa pumila spinosissima, flore rubro.* Tournef. 638.
>
> β. *Rosa campestris spinosissima, flore albo odoro.* Ibid.
>
> *Rosa spinosissima.* Lin. Sp. 705.

Sa tige est haute d'un pied & demi, rameuse & extrêmement chargée d'aiguillons droits, inégaux & très-ramassés ; ses feuilles sont composées de onze folioles petites, ovales, dentées, glabres & veinées en-dessous ; ses fleurs sont portées sur des péduncules courts, glabres, ou quelquefois un peu hérissés d'aiguillons ; les divisions de leur calice sont simples ; les pétales sont en cœur, blancs, souvent un peu rougeâtres en leur limbe, & jaunâtres en leur onglet ; les fruits sont lisses & globuleux ; la variété β s'élève jusqu'à trois pieds ; ses aiguillons sont plus forts, & communément rougeâtres, & ses fleurs sont presque une fois plus grandes. On trouve

750. cet arbriſſeau dans les lieux arides du Languedoc & de la Provence : ſa variété croît dans les environs de Paris. ♄

XIII. *Tige & rameaux ſans aiguillons remarquables.*

Roſier des Alpes. *Roſa Alpina.* Lin. Sp. 703.

Roſa campeſtris, ſpinis carens, biflora. Tournef. 639.

β. *Roſa Pyrenaica.* Gouan. Obſ. p. 31, tab. 19, f. 2.

Sa tige eſt haute de deux pieds tout au plus, rameuſe, glabre & point hériſſée d'aiguillons ; ſes feuilles ſont compoſées de ſept ou de neuf folioles, ovales, glabres & dentées ; elles ont leurs pétioles communs, & leurs ſtipules ciliés ou chargés de pointes foibles & extrêmement petites ; les fleurs ſont petites, d'un rouge foncé, mais très-vif, ſolitaires ou géminées, & portées ſur des péduncules couverts de petites pointes peu ſenſibles ; les diviſions de leur calice ſont ſimples, & leurs pétales ont les onglets blancs. Cet arbriſſeau croît en Alſace & en Dauphiné : la variété β a été obſervée dans les Pyrénées par M. Gouan.

XIV. *Fleurs de couleur jaune.*

Roſier jaune. *Roſa lutea.*

Roſa lutea, ſimplex. Tournef. 638.

Sa tige eſt haute de trois ou quatre pieds, rameuſe, & garnie d'aiguillons aſſez petits, mais nombreux & peu diſtans ; ſes feuilles ſont compoſées de ſept, & quelquefois de neuf folioles ovales-obrondes, preſque obtuſes, bordées de dentelures aiguës, & d'autant plus profondes qu'elles ſont plus voiſines du ſommet : ces folioles ſont petites, glabres, d'un vert foncé, un peu luiſantes & aſſez fermes. Les fleurs ſont fort belles, grandes, de couleur jaune, ſolitaires, & portées ſur des péduncules glabres : les pétales ſont en cœur, & les calices ſont chargés de quelques aiguillons foibles. Cet arbriſſeau eſt indiqué en Provence par Garidel, & dans les environs de Paris par Vaillant. ♄

OBS. Le *roſa rubiginoſa* de M. Linné, ne diffère de cette eſpèce que par la couleur de ſes fleurs, qui eſt d'abord d'un pourpre foncé, nuancé de jaune, mais qui paſſe enſuite inſenſiblement au jaune preſque pur, à meſure que la floraiſon s'avance & que les corolles ſe ſèchent ou ſe flétriſſent.

751. *Base du calice point charnue ni globuleuse ;*
stipules non courantes sur les pétioles.

Ronce. *Rubus.*

Les fleurs de Ronce sont composées d'un calice ouvert, partagé en cinq découpures profondes & lancéolées ; de cinq pétales insérés sur le calice ; de beaucoup d'étamines & de plusieurs ovaires ramassés. Le fruit est formé par l'assemblage de plusieurs petits grains succulens, disposés sur un réceptacle conique.

ANALYSE.

Feuilles n'ayant pas plus de trois folioles distinctes.	Feuilles composées, les unes de trois, & les autres de cinq folioles.
I.	I V.

I. *Feuilles n'ayant pas plus de trois folioles distinctes.*

Feuilles glabres des deux côtés ; baie composée de trois ou quatre grains.	Feuilles un peu velues en - dessous ; baie composée de plus de quatre grains.
I I.	I I I.

II. *Feuilles glabres des deux côtés ; baie composée*
de trois ou quatre grains.

Ronce de roche. *Rubus saxatilis.* Lin. Sp. 708.

Rubus Alpinus, humilis. Tournef. 615.

Ses tiges sont plus ou moins couchées, longues d'un à trois pieds, presque herbacées, rameuses, glabres ou chargées de quelques aiguillons très-petits ; ses feuilles sont composées de trois folioles ovales, grandes, vertes & glabres des deux côtés, grossièrement & inégalement dentées. On remarque sur leur pétiole & sur leurs nervures postérieures, quelques aiguillons extrêmement fins. Les fleurs sont blanches & disposées une à trois sur des péduncules axillaires, légèrement

751. hérissés ; les pétales font oblongs & un peu plus grands que le calice : les baies font compofées de trois ou quatre grains rouges, liffes & féparés. Cette efpèce croît en Alface & en Provence, ♃ ou ♄.

III. *Feuilles un peu velues en-deffous ; baie compofée de plus de quatre grains.*

Ronce bleuâtre. *Rubus cæfius.* Lin. Sp. 706.

Rubus repens, fructu cæfio. Tournef. 614.

Ses tiges font des farmens ligneux, longs, foibles, couchés, cylindriques, rougeâtres, feuillés & chargés de beaucoup d'aiguillons ; fes feuilles font pétiolées, ternées, & leurs folioles latérales font fouvent à deux lobes : les baies font bleuâtres & couvertes d'une pouffière fine, que le toucher fait difparoître. On trouve ce fous-arbriffeau dans les haies, le long des murs, & fur le bord des chemins. ♄

IV. *Feuilles compofées, les unes de trois, & les autres de cinq folioles.*

Feuilles digitées ; les folioles s'insèrent toutes en un point commun.	Feuilles ailées ; les folioles ne s'insèrent pas toutes en un point commun.
V.	V I.

V. *Feuilles digitées.*

Ronce frutefcente. *Rubus fruticofus.* Lin. Sp. 707.

Rubus vulgaris, five rubus fructu nigro. Tournef. 614.

β. *Rubus vulgaris major, fructu albo.* Raj. Synopf. p. 467.

-γ. *Rubus flore albo, foliis laciniatis,* Mapp. Alfat. 272.

Ses tiges font ligneufes, plus ou moins couchées, longues farmenteufes, anguleufes, & garnies d'aiguillons très-forts & crochus ; fes feuilles font la plupart compofées de cinq folioles ovales, pointues, dentées, d'un vert foncé en-deffus, un peu cotonneufes & blanchâtres en-deffous : la foliole impaire eft pétiolée & écartée des deux ou des quatre autres.

51. Les fleurs sont blanches ou un peu rougeâtres, & disposées en bouquet terminal ; & les fruits sont composés de beaucoup de grains noirâtres : la variété β est remarquable par ses feuilles qui sont fort grandes, d'un vert pâle ou assez clair en-dessus, & dont les folioles sont terminées par une pointe très-affilée ; ses fruits sont blancs : la variété γ a les folioles de ses feuilles profondément découpées & pinnatifides. Cette espèce est commune dans les haies, les lieux couverts & les bois : la seconde variété croît en Alsace, ♄ ; les feuilles de cette plante sont astringentes, détersives, dessiccatives, & bonnes dans les maux de gorge ; ses fruits sont rafraîchissans.

VI.   *Feuilles ailées.*

Ronce framboisière. *Rubus frambœsianus.*

> *Rubus idæus, spinosus.* Tournef. 614.
> *Rubus idæus, lævis.* Ibid.
> *Rubus idæus.* Lin. Sp. 706.

Ses tiges sont hautes de quatre à six pieds, assez droites, foibles, blanchâtres, & chargées d'aiguillons très-petits & peu piquans ; ses feuilles inférieures sont ailées, composées, de cinq folioles ovales-oblongues, pointues, dentées, d'un vert gai en-dessus, & légèrement blanchâtres en-dessous ; les supérieures sont ternées : ses fleurs sont blanches, & disposées sur des péduncules velus & un peu rameux ; il leur succède des fruits rougeâtres, blancs dans une variété, velus, d'une odeur très-suave, & que tout le monde connoît sous le nom de *framboise*. Cette espèce croît en Alsace, en Dauphiné & en Provence, ♄ ; on la cultive dans les jardins pour l'odeur & le goût agréable de ses fruits : elle a les mêmes vertus que la précédente.

752.

Pétales non insérés sur le calice . . . .
{ Étamines réunies dans la plus grande partie de leur longueur en un seul faisceau columniforme. 753
  Étamines libres & point réunies en un faisceau columniforme. 762

753. *Étamines réunies dans la plus grande partie de leur longueur en un seul faisceau columniforme.*

Columnifères. *Columniferæ.*

Les plantes *Columnifères*, que l'on nomme aussi *malvacées*, portent des fleurs qui ont un calice ordinairement double & diversement divisé ; une corolle découpée presque jusqu'à sa base, en cinq parties qui vont en s'élargissant vers leur sommet ; beaucoup d'étamines réunies par leurs filamens en une espèce de colonne, mais dont les anthères sont libres ainsi que le sommet des filamens ; & plusieurs ovaires ramassés, dont les styles plus ou moins réunis, s'élèvent au travers de la gaine formée par les étamines. Le fruit est composé de plusieurs capsules presque toujours serrées & disposées en rond autour d'un axe commun.

ANALYSE.

Calice extérieur à trois divisions.	Calice extérieur à six divisions ou davantage.
754.	759.

754.	
Calice extérieur à trois divisions.	Calice extérieur monophylle & trifide 755
	Calice extérieur composé de trois pièces tout-à-fait distinctes. 756

755. *Calice extérieur monophylle & trifide.*

Lavatère. *Lavatera.*

Les Lavatères portent la plupart des fleurs assez grandes & fort belles, & leur fruit est composé de beaucoup de capsules réunies & monospermes.

ANALYSE.

Tige herbacée.	Tige ligneuse.
I.	II.

I. *Tige herbacée.*

Lavatère à grandes fleurs. *Lavatera grandiflora.*

Malva trimeſtris, flore cum unguibus purpureis. Tourn. 96.

Lavatera trimeſtris. Lin. Sp. 974.

Sa tige eſt haute d'un pied, velue, cylindrique & un peu rameuſe ; ſes feuilles ſont alternes, pétiolées, velues & verdâtres. Les inférieures ſont arrondies & ſimplement dentées, & les ſupérieures ſont très-anguleuſes. Les fleurs ſont fort grandes, d'un pourpre vif, terminales, axillaires, & ſolitaires ſur leur péduncule. Cette plante eſt indiquée en Languedoc par M.ʳˢ Sauvage & Linné.

II. *Tige ligneuſe.*

Feuilles anguleuſes & dont les lobes ſont très-pointus.	Feuilles arrondies & dont les lobes ne ſont pas pointus.
I I I.	I V.

III. *Feuilles anguleuſes & dont les lobes ſont très-pointus.*

Lavatère à feuilles pointues. *Lavatera acutifolia.*

Althæa frutescens, folio acuto, parvo flore. Tournef. 97.

Lavatera olbia. Lin. Sp. 972.

Ses tiges ſont hautes de trois ou quatre pieds, cylindriques & velues dans leur partie ſupérieure ; ſes feuilles ſont alternes, pétiolées, aſſez grandes, molles, blanchâtres & un peu cotonneuſes ; les ſupérieures ſont courtes, un peu en cœur & à cinq angles médiocres ; les ſupérieures ſont beaucoup plus longues, elles ont trois angles, dont celui du milieu eſt fort grand & pointu ; les fleurs ſont purpurines ou violettes, preſque ſeſſiles, ſolitaires dans les aiſſelles ſupérieures, & forment l'épi par leur rapprochement. Cet arbiſſeau croît en Provence. ♄

755. IV. *Feuilles arrondies & dont les lobes ne sont point pointus.*

Lavatère à feuilles rondes. *Lavatera rotundifolia.*

Althæa frutescens folio rotundiore incano. Tournef. 97.
Lavatera maritima. Gouan. Obs. p. 46 , t. 21 , f. 2.
Lavatera triloba. Lin. Sp. 972.

Sa tige est haute d'un à deux pieds, rameuse, d'une couleur cendrée dans sa partie inférieure qui est peu garnie de feuilles, cylindrique, cotonneuse, blanchâtre & feuillée vers son sommet : ses feuilles sont beaucoup plus petites que celles de l'espèce précédence ; elles sont molles, cotonneuses, blanchâtres, pétiolées, crénelées, les inférieures à cinq lobes peu saillans, & les supérieures à trois ; les fleurs sont pédunculées, purpurines ou bleuâtres, solitaires dans les aisselles inférieures, mais souvent deux ou trois ensemble dans celles du sommet. On trouve cette espèce en Languedoc dans les environs de Narbonne. ♄

756.

Calice extérieur composé de trois pièces tout-à-fait distinctes. . . . . {
Capsules disposées en plateau ; feuilles arrondies & plus ou moins découpées. 757

Capsules amoncelées ou disposées en tête ; feuilles ovales-oblongues. 758

---

757. *Capsules disposées en plateau ; feuilles arronaies & plus ou moins découpées.*

Mauve. *Malva.*

Les fleurs de Mauve ont leur calice intérieur campanulé & semi-quinquefide ; l'extérieur est plus petit & composé de trois folioles lancéolées & pointues ; les capsules sont comprimées, serrées & disposées en rond, formant un disque plane.

ANALYSE.

Feuilles presque simples, & divisées en lobes peu profonds & jamais étroits. **I.**	Feuilles la plupart multifides, & dont les découpures sont profondes & étroites. **I V.**

I. *Feuilles presque simples, & divisées en lobes peu profonds & jamais étroits.*

Tiges couchées; péduncules & pétioles presque glabres. **I I.**	Tiges droites; péduncules & pétioles très-velus. **I I I.**

II. *Tiges couchées; péduncules & pétioles presque glabres.*

Mauve à feuilles rondes. *Malva rotundifolia.* Lin. Sp. 969.

> *Malva vulgaris, flore minore, folio rotundo.* Tournef. 95.

Ses tiges sont longues de huit à dix pouces, rameuses & couchées sur la terre; ses feuilles sont petites, arrondies, crénelées, à cinq lobes à peine sensibles, échancrées en cœur à leur base, & portées sur de longs pétioles; ses fleurs sont ordinairement de couleur blanche, axillaires, pédunculées & fort petites. Les folioles de leur calice extérieure sont très-étroites. On trouve cette plante sur le bord des chemins & dans les lieux incultes, ☉; elle a les mêmes vertus que la suivante.

III. *Tiges droites; péduncules & pétioles très-velus.*

Mauve sauvage. *Malva sylvestris.* Lin. Sp. 969.

> *Malva vulgaris, flore majore, folio sinuato.* Tournef. 95.

Ses tiges sont hautes de deux pieds, velues & rameuses; ses feuilles sont pétiolées, vertes, légèrement velues, arrondies, à cinq lobes obtus & crénelés : les fleurs sont grandes,

757. pédunculées, axillaires & rougeâtres ou purpurines ; les divisions de leur corolle sont échancrées, & les folioles de leur calice extérieur sont ovales. Cette plante est commune dans les lieux incultes & le long des haies, ♃ ; elle est émolliente, laxative, adoucissante, anti-néphrétique & anti-dysurique.

IV. *Feuilles la plupart multifides, & dont les découpures sont profondes & étroites.*

Tige lisse & très-glabre ; pédoncules inférieurs une fois plus longs que les feuilles. V.	Tige rude & point glabre ; pédoncules inférieurs n'étant pas plus longs que les feuilles. V I.

V. *Tige lisse & très-glabre ; pédoncules inférieurs une fois plus longs que les feuilles.*

Mauve maritime. *Malva maritima.*

Alcea maritima, gallo provincialis, geranii folio. Tournef. 98.

Malva Tournefortiana. Lin. Sp. 971.

Sa tige est haute d'un pied & demi, plus ou moins droite, grêle, cylindrique, très-lisse & d'un vert clair, presque glauque ; ses feuilles sont glabres, multifides, découpées très-menu, & portées sur des pétioles très-courts. Les fleurs sont très-grandes, purpurines ou bleuâtres, axillaires, solitaires sur les pédoncules supérieurs, mais deux à quatre ensemble aux extrémités des pédoncules inférieurs que l'on peut regarder comme des espèces de rameaux ; les pétales ou divisions de la corolle sont échancrées ; les calices sont courts & velus. L'exemplaire qui m'a servi pour cette description a été envoyé à M. Thouin par M. l'Abbé Pourret, qui a observé cette plante dans les environs de Narbonne : on la trouve aussi dans les lieux maritimes de la Provence. ☉

757. **VI.** *Tige rude & point glabre; pédoncules inférieurs n'étant pas plus longs que les feuilles.*

Feuilles découpées jusqu'au pétiole; poils de la tige redreſſés, écartés & inſérés chacun ſur un point coloré. **V I I.**	Feuilles non découpées jusqu'au pétiole; poils de la tige très-petits, couchés, & ſans point coloré à leur baſe. **V I I I.**

VII. *Feuilles découpées jusqu'au pétiole; poils de la tige redreſſés, écartés & inſérés chacun ſur un point coloré.*

Mauve muſquée. *Malva moſchata.* Lin. Sp. 971.

Alcea folio rotundo, laciniato. Tournef. 97.

Sa tige eſt haute d'un pied & demi, droite, ſouvent ſimple, cylindrique, & hériſſée par des poils aſſez longs, droits & diſtans; ſes feuilles ſont alternes, pétiolées, arrondies, & découpées jusqu'au pétiole, en cinq ou trois parties, ailées & plurifides; celles de la racine ſont reniformes & inciſées; les fleurs ſont grandes, rougeâtres ou purpurines, la plupart terminales, ramaſſées, & quelques-unes ſolitaires dans les aiſſelles ſupérieures; les diviſions de la corolle ſont échancrées, & les calices ſont hériſſés de poils & de points colorés, ſemblables à ceux de la tige : ces fleurs ont une odeur muſquée. On trouve cette plante dans les lieux ſecs & ſtériles. ♃

VIII. *Feuilles non découpées jusqu'au pétiole, poils de la tige très-petits, couchés, & ſans point coloré à leur baſe.*

Mauve alcée. *Malva alcea.* Lin. Sp. 971.

Alcea vulgaris major. Tournef. 97.

Sa tige eſt haute de deux à quatre pieds, un peu rameuſe, dure, cylindrique, & chargée de poils fort petits, couchés

757. & difposés comme par faisceaux ; ses feuilles font alternes, diftantes, pétiolées, rudes au toucher, & partagées en cinq ou en trois fegmens découpés, pinnatifides, quelquefois très - profonds, mais jamais prolongés jufqu'au point où s'insère le pétiole ; ses fleurs font grandes, fort belles, de couleur de chair ou purpurines, pédunculées, difposées dans les aisfelles fupérieures & au fommet de la tige : les divifions de la corolle font échancrées, & les calices font velus. Cette plante croît fur le bord des bois, dans les lieux incultes & couverts, ♃ ; elle eft émolliente, adoucissante, & pafse pour bonne dans les dyffenteries épidémiques.

---

758. *Capfules amoncelées ou difpofées en tête ; feuilles ovales - oblongues.*

Malope malacoïde. *Malope malacoides.* Lin. Sp. 974.

Malacoides betonicæ folio. Tournef. 98.

Ses tiges font longues de huit à dix pouces, couchées, cylindriques, rougeâtres & prefque glabres ; ses feuilles font alternes, pétiolées, ovales-oblongues, un peu en pointe à leur fommet, légèrement échancrées en cœur à leur bafe, crénelées, & communément très-glabres ; on trouve quelques poils écartés fur leur pétiole ; les fleurs font grandes : fort belles, rougeâtres ou purpurines, pédunculées, & placées dans les aisfelles fupérieures des feuilles ; les folioles du calice extérieur font larges, cordiformes & pointues. Cette plante croît en Provence. ♃

---

759. *Calice extérieur à fix divi-fions ou davantage* . . . . {

Calice extérieur à fix divifions. 760

Calice extérieur à huit ou neuf divifions. 761

60. *Calice extérieur à six divisions.*

Alcée passe-rose. *Alcea rosea.* Lin. Sp. 966.

Malva rosea, folio subrotundo. Tournef. 94.
β. *Alcea rosea, hortensis, maxima folio ficus.* Ibid. 98.
Alcea ficifolia. Lin. Sp. 967.

Sa tige est haute de quatre à six pieds, droite, ferme, épaisse, cylindrique, velue & feuillée ; ses feuilles sont alternes, pétiolées, larges, arrondies, un peu en cœur à leur base, crénelées, sinuées, anguleuses & velues ; ses fleurs sont très-grandes, souvent doubles, purpurines, panachées de blanc, & disposées sur de courts péduncules dans les aisselles supérieures, formant un peu l'épi par leur rapprochement : la variété β s'élève jusqu'à huit pieds ; ses feuilles ont des sinuosités profondes, & sont presque palmées. Cette plante croît en Provence, ♂ ; on la cultive dans les jardins pour la beauté de ses fleurs ; elle est un peu vulnéraire : ses fleurs sont émollientes & anodines.

---

61. *Calice extérieur à huit ou neuf divisions.*

Guimauve. *Althæa.*

Les fleurs de Guimauve ne diffèrent de celles des autres plantes malvacées, que par leur calice extérieur, dont les divisions sont un peu étroites, pointues & assez nombreuses.

ANALYSE.

Feuilles simples, anguleuses, ou à trois lobes peu sensibles ; péduncules longs d'un pouce ou moins. **I.**	Feuilles à trois ou à cinq lobes profonds ; péduncules longs de deux pouces ou davantage. **I I.**

I. *Feuilles simples, anguleuses ou à trois lobes peu sensibles ; péduncules longs à peine d'un pouce.*

Guimauve officinale. *Althæa officinalis.* Lin. Sp. 966.

Althæa Dioscoridis & Plinii. Tournef. 97.

Ses tiges sont hautes de trois pieds, dures, cylindriques,

761. velues, assez simples, creuses & feuillées dans toute leur longueur; ses feuilles sont alternes, pétiolées, un peu en cœur, anguleuses, pointues, dentées, molles, blanchâtres & chargées d'un coton ou d'un duvet presque soyeux; ses fleurs sont presque sessiles & disposées dans les aisselles des feuilles supérieures; elles sont blanches ou légèrement pur-purines. Cette plante croît sur le bord des ruisseaux & dans les lieux un peu humides; elle est très-émolliente & adoucissante: sa racine est mucilagineuse, laxative, anodine, béchique & apérititive.

II. *Feuilles à trois ou à cinq lobes profonds; péduncules longs de plus d'un pouce.*

Feuilles dont les lobes sont arrondis ou obtus; tige à peine d'un pied. **III.**	Feuilles dont les lobes ou digitations sont pointus; tige de plus d'un pied. **IV.**

III. *Feuilles dont les lobes sont arrondis ou obtus; tige d'un pied à peine.*

Guimauve velue. *Althæa hirsuta.* Lin. Sp. 966.

Althea hirsuta. Tournef. 98.

Sa tige est rameuse, plus ou moins droite, & très-hérissée ainsi que les pétioles, les péduncules & les calices, de poils blancs, droits, assez longs & épars; ses feuilles sont alternes, pétiolées, d'un vert-pâle ou blanchâtre, & presque glabres en-dessus; les inférieures sont reniformes & à cinq lobes arrondis & crénelés; les supérieures sont découpées profon-dément en trois lobes oblongs, dentés vers leur sommet & toujours un peu obtus. Les fleurs sont blanches, ou d'un rouge-pâle, portées sur de longs péduncules, & disposées dans les aisselles des feuilles; les divisions de leur calice sont héris-sées & ciliées. Cette plante croît dans les haies & les lieux incultes. ⊙

IV.

761. **IV.** *Feuilles dont les lobes ou digitations font pointus ;
tige de plus d'un pied.*

Guimauve à feuilles de chanvre. *Althæa cannabina.*
Lin. Sp. 996.

Alcea cannabina. Tournef. 98.

Cette plante, dans fon lieu natal, ne s'élève que jufqu'à
deux ou trois pieds ; fa tige eft dure, menue, cylindrique,
un peu rameufe & chargée de poils courts ; fes feuilles font
affez petites, pétiolées, vertes en deffus, blanchâtres en-
deffous, dentées en fcie & la plupart à trois lobes pointus,
dont celui du milieu eft une fois plus long que les deux
autres : les fleurs font rougeâtres, petites, portées fur des
péduncules longs de trois pouces & difpofées dans les aiffelles
fupérieures & au fommet de la tige. La même plante cultivée,
s'élève une fois davantage, & fes feuilles font alors divifées
en digitations, profondes, étroites & plus nombreufes. On
trouve cette efpèce dans les vignes & fur le bord des bois
en Provence & en Languedoc. ♃

762. *Étamines libres & point réunies en un faifceau columniforme*	Corolle régulière	763
	Corolle irrégulière	792
763. *Corolle régulière*	Un feul ovaire très - fimple.	764
	Ovaires nombreux & ramaffés.	782
764. *Un feul ovaire très-fimple* . .	Ovaire feffile	765
	Ovaire porté fur un long pé-duncule	781
765. *Ovaire feffile*	Ovaire chargé de ftyle . . .	766
	Ovaire privé de ftyle	773

Tome III. K

766. *Ovaire chargé de style....* { Calice à deux divisions.. 767

Calice à plus de deux divisions. 768

---

767. *Calice à deux divisions.*

Pourpier potager. *Portulaca oleracea.* Lin. Sp. 638.

Portulaca angustifolia. Sive sylvestris. Tournef. 236.
β. *Portulaca latifolia sive sativa.* Ibid.

Ses tiges sont tendres, succulentes, lisses, rameuses, plus ou moins couchées, & longues d'un pied à peu - près. Ses feuilles sont oblongues, cunéiformes, charnues, tendres & luisantes. Ses fleurs sont sessiles, ramassées & composées d'un calice à deux divisions, de cinq pétales jaunâtres, de douze à quinze étamines & d'un ovaire chargé d'un style, selon M. Linné, ou de cinq selon M. de Haller. Il leur succède une capsule ovale, conique, polysperme & qui s'ouvre en travers. On trouve cette plante dans les lieux cultivés, les terreins gras. On en conserve dans les jardins une variété à feuilles larges, d'un vert-pâle & jaunâtre. ☉ On la mange en salade. Elle est rafraîchissante, diurétique, anti-scorbutique & vermifuge.

---

768. *Calice à plus de deux divisions.* { Calice à cinq divisions ou cinq folioles égales, & toutes disposées sur un seul rang........ 769

Calice composé de cinq folioles inégales, dont deux sont ou plus petites que les autres, ou extérieures & hors de rang... 772

---

769. *Calice à cinq divisions ou cinq folioles égales, & toutes disposées sur un seul rang............* { Feuilles opposées..... 770

Feuilles alternes...... 771

Feuilles opposées.

Millepertuis. *Hypericum.*

Les fleurs de Millepertuis font composées d'un calice profondément quinquefide ; de cinq pétales jaunes & oblongs ; d'un grand nombre d'étamines, dont les filamens font un peu rapprochés à leur bafe & diftingués comme par faifceaux, & d'un ovaire ovale chargé d'un à cinq ftyles. Le fruit eft une capfule conique ou globuleufe, polyfperme, & divifée en autant de loges que l'ovaire a de ftyles.

OBS. Les feuilles, les calices & les pétales, font fouvent bordées de points noirs & glanduleux.

A N A L Y S E.

Tige & feuilles glabres.	Tige & feuilles velues.
I.	X V I.

I.	*Tige & feuilles glabres.*

Divifions du calice bordées de points noirâtres & glanduleux.	Divifions du calice, non bordées de points noirâtres.
I I.	X I.

II. *Divifions du calice bordées de points noirâtres & glanduleux.*

Feuilles ovales, ou en cœur, ou lineaires.	Feuilles tout-à-fait orbiculaires.
I I I.	X.

III. *Feuilles ovales, ou en cœur, ou linéaires.*

Tige droite.	Tige couchée.
I V.	I X.

K ij

770. **IV.** *Tige droite.*

Feuilles ovales ou en cœur, & simplement opposées. **V.**	Feuilles étroites, linéaire & disposées par verticilles. **VIII.**

V. *Feuilles ovales, ou en cœur, & simplement opposées.*

Feuilles ovales, sessiles, & bordées de points noirs. **VI.**	Feuilles en cœur, amplexicaules, & jamais bordées de points noirs. **VII.**

VI. *Feuilles ovales, sessiles, & bordées de points noirs.*

Millepertuis de montagne. *Hypericum montanum.* Lin. Sp. 1105.

> *Hypericum elegantissimum non ramosum, folio lato.* Tournef. 255.

Sa tige est haute d'un pied & demi, droite, cylindrique & très-simple, ses entre-nœuds supérieurs sont très-grands & la font paroître presque nue vers son sommet; ses feuilles sont ovales-oblongues, terminées par une pointe obtuse, nerveuses & d'un vert blanchâtre en-dessous. Les fleurs sont terminales & disposées en une panicule courte & resserrée. On trouve cette plante dans les bois & les lieux montagneux & couverts. ♃

VII. *Feuilles en cœur, amplexicaules, & jamais bordées de points noirs.*

Millepertuis élégant. *Hypericum pulchrum.* Lin. Sp. 1106.

> *Hypericum minus, erectum.* Tournef. 255.

Sa tige est haute d'un pied, droite, cylindrique, très grêle & légèrement branchue; ses feuilles sont beaucoup plus petites que celles de l'espèce précédente, & forment des entre-nœuds moins inégaux: elles sont perforées

70. parſemées de points tranſparens. Les fleurs ſont d'un beau jaune & diſpoſées en panicule étroite & peu garnie. Lorſque cette plante vieillit ou ſe deſsèche, elle acquiert une belle couleur rouge dans toutes ſes parties. On la trouve dans les bois ſecs & pierreux. ♃

VIII. *Feuilles étroites, linéaires, & diſpoſées par verticilles.*

Millepertuis verticillé. *Hypericum verticillatum.*

> *Hypericum ſaxatile, tenuiſſimo & glauco folio.* Tournef 255.

> *Hypericum coris.* Lin. Sp. 1107.

Sa tige eſt haute de huit à neuf pouces, cylindrique, dure, rougeâtre & très-branchue dans ſa partie inférieure; ſes feuilles ſont petites, nombreuſes, étroites, obtuſes & toujours diſpoſées trois enſemble à chaque nœud, indépendamment des jeunes pouſſes ou des ſtipules qui font ſouvent paroître les verticilles plus garnis. Les fleurs ſont terminales, pédunculées & en petit nombre : leurs pétales ſont deux ou trois fois plus longs que le calice. On trouve cette plante en Provence, parmi les rochers. ♃

IX.   *Tige couchée.*

Millepertuis couché. *Hypericum humifuſum.* Lin. Sp. 1105.

> *Hypericum minus, ſupinum, vel ſupinum glabrum.* Tournef. 255.

Ses tiges ſont très-menues, preſque filiformes, rameuſes, éparſes ſur la terre, & longues de quatre à ſix pouces; ſes feuilles ſont ovales-oblongues, glabres, chargées en leurs bords de quelques points noirs, & ſouvent perforées, c'eſt-à-dire remarquables par des points tranſparens, parſemés ſur leur diſque. Les fleurs ſont jaunes, terminales & ſolitaires ſur leur péduncule. Cette plante croît dans les terreins ſablonneux & les pâturages ſecs. ♃

X.   *Feuilles tout-à-fait orbiculaires.*

Millepertuis monnoyer. *Hypericum nummularium.* Lin. Sp. 1106.

> *Hypericum nummulariæ folio.* Tournef. 255.

Ses tiges ſont hautes de trois à cinq pouces, très-grêles,

770. foibles, cylindriques, & souvent un peu branchues ; ſes feuilles ſont petites, orbiculaires, glabres, vertes en-deſſus & légèrement blanchâtres en-deſſous ; elles ſont bordées poſtérieurement de points noirs extrêmement petits ; les fleurs ſont terminales & diſpoſées en un bouquet ou une eſpèce de panicule courte & peu garnie. Cette plante a été obſervée dans les environs de Grenoble par Dom Fourmault. ♃

XI. *Diviſions du calice, non bordées de points noirâtres.*

Tige herbacée ; feuilles n'ayant jamais un pouce de largeur.	Tige ligneuſe ; feuilles ayant toujours un pouce au moins de largeur.
X I I.	X V.

XII. *Tige herbacée ; feuilles n'ayant jamais un pouce de largeur.*

Tige carrée ; ſes angles ſont continués ſans interruption dans toute ſa longueur.	Tige non carrée ; ſes angles ſont interrompus & déplacés à chaque entre-nœud.
X I I I.	X I V.

XIII. *Tige carrée ; ſes angles ſont continués ſans interruption dans toute ſa longueur.*

Millepertuis carré. *Hypericum quadrangulum.* Lin. Sp. 1104.

Hypericum aſcyron dictum, caule quadrangulo. Tournef. 255.

Sa tige eſt haute d'un pied & demi, très-droite, ſenſiblement quadrangulaire, glabre & à peine branchue, ou garnie ſeulement de rameaux extrêmement courts ; ſes feuilles ſont ovales, vertes, glabres ſans points tranſparens ſur leur diſque, ou n'en ont que de peu ſenſibles ; elles ſont nombreuſes, & forment dans toute la longueur de la tige des entre-nœuds peu conſidérables : ſes fleurs ſont terminales, aſſez petites & diſpoſées en une panicule médiocre. On trouve cette plante dans les marais & les foſſés humides. ♃

770. **XIV.** *Tige non carrée; ses angles sont interrompus &*
déplacés à chaque entre-nœud.

Millepertuis commun. *Hypericum vulgare.* Tournef. 254.

Hypericum perforatum. Lin. Sp. 1105.

Sa tige est haute de deux à trois pieds, très-branchue,
assez ferme, cylindrique, mais garnie à chaque entre-nœud
de deux angles opposés, produits par la nervure moyenne
de chaque feuille qui est courante, & se prolonge seulement
dans la longueur de son entre-nœud inférieur; les feuilles
sont ovales-oblongues, obtuses, vertes, glabres & remarquables par des points transparens parsemés sur leur disque,
ce qui les fait paroître criblées de petits trous : les fleurs
sont jaunes, terminales & disposées en niveau ou en une
espèce de corymbe assez garni. Cette plante est commune
dans les bois, les lieux incultes & le long des haies, ♃; elle
est très-vulnéraire, résolutive, vermifuge, mondificative &
utile dans le crachement de sang.

XV. *Tige ligneuse; feuilles ayant toujours un pouce*
au moins de largeur.

Millepertuis baccifère. *Hypericum bacciferum.* [toute saine]

Androsæmum maximum, frutescens. Tournef. 251.
Hypericum androsæmum. Lin. Sp. 1102.

Ses tiges sont hautes de deux ou trois pieds, cylindriques,
chargées de deux lignes saillantes ou espèce d'angles très-
petits, & feuillées dans toute leur longueur; ses feuilles sont
grandes, ovoïdes, sessiles, glabres, nerveuses & veinées
en-dessous; elles deviennent d'un rouge obscur en automne,
ou lorsqu'elles se sèchent : les fleurs sont jaunes, petites en
proportion des autres parties, pédunculées & disposées en
une espèce d'ombelle terminale. Leur fruit est une sorte
de baie noirâtre, sphérique & polysperme. On trouve ce
sous-arbrisseau dans les lieux couverts en Provence, ♄; il
passe pour vulnéraire, résolutif & vermifuge.

770. | XVI.   *Tige & feuilles velues.*

Tige droite & longue de plus d'un pied. **X V I I.**	Tige couchée & longue de moins d'un pied. **X V I I I.**

XVII. *Tige droite & longue de plus d'un pied.*

Millepertuis velu. *Hypericum hirsutum.* Lin. Sp. 1105.

> *Hypericum villosum erectum, caule retundo.* Tournef. 255.

Sa tige est haute de deux ou trois pieds, très-droite, cylindrique, peu branchue & feuillée dans toute sa longueur; ses feuilles sont ovales, elliptiques, molles, pubescentes, & d'un vert-pâle en-dessous. Elles sont nombreuses & forment des entre-nœuds peu considérables. Les fleurs sont disposées en une panicule terminale, alongée & assez garnie. Les divisions de leur calice sont bordées de points noirs très-abondans. On trouve cette plante dans les bois montagneux. ♃

XVIII. *Tige couchée & longue de moins d'un pied.*

Millepertuis cotonneux. *Hypericum tomentosum.* Lin. Sp. 1106.

> *Hypericum supinum tomentosum, minus vel Monspeliacum.* Tournef. 355.

> β. *Hypericum palustre supinum, tomentosum.* Ibid.

> *Hypericum elodes.* Lin. Sp. 1106.

Ses tiges sont longues de six à huit pouces, cylindriques, cotonneuses, feuillées & ordinairement simples; ses feuilles sont ovales, obtuses, molles, cotonneuses, & blanchâtres; elles ont presque toutes dans leurs aisselles, des jeunes pousses qui se développent rarement. Les fleurs sont jaunes, terminales & disposées sur des péduncules opposés qui forment une panicule courte & bifide; la fleur qui naît dans la bifurcation terminale est presque sessile. La variété β a ses feuilles plus arrondies, & ses calices presque glabres. Cette plante croît dans les prés humides & marécageux. ♃

Feuilles alternes.

771.

Tilleul commun. *Tilia Europæa.* Lin. Sp. 733.

Tilia fœmina, folio majore. Tournef. 611.

β. *Tilia fœmina, folio minore.* Ibid.

Arbre élevé & d'un beau port ; son tronc est droit, son écorce grisâtre & ses feuilles alternes, pétiolées, arrondies, un peu en cœur, terminées par une pointe, dentées en leurs bords, & nerveuses en - dessous, avec des poils dans les angles des nervures. Les péduncules sont axillaires & adhérens dans leur moitié inférieure à une languette particulière qui les accompagne en manière d'aile courante & qui en est détachée dans sa partie supérieure ; ils sont pendans & portent chacun cinq ou six fleurs blanches d'une odeur agréable, composées d'un calice à cinq divisions de cinq pétales créne-lées à leur sommet, de beaucoup d'étamines, & d'un ovaire arrondi, chargé d'un seul style. Le fruit est une capsule à cinq loges, dont quatre sont ordinairement stériles. Cet arbre croît dans les bois, ♄. On l'emploie pour l'ornement des promenades. Ses fleurs sont anodines, céphaliques, anti-spas-modiques & anti-hystériques.

772. *Calice composé de cinq folioles inégales, dont deux sont ou plus petites que les autres, ou extérieures, & hors de rangs.*

Ciste. *Cistus.*

Les fleurs de Ciste sont composées d'un calice de cinq pièces ovales, pointues, concaves & inégales ; de cinq pétales arrondis & très - ouverts ; d'un grand nombre d'étamines moins longues que les pétales ; & d'un ovaire chargé d'un style plus ou moins long, mais toujours terminé par un stig-mate globuleux. Le fruit est une capsule polysperme & à une ou plusieurs loges.

Obs. Les *Cistes* de M. de Tournefort ont leur capsule divisée en cinq ou dix loges, & les *Hélianthèmes* du même Auteur, ont la leur uniloculaire & trivalve.

A N A L Y S E.

772.

Deux folioles calicinales extérieures, une fois au moins plus petites & plus étroites que les trois autres. I.	Folioles calicinales extérieures aussi larges, presque aussi grandes ou plus grandes que les autres. X X X I V.

I. *Deux folioles calicinales extérieures une fois au moins plus petites & plus étroites que les trois autres.*

Des stipules à la base des feuilles. I I.	Point de stipules à la base des feuilles. X X I.

II. *Des stipules à la base des feuilles.*

Fleurs blanches ou pâles, ou rougeâtres. I I I.	Fleurs de couleur jaune & point pâles, ni rougeâtres. X I I.

III. *Fleurs blanches, ou pâles ou rougeâtres.*

Tige herbacée. I V.	Tige ligneuse. V I I.

IV. *Tige herbacée.*

Calices plus longs que les péduncules; capsule de la longueur du calice. V.	Calices moins longs que les péduncules; capsule plus courte que le calice. V I.

772. **V.** *Calices plus longs que les péduncules ; capsule*
de la longueur du calice.

Ciste lédier. *Cistus ledifolius.* Lin. Sp. 742.

Helianthemum folis ledi. Tournef. 249.

Sa tige est haute de six à sept pouces; droite, cylindrique,
feuillée, pubescente ou presque glabre; ses feuilles sont
opposées, pétiolées, verdâtres, plus ou moins glabres &
accompagnées de stipules assez grandes; les inférieures sont
ovales-oblongues ou elliptiques, & les supérieures sont lancéolées: les fleurs sont alternes, non axillaires, & disposées
vers le sommet de la tige sur des péduncules très-courts. Le
fruit est une capsule lisse & anguleuse. Cette plante croît
dans les provinces méridionales. ☉

VI. *Calices moins longs que les péduncules ; capsule plus*
courte que le calice.

Ciste à feuilles de saule. *Cistus salicifolius.* Lin. Sp. 742.

Helianthemum salicis folio. Tournef. 249.

Sa tige est haute de cinq à six pouces, droite, simple,
cylindrique, feuillée & légèrement velue; ses feuilles sont
pétiolées, verdâtres, pubescentes, plus longues & plus
étroites que celles de l'espèce précédente; les inférieures sont
un peu ramassées & obtuses à leur sommet. Les fleurs ont
leur calice velu, & sont portées sur des péduncules longs
de trois à cinq lignes. On trouve cette plante en Provence
dans les lieux stériles. ☉

VII. *Tige ligneuse.*

Calices glabres.	Calices velus.
V I I I.	X I.

772. VIII. *Calices glabres.*

Feuilles vertes & très-lisses en-dessus. I X.	Feuilles blanchâtres des deux côtés & point lisses en-dessus. X.

IX. *Feuilles vertes & très-lisses en-dessus.*

Ciste luisant. *Cistus splendens.*

Helianthemum album , germanicum. Tournef. 248.

Sa tige est haute d'un pied, très-rameuse dans sa partie inférieure, diffuse & feuillée seulement sur ses rameaux, qui sont grêles, cylindriques & assez glabres ; ses feuilles sont pétiolées, opposées, lancéolées-linéaires, d'un vert foncé, & luisantes en-dessus, partagées par une gouttière ou un sillon longitudinal, un peu repliées en leurs bords comme celles du romarin, & blanchâtres en-dessous ; ses fleurs sont blanches, pédunculées, alternes & disposées au sommet des rameaux : leurs étamines sont jaunes, ainsi que les onglets de leurs pétales. Ce sous-arbrisseau croît dans les provinces méridionales sur le bord des bois. ♄

X. *Feuilles blanchâtres des deux côtés, & point lisses en-dessus.*

Ciste à feuilles de polium. *Cistus polifolius.* Lin. Sp. 745.

Helianthemum foliis polii montani. Tournef. 249.

Ses tiges sont couchées, rameuses, diffuses & blanchâtres dans leur partie supérieure ; ses feuilles sont étroites, linéaires, pointues, blanchâtres, partagées par un sillon, très-rapprochées les unes des autres, & disposées seulement vers le sommet des rameaux. Je n'ai pas vu ses fleurs ; elles ont leur calice lisse & leurs pétales dentées, selon M. Linné. J'ai trouvé cette plante sur la côte pierreuse qui borde la grande route du côté de la rivière, à deux lieues de Rouen. ♄

272. **XI.** *Calices velus.*

Cifte velu. *Ciftus hirfutus.*

> *Helianthemum flore albo, folio angufto, hirfuto.* Tournef. 248.
>
> β. *Helianthemum faxatile, foliis & caulibus incanis, oblongis, floribus albis, apennini montis.* Ibid.
>
> *Ciftus apenninus.* Lin. Sp. **744.**
>
> γ. *Ciftus pilofus.* Ibid.
>
> δ. *Helianthemum five ciftus humilis, folio fampfuchi, capitulis valde hirfutis.* Ibid. 249.

Ses tiges font affez droites, rameufes, pubefcentes, blanchâtres, & s'élèvent à peu-près à la hauteur d'un pied ; fes feuilles font oppofées, velues, blanchâtres, & légèrement cotonneufes en-deffous ; les fleurs font blanches, pédunculées, & difpofées en manière d'épi au fommet des tiges. La variété β ne s'élève que jufqu'à huit ou neuf pouces, & porte des feuilles un peu étroites & blanchâtres des deux côtés : la variété γ eft garnie de feuilles ovales-oblongues & verdâtres en-deffus ; fes fleurs font affez grandes, blanches, ou légèrement couleur de rofe. La variété δ eft plus fortement velue que les précédentes dans toutes fes parties ; fes feuilles font ovales, & reffemblent beaucoup à celles de l'efpèce d'origan, qu'on nomme *marjolaine.* On trouve cette plante dans les lieux ftériles des montagnes, en Provence & en Languedoc. ♄

XII. *Fleurs de couleur jaune, & point pâles ni rougeâtres.*

Feuilles vertes des deux côtés.	Feuilles blanchâtres en-deffous.
X I I I.	X V I.

XIII. *Feuilles vertes des deux côtés.*

Tiges longues d'un pied ou davantage.	Tige dont la longueur n'excède pas fix pouces.
X I V.	X V.

772. **XIV.** *Tiges longues d'un pied ou davantage.*

Ciste grandiflore. *Cistus grandiflórus.*

> *Helianthemon panax chironium.* Lob. ic. 117.
> *An helianthemum vulgare, flore diluiore.* Tournef. 248.

Cette plante a beaucoup de rapport avec le ciste helian-thème, *n.° XVII*, mais elle est plus grande dans toutes ses parties ; ses feuilles ont près d'un pouce de longueur sur deux lignes ou plus de largeur : elles sont vertes des deux côtés, & la plupart ne sont pas sensiblement répliées en leurs bords. Ses fleurs sont grandes & d'un beau jaune. On trouve cette plante dans les lieux montagneux & un peu couverts, sur le bord des bois. ♄

XV. *Tiges dont la longueur n'excède pas six pouces.*

Ciste à feuilles de serpolet. *Cistus serpillifolius.* Lin. Sp. 743.

> *Helianthemum serpilli folio, flore majore, aureo, odorato.* Tournef. 249.

Ses tiges sont longues de cinq à six pouces, cylindriques, velues, feuillées, rameuses, diffuses, couchées & étalées sur la terre ; ses feuilles sont opposées, pétiolées, ovales-oblongues, allant en pointe vers leur sommet, velues parti-culièrement en-dessus, & vertes des deux côtés. Ses fleurs sont d'un beau jaune, assez grandes, pédunculées & disposées en manière d'épi, aux extrémités des tiges. Leurs calices sont très - velus. On trouve cette plante dans les lieux arides des Provinces méridionales. ♄

XVI. *Feuilles blanchâtres en-dessous.*

Feuilles vertes en-dessus, & dont les bords sont un peu roulés en-dessous. **X V I I.**	Feuilles blanchâtres des deux côtés, & dont les bords ne sont point roulés en-dessous. **X V I I I.**

72. **XVII.** *Feuilles vertes en-dessus, & dont les bords sont un peu roulés en-dessous.*

Ciste helianthème. *Cistus helianthemum.* Lin. Sp. 744.

Helianthemum vulgare, flore luteo. Tournef. 248.

Ses tiges sont longues de six à neuf pouces, grêles, légèrement velues, rameuses, diffuses & couchées sur la terre ; ses feuilles sont opposées, portées sur de courts pétioles, ovales-oblongues, souvent un peu étroites, vertes en-dessus & blanchâtres en-dessous. Les fleurs sont jaunes, pédunculées & disposées en manière d'épi aux extrémités des tiges ; elles ont leur calice presque glabre, & sont penchées ou pendantes avant leur épanouissement. Cette plante est commune sur les collines, dans les lieux secs & sur le bord des bois, ♄. Elle passe pour vulnéraire, astringente & anti-diarrhoïque.

XVIII. *Feuilles blanchâtres des deux côtés, & dont les bords ne sont pas roulés en-dessous.*

Feuilles très-petites, longues à peine de deux lignes, & un peu pliées en gouttière. X I X.	Feuilles longues de trois lignes ou davantage, & point pliées en gouttière. X X.

XIX. *Feuilles très-petites, longues à peine de deux lignes, & un peu pliées en gouttière.*

Ciste à feuilles de thym. *Cistus thymifolius.* Lin. Sp. 743.

Helianthemum thymi folio incano. Tournef. 249.

Sa tige est ligneuse, brune, couchée, extrêmement rameuse, diffuse, & forme sur la terre un gazon très-rude de six à huit pouces de diamètre ; ses feuilles sont très-rapprochées & ramassées aux extrémités des rameaux ; elles sont blanches & cotonneuses en-dessous, & leur surface supérieure est couverte de poils blancs, couchés & un peu séparés ou écartés les uns des autres comme ceux de la piloselle. Ses fleurs

772. font petites, de couleur jaune, & portées fur des péduncules cotonneux & blanchâtres. J'ai trouvé cette plante fur
le bord des bois, derrière Belbœuf, à deux lieues de
Rouen. ♄

XX. *Feuilles longues de trois lignes ou davantage,*
& point pliées en gouttière.

Cifte glutineux. *Ciftus glutinofus.* Lin. mant. 246.

> *Chamæciftus incanus, tragorigani folio hifpanicus.* Barr. ic.
> 415.

Sa tige eft haute de cinq à fix pouces, rameufe, ligneufe ou
cotonneufe & blanchâtre dans fa partie fupérieure ; fes
feuilles font difpofées fur les rameaux ; ovales-oblongues, un
peu étroites, prefque linéaires, la plupart oppofées, blanchâtres
des deux côtés, mais particulièrement en-deffous. Ses fleurs
font jaunes & difpofées deux ou trois feulement au fommet
de chaque rameau ; elles ont leurs pétales un peu échancrés,
& leur calice cotonneux. Cette plante croît dans les lieux
fecs & ftériles des provinces méridionales. ♄

XXI. *Point de ftipules à la bafe des feuilles.*

Tige fous-ligneufe & un peu couchée. XXII.	Tige herbacée & point couchée. XXXI.

XXII. *Tige fous-ligneufe & un peu couchée.*

Feuilles ovales ou lancéolées. XXIII.	Feuilles étroites & linéaires. XXVI.

XXIII. *Feuilles ovales ou lancéolées.*

Feuilles verdâtres des deux côtés. XXIV.	Feuilles blanchâtres & cotonneufes en-deffous. XXV.

XXIV.

72. **XXIV.** *Feuilles verdâtres des deux côtés.*

Ciste de montagne. *Cistus alpestris.* Scop. carn. 375, tab. 23.

> *Helianthemum serpilli folio, flore minore, aureo, odorato.* Tournef. 249.
>
> *Cistus œlandicus.* Lin. Sp. 741.

Sa tige est ligneuse & se divise à sa base en beaucoup de rameaux couchés, grêles, rougeâtres, velus, diffus, étalés & divergens; ses feuilles sont petites, ovales-oblongues, opposées, presque sessiles, verdâtres, velues & comme ciliées en leurs bords; ses fleurs sont jaunes, assez petites, pédunculées, & disposées aux extrémités des rameaux : leur calice est chargé de poils blancs, droits & un peu écartés. Cette plante croît dans les provinces méridionales. ♄

XXV. *Feuilles blanchâtres & cotonneuses en-dessous.*

Ciste à feuilles de myrthe. *Cistus myrthifolius.*

> *Helianthemum foliis myrti minoris, subtus incanis.* Tournef. 249.
>
> *Cistus canus.* Lin. Sp. 740.
>
> β. *Helianthemum alpinum, folio pilosellæ minoris.* Tournef. 249.
>
> *Cistus marifolius.* Lin. Sp. 741.

Ses tiges sont longues de quatre à six pouces, ligneuses, rameuses, très-grêles, feuillées dans leur partie supérieure & sur leurs rameaux; ses feuilles sont petites, ovales, pointues, verdâtres ou chargées de quelques poils blancs en-dessus, mais cotonneuses & fort blanches en-dessous : ses fleurs sont jaunes, petites, terminales & disposées en bouquets courts, presque ombelliformes. La variété β a ses feuilles moins pointues & plus constamment verdâtres en-dessus. Cette plante croît en Provence, ♄ ; sa variété a été observée dans les environs de Narbonne par M. l'abbé Pourret.

772.

XXVI.	*Feuilles étroites & linéaires.*
Fleurs blanches & disposées presque en ombelle. X X V I I.	Fleurs jaunes & point disposées en ombelle. X X V I I I.

XXVII. *Fleurs blanches & disposées presque en ombelle.*

Ciste ombellé. *Cistus umbellatus.* Lin. Sp. 739.

> *Helianthemum folio thymi, floribus umbellatis.* Tournef.
> 250.

Sa tige est brune, branchue, & s'élève jusqu'à huit ou dix pouces; elle est garnie de beaucoup de rameaux grêles, feuillés & un peu visqueux; ses feuilles sont linéaires, très-rapprochées, marquées d'un sillon longitudinal, d'un vert obscur en-dessus & un peu blanchâtres en-dessous. On trouve cette plante dans la forêt de Fontainebleau. ♄

XXVIII. *Fleurs jaunes & point disposées en ombelle.*

Fleurs en grappes; feuilles glauques, sétacées, & dont les aisselles sont garnies de jeunes pousses fasciculées. X X I X.	Fleurs solitaires; feuilles vertes, linéaires, & la plupart ayant leurs aisselles nues. X X X.

XXIX. *Fleurs en grappes; feuilles glauques, sétacées & dont les aisselles sont garnies de jeunes pousses fasciculées.*

Ciste à feuilles glauques. *Cistus glaucophyllus.*

> *Helianthemum Massiliense coridis folio.* Tournef. 250.
> *Cistus lævipes.* Lin. Sp. 739.

Ses tiges sont longues de sept ou huit pouces, ligneuses, brunes ou cendrées, un peu couchées & très-rameuses; ses feuilles sont nombreuses, alternes, sétacées-linéaires, longues de trois à quatre lignes, d'une couleur glauque, & toutes

772. garnies dans leurs aiffelles, de paquets d'autres feuilles plus petites, formés par les nouvelles pouffes. Les fleurs font jaunes, pédunculées & difpofées au fommet des rameaux cinq à huit enfemble, en manière de grappes; elles ont leur calice velu. On trouve cette plante en Provence. ♄

XXX. *Fleurs folitaires; feuilles vertes, linéaires, & la plupart ayant leurs aiffelles nues.*

Cifte à feuilles nues. *Ciftus nudifolius.*

α. *Helianthemum tenuifolium, glabrum, luteo flore per humum fparfum.* Tournef. 249.

β. *Helianthemum tenuifolium, erectum, luteo flore.* Ibid.
Ciftus fumana. Lin. Sp. 740. [α & β.]

Sa tige eft grêle, rameufe, feuillée, dure, ligneufe à fa bafe, plus ou moins droite, & haute de fix à huit pouces; fes rameaux font très-ouverts, & les inférieurs font couchés fur la terre; fes feuilles font alternes, très-menues, remarquables par quelques afpérités en leurs bords, & reffemblent un peu à celles de la linéaire ou du muflier commun, mais elles font beaucoup plus petites. Les inférieures ont quelques rameaux naiffans dans leurs aiffelles, mais prefque toutes les autres font nues; les fleurs font jaunes, folitaires fur leur péduncule, & fouvent même fur chaque rameau. On trouve cette plante dans les environs de Paris. ♄

XXXI. *Tige herbacée & point couchée.*

Fleurs jaunes & tachées de rouge ou de violet.	Fleurs jaunes & point tachées.
X X X I I.	X X X I I I.

XXXII. *Fleurs jaunes & tachées de rouge ou de violet.*

Cifte taché. *Ciftus guttatus.* Lin. Sp. 741.

Helianthemum flore maculofo. Tournef. 250.

Sa tige eft droite, un peu rameufe, hériffée de poils blancs, & s'élève jufqu'à huit ou dix pouces; fes feuilles font affez grandes, ovales-oblongues, oppofées, feffiles, velues & un

772. peu rudes au toucher. Les supérieures sont alongées &
étroites. Les fleurs sont pédunculées, d'un jaune quelquefois
fort pâle, & sont remarquables par cinq taches violettes,
disposées en rond à la base des pétales. On trouve cette
plante dans les environs de Paris. ☉

XXXIII. *Fleurs jaunes & point tachées.*

Ciste nerveux. *Cistus nervosus.*

> *Helianthemum plantaginis folio, perenne.* Tournef. 250.
> *Cistus tuberaria.* Lin. Sp. 741.

Ses feuilles radicales sont ovales, velues & chargées de
trois nervures longitudinales; celles de la tige sont lancéolées
& ordinairement glabres, & les supérieures sont étroites &
alternes. On trouve cette plante en Provence & en Languedoc. ♃

XXXIV. *Folioles calicinales extérieures, aussi larges,*
presque aussi grandes ou plus grandes
que les autres.

Fleurs blanches ou jaunâtres.	Fleurs rouges ou purpurines.
X X X V.	X L I I.

XXXV. *Fleurs blanches ou jaunâtres.*

Feuilles distinctement pétiolées.	Feuilles rétrécies insensiblement vers leur base, mais non pétiolées.
X X X V I.	X X X I X.

XXXVI. *Feuilles distinctement pétiolées.*

Feuilles pointues & vertes des deux côtés.	Feuilles obtuses & blanchâtres, particulièrement en-dessous.
X X X V I I.	X X X V I I I.

XXXVII. *Feuilles pointues & vertes des deux côtés.*

Ciſte à feuilles de laurier. *Ciſtus laurifolius.* Lin. Sp. 736.

Ciſtus ledon folis laurinis. Tournef. 260.

Arbriſſeau de deux pieds, dont la tige eſt rameuſe &
l'écorce d'une couleur brune ou rougeâtre ; ſes feuilles ſont
oppoſées, pétiolées, ovales, pointues, verdâtres, preſque
glabres, nerveuſes & légèrement viſqueuſes ; leurs pétioles
ſont velus & un peu rougeâtres à leur baſe : les fleurs ſont
blanches, terminales & portées ſur des péduncules aſſez longs.
Il croît dans les environs de Montpellier. ♄

XXXVIII. *Feuilles obtuſes & blanchâtres, particuliè*rement
en - deſſous.

Ciſte à feuilles de ſauge. *Ciſtus ſalvifolius.* Lin. Sp. 738.

Ciſtus fœmina, folio ſalviæ, elatior & rectis virgis. Tourn.
260.

Arbriſſeau d'un pied & demi, rameux & plus ou moins
droit ; ſon écorce eſt d'un brun rougeâtre, & ſes jeunes
pouſſes ſont velues & cotonneuſes ; ſes feuilles ſont oppoſées,
pétiolées, ovales, obtuſes, ridées, d'un vert blanchâtre en-
deſſus, & preſque cotonneuſes en-deſſous, ſur-tout dans
leur jeuneſſe. Les péduncules ſont longs d'un à deux pouces,
& ſoutiennent chacun une fleur blanche ou légèrement jaunâtre. Il croît en Provence & en Languedoc. ♄

XXXIX. *Feuilles rétrécies inſenſiblement vers leur baſe,*
mais non pétiolées.

Feuilles lancéolées & glabres en-deſſus. X L.	Feuilles linéaires-lancéolées, & point glabres en-deſſus. X L I.

XL. *Feuilles lancéolées & glabres en-deſſus.*

Ciſte ladanier. *Ciſtus ladaniferus.* Lin. Sp. 737.

Ciſtus ladanifera, hiſpanica, ſalicis folio, flore candido.
Tournef. 260.

Arbriſſeau d'un à deux pieds, dont l'écorce eſt brune, les

772. jeunes rameaux velus & les feuilles oppofées, lancéolées & chargées d'un fuc très-vifqueux, un peu ridées, nerveufes, d'un vert foncé en-deffus, cotonneufes & blanchâtres en-deffous ; fes fleurs font blanches, portées fur des péduncules un peu rameux, & n'ont jamais plus de deux pouces de diamètre ; les pétales font jaunâtres en leur onglet ; le ftyle qui foutient le ftigmate n'a qu'un quart de ligne de longueur, mais ne manque jamais entièrement : les calices font couverts de poils blancs affez longs. Cet arbriffeau croît dans les environs de Narbonne où il a été obfervé par M. l'abbé Pourret, ♄ ; fon odeur eft forte & balfamique.

XLI. *Feuilles linéaires - lancéolées & point glabres en-deffus.*

Cifte de Montpellier. *Ciftus Monfpelienfis.* Lin. Sp. 737.

Ciftus ladanifera, Monfpelienfium. Tournef. 260.

β. *Ciftus ledon, foliis oleæ, fed anguftioribus.* Ibid.

Cet arbriffeau reffemble beaucoup au précédent & pourroit peut-être lui être réuni, comme n'en étant qu'une variété : il n'en diffère en effet que par fes feuilles qui font une fois plus étroites & chargées de quelques poils fort courts en-deffus ; mais le fuc vifqueux qui les enduit les fait paroître glabres & quelquefois un peu luifantes ; fes fleurs font blanches, portées fur des péduncules velus & rameux, & n'ont pas tout-à-fait un pouce de diamètre. On le trouve en Provence & en Languedoc. ♄

XLII. *Fleurs rouges ou purpurines.*

Feuilles petites, larges à peine de trois lignes, très-ondulées & frifées en leurs bords.	Feuilles larges de plus de trois lignes, planes & point frifées en leurs bords.
X L I I I.	X L I V.

772. **XLIII.** *Feuilles petites, larges à peine de trois lignes, très-ondulées & frisées en leurs bords.*

Ciste frisé. *Cistus crispus.* Lin. Sp. 738.

Cistus mas foliis undulatis & crispis. Tournef. 259.

Sa tige est haute d'un pied & demi, rameuse, tortueuse, plus ou moins droite, & recouverte d'une écorce brune; ses jeunes rameaux sont velus & blanchâtres; ses feuilles sont petites, lancéolées, ridées, frisées, cotonneuses & blanchâtres des deux côtés, & un peu ramassées vers le sommet des rameaux; ses fleurs sont terminales, purpurines & pédunculées: leurs pétales sont légèrement échancrés en cœur, & les folioles intérieures de leur calice sont terminées par une pointe particulière. On trouve cet arbrisseau dans les îles d'Hyères. ♄

XLIV. *Feuilles larges de plus de trois lignes, planes & point frisées en leurs bords.*

Feuilles spatulées; elles sont plus rétrécies dans leur partie inférieure que vers leur sommet. **X L V.**	Feuilles ovales ou elliptiques; elles ne sont pas plus rétrécies vers leur base que vers leur sommet. **X L V I.**

XLV. *Feuilles spatulées.*

Ciste blanc. *Cistus incanus.* Lin. Sp. 736.

Cistus mas 2. folio longiore. Tournef. 259.

Sa tige est haute de deux pieds & pousse beaucoup de rameaux velus & blanchâtres; ses feuilles sont opposées, spatulées, ovales-oblongues, toujours plus fortement rétrécies vers leur sommet, légèrement ridées, un peu cotonneuses, blanchâtres des deux côtés, mais particulièrement en-dessous; ses fleurs sont purpurines, pédunculées & terminales; leurs pétales sont en cœur; leurs calices & leurs péduncules sont chargés de poils blancs. Cet arbrisseau croît dans les environs de Narbonne. ♄

772. XLVI.   *Feuilles ovales ou elliptiques.*

Cifte cotonneux. *Ciftus tomentofus.*

> *Ciftus mas folio oblongo, incano.* Tournef. 259.
> *Ciftus albidus.* Lin. Sp. 737.

Cet arbriffeau reffemble beaucoup au précédent, mais il en diffère conftamment par fes rameaux, & les péduncules de fes fleurs, qui font cotonneux & non pas fimplement velus ; par la forme de fes feuilles qui ne font jamais plus rétrécies vers leur bafe que vers leur fommet ; & par fes pétales qui ne font pas échancrés en cœur. Il croît en Provence & en Languedoc. ♄

773. *Ovaire privé de ftyle* . . . . . $\begin{cases} \text{Quatre pétales . . . . 774} \\ \text{Plus de quatre pétales . . . 779} \end{cases}$

774. *Quatre pétales* . . . . $\begin{cases} \text{Calice de deux feuilles . . 775} \\ \text{Calice de quatre feuilles . 778} \end{cases}$

775. *Calice de deux feuilles* . . . . $\begin{cases} \text{Stigmate à deux ou trois divi-} \\ \text{fions. . . . . 776} \\ \text{Stigmate en plateau rayonné,} \\ \text{& à plus de trois divifions . 777} \end{cases}$

776.   *Stigmate à deux ou trois divifions.*

Chelidoine.   *Chelidonium.*

> Les Chelidoines ont beaucoup de rapport avec les Pavots ; leurs fleurs font compofées d'un calice de deux feuilles très-caduques, de quatre pétales planes, arrondies ou ovales, de beaucoup d'étamines libres, & d'un ovaire cylindrique, terminé par un ftigmate ordinairement bifide. Le fruit eft une filique linéaire, uniloculaire & polyfperme.

A N A L Y S E.

Fleurs rouges ou violettes.	Fleurs tout-à-fait jaunes.
I.	I V.

I.　　　*Fleurs rouges ou violettes.*

Stigmate à deux divisions; fleurs rouges.	Stigmate à trois divisions; fleurs violettes.
I I.	I I I.

II.　　　*Stigmate à deux divisions ; fleurs rouges.*

Chelidoine rouge. *Chelidonium phœniceum.*

 α. *Glaucium hirsutum , flore phœniceo.* Tournef. 254.
 β. *Glaucium glabrum , flore phœniceo.* Ibid.
  Chelidonium corniculatum. Lin. Sp. 724. *[α , β].*

Ses tiges font hautes d'un pied ou un peu plus, très-rameuses & hérissées de poils blancs un peu écartés ;. ses feuilles font sessiles, presque amplexicaules, profondément pinnatifides, & hérissées de poils blancs : leurs découpures font pointues & dentées, & leurs angles rentrans font arrondis; les pédoncules font uniflores, les pétales font rouges avec une tache violette ou noirâtre en leur onglet, & les siliques font longues de quatre à cinq pouces. Cette plante croît dans les provinces méridionales. ⊙

III.　　　*Stigmate à trois divisions ; fleurs violettes.*

Chelidoine violette. *Chelidonium violaceum.*

 Glaucium flore violaceo. Tournef. 254.
 Chelidonium hybridum. Lin. Sp. 724.

Sa tige est rameuse, lisse ou chargée de quelques poils écartés, & s'élève jusqu'à un pied & demi; ses feuilles font alternes, sessiles, profondément découpées, deux ou trois fois pinnatifides, & à pinnules étroites, pointues & presque linéaires. Ses fleurs font grandes, d'un violet foncé, & solitaires fur leur pédoncule; les pétales ont une tache

776. noire en leur onglet, & les filiques n'ont que deux ou trois pouces de longueur. Cette plante croît en Provence & en Languedoc dans les champs. ⊙

IV. *Fleurs tout-à-fait jaunes.*

| Péduncules uniflores. V. | Péduncules multiflores. V I. |

V. *Péduncules uniflores.*

Chelidoine glauque. *Chelidonium glaucum.*

> *Glaucium flore luteo.* Tournef. 254.
> *Chelidonium glaucium.* Lin. Sp. 724.

Ses tiges sont rameuses, ordinairement un peu couchées, longues d'un à deux pieds, lisses, entièrement glabres, ou quelquefois légèrement hérissées de poils courts & distans, dans leur partie supérieure ; ses feuilles sont alternes, amplexicaules, sinuées, pinnatifides, un peu charnues, très-lisses, ou quelquefois aussi hérissées de poils courts, droits & écartés : elles sont, ainsi que les tiges, remarquables par une couleur très-glauque & blanchâtre. Les fleurs sont jaunes, grandes & assez semblables à celles des pavots ; il leur succède des siliques longues de cinq à huit pouces. Cette plante croît dans les environs de Paris & dans les lieux sablonneux des provinces méridionales. ⊙

VI. *Péduncules multiflores.*

Chelidoine majeure. *Chelidonium majus.* Lin. Sp. 723. (Éclaire).

> *Chelidonium majus vulgare.* Tournef. 231.

Ses tiges sont cylindriques, rameuses, quelquefois un peu velues, & s'élèvent jusqu'à un pied & demi ; ses feuilles sont grandes, molles, découpées, ailées ou profondément pinnatifides, à lobes ou découpures arrondis ou obtus, vertes en-dessus & d'une couleur glauque en-dessous. Ses fleurs sont jaunes & plus petites que celles des espèces précédentes ; leurs péduncules particuliers sont réunis sur les péduncules communs en manière d'ombelle ; les siliques

776. font grêles , & n'ont pas deux pouces de longueur. Cette plante est pleine d'un suc jaune très-remarquable ; elle est commune dans les haies, les lieux couverts & sur les vieux murs, ♃. On la regarde comme diurétique, hépatique, diaphorétique & anti-hydropique ; son suc est un peu âcre, & s'emploie pour détruire les verrues.

---

777. *Stigmate en plateau rayonné & à plus de trois divisions.*

Pavot. *Papaver.*

Les fleurs de Pavot font composées d'un calice de deux feuilles peu durables , de quatre pétales arrondis , d'un grand nombre d'étamines & d'un ovaire ovale ou oblong , chargé d'un stigmate fort grand, aplati & rayonné. Le fruit est une capsule ovale ou oblongue , terminée par le stigmate qui persiste & forme à son sommet un plateau remarquable ; il est garni intérieurement de plusieurs bandes droites qui servent de réceptacle aux semences , & qui forment des cloisons imparfaites.

ANALYSE.

Capsules glabres & point hérissées.	Capsules velues ou hérissées.
I.	VIII.

I. *Capsules glabres & point hérissées.*

Fleurs rouges ou blanches.	Fleur de couleur jaune.
II.	VII.

II. *Fleurs rouges ou blanches.*

Calice glabre.	Calice velu.
III.	IV.

777. **III.** *Calice glabre.*

Pavot fomnifère. *Papaver fomniferum.* Lin. Sp. 726.

Papaver hortenfe, femine albo, Tournef. 237.
β. *Papaver hortenfe, femine nigro.* Ibid.

Sa tige eft droite, cylindrique, liffe, plus ou moins rameufe, & s'élève jufqu'à deux ou trois pieds ; fes feuilles font amplexicaules, incifées, inégalement dentées, liffes glabres, & d'un vert glauque ; fes fleurs font grandes, terminales & penchées avant leur épanouiffement : leurs pétales ont une tache d'un rouge noirâtre & livide à leur bafe, & leurs péduncules font hériffés de quelques poils redreffés & diftans. Cette plante croît dans les jardins & les lieux cultivés, ⊙ ; fes feuilles & fes capfules font narcotiques, anti-fpafmodiques, & fes femences font adouciffantes & anodines ; fon fuc épaiffi en confiftance d'extrait, eft connu fous le nom d'*opium*.

IV.	*Calice velu.*
Capfule ovale ; fleur ayant deux pouces ou davantage de diamètre. **V.**	Capfule alongée ; fleur ayant un pouce à peine de diamètre. **V I.**

V. *Capfule ovale ; fleur ayant deux pouces ou davantage de diamètre.*

Pavot coquelicot. *Papaver rhœas.* Lin. Sp. 726.

Papaver erraticum, majus. Tournef. 238.

Sa tige eft droite, rameufe, chargée de poils un peu diftans & ouverts, & s'élève jufqu'à un pied & demi ; fes feuilles font prefque ailées & découpées profondément en lanières affez longues, velues, pointues, & dentées ou pinnatifides : fes fleurs font grandes, terminales & d'un rouge éclatant ; leurs pétales ont une tache noirâtre à leur bafe. Cette plante eft commune dans les champs parmi les blés, ⊙ ; fes fleurs font anodines, diaphorétiques, pectorales & adouciffantes.

VI. *Capfule alongée ; fleur ayant à peine un pouce de diamètre.*

Pavot parviflore. *Papaver parviflorum.*

> *Papaver erraticum, capite longiffimo glabro.* Tournef. 328.
> *Papaver dubium.* Lin. Sp. 726.

Cette efpèce a beaucoup de rapport avec la précédente ; fa tige eft droite, rameufe & chargée de poils écartés, couchés dans fa partie fupérieure, & ouverts ou redreffés vers fa bafe ; elle s'élève prefque jufqu'à un pied & demi ; fes feuilles font glabres en-deffus, velues en-deffous, une ou deux fois pinnatifides & à découpures très-menues : fes fleurs font petites, terminales & de couleur rouge ; il leur fuccède des capfules alongées, un peu grêles, & terminées par un plateau à fix ou fept rayons. Cette plante croît dans les champs. ⊙

VII. *Fleur de coulenr jaune.*

Pavot jaune. *Papaver luteum.*

> *Papaver erraticum, Pyrenaicum, flore flavo.* Tournef. 239.
> *Papaver cambricum.* Lin. Sp. 727.

Sa tige eft droite, légèrement velue, feuillée dans fa moitié inférieure, & s'élève jufqu'à un pied ; fes feuilles font ailées, prefque glabres, & d'une couleur glauque en-deffous ; leurs folioles font incifées, pinnatifides & un peu courantes fur leur pétiole commun : fes fleurs font au nombre de deux ou trois terminales, affez grandes, & d'un jaune tirant fur la couleur de foufre. Il leur fuccède des capfules ovales, rétrécies vers leur bafe, glabres, à quatre côtes blanches & longitudinales, & terminées par un ftigmate en bouton à cinq ou fix rayons feulement. Cette plante a été obfervée dans les bois, près du Puy de Dome en Auvergne, par Dom Fourmault.

VIII. / *Capfules velues ou hériffées.*

Tige nue, ne portant qu'une fleur d'un blanc jaunâtre.	Tige feuillée, portant plufieurs fleurs de couleur rouge.
I X.	X.

777. IX. *Tige nue, ne portant qu'une fleur d'un blanc jaunâtre.*

Pavot des Alpes. *Papaver Alpinum.* Lin. Sp. 725.

> *Papaver Alpinum, saxatile, coriandri foliis.* Tournef. 239.

Sa tige est une hampe nue, uniflore, velue, & haute de six à sept pouces; ses feuilles sont radicales, pétiolées, pinnatifides, à pinnules plus ou moins incisées, & ordinairement un peu velues. Sa fleur est terminale, assez petite, de couleur blanche, mais jaunâtre en l'onglet de ses pétales; il lui succède une capsule ovale, velue, & dont le stigmate est à cinq rayons. Cette plante croît dans les lieux pierreux & montagneux des provinces méridionales. ♃

X. *Tige feuillée, portant plusieurs fleurs de couleur rouge.*

Capsule ovale, globuleuse, & dont la longueur n'excède pas deux fois la largeur. X I.	Capsule presque cylindrique, & dont la longueur excède deux ou trois fois la largeur. X I I.

XI. *Capsule ovale, globuleuse, & dont la longueur n'excède pas deux fois la longueur.*

Pavot hérissé. *Papaver hispidum.*

> *Papaver erraticum, capitulo oblongo, hispido.* Tournef. 238.
>
> *Papaber hydridum.* Lin. Sp. 725.

Sa tige est haute d'un pied & demi, un peu rameuse, feuillée & légèrement velue; ses feuilles sont deux ou trois fois pinnatifides, & leurs découpures sont étroites, pointues & terminées par une petite barbe ou un filet particulier : elles sont vertes en-dessus, un peu blanchâtres en-dessous, & chargées de quelques poils en leurs bords & sur leurs nervures postérieures Ses fleurs sont rouges, terminales & assez

77. petites ; leurs pétales ont les onglets noirâtres, & la capsule, qui leur succède, est très-hérissée de poils roides, dont les sommets se courbent & regardent en haut. On trouve cette plante dans les lieux cultivés & les champs. ⊙

XII. *Capsule presque cylindrique, & dont la longueur excède deux ou trois fois la largeur.*

Pavot à massues. *Papaver clavigerum.*

> *Papaver erraticum, capitulo longiore, hispido.* Tournef. 238.
>
> *Papaver argemone.* Lin. Sp. 725.

Cette espèce ressemble beaucoup à la précédente, & pourroit être regardée comme n'en étant qu'une variété ; elle n'en diffère, en effet, que par ses capsules qui sont alongées, beaucoup plus grêles, moins hérissées dans leur partie inférieure, & qui ont la forme d'une massue. On la trouve dans les champs. ⊙

778. *Calice de quatre feuilles.*

Actée à épi. *Actæa spicata.* Lin. Sp. 722.

> *Christophoriana vulgaris, nostras, racemosa & ramosa.* Tournef. 299.

Sa tige est haute d'un pied & demi, herbacée & rameuse ; ses feuilles sont grandes, composées, deux ou trois fois ailées, vertes, glabres & presque luisantes : leurs folioles sont ovales, pointues, dentées en scie & plus ou moins incisées. Les fleurs sont petites, de couleur blanche, & ramassées en épi court & ovale ; elles sont composées d'un calice de quatre feuilles, de quatre pétales pointus, d'une vingtaine d'étamines plus longues que la corolle, & d'un ovaire qui se change en une baie ovale, noirâtre dans sa maturité. On trouve cette plante en Provence, dans les bois. ♃

779.

Plus de quatre pétales .... { Tige herbacée ; plante aquatique................. 780

{ Tige ligneuse ; plante non aquatique......... 772 — XL.

780.

Tige herbacée ; plante aquatique.

Nénuphar. *Nymphæa.*

Les fleurs de Nénuphar font compofées d'un calice de
quatre ou cinq feuilles, de quatorze à vingt pétales plus ou
moins grands, de beaucoup d'étamines dont les filamens font
affez courts, & d'un ovaire ovale chargé d'un ftigmate en
plateau & rayonné, comme celui des pavots. Le fruit eft une
capfule multiloculaire & couronnée par le ftigmate.

ANALYSE.

Fleurs blanches ; calice de quatre feuilles. I.	Fleurs jaunes ; calice de cinq feuilles. I I.

I.   *Fleurs blanches ; calice de quatre feuilles.*

Nénuphar blanc. *Nymphæa alba.* Lin. Sp. 729.

Nymphæa alba major. Tournef. 260.

Sa racine eft longue, épaiffe, charnue, noueufe, couverte
d'écailles brunes, & pouffe les feuilles & les hampes qui
foutiennent les fleurs; fes feuilles font larges, arrondies, cordiformes, épaiffes, très-liffes, & portées fur des pétioles qui
s'alongent jufqu'à la furface de l'eau, où elles reftent flottantes;
fes fleurs font grandes, compofées de beaucoup de pétales
blancs, plus larges & un peu plus longs que les folioles du
calice : les pétales intérieurs vont en diminuant de grandeur,
& les plus petits fe changent en étamines, dont les filamens
font plus ou moins élargis & pétaliformes, felon qu'ils font
plus ou moins extérieurs. On trouve cette plante dans les
étangs & les eaux tranquilles ou peu agitées. ♃ Sa racine eft
rafraîchiffante, tempérante, anti-dyfurique, anti-gonorrhoïque
& un peu narcotique.

II.   *Fleurs jaunes ; calices de cinq feuilles.*

Nénuphar jaune. *Nymphæa lutea.* Lin. Sp. 729.

Nymphæa lutea, major. Tournef. 261.

Cette efpèce a beaucoup de rapport avec la précédente ;
mais elle en diffère conftamment par fes fleurs une fois moins
grandes ,

80. grandes, composées d'un calice de cinq feuilles jaunâtres intérieurement, & de beaucoup de pétales très-petits, tous une fois plus courts que les feuilles du calice ; son fruit est une capsule conique, divisée en autant de loges que le stigmate qui la couronne a de rayons. Cette plante est commune dans les étangs & les eaux dormantes, ♃ ; on peut la substituer à la précédente pour l'usage.

81. *Ovaire porté sur un long péduncule.*

Caprier épineux. *Capparis spinosa.* Lin. Sp. 720.

Capparis spinosa, fructu minore, folio rotundo. Tournef. 261.

Sous-arbrisseau dont les tiges ou les sarmens sont nombreux, longs de deux ou trois pieds, cylindriques, glabres, feuillés & armés d'épines qui tiennent lieu de stipules ; ses feuilles sont alternes, pétiolées, ovales-obtuses, lisses, vertes, & souvent un peu rougeâtres ; ses fleurs sont pédunculées, solitaires, axillaires, & d'un blanc rougeâtre ; elles sont composées d'un calice de quatre feuilles, de quatre pétales assez grands & obtus, de beaucoup d'étamines plus longues que la corolle, & d'un ovaire ovale, soutenu sur un long péduncule : le fruit est une espèce de baie charnue, uniloculaire & polysperme. Cette plante croît dans les fentes des murs & les lieux pierreux de la Provence ; elle est très-commune dans les environs de Toulon, ♄ ; son écorce & sa racine sont diurétiques, apéritifs & emménagogues. On fait macérer les boutons de fleurs dans le vinaigre pour l'usage de la cuisine ; ce sont les capres que tout le monde connoît.

82. *Ovaires nombreux & ramassés.*
- Pétales planes 783
- Pétales en cornet 899

83. *Pétales planes* ....
- Calice à plus de cinq divisions. 784
- Calice n'ayant pas plus de cinq divisions 786

784. *Calice à plus de cinq divi-fions* .... {

   Feuilles planes & ciliées ou velues................. 785

   Feuilles cylindriques ou coniques, glabres & point ciliées... 723

---

785.   *Feuilles planes & ciliées ou velues.*

Joubarbe. *Sempervivum.*

Les Joubarbes font des plantes charnues, tendres, fucculentes, & qui ont un très-grand rapport avec les orpins; leurs fleurs font compofées d'un calice dont les divifions varient de neuf à quinze, d'un pareil nombre de pétales lancéolés, étroits & pointus, de douze à trente étamines prefque auffi longues que les pétales, & de neuf à quinze ovaires oblongs, pointus, difpofés en rond, & laiffant ordinairement un vide au centre de la fleur. Ces ovaires fe changent en capfules polyfpermes, qui s'ouvrent latéralement. Les feuilles, lorfque la tige n'eft pas développée, forment fur la terre une rofette très-remarquable.

A N A L Y S E.

Rofettes de feuilles chargées de jeunes pouffes globuliformes.	Aucunes pouffes globuliformes fur les rofettes de feuilles.
I.	I I.

I. *Rofettes de feuilles chargées de jeunes pouffes globuliformes.*

Joubarbe globulifère. *Sempervivum globuliferum.* Lin. Sp. 665.

Sedum vulgare, magno fimile. Tournef. 262.

Ses feuilles font légèrement velues, ciliées en leurs bords, d'un vert clair, & difpofées avant le développement de la tige, en rofettes affez nombreufes, remarquables par des globules de différentes groffeurs, qu'elles pouffent çà & là dans leurs aiffelles, & qui n'y adhèrent que par quelques fibres très-menues; fa tige eft droite, velue, feuillée, & fe divife à fon fommet en deux ou trois rameaux auxquels font attachées, par de très-courts péduncules, des fleurs affez grandes & de couleur jaune. Cette plante croît en Alface où elle a été obfervée par Mappus. ♃

II. *Aucunes poufſes globuliformes ſur les roſettes de feuilles.*

Douze à quinze pétales; feuilles ciliées en leurs bords & glabres en leur fuperficie. **I I I.**	Neuf ou dix pétales; feuilles plus ou moins ciliées ou cotonneufes, mais velues en leur fuperficie. **I V.**

III. *Douze à quinze pétales; feuilles ciliées en leurs bords & glabres en leur fuperficie.*

Joubarbe des toits. *Sempervivum tectorum.* Lin. Sp. 664.

Sedum majus, vulgare. Tournef. 262.

Ses roſettes font compoſées de feuilles ovales-lancéolées, tendres, fucculentes, glabres, ciliées en leurs bords, & ſouvent rougeâtres; de leur milieu s'élève une tige haute d'un pied ou un peu plus, droite, cylindrique, velue, garnie de feuilles éparſes, & diviſée à fon fommet, en rameaux très-ouverts, penchés ou courbés, ſur leſquels font diſpoſées des fleurs preſque feſſiles, purpurines & tournées la plupart du même côté. On trouve cette plante ſur les toits & ſur les vieux murs. ♃ Elle eſt rafraîchiſſante & très-anodine.

IV. *Neuf ou dix pétales; feuilles plus ou moins ciliées ou cotonneuſes, mais velues en leur fuperficie.*

Rofettes de feuilles chargées de longs filets cotonneux qui reſſemblent à de la toile d'araignée. **V.**	Rofettes de feuilles n'ayant point de filets cotonneux remarquables, même dans leur jeuneſſe. **V I.**

785. **V.** *Rosettes de feuilles chargées de longs filets cotonneux qui ressemblent à de la toile d'araignée.*

Joubarbe araignée. *Sempervivum arachnoideum.* Lin. Sp. 665.

Sedum montanum, tomentosum. Tournef. 262.

Cette espèce est remarquable par ses rosettes de feuilles qui, sur-tout dans leur jeunesse, sont chargées de longs filets blancs & cotonneux, qui se croisent d'un bord à l'autre de chaque feuille & imitent une toile d'araignée ; sa tige est haute de six pouces, cylindrique, velue, feuillée & divisée à son sommet en deux ou trois rameaux qui soutiennent des fleurs purpurines, assez grandes. On trouve cette plante dans les rochers des montagnes en Provence. ♃

VI. *Rosettes de feuilles n'ayant point de filets cotonneux remarquables, même dans leur jeunesse.*

Joubarbe de montagne. *Sempervivum montanum.* Lin. Sp. 665.

Sedum majus, montanum, foliis non dentatis, floribus rubentibus. Tournef. 262.

Cette plante a beaucoup de rapport avec la précédente, & n'en est peut-être qu'une variété ; ses feuilles sont velues, ciliées légèrement en leurs bords & forment des rosettes plus ou moins contractées selon leur âge ; sa tige est haute de six pouces, & divisée en quelques rameaux à son sommet, qui soutiennent des fleurs purpurines & presque sessiles. On trouve cette plante dans les montagnes des provinces méridionales. ♃

786. *Calice n'ayant pas plus de cinq divisions* . . . . { Cinq ovaires ou moins.. 787

Six ovaires ou plus..... 788

Cinq ovaires ou moins.

Pivoine. *Pænia.*

Les fleurs de Pivoine font compofées d'un calice de cinq feuilles inégales ; de cinq pétales fort grands & ouverts ; d'un grand nombre d'étamines dont les filamens font affez courts ; & de deux à cinq ovaires oblongs, velus & terminés chacun par un ftigmate comprimé & coloré. Ces ovaires fe changent en capfules uniloculaires, univalves & polyfpermes.

ANALYSE.

Découpures des feuilles lancéolées ; ovaires chargés de poils blancs. I.	Découpures des feuilles linéaires ; ovaires chargés de poils rouges. I I.

I. *Découpures des feuilles lancéolées ; ovaires chargés de poils blancs.*

Pivoine officinale. *Pænia officinalis.* Lin. Sp. 747.

Pænia communis vel fæmina. Tournef. 274.

ß. *Pænia folio nigricante fplendido quæ mas.* Ibid.

Sa racine eft tubéreufe & pouffe une ou plufieurs tiges hautes d'un à deux pieds, rameufes & fouvent un peu rougeâtres ; fes feuilles font prefque deux fois ailées & découpées en folioles ou en efpèces de lobes oblongs, elliptiques ou lancéolés : les fleurs font folitaires, terminales, grandes, fort belles, & d'un rouge vif. La variété ß eft remarquable par fes feuilles plus larges, plus épaiffes, d'un vert-brun, luifantes en-deffus & pubefcentes en-deffous. On trouve cette plante dans les pâturages des montagnes du Dauphiné & de la Provence. ♃ Elle paffe pour céphalique, anti-épileptique, anti-fpafmodique & diaphorétique.

787. II. *Découpures des feuilles linéaires ; ovaires chargés de poils rouges.*

Pivoine à feuilles menues. *Pænia tenuifolia.* Lin. Sp. 748.

Pænia tenuius laciniata , subtus non pubescens. Garid. prov. 369. tab. 79.

Sa tige est droite, simple, feuillée & terminée par une fleur rouge, moins grande que celles de l'espèce précédente ; le pétiole des feuilles est assez long, divisé à son sommet en trois parties, sous-divisées chacune en trois autres, qui sont composées de folioles ou de découpures très-menues & linéaires ; ces feuilles sont d'un vert-clair & glabres des deux côtés. Cette plante croît en Provence selon Garidel. ♃

788. *Six ovaires ou plus ....* { Onglets des pétales distingués par une petite glande en cœur, ou par une écaille, ou une fossette. 789

Onglets des pétales nus, & n'ayant à leur base, ni glande ni fossette. 790

789. *Onglets des pétales distingués par une petite glande en cœur, ou par une écaille, ou une fossette.*

Renoncule. *Ranunculus.*

Les fleurs de Renoncule sont composées d'un calice de trois ou cinq feuilles peu durables, de cinq pétales ou davantage, remarquables chacun par une petite glande en cœur ou en cornet, ou par une écaille ou une fossette particulière, disposée à leur base intérieure ; de beaucoup d'étamines moins longues que la corolle, & d'un assez grand nombre d'ovaires qui se changent en autant de semences nues, ramassées en une tête arrondie, ovale ou conique.

(183)

A N A L Y S E.

Fleurs blanches ou rougeâtres. I.	Fleurs de couleur jaune. X X.

I.   *Fleurs blanches ou rougeâtres.*

Tige rampante sur la terre, ou flottante dans l'eau. I I.	Tige droite & point rampante ni flottante. V I I.

II. *Tige rampante sur la terre, ou flottante dans l'eau.*

Toutes les feuilles simples, à trois ou cinq lobes obtus, & sans découpures capillaires. I I I.	Toutes les feuilles, ou plusieurs, ayant des découpures capillaires. I V.

III. *Toutes les feuilles simples, à trois ou cinq lobes obtus, & sans découpures capillaires.*

Renoncule lierrée. *Ranunculus hederaceus.* Lin. Sp. 781.

Ranunculus aquaticus, hederaceus, flore albo, parvo. Tournef. 286.

Ses tiges sont rampantes, glabres, & longues de trois à cinq pouces ; ses feuilles sont pétiolées, arrondies, divisées en trois lobes crénelés, & très-lisses en-dessus. Ses fleurs sont blanches, solitaires, & portées sur des péduncules plus longs que les feuilles. On trouve cette plante sur le bord des mares & dans les fossés où l'eau a séjourné.

Obs. Ses feuilles sont quelquefois chargées d'une petite tache noirâtre, dans leur partie moyenne.

M iv

789. IV. *Toutes les feuilles, ou plusieurs, ayant des découpures capillaires.*

Feuilles, dont les découpures sont courtes & divergentes. **V.**	Feuilles dont les découpures sont longues & parallèles. **V I.**

V. *Feuilles, dont les découpures sont courtes & divergentes.*

Renoncule aquatique. *Ranunculus aquaticus.*

α. *Ranunculus aquaticus capillaceus.* Tournef. 291.

β. *Ranunculus aquaticus, folio rotundo & capillaceo.* Ibid.

γ. *Ranunculus aquaticus albus, foliis circinatis, tenuiſſime diviſis.* Pluk. p. 311, tab. 52, fig. 2.

Sa tige eſt grêle, rampante, rameuſe, liſſe & feuillée : ſes fleurs ſont pédunculées, axillaires & de couleur blanche. La première variété α ſe diſtingue par ſes feuilles toutes à découpures rameuſes & capillaires. La ſeconde β eſt remarquable par ſes feuilles, dont les ſupérieures ſont ſimples, arrondies & lobées, & les inférieures à découpures capillaires. La troiſième γ diffère beaucoup des deux autres ; ſes feuilles ſont ſeſſiles, petites, à découpures très-courtes, rameuſes & capillaires, & ſont tout-à-fait circonſcrites : ſes fleurs ſont portées ſur de longs péduncules. On trouve les deux premières ſur le bord des étangs & des foſſés aquatiques : la dernière croît dans les ruiſſeaux où elle eſt entièrement plongée & flottante. On pourroit la diſtinguer comme une eſpèce à part.

VI. *Feuilles, dont les découpures ſont longues & parallèles.*

Renoncule flottante. *Ranunculus fluitans.*

Ranunculus aquatilis, albus, fluitans, peucedani foliis. Tournef. 291.

Ses tiges ſont longues, rameuſes, feuillées & flottantes dans l'eau ; ſes feuilles ſont alongées & partagées en filamens ou rameaux linéaires & fourchus. Ses fleurs ſont

89. petites, de couleur blanche, axillaires, solitaires & portées sur de longs péduncules. On trouve cette plante dans les ruisseaux, les étangs.

VII. *Tige droite, & point rampante ni flottante.*

| Toutes les feuilles simples
& entières.

V I I I. | Toutes les feuilles,
ou plusieurs,
découpées ou lobées.
X I I I. |

VIII. *Toutes les feuilles simples & entières.*

| Feuilles inférieures ovales,
& point linéaires.
I X. | Toutes les feuilles étroites
& linéaires.
X I I. |

IX. *Feuilles inférieures ovales, & point linéaires.*

| Feuilles ovales, pointues
& amplexicaules.
X. | Feuilles ovales, obtuses
& pétiolées.
X I. |

X. *Feuilles ovales, pointues & amplexicaules.*

Renoncule amplexicaule. *Ranunculus amplexicaulis.* Lin. Sp. 774.

Ranunculus montanus, foliis plantaginis. Tournef. 292.

Sa tige est haute de six à sept pouces, droite, lisse, garnie de quelques feuilles, & soutient à son sommet trois ou quatre fleurs blanches, pédunculées & terminales; ses feuilles sont glabres, nerveuses & un peu dures : les radicales sont ovales & presque pétiolées; celles de la tige sont amplexicaules & plus étroites. On trouve cette plante dans les environs de Montpellier. ♃

789. **XVII.** *Tige chargée de plus d'une fleur, dont le calice est velu.*

Feuilles multifides & comme ailées. X V I I I.	Feuilles digitées ou palmées. X I X.

XVIII. *Feuilles multifides & comme ailées.*

Renoncule glaciale. *Ranunculus glacialis.* Lin. Sp. 777.

> *Ranunculus montanus, purpureus, calyce villoso fœlicis plateri.* Tournef. 289.

Sa tige est haute de cinq à six pouces, peu garnie de feuilles, ordinairement simple, & chargée communément d'une couple de fleurs assez grandes, dont la couleur est blanche ou un peu purpurine ; les calices sont chargés de poils jaunâtres ou rougeâtres : les feuilles radicales sont alongées, très-découpées & d'une consistance un peu épaisse ou succulente. Cette plante croît dans les montagnes de Dauphiné, ♃ : elle est monocotyledone.

XIX. *Feuilles digitées ou palmées.*

Renoncule à feuilles d'aconit. *Ranunculus aconitifolius.* Lin. Sp. 776.

> *Ranunculus montanus, aconiti folio, albo flore minore.* Tournef. 290.
> β. *Ranunculus montanus, aconiti folio, albo flore majore.* Ibid.
> *Ranunculus platanifolius.* Lin. mant. 79.

Sa tige est haute d'un pied, quelquefois beaucoup davantage, droite, lisse, fistuleuse & rameuse ; ses feuilles sont glabres, palmées, anguleuses, & composées de trois ou cinq lobes assez grands, pointus & dentés en scie : les fleurs sont blanches, pédunculées & terminales ; leur calice est petit & tombe de bonne heure. La varieté β ne diffère que par la grandeur de ses parties, qu'elle doit aux circonstances de son lieu natal. On trouve cette plante dans les montagnes de la Provence & du Dauphiné ; elle croît aussi sur le mont d'Or en Auvergne. ♃

XX. *Fleurs de couleur jaune.*

Feuilles simples, entières ou seulement dentées. **X X I.**	Feuilles découpées, lobées ou multifides. **X X X I I.**

XXI. *Feuilles simples, entières ou seulement dentées.*

Feuilles lancéolées ou linéaires. **X X I I.**	Feuilles ovales, ou en cœur, ou arrondies. **X X V I I.**

XXII. *Feuilles lancéolées ou linéaires.*

Tige droite; toutes les feuilles sessiles. **X X I I I.**	Tige inclinée; feuilles inférieures pétiolées. **X X V I.**

XXIII. *Tige droite; toutes les feuilles sessiles.*

Tige un peu velue, & haute de deux ou trois pieds. **X X I V.**	Tige très-lisse, n'ayant jamais deux pieds de hauteur. **X X V.**

XXIV. *Tige un peu velue, & haute de deux ou trois pieds.*

Renoncule à feuilles longues. *Ramunculus longifolius.* [grande douve]

> *Ranunculus longifolius, palustris, major.* Tournef. 291.
> *Ranunculus lingua.* Lin. Sp. 773.

Sa tige est droite, cylindrique, velue, un peu rameuse, & haute de deux pieds au moins; ses feuilles sont fort longues, pointues, légèrement velues, chargées de quelques dentelures distantes & peu sensibles, & embrassent la tige par une espèce de gaine : ses fleurs sont grandes, terminales,

789. pédunculées & d'un beau jaune; leurs pétales font luifans,
& leur calice eft un peu velu. On trouve cette plante fur
le bord des étangs & des foffés aquatiques, ♃; elle eft âcre
& cauftique.

XXV. *Tige très-liffe, n'ayant jamais deux pieds
de hauteur.*

Renoncule graminée. *Ranunculus gramineus.* Lin. Sp.
773.
 Ranunculus montanus, gramineo folio. Tournef. 291.

Sa tige eft haute de huit à dix pouces, droite, cylindrique,
glabre, peu garnie de feuilles, & porte à fon fommet deux
ou trois fleurs jaunes, dont les pétales font arrondies, luifans
& les calices très-glabres; fes feuilles font alongées, étroites,
linéaires, pointues, liffes, ftriées & un peu nerveufes; elles
reffemblent à celles des plantes graminées. On trouve cette
efpèce dans les prés fecs & montagneux. ♃

XXVI. *Tige inclinée; feuilles inférieures pétiolées.*

Renoncule flammette. *Ranunculus flammula.* Lin. Sp. 772.
[petite douve]
 Ranunculus longifolius, paluftris, minor. Tournef. 292.
 β. *Ranunculus paluftris, ferratus.* Ibid.

Sa tige eft longue de huit à neuf pouces, un peu couchée
dans fa partie inférieure, liffe, feuillée, & légèrement rameufe;
fes feuilles font glabres, ovales-lancéolées, un peu dentées
en leurs bords, & fenfiblement pétiolées, fur-tout les inférieures; leur pétiole embraffe la tige par une gaine membraneufe; les fleurs font jaunes, pédunculées, terminales, &
moins grandes que celles des deux efpèces précédentes. La
variété β eft remarquable par fes feuilles qui ont des dentelures très-marquées. On trouve cette plante dans les prés
humides, ♃; elle eft âcre, cauftique & nuifible aux beftiaux.

XXVII. *Feuilles ovales, ou en cœur, ou arrondies.*

Calice de trois pièces.	Calice de cinq pièces.
X X V I I I.	X X I X.

XXVIII.   *Calice de trois pièces.*

289.

* Renoncule ficaire. *Ranunculus ficaria.* Lin. Sp. 774.

Ranunculus vernus, rotundifolius, major [& minor]. **Tourn.** 286.

β. *Ranunculus vernus, rotundifolius, minor, maculatus.* **Ibid.**

Ses tiges font longues de trois à fix pouces, liffes, feuillées, couchées & rampantes ; fes feuilles font pétiolées , cordiformes, arrondies à leur fommet, quelquefois un peu anguleufes ou légèrement lobées, vertes, glabres & très-liffes; fes fleurs font jaunes, affez grandes & pédunculées : leur corolle eft compofée de huit ou neuf pétales oblongs ; les péduncules font uniflores, axillaires & paroiffent dans la jeuneffe de la plante, naître immédiatement de la racine. La variété β a fes feuilles chargées d'une tache rougeâtre ou ferrugineufe. On trouve cette plante dans les lieux couverts, les haies. ♃. Elle fleurit de bonne heure ; elle eft beaucoup moins âcre que les autres efpèces de fon genre, & paffe pour anti-fcorbutique & anti-hémorroïdale.

XXIX.   *Calice de cinq pièces.*

Feuilles ovales.	Feuilles réniformes.
X X X.	X X X I.

XXX.   *Feuilles ovales.*

Renoncule nudiflore. *Ranunculus nudiflorus.* Lin. Sp. 773.

Ranunculus plantaginis folio, flofculis cauliculis adhærentibus. Vail. Parif. 168.

Ses feuilles font ovales, pétiolées, liffes, luifantes en-deffus & un peu nerveufes; fes fleurs font petites, feffiles, & de couleur jaune. On trouve cette plante dans les environs de Fontainebleau, dans les lieux où l'eau a croupi pendant l'hiver.

*

789. **XXXI.** *Feuilles réniformes.*

Renoncule venimeuse. *Ranunculus thora.* Lin. Sp. 775.

Ranunculus cyclaminis folio, asphodeli radice, major. Tourn. 285.

β. *Ranunculus cyclaminis folio, asphodeli radice, minor.* Ibid.

Sa tige est haute de quatre à six pouces, glabre, menue, & chargée d'une ou deux feuilles assez grandes, arrondies, réniformes, crénelées, glabres, veinées & un peu coriaces; elle porte à son sommet une ou deux fleurs jaunes, petites, & au-dessous desquelles on trouve souvent une bractée ou une petite feuille découpée en trois ou quatre lobes. Cette plante croît dans les montagnes du Dauphiné, ♃; son suc est âcre, caustique : on prétend que les Anciens s'en servoient pour empoisonner leurs flèches.

XXXII. *Feuilles découpées; lobées ou multifides.*

Tige ou hampe uniflore.	Tige pluriflore.
X X X I I I.	X X X V I I.

XXXIII. *Tige ou hampe uniflore.*

Hampe nue, dont la hauteur n'excède pas deux pouces.	Tige feuillée, & haute de plus de deux pouces.
X X X I V.	X X X V.

XXXIV. *Hampe nue, dont la hauteur n'excède pas deux pouces.*

Renoncule faucilière. *Ranunculus falcatus.* Lin. Sp. 781.

Ranunculus ceratophyllos, seminibus falcatis in spicam adactis. Tournef. 289.

Cette espèce est la plus petite que l'on connoisse de ce genre; ses tiges sont des hampes nues, très-grêles, pubescentes, cotonneuses, uniflores, & hautes à peine de deux pouces; ses feuilles sont radicales, pétiolées, presque palmées, & partagées en découpures linéaires, rameuses, & un peu courtes. Les fleurs sont petites, & de couleur jaune; il leur succède

789. fuccède des femences difpofées en épi , & remarquables chacune par une pointe très-aiguë , alongée & un peu courbée en faucille. Cette plante croît dans les champs des provinces méridionales. ⊙

XXXV. *Tige feuillée , & haute de plus de deux pouces.*

Feuilles inférieures palmées, ou à trois lobes. XXXVI.	Feuilles inférieures multifides, alongées & point palmées. LV*.

XXXVI. *Feuilles inférieures palmées ou à trois lobes.*

Renoncule des frimats. *Ranunculus nivalis.* Lin. Sp. 778.

Ranunculus minimus , alpinus luteus. J. B. 3 , p. 861 , fol. 2.

β. *Ranunculus faxatilis , magno flore.* Tournef. 291.

Ranunculus Pyrenæus. Gouan. Obf. p. 33 , tab. 17 ; fol. 2 & 3.

γ. *Ranunculus Monfpeliacus.* Lin. Sp. 778.

Sa tige eft haute de quatre à huit pouces, grêle & chargée d'une ou deux feuilles feffiles , partagées en trois ou cinq digitations un peu étroites , pointues & dentées ; les feuilles radicales font petites , pétiolées, arrondies , glabres , luifantes & découpées profondément en trois lobes crénelés : leurs lobes latéraux , fouvent femi-bifides, les font paroître à cinq lobes & un peu palmées. La fleur eft terminale, folitaire & d'un beau jaune ; fes pétales font arrondies & luifans , & fon calice eft velu. Cette plante croît dans les montagnes du Dauphiné & de la Provence, & dans les Pyrénées. ♃

XXXVII. *Tige pluriflore.*

Calice réfléchi fur le péduncule. XXXVIII.	Calice fimplement ouvert. XXXIX.

Tome III.   N

789. **XXXVIII.** *Calice réfléchi sur le péduncule.*

Renoncule bulbeuse. *Ranunculus bulbosus.* Lin. Sp. 778.

Ranunculus pratensis, radice verticilli modo rotundâ. Tournef.
289.

β. *Ranunculus pratensis, radice verticilli modo rotundâ minor.*
Ibid.

Sa racine est ronde, bulbeuse, & pousse une ou plusieurs
tiges hautes d'un pied, droites, un peu couchées dans leur
jeunesse, légèrement velues, feuillées & divisées en quelques
rameaux uniflores; ses feuilles inférieures sont pétiolées,
partagées en trois parties, crénelées, incisées & même trilobées;
elles sont d'un vert noirâtre & souvent veinées ou tachées
de blanc; les feuilles supérieures ont des découpures plus
fines & plus étroites. Les fleurs sont jaunes, terminales,
solitaires, peu nombreuses, & remarquables par leur calice
tout-à-fait réfléchi, lorsqu'elles sont entièrement épanouies.
Cette plante est commune dans les prés, le long des haies
& dans les jardins. ♃

XXXIX. *Calice simplement ouvert.*

Semences chargées latéralement de petites pointes particulières.	Semences n'ayant latéralement aucune pointe particulière.
X L.	**X L V.**

XL. *Semences chargées latéralement de petites pointes*
particulières.

La plupart des feuilles à découpures profondes, étroites & linéaires.	Toutes les feuilles presque simples, arrondies lobées & incisées.
X L I.	**X L I I.**

XLI. *La plupart des feuilles à découpures profondes, étroites & linéaires.*

Renoncule des champs. *Ranunculus arvensis.* Lin. Sp. 780.

Ranunculus arvensis, echinatus. Tournef. 289.

Sa tige est haute de huit à dix pouces, feuillée, un peu rameuse, & chargée de quelques poils très-fins ; ses feuilles sont glabres, pétiolées & découpées très-menu : les inférieures ont les découpures moins étroites, & les radicales sont simplement partagées en trois lobes oblongs & trifides. Les fleurs sont terminales, pédunculées, assez petites & d'un jaune pâle ; il leur succède des semences comprimées & hérissées latéralement de pointes nombreuses & fort grandes. Cette plante croît dans les champs, parmi les blés. ⊙

XLII. *Toutes les feuilles presque simples, arrondies, lobées & incisées.*

Feuilles presque glabres ; tige courte, droite, & point diffuse. **X L I I I.**	Feuilles très-velues ; tiges foibles, rameuses, & diffuses. **X L I V.**

XLIII. *Feuilles presque glabres ; tige courte, droite, & point diffuse.*

Renoncule hérissée. *Ranunculus muricatus.* Lin. Sp. 780.

Ranunculus palustris, echinatus. Tournef. 286.

Sa tige est haute de trois à cinq pouces, un peu épaisse, droite, quelquefois légèrement oblique, glabre & simple, ou divisée en une couple de rameaux courts ; ses feuilles sont assez grandes, glabres, arrondies, partagées en trois lobes incisés, dentés, & sont portées sur de longs pétioles chargés de quelques poils. Les fleurs sont jaunes, pédunculées & remplacées par huit ou dix semences très-hérissées de pointes latérales. Cette plante croît dans les lieux humides des provinces méridionales. ⊙

789. **XLIV.** *Feuilles très-velues ; tiges foibles, rameuses & diffuses.*

Renoncule parviflore. *Ranunculus parviflorus.* Lin. Sp. 780.

Ranunculus arvensis, annuus, hirsutus, flore omnium minimo. Tournef. 289.

Cette espèce a beaucoup de rapport avec la précédente ; mais ses tiges sont une fois plus longues, très-velues, rameuses, diffuses, foibles & presque couchées : ses feuilles sont moins grandes, plus profondément incisées & portées sur des pétioles longs & très-velus. Ses fleurs sont petites, solitaires, pédunculées & remplacées par douze à quinze semences médiocrement hérissées d'aspérités ou de pointes latérales. On trouve cette plante dans les champs des provinces méridionales. ☉

XLV. *Semences n'ayant latéralement aucune pointe particulière.*

Collet de la racine produisant ou des rejets rampans, ou des tiges couchées.	Collet de la racine ne produisant que des tiges droites.
X L V I.	X L V I I.

XLVI. *Collet de la racine, produisant ou des rejets rampans, ou des tiges couchées.*

Renoncule rampante. *Ranunculus repens.* Lin. Sp. 779.

Ranunculus pratensis, repens, hirsutus. Tournef. 289.
β. *Ranunculus pratensis, erectus, dulcis.* Ibid.

Ses tiges fleuries sont droites, hautes d'un pied, & légèrement velues ; ses feuilles sont grandes, pétiolées, presque ailées, & composées de folioles anguleuses, lobées, incisées & dentées ; elles sont chargées de quelques poils, d'un vert foncé, & quelquefois veinées ou parsemées de taches blanchâtres ; les feuilles supérieures des tiges sont partagées en lobes lancéolés-linéaires : les fleurs sont jaunes, terminales,

789. peu nombreufes, & foutenués par des péduncules fillonnés. Cette plante eft commune dans les prés, les lieux cultivés & un peu couverts, ♃ ; elle a peu d'âcreté.

Obs. On trouve dans les lieux fecs & montueux, une petite renoncule qui fe rapproche beaucoup de celle que je viens de décrire; mais fes tiges font tout-à-fait couchées, même lorfqu'elles font fleuries; fes feuilles font fort petites, velues & compofées de trois folioles trifides ou incifées. Je crois qu'on pourroit la diftinguer comme une efpèce. On la nommeroit Renoncule couchée, *Ranunculus proftratus.*

XLVII. *Collet de la racine, ne produifant que des tiges droites.*

| Feuilles glabres & très-liffes. XLVIII. | Feuilles velues & jamais liffes. LI. |

XLVIII. *Feuilles glabres & très-liffes.*

| Fleurs très-petites; ovaires faillans hors de la corolle. XLIX. | Fleurs affez grandes; ovaires non faillans hors de la corolle. L. |

XLIX. *Fleurs très-petites; ovaires faillans hors de la corolle.*

Renoncule fcélérate. *Ranunculus fceleratus.* Lin. Sp. 776.

Ranunculus paluftris, apü folio, lævis. Tournef. 291.

Sa tige eft haute d'un pied & demi, un peu épaiffe, liffe, feuillée & très-rameufe; fes feuilles radicales font pétiolées, arrondies, femi-trilobées, incifées & crénelées; celles de la tige ont des découpures plus profondes, plus étroites, & font prefque digitées ou palmées : les unes & les autres font liffes & d'un vert pâle. Les fleurs font nombreufes, pédunculées, terminales & fort petites; les ovaires fe développent dès l'épanouiffement de la corolle, dont ils furpaffent bientôt la grandeur, & fe changent en un fruit oblong & un peu

789. conique. On trouve cette plante dans les marais & sur le bord des eaux, ☉ ; elle est très-âcre, détersive, caustique & dépilatoire.

L. *Fleurs assez grandes ; ovaires non saillans hors de la corolle.*

Renoncule blonde. *Ranunculus auricomus.* Lin. Sp. 775.

Ranunculus nemorosus vel sylvaticus, folio subrotundo. Tournef. 285.

Sa tige est haute de six à sept pouces, glabre, feuillée & rameuse ; ses feuilles radicales sont pétiolées, simples, réniformes & crénelées ; celles de la partie inférieure de la tige, sont palmées & incisées ; & celles du sommet sont sessiles, digitées, & profondément découpées en lanières étroites & divergentes ; ses fleurs sont jaunes, pédunculées, terminales, & remarquables par leurs pétales qui ne se développent que les uns après les autres, & qui avortent quelquefois. Cette plante est commune dans les bois & les lieux couverts, ♃ ; elle fleurit de bonne heure.

LI. *Feuilles velues & jamais lisses.*

Feuilles inférieures anguleuses, & palmées ou lobées. **L I I.**	Feuilles inférieures alongées, ailées & multifides. **L V *.**

LII. *Feuilles inférieures anguleuses, & palmées ou lobées.*

Tige fistuleuse ; feuilles légèrement velues, & dont la largeur n'égale pas trois pouces. **L I I I.**	Tige solide ; feuilles très-velues, presque soyeuses, & larges de trois pouces, ou davantage. **L I V.**

789. LIII. *Tige fistuleuse; feuilles légèrement velues, & dont la largeur n'égale pas trois pouces.*

Renoncule âcre. *Ranunculus acris.* Lin. Sp. 779.

> *Ranunculus pratensis, erectus, acris.* Tournef. 289.
> β. *Ranunculus polyanthemos, simplex.* Ibid.
> *Ranunculus polyanthemos.* Lin. Sp. 779.

Sa tige est haute d'un à deux pieds, rameuse, médiocrement feuillée, & presque glabre; ses feuilles radicales sont pétiolées, palmées, anguleuses, & découpées en lobes pointus & incisés; elles ont souvent une tache brune dans leur milieu. Celles de la tige sont plus découpées, digitées, & les supérieures sont partagées en trois lanières étroites, ou sont simples & linéaires : les fleurs sont terminales, pédunculées & d'un beau jaune; leurs pétales sont luisans & comme vernissés. Cette plante est commune dans les prés & les pâturages, ♃; elle est fort âcre & caustique.

LIV. *Tige solide; feuilles très-velues, presque soyeuses & larges de trois pouces ou davantage.*

Renoncule lanugineuse. *Ranunculus lanuginosus.* Lin. Sp. 779.

> *Ranunculus montanus, lanuginosus, foliis ranunculi pratensis repentis.* Tournef. 291.

Sa tige est droite, cylindrique, velue, rameuse, feuillée, & s'élève jusqu'à un pied & demi; ses feuilles sont grandes, trifides, à lobes pointus, incisés & dentés, d'un vert obscur en-dessus, blanchâtres, très-velues & presque cotonneuses en-dessous, & particulièrement sur leur pétiole : les fleurs sont jaunes, pédunculées & terminales. On trouve cette plante dans les bois & les prés des montagnes. ♃

LV.* *Feuilles inférieures alongées, ailées & multifides.*

Renoncule cerfeuillette. *Ranunculus chærephyllos* Lin. Sp. 780.

> *Ranunculus chærophyllos, asphodeli radice.* Tournef. 289.

Sa tige est haute de six à sept pouces, légèrement velue,

789. garnie d'une ou deux feuilles fort petites, quelquefois fimple & uniflore, mais plus ordinairement divifée en deux ou trois rameaux droits, terminés chacun par une fleur jaune affez grande, dont le calice eft fimplement ouvert; les feuilles radicales font couchées fur la terre, pétiolées, ailées & à pinnules pinnatifides & découpées très - menu; celles de la tige font beaucoup plus petites & plus finement découpées. Cette plante croît dans les lieux montagneux & couverts. ♃

790. Onglets des pétales nus, & n'ayant à leur bafe ni glande ni foffette.....

- Feuilles alternes & très-découpées. 79
- Feuilles alternes & entières. 80
- Feuilles oppofées. 79

791. *Feuilles alternes & très-découpées.*

Adonis.

Les fleurs d'Adonis font compofées d'un calice de cinq feuilles très-caduques, de cinq pétales ou davantage, de beaucoup d'étamines moins longues que la corolle, & d'un affez grand nombre d'ovaires, qui fe changent en femences anguleufes, pointues & ramaffées en une tête oblongue.

A N A L Y S E.

Cinq à huit pétales de couleur rouge ou purpurine.	Une douzaine de pétales de couleur jaune.
I.	I V.

I. *Cinq à huit pétales de couleur rouge ou purpurine.*	
Cinq pétales étroits & d'un rouge clair.	Six à huit pétales ovales-arrondis, & d'un pourpre noirâtre.
I I.	I I I.

II. *Cinq pétales étroits & d'un rouge clair.*

Adonis d'été. *Adonis æstivalis.* Lin. Sp. 771.

> *Ranunculus arvensis, foliis chamæmeli, flore phœniceo.*
> Tournef. 291.

Sa tige eft haute de fept à huit pouces, grêle, foible, feuillée & à peine rameufe; fes feuilles font découpées très-menu, & reffemblent à celles de la Camomille, mais elles font beaucoup plus petites. Sa fleur eft folitaire & terminale ; fes pétales font diftans, ligulés, longs de trois ou quatre lignes, larges d'une ligne feulement, d'un rouge clair ou un peu pâle, & légèrement noirâtres à leur bafe : fon calice eft compofé de cinq folioles étroites, moins longues que les pétales, ce qui me paroît fuffifant pour diftinguer cette efpèce de la fuivante. On la trouve dans les champs un peu arides & pierreux. ⊙

III. *Six à huit pétales ovales-arrondis, & d'un pourpre noirâtre.*

Adonis d'automne. *Adonis autumnalis.* Lin. Sp. 771.

> *Ranunculus arvensis, foliis chamæmeli, flore minore atro-rubente.* Tournef. 291.

Sa tige eft longue d'un pied ou davantage, rameufe, liffe, cannelée, feuillée & un peu foible; fes feuilles font multifides & découpées comme celles de la précédente. Ses fleurs font terminales, folitaires, affez petites, & d'un rouge foncé & très-vif; la longueur des pétales n'excède pas deux fois leur largeur : les folioles calicinales font arrondies & rougeâtres. On trouve cette plante dans les champs, ⊙; elle fleurit en automne.

IV. *Une douzaine de pétales de couleur jaune.*

Adonis printannier. *Adonis vernalis.* Lin. Sp. 771.

> *Ranunculus fœniculaceis foliis, hellebori nigri radice.*
> Tournef. 291.

Sa racine eft épaiffe, noirâtre, fibreufe & pouffe plufieurs tiges hautes d'un pied, liffes, vertes, feuillées, un peu foibles & prefque fimples, ou n'ayant que quelques rameaux

791. courts & stériles ; ses feuilles sont découpées très-menu, fort rapprochées les unes des autres dans la partie supérieure des tiges ; les inférieures sont petites & distantes : les fleurs sont grandes, solitaires, terminales & d'un jaune un peu verdâtre : il leur succède des semences ramassées en une tête ovale. Cette plante croît sur les collines & dans les champs des Provinces méridionales. ♃ On la regarde comme le véritable Hellébore d'Hippocrate.

791.*   *Feuilles opposées.*

Atragène des Alpes. *Atragene alpina.* Lin. Sp. 764.

Clematitis alpina, geranii folia. Tournef. 294.

β. *Atragene austriaca.* Jacq. Vind. obs. 248.

Sa tige est haute de cinq à six pouces, glabre, d'un rouge noirâtre, foible, simple, chargée de deux paires de feuilles, & terminée par une seule fleur ; ses feuilles sont pétiolées, deux fois ternées, composées de folioles ovales-lançéolées, pointues, dentées & incisées : la fleur est pédunculée, terminale, composée d'un calice de quatre pièces fort grandes, lançéolées, pointues & de couleur blanche ou bleuâtre ; de dix à douze pétales étroits, obtus, beaucoup plus courts que le calice, & qui paroissent formés par un développement particulier des étamines extérieures ; de plus de dix étamines un peu plus courtes que les pétales ; & de plusieurs ovaires ramassés, dont les styles sont velus & soyeux. La plante β est remarquable par ses tiges hautes de trois pieds au moins, feuillées dans toute leur longueur, sarmenteuses & grimpantes. On peut la distinguer comme une espèce particulière. Cette plante croît sur les montagnes de la Provence. ♃

---

792.   *Corolle irrégulière.*

Réséda.

Les fleurs de Réséda sont communément fort petites & disposées en épi ou en manière de grappe ; elles sont composées d'un calice monophylle, profondément divisé en lanières étroites ; de plusieurs pétales inégaux, laciniés, frangés ou trifides ; de onze à quinze étamines assez courtes ;

& d'un ovaire terminé par plusieurs pointes ou styles fort courts. Le fruit est une capsule uniloculaire, ouverte à son sommet & qui contient plusieurs semences attachées en ses angles.

ANALYSE.

Toutes les feuilles, ou seulement les inférieures très-simples & point découpées ni dentées. **I.**	Toutes les feuilles, ou au moins les inférieures, découpées, pinnatifides, ou dentées. **V I.**

I. *Toutes les feuilles, ou seulement les inférieures, très-simples & point découpées ni dentées.*

Calice à quatre divisions. **I I.**	Calice à cinq ou six divisions. **I I I.**

II.   *Calice à quatre divisions.*

Réséda jaunissant. *Reseda luteola.* Lin. Sp. 643. [La Gaude]

Luteola herba salicis folio. Tournef. 423.

Sa tige est droite, glabre, cannelée, feuillée & s'élève jusqu'à deux ou trois pieds ; ses feuilles sont éparses, nombreuses, longues-lancéolées, un peu étroites, terminées par une pointe émoussée, lisses & planes, mais ondulées dans leur jeunesse ; ses fleurs sont petites, de couleur herbeuse & disposées en un épi fort long, nu & terminal ; quelquefois la tige est rameuse & se termine par plusieurs épis. On trouve cette plante sur le bord des chemins. ⊙ Sa racine est apéritive. On emploie toute la plante pour teindre en jaune.

792. III. *Calice à cinq ou six divisions.*

Capsule oblongüe, terminée par trois pointes peu divergentes.	Capsule ayant quatre ou cinq pointes divergentes & disposées en étoile.
I V.	V.

IV. *Capsule oblongue , terminée par trois pointes peu divergentes.*

Réséda calicinier. *Reseda calicinalis.*

> *Reseda minor , vulgaris.* Tournef. 423.
> ß. *Reseda minor , vulgaris folio minus inciso.* Ibid.
> γ. *Reseda minor vulgaris , foliis integris.* Ibid.
> *Reseda phyteuma.* Lin. Sp. 645. *[ß. γ]*

Sa tige est haute de six à huit pouces, anguleuse, rameuse, feuillée & garnie de quelques poils courts dans sa partie supérieure ; ses feuilles radicales sont alongées, spatulées, obtuses & très-entières ; celles de la tige sont quelquefois aussi très-entières, mais plus souvent sémi – trilobées : les fleurs, dans cette espèce, sont remarquables par leur calice fort grand, ayant cinq découpures supérieures disposées en éventail, & une inférieure pendante : les pétales sont blancs & profondément laciniés ; les anthères sont jaunâtres ou rougeâtres, & les péduncules sont hérissés de poils courts, ainsi que les angles des capsules. Cette plante croît dans les lieux sablonneux, dans les champs. ⊙

Obs. Le Réséda odorant que l'on cultive dans les jardins, se distingue de cette espèce par ses calices petits & fort courts, par ses anthères d'un rouge de brique, & par ses tiges & ses péduncules très-glabres.

V. *Capsule ayant quatre ou cinq pointes divergentes , & disposées en étoile.*

Réséda étoilé. *Reseda stellata.*

> *Sesamoides fructu stellato.* Tournef. 424.
> *Reseda sesamoides.* Lin. Sp. 664.

Ses tiges sont hautes de sept à neuf pouces, glabres,

192. feuillées & souvent un peu rameuses; ses feuilles sont lancéolées - linéaires, éparses & toutes très-entières. Ses fleurs
sont petites, presque sessiles, & ses fruits sont en étoile.
Cette plante croît dans les environs de Montpellier.

VI. *Toutes les feuilles, ou au moins les inférieures
découpées, pinnatifides ou dentées.*

Feuilles pinnatifides, & dont les découpures sont vertes & assez longues. **V I I.**	Feuilles chargées de quelques dents blanches, courtes & aiguës. **X.**

VII. *Feuilles pinnatifides, & dont les découpures sont
vertes & assez longues.*

Capsule terminée par trois pointes. **V I I I.**	Capsule terminée par quatre pointes. **I X.**

VIII.   *Capsule terminée par trois pointes.*

Réséda jaune. *Reseda lutea.* Lin. Sp. 645.

Reseda vulgaris. Tournef. 423.

β. *Reseda crispa gallica.* Boc. sic. 77, tab. 41, f. 3.

Ses tiges sont hautes d'un pied & demi, un peu couchées dans leur partie inférieure, cannelées, feuillées &
médiocrement rameuses; ses feuilles sont ondulées, pinnatifides, & leurs pinnules sont étroites, distantes, simples,
ou quelquefois elles-mêmes découpées. Les fleurs sont disposées en épi ou en une espèce de grappe droite, nue,
terminale & jaunâtre; leur calice est à six divisions profondes
& étroites : leurs étamines sont au nombre de quinze à vingt,
& d'un jaune pâle ainsi que les pétales. On trouve cette
plante dans les terreins sablonneux, le long des chemins &
sur les vieux murs, ⊙; elle passe pour résolutive.

792. **IX.** *Capsule terminée par quatre pointes.*

Réséda blanc. *Reseda alba.* Lin. Sp. 645.

Reseda maxima. Bauh. pin. 100.

β. *Reseda minor alba, dentatis foliis.* Barr. ic. 588.

Sa tige est haute d'un à deux pieds, rameuse, glabre & cannelée ; ses feuilles sont pinnatifides, légèrement ondulées, un peu luisantes, & leurs pinnules sont grandes, lancéolées, linéaires & pointues : les inférieures ressemblent un peu à celles de la Chausse-trape étoilée. Les fleurs sont disposées en épis fort longs ; leurs pétales sont blancs & plus grands que le calice qui est quelquefois à six divisions, mais plus souvent à cinq. La variété β est moins grande dans toutes ses parties ; les pinnules de ses feuilles sont assez courtes & ses fleurs sont presque sessiles. On trouve cette plante dans les provinces méridionales. ⊙

X. *Feuilles chargées de quelques dents blanches, courtes & aiguës.*

Réséda glauque. *Reseda glauca.* Lin. Sp. 644.

Luteola pumila, Pyrenaica, linariæ folio. Tournef. 424.

Sa tige est haute d'un pied, foible, cylindrique, feuillée, glabre & d'un vert glauque ; ses feuilles sont longues, étroites, linéaires, éparses, d'une couleur semblable à celle de la tige, & chargées vers leur base de quelques dents aiguës, courtes & fort blanches. Les fleurs sont disposées en épi terminal ; leurs pétales sont blancs, leurs étamines jaunâtres & leur ovaire chargé de quatre pointes droites & distantes. Cette espèce croît dans les Pyrénées.

793. *Fleurs incomplètes........*

{ Dix étamines ou moins.. 794

{ Onze étamines ou plus.. 893

794. *Dix étamines ou moins* . . .
{ Corolle à cinq divisions ou moins. 795
{ Corolle à six divisions ou plus. 846

795. *Corolle à cinq divisions ou moins.* . . . .
{ Quatre étamines ou moins. 796
{ Cinq étamines ou plus. . 814

796. *Quatre étamines ou moins.* . .
{ Quatre étamines. 797
{ Moins de quatre étamines. 804

797. *Quatre étamines* . . . .
{ Plusieurs ovaires ; plantes aquatiques & flottantes dans l'eau. 798
{ Un seul ovaire ; plantes non aquatiques. 799

798. *Plusieurs ovaires ; plantes aquatiques & flottantes dans l'eau.*

Épi-d'eau. *Potamogeton.*

Les fleurs d'Épi-d'eau sont composées de quatre pétales, de quatre étamines, & d'un pareil nombre d'ovaires sans style, mais terminés chacun par une petite pointe un peu courbée. Ces ovaires se changent en quatre semences nues & ovales.

ANALYSE.

Feuilles ovales ou lancéolées, & larges de deux lignes ou davantage.	Feuilles linéaires, très-étroites, & n'ayant pas deux lignes de largeur.
I.	X I.

798. I. *Feuilles ovales ou lancéolées, & larges de deux lignes ou davantage.*

Stipules très-remarquables, & ayant au moins six lignes de longueur.	Stipules presque nulles, ou n'ayant pas trois lignes de longueur.
I I.	V I.

II. *Stipules très-remarquables, & ayant au moins six lignes de longueur.*

Feuilles flottantes sur l'eau.	Feuilles enfoncées dans l'eau.
I I I.	I V.

III.　　　*Feuilles flottantes sur l'eau.*

Épi-d'eau flottant. *Potamogeton natans.* Lin. Sp. 182.

Potamogeton rotundifolium. Tournef. 233.

Ses tiges sont longues, articulées, rameuses, feuillées & garnies de stipules fort grandes; ses feuilles sont pétiolées, très-lisses & nerveuses : les inférieures sont oblongues-lancéolées, & les supérieures sont ovales ou elliptiques. L'épi de fleurs est cylindrique, serré, pédunculé, & long d'un pouce. On trouve cette plante dans les eaux tranquilles. ♃

IV.　　　*Feuilles enfoncées dans l'eau.*

Feuilles larges d'un pouce ou davantage, planes & très-entières.	Feuilles larges de moins de six lignes, ondulées & denticulées.
V.	X.*

VI. *Feuilles larges d'un pouce ou davantage, planes & très-entières.*

Épi-d'eau luisant. *Potamogeton lucens.* Lin. Sp. 183.

Potamogeton alpinum, plantaginis folio. Tournef. 233.

Ses tiges sont longues, articulées, feuillées & rameuses : elles

8798. elles font garnies de ftipules anffi longues que les entre-nœuds. Les feuilles font alternes, fort grandes, ovales-lancéolées, luifantes, tranfparentes, nerveufes, veinées, & communément terminées par une pointe particulière un peu prolongée : l'épi de fleurs eft pédunculé, cylindrique, & long de deux pouces ou quelquefois davantage. On trouve cette plante dans les étangs. ♃

VI. *Stipules prefque nulles, ou n'ayant pas trois lignes de longueur.*

Feuilles oppofées ; épi de quatre à fix fleurs. **V I I.**	Feuilles alternes ; épi de plus de fix fleurs. **V I I I.**

VII. *Feuilles oppofées ; épi de quatre à fix fleurs.*

Épi-d'eau pauciflore. *Potamogeton pauciflorum.*

> *Potamogeton foliis crifpis, five lactuca ranarum.* Tournef. 233.
>
> *Potamogeton denfum.* Lin. Sp. 182.
>
> β. *Potamogeton ramofum, anguftifolium.* Tournef. 233.
>
> *Potamogeton fetaceum.* Lin. Sp. 184.

Sa tige eft longue, grêle, articulée, très-garnie de feuilles, rameufe & fourchue à fon extrémité ; fes feuilles font ovales-lancéolées, pointues, légèrement ondulées, liffes, luifantes, d'un vert foncé & très-rapprochées les unes des autres, fur-tout au fommet de la tige & des rameaux où elles font très-ferrées. L'épi n'eft compofé ordinairement que de quatre fleurs, ramaffées en une efpèce de tête fort petite, foutenue par un péduncule long de quatre à fix lignes. Cette plante eft commune dans les ruiffeaux & les rivières.

VIII. *Feuilles alternes ; épi de plus de fix fleurs.*

Feuilles amplexicaules, cordiformes, & dont la longueur ne furpaffe pas deux fois la largeur. **I X.**	Feuilles lancéolées, denticulées, & dont la longueur furpaffe trois fois au moins la largeur. **X *.**

---

798. *IX. Feuilles amplexicaules, cordiformes, & dont la longueur ne surpasse pas deux fois la largeur.*

Épi - d'eau perfeuillé. *Potamogeton perfoliatum.* Lin. Sp. 182.

Potamogeton foliis latis, splendentibus. Tournef. 233.

Sa tige eft grêle, feuillée & rameufe; fes feuilles font ovales en cœur, amplexicaules, liffes, luifantes, nerveufes, d'un gros vert, & à peine auffi longues que les entre-nœuds. Les épis font axillaires, compofés de dix à quinze fleurs, & portés fur des péduncules plus longs que les feuilles. On trouve cette plante dans les étangs. ♃

*X. * Feuilles lancéolées, denticulées, & dont la longueur surpasse trois fois au moins la largeur.*

Épi - d'eau denté. *Potamogeton serratum.*

Potamogeton longo, serrato folio. Tournef. 233.
β. *Potamogeton foliis angustis & undulatis.* Ibid.
Potamogeton crispum. Lin. Sp. 183.

Ses tiges font longues, menues, feuillées & légèrement rameufes à leur fommet; fes feuilles font lancéolées-linéaires, longues de deux à trois pouces, larges de trois lignes, ayant une nervure dans leur milieu, plus grande & plus marquée que celles de leurs côtés, luifantes, tranfparentes, ondulées & bien diftinctement denticulées en leurs bords : celles qui font placées au fommet ou dans le voifinage de l'épi, font quelquefois oppofées, mais toutes les autres font toujours alternes; l'épi de fleurs eft denfe, cylindrique, & porté fur un péduncule affez court. J'ai trouvé cette plante aux environs de Péronne, dans les foffés aquatiques qui bordent les prés du côté de la porte de Paris.

XI. Feuilles linéaires très-étroites, & n'ayant pas deux lignes de largeur.

Feuilles fimples & entières.	Feuilles rameufes ou divifées.
X I I.	X V.

2798. **XII.** *Feuilles simples & entières.*

Tige cylindrique.	Tige comprimée.
X I I I.	X I V.

XIII.   *Tige cylindrique.*

Épi - d'eau graminé. *Potamogeton gramineum.* Lin. Sp. 184.

> *Potamogeton minus, foliis densis, mucronatis, non serratis.* Tournef. 233.
>
> β. *Potamogeton pusillum, gramineo folio, caule rotundo.* Ibid. *Potamogeton pusillum.* Lin. Sp. 184.
>
> γ. *Potamogeton marinum.* Ibid.

Sa tige est très - grêle, filiforme, articulée, feuillée & rameuse ; ses feuilles sont linéaires, planes, larges d'une ligne, longues de trois pouces, & un peu ressemblantes à celles des plantes graminées : elles sont alternes, excepté celles qui naissent aux divisions de la tige ; les péduncules sont courts, & soutiennent cinq à dix fleurs verdâtres, auxquelles succèdent des semences assez grandes. La variété β a ses feuilles très-étroites, & longues de deux pouces seulement. La variété γ à ses feuilles presque capillaires & ses péduncules longs de deux pouces. On trouve cette plante dans les ruisseaux, les rivières & la mer. ☉

XIV.   *Tige comprimée.*

Épi - d'eau comprimé. *Potamogeton compressum.* Lin. Sp. 183.

> *Potamogeton caule compresso, folio graminis canini.* Tournef. 233.

Ses tiges sont menues, comprimées, feuillées & rameuses ; ses feuilles sont fort longues, linéaires, étroites, un peu obtuses, planes, légèrement ondulées, luisantes & d'un vert pâle : ses épis sont pédunculés & pauciflores. On trouve cette plante dans les fossés aquatiques.

798. **XV.** *Feuilles rameuses ou divisées.*

Épi-d'eau pectiné. *Potamogeton pectinatum.* Lin. Sp.
183.

Potamogeton ramosum, foliis gramineis. Vaill. Parif. 164.
Myriophyllum maratriphyllum paluftre alterum. Lob. ic. 790.

Ses tiges font fort longues, filiformes & rameufes; fes
feuilles font linéaires, capillaires & comme ramifiées ou
partagées en plufieurs filamens fétacés, longs & parallèles:
les épis font un peu lâches, compofés de douze à quinze
fleurs, & foutenus par des péduncules longs de deux pouces.
On trouve cette plante dans les ruiffeaux.

799.
Un feul ovaire; plantes non aquatiques ....
{ Feuilles feffiles 800
{ Feuilles pétiolées 802

800.
Feuilles feffiles ....
{ Feuilles linéaires, & toutes alternes ou éparfes 801
{ Feuilles ovales-oblongues, & la plupart oppofées. ... 834 — I

801. *Feuilles linéaires, & toutes alternes ou éparfes.*

Camphrée de Montpellier. *Camphorofma Monf-
peliaca.* Lin. Sp. 178.

Camphorata hirfuta. Bauh. pin. 486.

Sa tige eft ligneufe, rameufe, velue & blanchâtre vers
fon fommet, & s'élève jufqu'à un pied; fes feuilles font
petites, nombreufes, étroites, linéaires, courtes, un peu
rudes & légèrement velues: les nouvelles pouffes forment
dans leurs aiffelles de petits paquets de feuilles fort courtes
& difpofées en faifceau. Les fleurs font petites, compofées
d'une corolle de quatre pièces aiguës, dont deux oppofées
font un peu plus grandes, de quatre étamines plus courtes
que la corolle, & d'un ovaire chargé d'un ftyle femi-bifide:

le fruit est une capsule ovale qui renferme une semence noire & luisante. On trouve cette plante dans les lieux sablonneux & sur le bord des chemins, en Provence & en Languedoc, ♄ ; elle est vulnéraire, apéritive, incisive, diurétique, sudorifique & emménagogue.

---

802. *Feuilles pétiolées* . . . . {
    Fleurs axillaires 803
    Fleurs terminales . . 859-VIII

803.

Fleurs axillaires.

Pariétaire officinale. *Parietaria officinalis.* Lin. Sp. 1492.

Parietaria officinarum & dioscoridis. Tournef. 509.
β. *Parietaria minor, ocymi folio.* Ibid.

Sa tige est droite, cylindrique, rougeâtre, légèrement velue, feuillée dans toute sa longueur, rameuse inférieurement, & s'élève jusqu'à deux pieds ; ses feuilles sont alternes, pétiolées, ovales-lancéolées, pointues, un peu luisantes en-dessus, velues & nerveuses en-dessous : ses fleurs sont petites, axillaires, & ramassées plusieurs ensemble par pelotons presque sessiles. Les unes sont femelles, & les autres hermaphrodites : celles-ci sont composées d'une corolle quadrifide, de quatre étamines qui se développent avec une élasticité remarquable lorsqu'on les touche avec une épingle ou autrement, & d'un ovaire dont le style est terminé par un stigmate rayonné ou multifide. Cette plante est commune dans les fentes des vieux murs, & quelquefois le long des haies, ♃ ; elle est émolliente, rafraîchissante, nitreuse & diurétique.

---

804. *Moins de quatre étamines* . . {
    Tige garnie de feuilles . . 805
    Tige nue & sans feuilles . 813

805. *Tige garnie de feuilles . . . .* { Feuilles opposées 806

{ Feuilles alternes 807

---

806. *Feuilles opposées.*

Callitric. *Callitriche.*

Les Callitrics naissent & vivent ordinairement dans l'eau; leurs fleurs sont fort petites, sessiles & axillaires; elles sont composées de deux pétales opposés, d'une étamine assez longue & d'un ovaire chargé de deux styles. Celles qui sont placées dans les aisselles supérieures sont communément unisexuelles.

ANALYSE.

Feuilles supérieures ovales & très-entières.	Toutes les feuilles étroites, & souvent bifides à leur sommet.
I.	I I.

I. *Feuilles supérieures ovales & très-entières.*

Callitric printannier. *Callitriche verna.* Lin. Sp. 6.

> *Stellaria quæ lenticula palustris bifolia, fructu tetragono.* Vaill. Paris. 190.

> *Stellaria quæ alsine aquis innatans, foliis longiusculis.* Ibid.

Ses tiges sont filiformes, rameuses, & s'élèvent jusqu'à la surface de l'eau où elles se terminent par une rosette de feuilles ovales & presque arrondies; les feuilles qui sont enfoncées dans l'eau sont oblongues & disposées par paires un peu distantes. Les fleurs sont sessiles, axillaires & solitaires. Cette plante est commune dans les ruisseaux.

II. *Toutes les feuilles étroites & souvent bifides à leur sommet.*

Callitric d'automne. *Callitriche autumnalis.* Lin. Sp. 6.

> *Stellaria quæ lenticula palustris angustifolia, folio in apice dissecto.* Vaill. Paris. 190.

> *Stellaria aquatica, foliis longis tenuissimis.* Ibid.

Cette plante n'est presque qu'une variété de la précédente;

806. ſes feuilles ſont linéaires & tronquées ou bifides à leur ſommet: celles qui terminent les tiges forment un peu la roſette, & ſont oblongues ou légèrement élargies; elles ne ſont, malgré cela, jamais arrondies comme celles de la première eſpèce. On trouve cette plante dans les fóſſés aquatiques, les ruiſſeaux.

---

807. *Feuilles alternes* . . . . $\Big\}$ Feuilles découpées ou dentées. 808

Feuilles très-entières 810

---

808. *Feuilles découpées ou dentées.* $\Big\}$ Deux ſtyles; feuilles dentées. 809

Un ſeul ſtyle; feuilles découpées très-menu . . . . 499 — X.

---

809. *Deux Styles; feuilles dentées.*

Blette effilée. *Blitum virgatum.* Lin. Sp. 7.

Atriplex ſylveſtris; mori fructu. Tournef. 519.

Ses tiges ſont hautes d'un pied ou un peu plus, foibles, glabres, anguleuſes, rameuſes & feuillées dans toute leur longueur; ſes feuilles ſont alternes, liſſes, vertes, lancéolées, un peu triangulaires, pointues, dentées & vont en diminuant de grandeur vers le ſommet des tiges. Les fleurs ſont très-petites, herbacées, ramaſſées par pelotons ſeſſiles, axillaires & diſpoſées dans toute la longueur de la plante; ces pelotons dans la maturation du fruit, deviennent ſucculens, bacci-formes, & acquièrent une couleur rouge qui leur donne l'aſpect de mûres ou de fraiſes. Cette plante croît en Languedoc. ⊙

---

810. *Feuilles très-entières* . . . . . $\Big\}$ Corolle de deux pièces; tiges droites 811

Corolle de cinq pièces; tiges couchées 812

---

811. *Corolle de deux pièces ; tiges droites.*

Corisperme à feuilles d'hysope. *Corispermum hysso-pifolium.* Lin. Sp. 6.

Corispermum foliis alternis. Sauv. Monsp. 52.

Ses tiges sont longues de sept à dix pouces, dures à leur base, rameuses, pubescentes, un peu rougeâtres, marquées de quelques raies ou cannelures verdâtres, & feuillées dans toute leur longueur ; ses feuilles sont alternes, éparses, linéaires, longues de deux pouces à peu-près, larges à peine d'une ligne, & distinguées par une nervure blanche : les fleurs sont axillaires & sessiles ; il leur succède des semences nues, comprimées, elliptiques & entourées d'un rebord mince, échancré à son sommet. On trouve cette plante en Languedoc, dans les environs d'Agde. ☉

812. *Corolle de cinq pièces ; tiges couchées.*

Policnème des champs. *Polycnemum arvense.* Lin. Sp. 50.

Chenopodium annuum, humifusum, folio breviori & Capillaceo, Tournef. 506.

Ses tiges sont très-rameuses, couchées & étalées sur la terre, abondamment garnies de feuilles, sur-tout en leurs rameaux, & longues d'un pied à peu-près ; ses feuilles sont vertes, glabres, étroites, linéaires & pointues ; ses fleurs sont très-petites, axillaires, solitaires & sessiles : leur corolle est enfermée entre deux stipules sétacées & blanchâtres : les étamines sont au nombre de trois, plus courtes que la corolle, & ont leurs anthères purpurines. On trouve cette plante dans les champs. ☉

813. *Tige nue & sans feuilles.*

Salicorne. *Salicornia.*

Les fleurs de Salicorne naissent dans les articulations supérieures de la tige ; elles n'ont qu'une seule étamine, & un ovaire chargé d'un style terminé par un stigmate bifide ; leur corolle est entière, un peu ventrue & persistante.

ANALYSE.

| Tige ligneuse ; elle est dure & grisâtre dans sa plus grande partie. I. | Tige herbacée; elle est tendre & verte jusqu'à sa base. I I. |

I. *Tige ligneuse.*

Salicorne ligneuse. *Salicornia fruticosa.* Lin. Sp. 5.

Salicornia geniculata, semper virens. Tournef. cor. 51.

Sa tige est articulée, rameuse, persistante & s'élève jusqu'à un pied & demi ; ses épis sont toujours verts ; ses articulations sont nombreuses & presque uniformes. On trouve cette plante sur les bords de la mer, dans les provinces méridonales. ♄

II. *Tige herbacée.*

Salicorne herbacée. *Salicornia herbacea.* Lin. Sp. 5.

Salicornia annua, geniculata. Tournef. cor. 51.

Cette espèce est plus petite que la précédente ; sa tige est tendre, charnue, un peu moins rameuse, & garnie d'articulations plus distantes, légèrement comprimées & échancrées à leur sommet : elle croît sur les bords de la Méditerranée & de l'Océan. ☉ Ses cendres fournissent beaucoup de sel alkali.

---

814. Cinq étamines . . . . {
Un seul ovaire 815
Plusieurs ovaires 845

815. Un seul ovaire . . . . {
Un seul style & un seul stigmate très-entiers 816
Plusieurs styles ou plusieurs stigmates, ou un seul style avec des divisions 825

816. *Un seul style & un seul stigmate très-entiers....* { Feuilles simples & entières. **817.**

{ Feuilles ailées ou découpées. **824.**

---

817. *Feuilles simples & entières.* { Cinq étamines....... **818.**

{ Huit étamines....... **819.**

---

818. *Cinq étamines.........* { Corolle monopétale ; capsule à cinq semences....... **818.***

{ Corolle polypétale ; capsule à une seule semence..... **836.***

818.* *Corolle monopétale ; capsule à cinq semences.*

Glaux maritime. *Glaux maritima.* Lin. Sp. 301.

Glaux maritima. Tournef. 88.

Ses tiges sont longues de six à sept pouces, glabres, rameuses, couchées & étalées sur la terre ; ses feuilles sont petites, ovales, elliptiques, sessiles, nombreuses & très rapprochées les unes des autres. Les fleurs sont axillaires, fort petites & composées d'une corolle monopétale à cinq divisions, de cinq étamines de la longueur de la corolle & d'un pistil qui se change en une capsule à cinq valves & à cinq semences. On trouve cette plante sur le bord de la mer. ♃

---

819. *Huit étamines.........* { Tige herbacée....... **820.**

{ Tige ligneuse........ **821.**

---

820. *Tige herbacée.*

Thymelée des champs. *Thymelæa arvensis.*

Thymelæa linariæ folio, vulgaris. Tournef. 597.
Stellera passerina. Lin. Sp. 512.

Sa tige est haute d'un pied, cylindrique, glabre & u

0.20. peu rameuse ; ses feuilles sont éparses, linéaires, pointues, courtes & très-glabres. Ses fleurs sont petites, axillaires, sessiles & ramassées deux ou trois ensemble dans chaque aisselle, sur-tout les inférieures ; leur corolle est légèrement quadrifide, d'un blanc jaunâtre, & pubescente en-dehors : elle est remplie presque entièrement par l'ovaire qui se change en une semence lisse, noirâtre, & qui a la forme d'une petite poire. On trouve cette plante dans les champs, ⊙ ; elle est commune à Saint-Remi-en-l'eau près Saint-Just, route d'Amiens : elle fleurit en Août & Septembre.

821.

Tige ligneuse..........

> Étamines insérées & renfermées dans le tube de la corolle ; baie monosperme. 822
>
> Étamines insérées au sommet du tube de la corolle ; fruit sec & monosperme. 823

---

822. *Étamines insérées & renfermées dans le tube de la corolle ; baie monosperme.*

Lauréole. *Daphne.*

Les fleurs de Lauréole sont composées d'une corolle tubulée & quadrifide, de huit étamines courtes & renfermées dans le tube de la corolle, & d'un ovaire qui se change après la fleur en une baie ovale, pulpeuse & monosperme.

ANALYSE.

Fleurs latérales, ou disposées entre les feuilles.	Fleurs terminales, & point disposées entre les feuilles.
I.	X.

I. *Fleurs latérales, ou disposées entre les feuilles.*

Feuilles très-glabres des deux côtés.	Feuilles velues ou pubescentes, au moins en-dessous.
I I.	V I I.

822. **II.** *Feuilles très-glabres des deux côtés.*

Fleurs folitaires, ou deux ou trois enfemble par bouquets feffiles. III.	Fleurs difposées plus de trois enfemble par petites grappes pendantes. VI.

III. *Fleurs folitaires, ou deux ou trois enfemble par bouquets feffiles.*

Fleurs rouges, & difposées trois à trois. IV.	Fleurs jaunâtres, & folitaires ou geminées. V.

IV. *Fleurs rouges, & difpofées trois à trois.*

Lauréole gentille. *Daphne mezereum,* Lin. Sp. 509. [Bois gentil].

> *Thymelæa lauri folio deciduo, five laureola fæmina.* Tournef. 595.

Sa tige eft haute de deux ou trois pieds, rameufe, & recouverte d'une écorce brune ou un peu grifâtre; fes feuilles font ovales-lancéolées, d'un vert pâle ou jaunâtre, d'une couleur un peu glauque en-deffous, alternes, & ne perfiftent point pendant l'hiver : fes fleurs font feffiles, odorantes, & paroiffent de très-bonne heure. On trouve cet arbriffeau dans les bois montagneux, ♄; il eft âcre & cauftique.

V. *Fleurs jaunâtres & folitaires ou géminées.*

Lauréole thymelée. *Daphne thymelæa.* Lin. Sp. 509.

> *Thymelæa foliis polygalæ glabris.* Bauh. Pin. 463.
> β. *Daphne dioica.* Gouan. Obf. p. 27, tab. 17, f. 1.

Ses tiges font droites, cylindriques, ordinairement fimples, & s'élèvent jufqu'à un pied; fes feuilles font feffiles, éparfes, nombreufes, fort rapprochées les unes des autres, affez petites, lancéolées & très-glabres : fes fleurs font d'un blanc jaunâtre, & naiffent dans les aiffelles fupérieures des feuilles. La plante β eft rameufe, & dioique felon M. Gouan; elle me paroît la même que le *thymelææ species myconi* de Dalechamp. Ce sous-arbriffeau croît dans la Provence, le Languedoc & le Rouffillon. ♄

VI. *Fleurs difpofées plus de trois enfemble par petites grappes pendantes.*

Lauréole majeure. *Daphne major.*

    Thymelæa lauri folio fempervirens, feu laureola mas. Tourn. 595.

    Daphne laureola. Lin. Sp. 510.

Sa tige eft cylindrique, rameufe dans fa partie fupérieure, & s'élève jufqu'à trois pieds ; fes rameaux font flexibles, & garnis vers leur fommet de beaucoup de feuilles ramaffées, lancéolées, feffiles, épaiffes, coriaces, très-glabres, liffes & perfiftantes : fes fleurs font d'un jaune verdâtre, & difpofées en grappes courtes dans les aiffelles des feuilles. On trouve cet arbriffeau dans les bois du Lyonnois, du Dauphiné & de la Provence, ♄ ; il eft comme toutes les autres efpèces de ce genre, très-âcre, cauftique, draftique & déterfif.

VII. *Feuilles velues ou pubefcentes, au moins en-deffous.*

Feuilles difpofées le long des rameaux.	Feuilles ramaffées vers le fommet des rameaux.
VIII.	IX.

VIII. *Feuilles difpofées le long des rameaux.*

Lauréole blanchâtre. *Daphne candicans.*

    Thymelæa foliis candicantibus ferici inftar mollibus. Tourn. 595.

    Daphne tarton-raira. Lin. Sp. 510.

Sa tige eft haute de huit à dix pouces, & divifée en plufieurs rameaux droits, velus & feuillés dans toute leur longueur ; fes feuilles font éparfes, ovales, & couvertes des deux côtés d'un duvet blanchâtre & prefque foyeux : fes

822. fleurs font fort petites, axillaires, feffiles, blanches ou d'une couleur pâle. Ce fous-arbriffeau croît en Provence. ♄

IX. *Feuilles ramaffées vers le fommet des rameaux.*

Lauréole des Alpes. *Daphne Alpina.* Lin. Sp. 510.

Thymelæa faxatilis, oleæ folio. Tournef. 594.

Sa tige eft haute d'un pied & demi, rameufe & recouverte d'une écorce cendrée; fes feuilles font ovales-oblongues, un peu obtufes, d'un vert pâle ou jaunâtre, pubefcentes en-deffous, fur-tout dans leur jeuneffe, & la plupart ramaffées mmeau fot des rameaux : fes fleurs font blanchâtres & difpofées dans les aiffelles des feuilles. Ce fous-arbriffeau croît dans les montagnes du Dauphiné & en Languedoc. ♄

X. *Fleurs terminales & point difpofées entre les feuilles.*

Fleurs feffiles & ramaffées en tête ombelliforme. X I.	Fleurs difpofées en une panicule terminale. X I I.

XI. *Fleurs feffiles & ramaffées en une tête ombelliforme.*

Lauréole odorante. *Daphne odorata.*

Thymelæa alpina, linifolia, humilior, flore purpureo odora-tiffimo. Tournef. 594.
Daphne cneorum. Lin. Sp. 511.

Sa tige eft haute de fix à fept pouces, quelquefois fimple, mais plus ordinairement rameufe; l'écorce de fes rameaux eft grifâtre & pubefcente; fes feuilles font linéaires, glabres, éparfes, & un peu ramaffées vers le fommet des rameaux : fes fleurs font purpurines ou de couleur de rofe, & ont une odeur très-agréable. Ce fous-arbriffeau croît en Alface, en Dauphiné & en Provence, dans les montagnes. ♄

XII. *Fleurs difpofées en une panicule terminale.*

Lauréole paniculée. *Daphne paniculata.*   [le Garou]

Thymelæa foliis lini. Tournef. 594.
Daphne gnidium. Lin. Sp. 511.

Sa tige fe divife dès fa bafe en plufieurs rameaux plus ou

522. moins droits, feuillés & longs d'un pied à peu-près ; ses feuilles sont lancéolées-linéaires, très-glabres, terminées par une pointe aiguë, éparses, nombreuses, très-rapprochées les unes des autres, & presque embriquées vers le sommet des rameaux : ses fleurs sont petites, blanchâtres ou rougeâtres, pédunculées, & disposées en une panicule médiocre & peu étalée ; leurs péduncules & leur corolle sont couverts d'un duvet presque cotonneux. On trouve ce sous-arbrisseau dans les lieux arides & montueux des provinces méridionales, ♄ ; son écorce macérée dans le vinaigre, est employée comme vésicatoire lorsqu'il s'agit de détourner quelque humeur, & particulièrement celles qui se jettent sur les yeux.

523. *Étamines insérées au sommet du tube de la corolle ; fruit sec & monosperme.*

Passerine velue. *Passerina hirsuta.* Lin. Sp. 513.

Thymelæa tomentosa, foliis sedi minoris. Tournef. 595.

Sa tige est haute d'un pied, & divisée en beaucoup de rameaux grêles, feuillés & chargés d'un duvet blanchâtre assez abondant ; ses feuilles sont très-petites, nombreuses, fort rapprochées les unes des autres, un peu charnues, vertes & presque glabres. Ses fleurs sont axillaires, fort petites & d'une couleur herbacée ou blanchâtre ; ce sous-arbrisseau croît dans les lieux stériles en Provence. ♄

824.

Feuilles ailées ou découpées.. { Tige herbacée.... 644 — I

Tige ligneuse....... 259*

825.

Plusieurs styles, ou plusieurs stigmates, ou un style avec des divisions......... { Arbres, dont le tronc s'élève beaucoup au-delà de six pieds. 826

Herbes ou sous-arbrisseaux ne s'élevant pas au-delà de six pieds. 829

826.

Arbre dont le tronc s'élève beaucoup au - delà de six pieds . . . .

Étamines beaucoup plus longues que la corolle ; fruit comprimé. **827.**

Étamines n'étant pas plus longues que la corolle ; fruit globuleux. **828.**

---

827. *Étamines beaucoup plus longues que la corolle ; fruit comprimé.*

Orme des champs. *Ulmus campeſtris.* Lin. Sp. 327.

> *Ulmus campeſtris & Theophraſti.* Tournef. 601.
> β. *Ulmus minor, folio anguſto, ſcabro.* Vaill. Pariſ. 205.
> γ. *Ulmus folio latiſſimo, ſcabro.* Ibid.

Arbre élevé, dont le tronc eſt aſſez droit, fort rameux & couvert d'une écorce crevaſſée ; ſes feuilles ſont alternes, pétiolées, ovales, pointues, dentées, glabres, garnies de nervures parallèles, inégales à leur baſe, sèches & un peu rudes au toucher. Les fleurs ſont petites, d'une couleur herbacée, & diſpoſées ſur les rameaux par bouquets preſque ſeſſiles, elles ſont compoſées d'une corolle à cinq diviſions, de cinq étamines plus longues que la corolle, & d'un ovaire chargé de deux ſtyles : elles ſe développent toujours avant les feuilles, & ſont remplacées par des fruits très-comprimés, échancrés à leur ſommet & monoſpermes. Cet arbre eſt commun dans les champs, les villages, le long des chemins ; on le cultive par-tout, ♄ : ſon bois ſert pour le charronage, la charpente, &c. Son écorce, ſa racine, & la liqueur qui découle ordinairement de ſon tronc, paſſent pour vulnéraires & aſtringentes.

---

727. *Étamines n'étant pas plus longues que la corolle ; fruit globuleux.*

Micocoulier auſtrale. *Celtis auſtralis.* Lin. Sp. 1478.

> *Celtis fructu nigricante.* Tournef. 612.

Arbre aſſez grand, gros & rameux ; ſon écorce eſt unie & griſâtre,

828. & grisâtre, & ses rameaux sont nombreux, longs & flexibles; ses feuilles sont alternes, pétiolées, ovales-lancéolées, un peu étroites, dentées en scie, terminées par une pointe assez longue, & légèrement velues des deux côtés. Ses fleurs sont axillaires, solitaires, pédunculées, les unes mâles, & les autres hermaphrodites : celles-ci sont composées d'une corolle herbacée à cinq divisions, de cinq étamines, & d'un ovaire chargé de deux styles velus, ouverts, & qui ont l'aspect d'un ver ou d'une petite chenille. Le fruit est noirâtre, ressemble à une petite cerise, & renferme un noyau sphérique. Cet arbre croît dans les provinces méridionales. ♄

---

829. *Herbes ou sous - arbrisseaux ne s'élevant pas au-delà de six pieds* . . . .
{ Toutes les fleurs hermaphrodites, & aucune n'ayant leur corolle bivalve. 830

{ Des fleurs femelles, dont la corolle est bivalve, mélangées parmi les fleurs hermaphrodites. 844

---

830. *Toutes les fleurs hermaphrodites, & aucune n'ayant leur corolle bivalve* . . . . .
{ La plupart des feuilles opposées, sur-tout les inférieures ou celles qui n'accompagnent point les fleurs. 831

{ Toutes les feuilles alternes, même avant le développement des fleurs. 837

---

831. *La plupart des feuilles opposées, & sur-tout les inférieures, ou celles qui n'accompagnent point les fleurs.*
{ Dix étamines, ou cinq étamines & cinq filamens stériles. . . 832

{ Cinq étamines, sans filamens stériles. 835

---

832. *Dix étamines, ou cinq étamines & cinq filamens stériles.*
{ Fleurs terminales. 833

{ Fleurs axillaires. 834

Tome III.   P

Fleurs terminales.

Gnavelle. *Scleranthus.*

Les fleurs de Gnavelle font petites, herbacées, & compofées d'une corolle campanulée à cinq divifions, de dix étamines fort courtes, & d'un ovaire chargé de deux ftyles droits. Le fruit eft compofé de deux femences difpofées au fond de la corolle qui eft perfiftante.

ANALYSE.

Divifions de la corolle panachées de vert & de blanc, émouffées à leur fommet, & refferrées après la floraifon. I.	Divifions de la corolle prefque point panachées, très-aiguës à leur fommet, & point refferrées après la floraifon. I I.

I. *Divifions de la corolle, panachées de vert & de blanc, émouffées à leur fommet, & refferrées après la floraifon.*

Gnavelle vivace. *Scleranthus perennis.* Lin. Sp. 580.

Alchimilla gramineo folio, majori flore. Tournef. 508. Vail. Parif. 4, tab. 1, f. 5.

Ses tiges font longues de trois à cinq pouces, articulées à demi-couchées, rameufes & un peu paniculées à leur fommet; fes feuilles font oppofées, légèrement connées linéaires, très-étroites & aiguës : les fleurs font ramaffées deux ou trois enfemble par petits bouquets portés fur des péduncules pubefcens & paniculés. Cette plante croît dans les champs, les terreins fablonneux. ♃

833. *II. Divisions de la corolle presque point panachées, très-aiguës à leur sommet, & point resserrées après la floraison.*

Gnavelle annuelle. *Scleranthus annuus.* Lin. Sp. 580.

    Alchimilla erecta, gramineo folio, flore minore. Tournef. 598.

    β. *Alchimilla supina, gramineo folio, flore minore.* Ibid.

    Scleranthus polycarpos. Lin. Sp. 581.

Ses tiges sont articulées, rameuses, plus longues, plus étalées & plus redressées que celles de l'espèce précédente ; elles sont légèrement pubescentes, & garnies de feuilles opposées, un peu connées, linéaires & très-étroites : les fleurs sont ramassées par petits paquets, soutenus par des péduncules rameux & paniculés. Les corolles sont remarquables par leurs divisions aiguës, simplement verdâtres, & point resserrées pendant la maturation des graines. Cette plante est commune dans les champs. ☉

834. *Fleurs axillaires.*

Herniaire. *Herniaria.*

Les fleurs d'Herniaires sont fort petites, composées d'une corolle à quatre ou cinq divisions profondes & lancéolées, de quatre ou cinq étamines à peine aussi longues que la corolle, avec un pareil nombre de filamens stériles placés dans leurs intervalles, & d'un ovaire chargé de deux styles très-courts. Le fruit est une capsule très-mince & monosperme.

A N A L Y S E.

Corolle à quatre divisions. I.	Corolle à cinq divisions. I I.

I.   *Corolle à quatre divisions.*

Hernière ligneuse. *Herniaria fruticosa.* Lin. Sp. 317.

    Herniaria fruticosa, viticulis lignosis. Tournef. 507.

Sa racine est fort grande, & pousse beaucoup de tiges

834. grêles, ligneuses, rameuses, & feuillées dans toute leur longueur; ses feuilles sont très-petites, ovales & pointues: ses fleurs ont une corolle à quatre divisions très-profondes, quatre étamines fertiles & quatre filamens stériles. Cette plante croît en Provence. ♄

II.   *Corolle à cinq divisions.*

Tige & feuilles glabres.	Tige & feuilles velues.
I I I.	I V.

III.   *Tige & feuilles glabres.*

Herniaire glabre. *Herniaria glabra.* Lin. Sp. 317.

Herniaria glabra. Tournef. 507.

Ses tiges sont grêles, très-rameuses, feuillées, longues de cinq à six pouces, quelquefois davantage, couchées & étalées sur la terre; ses feuilles sont petites, ovales-oblongues, vertes, glabres, opposées dans la jeunesse de la plante, mais deviennent alternes par la chute de celles qui se trouvoient du côté de chaque rameau fleuri, les autres persistant beaucoup plus long-temps: les fleurs sont petites, verdâtres, sessiles & ramassées par pelotons axillaires, qui se développent & s'alongent en rameaux par la suite: les corolles sont glabres, & les anthères de couleur jaune. On trouve cette plante dans les lieux sablonneux, ⊙; elle passe pour astringente, anti-herniaire, diurétique & anti-calculeuse.

IV.   *Tige & feuilles velues.*

Herniaire velue. *Herniaria hirsuta.* Lin. Sp. 317.

Herniaria hirsuta. Tournef. 507.

Cette plante ressemble beaucoup à la précédente, & n'en est peut-être qu'une variété, mais elle est velue dans toutes ses parties; ses tiges acquièrent une dureté plus sensible pendant la maturation des graines, & ses pelotons de fleurs sont un peu moins garnis. On la trouve dans les champs.

35. **Cinq étamines sans filamens stériles . . . .** { Feuilles planes 836*

Feuilles cylindriques. 841 — VI

836.* *Feuilles planes.*

Paronique. *Paronychia.*

Les fleurs de Paronique ne diffèrent presque de celles des Herniaires que par le défaut de filamens stériles ; elles sont composées d'une corolle profondément divisée en cinq pièces un peu coriaces & ordinairement colorées, de cinq étamines non saillantes hors de la corolle, & d'un ovaire dont le style est fort court & souvent bifide. Le fruit est une capsule à cinq valves, & monosperme.

Tiges droites. I.	Tiges couchées. I V.

I. *Tiges droites.*

Tiges presque simples, & terminées chacune par une seule tête de fleurs. I I.	Tiges très-rameuses, & garnies de plusieurs pelotons de fleurs séparés & fort petits. I I I.

II. *Tiges presque simples, & terminées chacune par une seule tête de fleurs.*

Paronique capitée. *Paronychia capitata.*

Paronychia Narbonensis erecta. Tournef. 508.
Illecebrum capitatum. Lin. Sp. 299.

Ses tiges sont hautes de deux pouces, nombreuses, un peu dures, feuillées & la plupart assez droites ; elles sont garnies de feuilles très-petites, ciliées & un peu velues en-dessous. Les fleurs sont terminales, ramassées en tête &

P iij

836. cachées par des bractées argentées & luisantes. On trouve
cette plante sur les collines des provinces méridionales &
sur le Mont-d'or en Auvergne. ⊙

III. *Tiges très-rameuses, & garnies de plusieurs pelotons de fleurs séparés & fort petits.*

Paronique ligneuse. *Paronychia fruticosa.*

> *Paronychia Hispanica, fruticosa, myrti folio.* Tournef. 508.

> *Illecebrum suffruticosum.* Lin. Sp. 298.

Sa tige est ligneuse, & se divise dès sa base en beaucoup
de rameaux grêles, redressés, feuillés, articulés, pubescens
& longs de cinq à six pouces; ses feuilles sont opposées,
ovales, terminées par une petite pointe particulière, presque
glabres & d'un vert-gai : on trouve à leur base deux
stipules fort petites, pointues, luisantes & transparentes; les
pelotons sont composés de deux à cinq fleurs sessiles, très-
petites & d'une couleur herbacée : elles ont toutes cinq
étamines dont les anthères sont de couleur jaune. On trouve
cette plante sur les côteaux maritimes de la Provence. ♄

IV. *Tiges couchées.*

Fleurs disposées au sommet des tiges & des rameaux, & garnies de bractées argentées très-remarquables.	Fleurs non terminales, mais disposées dans les aisselles des feuilles, & n'ayant que des bractées fort petites.
V.	**VI.**

V. *Fleurs disposées au sommet des tiges & des rameaux, & garnies de bractées argentées très-remarquables.*

Paronique argentée. *Paronychia argentea.*

> *Paronychia Hispanica.* Tournef. 507.

> *Illecebrum paronychia.* Lin. Sp. 299.

Ses tiges sont longues de six à sept pouces, articulées,

feuillées, légèrement velues, garnies de rameaux courts, couchées & étalées sur la terre; ses feuilles sont opposées, ovales-oblongues, terminées par une petite pointe, presque glabres & d'un vert-clair : elles sont accompagnées de deux stipules ovales, pointues, blanches & transparentes. Les fleurs terminent les tiges & les rameaux; elles sont disposées par bouquets abondamment garnis de bractées luisantes, argentées, & qui donnent aux bouquets de fleurs un aspect charmant : les ovaires sont chargés d'un style trifide. On trouve cette plante dans les provinces méridionales. ♃

VI. *Fleurs non terminales, mais disposées dans les aisselles des feuilles, & n'ayant que des bractées fort petites.*

Fleurs verticillées à chaque articulation.	Fleurs par pelotons sessiles, latéraux, & point verticillés.
V I I.	V I I I.

VII.   *Fleurs verticillées à chaque articulation.*

Paronique verticillée. *Paronychia verticillata.*

> *Paronychia serpylli folia palustris.* Vaill. Paris. 157, tab. 15, f. 17.

> *Illecebrum verticillatum.* Lin. Sp. 298.

Ses tiges sont longues de trois à quatre pouces, grêles, un peu rameuses, feuillées & couchées sur la terre; ses feuilles sont petites, opposées, sessiles, glabres, ovales & terminées par une petite pointe. Les fleurs sont blanchâtres, fort petites & verticillées dans les aisselles des feuilles; leurs pétales sont pointus & concaves intérieurement ou un peu creusés en capuchon. On trouve cette plante dans les lieux humides, aux environs de Paris.

836. VIII. *Fleurs par pelotons sessiles, latéraux & point verticillés.*

Paronique hérissée. *Paronychia echinata.*

Polygonum capitulis inter genicula echinatis. Bocc. sic. 46; t. XLI.

Illecebrum cymosum. Lin. Sp. 299.

Ses tiges sont longues de cinq à sept pouces, grêles, articulées, légérement pubescentes, feuillées & couchées sur la terre; ses feuilles sont petites, ovales, pointues, opposées, & souvent garnies dans leurs aisselles d'autres feuilles produites par les jeunes pousses, ce qui les fait paroître quaternées ou fasciculées; les fleurs sont ramassées par petits bouquets, courts, sessiles, axillaires, & communément tournés d'un seul côté. Les pétales se terminent par une pointe fort aiguë, un peu roide, & qui rend les paquets de fleurs très-hérissés. On trouve cette plante en Provence dans les lieux maritimes ⊙

---

837. *Toutes les feuilles alternes, même avant le développement des fleurs.* . . . . . .

{ Corolle colorée; des stipules vaginales à la base des feuilles. 838

{ Corolle herbacée ou verdâtre; point de stipules vaginales à la base des feuilles. 839

---

838. *Corolle colorée; des stipules vaginales à la base des feuilles.*

Renouée. *Polygonum.*

Les fleurs de Renouée sont petites, composées d'une corolle profondément divisée en quatre ou cinq parties colorées au moins intérieurement & en leurs bords, & émoussées à leur sommet; de cinq à huit étamines assez courtes, & d'un ovaire dont le style est à deux ou trois divisions. Le fruit est une semence nue, & ordinairement à trois angles.

A N A L Y S E.

Feuilles ovales - lancéolées, ou lancéolées-linéaires. I.	Feuilles en cœur ou sagittées, & un peu triangulaires. X V I.

I. *Feuilles ovales-lancéolées, ou lancéolées-linéaires.*

Fleurs difposées en épi, & jamais toutes axillaires. I I.	Fleurs toutes axillaires, & jamais en épi. X I I I.

II. *Fleurs difposées en épi, & jamais toutes axillaires.*

Style à deux divifions; tige chargée de plufieurs épis. I I I.	Style à trois divifions; tige ne portant qu'un feul épi terminal. X.

III. *Style à deux divifions; tige chargée de plufieurs épis.*

Fleurs à cinq étamines; feuilles tronquées ou prefque échancrées à l'infertion de leur pétiole. I V.	Fleurs à fix étamines; feuilles non tronquées ni échancrées vers leur pétiole. V.

IV. *Fleurs à cinq étamines; feuilles tronquées ou prefque échancrées à l'infertion de leur pétiole.*

Renouée amphibie. *Polygonum amphibium.* Lin. Sp. 517.

> *Perficaria falicis folio, potamogeton anguftifolium dicta.* Tournef. 509.

Sa tige eft longue, cylindrique, liffe, articulée, fouvent rougeâtre & couchée fur la terre ou rampante & flottante dans l'eau felon les variétés; fes feuilles font longues, pétiolées, pointues, liffes des deux côtés dans la plante aquatique, & chargées de quelques poils rudes dans la variété

838. terreftre : les ftipules font prefque nues, & les fleurs font difpofées en épis un peu denfes ; elles font rouges, & leurs étamines font plus longues que la corolle dans l'une & l'autre variété. On trouve cette plante dans les lieux aquatiques, les étangs, les foffés, &c.

V. *Fleurs à fix étamines ; feuilles non tronquées ni échancrées vers leur pétiole.*

Feuilles ovales - lancéolées & larges de quatre lignes ou davantage. **V I.**	Feuilles lancéolées-linéaires & n'ayant pas trois lignes de largeur. **I X.**

VI. *Feuilles ovales lancéolées, & larges de quatre lignes ou davantage.*

Épis lâches & très - grêles ; faveur âcre & brûlante. **V I I.**	Épis denfes & ferrés ; faveur douce ou acidule. **V I I I.**

VII. *Épis lâches & très-grêles ; faveur âcre & brûlante.*

Renouée âcre. *Polygonum acre.*   [Poivre d'eau]

Perficaria urens, feu hydropiper. Tournef. 509.

Polygonum hydropiper. Lin. Sp. 517.

Sa tige eft haute d'un pied & demi, cylindrique, liffe, articulée, un peu rameufe, & fouvent tout-à-fait droite ; fes feuilles font lancéolées, pointues, glabres, non tâchées & portées fur des pétioles très-courts : les ftipules font quelquefois prefque nues, mais plus ordinairement ciliées comme celles de l'efpèce fuivante, avec laquelle celle-ci a beaucoup de rapport : fes fleurs font la plupart quadrifides & médiocrement colorées. On trouve cette plante fur le bord de l'eau & dans les foffés humides, ⊙ ; elle eft diurétique & extérieurement réfolutive, déterfive & anti-œdémateufe.

238. **VIII.** *Épis denses & serrés ; saveur douce ou acidule.*

Renouée persicaire. *Polygonum persicaria.* Lin. Sp. 518.

  Persicaria mitis, non maculosa. Tournef. 509.
 β. *Persicaria mitis, maculosa.* Ibid.
 γ. *Persicaria folio subtus incano.* Ibid. 510.

Ses tiges sont cylindriques, articulées, feuillées, couchées dans leur partie inférieure, & hautes d'un pied ou un peu davantage ; ses feuilles sont ovales-lancéolées, glabres en-dessus, & légèrement velues en-dessous & en leurs bords : les stipules sont ciliées ; les fleurs sont la plupart quinquefides & disposées en épis denses & rougeâtres. La variété β ne diffère de la plante que je viens de décrire, que par ses feuilles chargées d'une tache brune dans leur milieu. La variété γ a ses feuilles pareillement tachées dans leur milieu, mais elles sont ovales & presque arrondies dans leur jeunesse ; elles sont alors blanchâtres & un peu cotonneuses en-dessous : dans tous les individus que j'ai observés, les stipules étoient sans cils, & les fleurs la plupart quadrifides. M. de Haller la distingue comme une espèce particulière ; il dit ses stipules ciliées, & ses feuilles quelquefois non tachées [*Hall. Hist.* n.° *1556*]. On trouve cette plante dans les lieux humides, sur le bord des fossés & des chemins, ⊙ ; elle est vulnéraire, détersive & un peu astringente.

IX. *Feuilles lancéolées-linéaires, & n'ayant pas trois lignes de largeur.*

Renouée fluette. *Polygonum pusillum.*

  Persicaria minor. Tournef. 509.

Cette espèce diffère beaucoup de la précédente, & ne doit point lui être réunie ; ses tiges sont grêles, longues de six pouces, feuillées & couchées sur la terre : ses feuilles sont lancéolées-linéaires, très-étroites, aiguës, jamais tachées & glabres des deux côtés ; ses stipules sont longues & ciliées, & ses fleurs sont purpurines, disposées en épis lâches, très-grêles & presque filiformes. On trouve cette plante dans les lieux humides & sablonneux.

838. **X.** *Style à trois divisions ; tige ne portant qu'un seul épi terminal.*

Feuilles radicales courantes sur leur pétiole, & les caulinaires amplexicaules. **X I.**	Aucune feuille courante sur son pétiole, ni amplexicaule. **X I I.**

XI. *Feuilles radicales courantes sur leur pétiole, & les caulinaires amplexicaules.*

Renouée bistorte. *Polygonum bistorta.* Lin. Sp. 516.

> *Bistorta major , radice magis intortâ.* Tournef. 511.
>
> *Bistorta major , radice minùs intortâ.* Ibid.

Sa racine est oblongue, grosse, fibreuse & repliée plusieurs fois sur elle-même ; elle pousse plusieurs tiges droites, simples, glabres & hautes d'un pied ou un peu davantage ; ses feuilles radicales sont fort grandes, ovales-lancéolées, un peu ondulées, courantes dans la partie supérieure de leur pétiole, glabres, vertes en-dessus & d'une couleur glauque en-dessous ; celles de la tige sont plus petites & amplexicaules. Les fleurs sont rougeâtres, terminales & disposées en un épi dense, barbu & embriqué d'écailles luisantes ; elles ont huit étamines. On trouve cette plante dans les prés, les pâturages montagneux, ♃ ; elle est vulnéraire & astringente.

XII. *Aucune feuille courante sur son pétiole, ni amplexicaule.*

Renouée vivipare. *Polygonum viviparum.* Lin. Sp. 516.

> *Bistorta Alpina, media.* Tournef. 511.
>
> *Bistorta Alpina, minor.* Ibid.

Cette espèce est beaucoup plus petite que la précédente ; ses tiges sont droites, simples, feuillées & hautes de cinq à sept pouces tout au plus : ses feuilles inférieures sont pétiolées, étroites, lancéolées, pointues, & remarquables par des stries ou espèces de nervures courtes, disposées en leurs bords, & qui les font paroître presque dentées ; les feuilles

fupérieures font linéaires & fefliles ; les fleurs font blanches
& bulbifères. On trouve cette plante dans les montagnes
du Dauphiné & de la Provence. ♃

XIII. *Fleurs toutes axillaires, & jamais en épi.*

Feuilles Blanchâtres, coriaces & perfiftantes ; ftipules fort grandes. X I V.	Feuilles vertes, non coriaces ni perfiftantes ; ftipules médiocres. X V.

XIV. *Feuilles blanchâtres, coriaces & perfiftantes ;*
ftipules fort grandes.

Renouée maritime. *Polygonum maritimum.* Lin. Sp. 519.

Polygonum maritimum, latifolium. Tournef. 510.

Ses tiges font longues de fept à huit pouces, vivaces,
fous-ligneufes, feuillées, prefque entièrement couchées & un
peu rameufes ; fes feuilles font ovales-lancéolées, blanchâtres,
coriaces, prefque pétiolées & perfiftantes ; les ftipules font
colorées à leur bafe, tranfparentes à leur fommet, & prefque
auffi longues que les entre-nœuds : les fleurs font ramaffées
deux à cinq par paquets dans les aiffelles des feuilles. On
trouve cette plante dans les fables fur le bord de la mer. ♄

XV. *Feuilles vertes, non coriaces ni perfiftantes ;*
ftipules médiocres.

Renouée centinode. *Polygonum centinodium.*

Polygonum oblongo angufto folio. Tournef. 510.
Polygonum brevi angufto folio. Ibid.
β. *Polygonum latifolium.* Ibid.
Polygonum latifolium, flore candido. Ibid.
γ. *Polygonum erectum, majus.* Garid. 374.
Polygonum aviculare. Lin. Sp. 519. *[α, β, γ].*

Ses tiges font herbacées, vertes, glabres, articulées, rameufes, feuillées, couchées, étalées fur la terre, & longues
depuis huit pouces jufqu'à un pied & demi ; fes feuilles font
lancéolées, plus ou moins étroites, vertes & prefque fefliles ;

838. les stipules sont blanches, transparentes, un peu déchirées à leur sommet, & beaucoup plus courtes que les entre-nœuds : les fleurs sont solitaires ou ramassées deux à quatre par paquets dans les aisselles des feuilles : leur corolle est verte à sa base, & blanche ou rougeâtre en ses bords. La variété β a les feuilles ovales-lancéolées, & larges de quatre à six lignes : ses tiges ne sont qu'à demi-couchées. La plante γ est remarquable par ses tiges droites, hautes d'un pied & demi & très-rameuses. On pourroit la distinguer comme une espèce. Cette plante est commune dans les champs, les lieux incultes & sur le bord des chemins, ⊙ ; elle est vulnéraire & astringente.

XVI. *Feuilles en cœur ou sagittées, & un peu triangulaires.*

Tige foible, rampante ou grimpante. X V I I.	Tige droite, & point grimpante. X X.

XVII. *Tige foible, rampante ou grimpante.*

Anthères blanches ; valves séminales à trois ailes saillantes. X V I I I.	Anthéres rouges ou violettes ; valves séminales non ailées. X I X.

XVIII. *Anthères blanches ; valves séminales à trois ailes saillantes.*

Renouée des buissons. *Polygonum dumetorum.* Lin. Sp. 522.

Fagopyrum majus, scandens. Vaill. Paris. 52.

Ses tiges sont légèrement striées, feuillées, grimpantes, & s'élèvent quelquefois fort haut ; ses feuilles sont pétiolées, glabres, triangulaires & sagittées : ses fleurs sont ramassées par petits bouquets, les uns axillaires, & les autres disposés en épis lâches ou en grappes menues & terminales. On trouve cette plante dans les haies & les lieux couverts. ⊙

838. **XIX.** *Anthères rouges ou violettes; valves séminales non ailées.*

Renouée liséronne. *Polygonum convolvulaceum.*

Fagopyrum vulgare, scandens. Tournef. 511.

Polygonum convolvulus. Lin. Sp. 522.

Cette espèce ressemble beaucoup à la précédente, mais ses tiges sont très-striées, presque anguleuses, & s'élèvent beaucoup moins; ses feuilles sont pétiolées, sagittées, triangulaires, glabres, & acquièrent dans les lieux secs une couleur rouge très-remarquable : les fleurs sont la plupart axillaires ; leur corolle est composée de cinq folioles, dont deux plus petites tombent assez de bonne heure, & les trois autres plus grandes persistent & enveloppent la semence, sans former aucune aile bien sensible. Cette plante est commune dans les champs. ☉

XX. *Tige droite & point grimpante.*

Renouée sarrasine. *Polygonum fagopyrum.* Lin. Sp. 522.

Fagopyrum vulgare, erectum. Tournef. 511.

Sa tige est droite, lisse, striée, souvent rougeâtre, un peu rameuse, & s'élève jusqu'à un pied & demi; ses feuilles sont la plupart pétiolées en cœur, sagittées, pointues & un peu distantes ; les supérieures sont sessiles ou amplexicaules : les fleurs sont blanches ou rougeâtres, & disposées par bouquets au sommet de la tige & des rameaux. On trouve huit glandes jaunâtres au fond de la corolle, placées à la base des étamines. Les semences sont brunes & triangulaires. Cette plante croît dans les lieux cultivés, les champs, ☉ : son origine est étrangère; sa farine est résolutive & émolliente.

839.

Corolle herbacée ou verdâtre; point de stipule vaginale à la base des feuilles....

Fleurs solitaires, ou ramassées deux ou trois seulement dans chaque aisselle, par pelotons sessiles; semence en spirale ou réniforme. 840

Fleurs ramassées au-delà de trois par pelotons nombreux, formant au sommet ou dans les aisselles, des épis ou des grappes; semence lenticulaire..... 843

840. *Fleurs solitaires ou ramassées deux ou trois seulement dans chaque aisselle, par pelotons sessiles ; semences en spirale ou réniforme.*

Feuilles linéaires, planes ou cylindriques, & n'ayant jamais trois lignes de largeur.... 841

Feuilles pétiolées, ovales-triangulaires, & larges de plus d'un pouce................. 842

---

841. *Feuilles linéaires, planes ou cylindriques, & n'ayant jamais trois lignes de largeur.*

Soude. *Salsola.*

Les fleurs de Soude sont petites, sessiles, toutes axillaires & composées d'une corolle herbacée à cinq divisions profondes, de cinq étamines moins longues que la corolle, & d'un ovaire dont le style est bifide ou trifide. Le fruit est une capsule qui contient une semence contournée en spirale ou en coquille de limaçon.

A N A L Y S E.

Feuilles terminées par une pointe épineuse. I.	Feuilles, dont la pointe n'est point épineuse. I V.

I. *Feuilles terminées par une pointe épineuse.*

Tige droite. I I.	Tige couchée. I I I.

II. *Tige droite.*

Soude épineuse. *Salsola spinosa.*

> *Kali spinosum, foliis longioribus & angustioribus.* Tournef. 247.
>
> *Salsola tragus.* Lin. Sp. 322.

Sa tige est haute d'un à deux pieds, rameuse, ferme, cannelée & un peu velue vers son sommet ; ses feuilles sont font longues, étroites, linéaires, vertes, glabres, & terminées par une pointe épineuſe. Ses fleurs ſont axillaires, ſolitaires & garnies de bractées courtes & épineuſes. On trouve cette plante ſur les bords de la mer, dans les provinces méridionales. ☉

III. *Tige couchée.*

Soude couchée. *Salſola decumbens.*

> *Kali ſpinoſum, foliis craſſioribus & brevioribus.* Tournef. 247.
>
> *Salſöla kali.* Lin. Sp. 322.

Cette eſpèce reſſemble beaucoup à la précédente, & pourroit en être regardée comme une variété; cependant ſes tiges ſont plus rudes & entièrement couchées : ſes feuilles ſont plus courtes & un peu plus épaiſſes, & ſes fleurs ont les diviſions de leur corolle ſcarieuſes en leurs bords. On trouve cette plante ſur le bord de la mer. ☉

IV. *Feuilles, dont la pointe n'eſt point épineuſe.*

Tige herbacée. V.	Tige ligneuſe. V I I I.

V. *Tige herbacée.*

Feuilles vertes & très - glabres. V I.	Feuilles velues & blanchâtres. V I I.

VI. *Feuilles vertes & très-glabres.*

Soude à feuilles longues. *Salſola longifolia.*

> *Kali majus, cochleato ſemine.* Tournef. 247.
>
> *Salſola ſoda.* Lin. Sp. 323.

Sa tige eſt haute d'un pied & demi, droite, branchue, liſſe, très-glabre & quelquefois un peu rougeâtre; ſes feuilles ſont étroites, linéaires, charnues & longues de trois pouces, ou même davantage. Ses fleurs ſont axillaires, ſolitaires,

Tome III.   Q

841. & font remplacées par des fruits arrondis, contenant chacune une femence noirâtre, contournée en fpirale. On trouve cette plante dans les lieux maritimes des provinces méridionales, ⊙ elle eft apéritive, diurétique & anti-ulcéreufe : fes cendres fourniffent le fel alkali qui entre dans la compofition du favon, &c.

VII.   *Feuilles velues & blanchâtres.*

Soude velue. *Salfola hirfuta.* Lin. Sp. 323.

Kali minus villofum. Bauh. Pin. 289.

Sa tige eft haute de fix à huit pouces, grêle, velue & rameufe ; fes rameaux inférieurs font fort grands, très-ouverts & prefque couchés ; fes feuilles font étroites, linéaires, longues de deux à quatre lignes, molles, blanchâtres, velues & un peu cotonneufes. Ses fleurs font très-petites & axillaires. On trouve cette plante en Languedoc, dans les lieux maritimes. ⊙

VIII.   *Tige ligneufe.*

Soude ligneufe. *Salfola fruticofa.* Lin. Sp. 324.

Chamæpitys vermiculata. Lob. Ic. 381.

Sa tige eft haute d'un à deux pieds, droite, ligneufe, & pouffe beaucoup de rameaux grêles, feuillés, flexibles & affez droits ; fes feuilles font petites, nombreufes, charnues, glabres, linéaires & un peu pointues ; elles ont rarement trois lignes de longueur : fes fleurs font feffiles, axillaires & folitaires ou ramaffées deux ou trois enfemble. Leurs étamines font plus longues que la corolle, & ont des anthères jaunâtres. Cet arbriffeau croît dans les lieux maritimes des provinces méridionales. ♄

---

842. *Feuilles pétiolées, ovales-triangulaires, & larges de plus d'un pouce.*

Poirée maritime. *Beta maritima.* Lin. Sp. 322.

Beta fylveftris, maritima. Tournef. 502.

Sa tige eft haute d'un pied & demi, un peu couchée,

2. à sa base, glabre, cannelée, feuillée, & rameuse dans sa partie supérieure ; ses feuilles sont alternes, ovales, pointues, un peu décurrentes sur leur pétiole, lisses, & légèrement succulentes : les fleurs sont petites, sessiles, solitaires ou disposées deux ou trois ensemble dans les aisselles supérieures de la tige & des rameaux : les feuilles qui les accompagnent sont fort petites & font paroître les fleurs disposées en épis longs & très - grêles ; ces fleurs sont composées de cinq pétales herbacés & concaves, de cinq étamines fort courtes, & d'un ovaire chargé d'un style épais, très - court & à deux ou trois divisions. Le fruit est une semence réniforme, renfermée dans la base de la corolle. On trouve cette plante en Provence, dans les lieux maritimes. ♂

OBS. La Poirée commune diffère de cette espèce par sa tige tout-à-fait droite & haute de deux à quatre pieds, & par ses feuilles fort grandes, larges & décurrentes sur leur pétiole qui est aplati & quelquefois coloré. On la cultive dans les jardins ♂ ; elle est émolliente, relâchante & errhine. Sa racine cuite & coupée par tranches, se mange en salade ; les pétioles des feuilles sont aussi d'usage dans la cuisine & sont connus sous le nom de *Cardes*.

---

843. *Fleurs ramassées au - delà de trois, par pelotons nombreux, formant au sommet ou dans les aisselles, des épis ou des grappes ; semence lenticulaire.*

Patte-d'oie. *Chenopodium.*

Les fleurs de Patte-d'oie sont petites, herbacées, composées d'une corolle de cinq pièces lancéolées & un peu concaves, de cinq étamines de la longueur de la corolle, & d'un ovaire chargé d'un style bifide & extrêmement court. Le fruit est une semence orbiculaire, comprimée & renfermée dans la corolle qui forme cinq angles autour d'elle.

A N A L Y S E.

Toutes les feuilles entières, non découpées ni dentées.	La plupart des feuilles découpées ou dentées.
I.	V I I I.

843. **I.** *Toutes les feuilles entières non découpées ni dentées.*

Feuilles pétiolées & point linéaires. I I.	Feuilles linéaires & sessiles. V I I.

II. *Feuilles pétiolées & point linéaires.*

Feuilles triangulaires ou sagittées. I I I.	Feuilles ovales ou rhomboïdales. I V.

III. *Feuilles triangulaires ou sagittées.*

Patte - d'oie sagittée. *Chenopodium sagittatum.* [Le bon Henri].

> *Chenopodium folio triangulo.* Tournef. 506.
> *Chenopodium bonus Henricus.* Lin. Sp. 318.

Ses tiges sont droites, un peu épaisses, cannelées, légèrement farineuses, & s'élèvent jusqu'à un pied & demi ; ses feuilles sont pétiolées, triangulaires-sagittées, un peu ondulées, lisses, ridées & d'un gros vert en - dessus, nerveuses & chargées de points farineux en-dessous ; ses fleurs sont terminales, quelquefois dioïques & disposées en grappe droite nue & pyramidale. Cette plante est commune dans les lieux incultes, les masures, le long des chemins. ♃ Elle est vulnéraire & très-détersive.

IV. *Feuilles ovales ou rhomboïdales.*

Feuilles rhomboïdales, blanchâtres & très-fétides. V.	Feuilles ovales, verdâtres & point fétides. V I.

V. *Feuilles rhomboïdales blanchâtres & très-fétides.*

Patte-d'oie fétide. *Chenopodium fœtidum.* Tournef. 506.

> *Chenopodium vulvaria.* Lin. Sp. 321.

Ses tiges sont rameuses, couchées sur la terre, blanchâtres

& longues de sept à huit pouces, ou quelquefois davantage; ses feuilles sont pétiolées, ovales-rhomboïdales, & chargées particulièrement en-dessous d'une poussière farineuse qui leur donne un aspect blanchâtre & un peu glauque : les fleurs sont petites, & forment des grappes courtes au sommet & dans les aisselles supérieures des tiges. On trouve cette plante sur le bord des chemins, le long des murs & dans les jardins, ☉ : elle a une odeur extrêmement fétide; elle est anti-hystérique & emménagogue.

VI. *Feuilles ovales, verdâtres & point fétides.*

Patte-d'oie graineuse. *Chenopodium polyspermum.* Lin. Sp. 321.

Chenopodium betæ folio. Tournef. 506.

Sa tige est longue d'un pied ou un peu plus, rameuse, glabre, feuillée, assez souvent couchée & étalée sur la terre, mais quelquefois entièrement droite; ses feuilles sont pétiolées, ovales, vertes, & souvent rougeâtres en leurs bords : ses fleurs forment de petites grappes rameuses, grêles, axillaires & terminales. On trouve cette plante dans les lieux cultivés. ☉

VII. *Feuilles linéaires & sessiles.*

Patte-d'oie maritime. *Chenopodium maritimum.* Lin. Sp. 321.

Kali minus album, semine splendente. Bauh. Pin. 289.

Ses tiges sont menues, glabres, feuillées, & hautes de huit à neuf pouces ; ses feuilles sont étroites, linéaires, demi-cylindriques & un peu charnues : ses fleurs sont petites, sessiles & solitaires, ou deux ensemble dans chaque aisselle des rameaux & des feuilles supérieures; il leur succède des semences noires, lisses & un peu contournées. On trouve cette plante sur les bords de la mer dans les provinces méridionales. ☉

OBS. Cette espèce a beaucoup d'affinité avec les soudes, & ne devroit peut-être pas en être séparée.

843. VIII. *La plupart des feuilles dentées ou découpées.*

Toutes les feuilles oblongues, sinuées ou semi-pinnées. I X.	La plupart des feuilles deltoïdes, & dentées ou anguleuses. X I I.

IX. *Toutes les feuilles oblongues, sinuées ou semi-pinnées.*

Tige glabre ; feuilles glauques ou blanchâtres en-dessous. X.	Tige velue ; feuilles verdâtres des deux côtés. X I.

X. *Tige glabre ; feuilles glauques ou blanchâtres en - dessous.*

Patte-d'oie glauque. *Chenopodium glaucum.* Lin. Sp. 320.

Chenopodium angustifolium, laciniatum minus. Tourn. 506.

Ses tiges sont longues d'un pied, un peu couchées, médiocrement rameuses, cannelées & rayées de vert & de blanc ; ses feuilles sont pétiolées, oblongues, légèrement sinuées ou garnies de quelques angles émoussés, vertes en – dessus, & d'une couleur glauque en-dessous : les fleurs sont petites, les unes latérales, formant de petites grappes rameuses plus courtes que les feuilles, & les autres terminales, disposées de la même manière. On trouve cette plante dans les lieux cultivés, les champs. ⊙

XI. *Tige velue ; feuilles verdâtres des deux côtés.*

Patte-d'oie botride. *Chenopodium botrys.* Lin. Sp. 320.

Chenopodium ambrosioïdes, folio sinuato. Tournef. 506.

Cette plante est odorante & légèrement visqueuse dans toutes ses parties ; sa tige est droite, un peu rameuse, sur-tout vers sa base, & velue ou pubescente dans toute sa longueur ; ses feuilles sont pétiolées, oblongues, sinuées, semi-pinnées, à pinnules émoussées & anguleuses, légèrement velues & verdâtres des deux côtés : ses fleurs forment de petites grappes

343. axillaires & terminales. On trouve cette espèce dans les lieux sablonneux des provinces méridionales, ⊙ ; elle est stomachique, résolutive, expectorante & incisive.

XII. *La plupart des feuilles deltoïdes & dentées ou anguleuses.*

Feuilles chargées en-dessous de points farineux. X I I I.	Feuilles vertes des deux côtés & sans points farineux. X V I I I.

XIII. *Feuilles chargées en-dessous de points farineux.*

Feuilles luisantes en-dessus ; points farineux peu abondans. X I V.	Feuilles non luisantes ; points farineux très-abondans. X V I I.

XIV. *Feuilles luisantes en-dessus ; points farineux peu abondans.*

Feuilles & corolles rougeâtres en leurs bords ; grappes longues d'un pouce seulement. X V.	Feuilles & corolles presque toutes verdâtres ; grappes longues de deux pouces ou plus. X V I.

XV. *Feuilles & corolles rougeâtres en leurs bords ; grappes longues d'un pouce seulement.*

Patte-d'oie rougeâtre. *Chenopodium rubrum.* Lin. Sp. 318.

Chenopodium pes anserinus primus tabernæ. Tournef. 506.

Chenopodium sylvestre , alterum , comâ purpurascente. Vaill. p. 35.

Sa tige est haute d'un pied & demi, droite, cannelée, glabre, feuillée & un peu rameuse ; ses feuilles sont pétiolées, deltoïdes, pointues, dentées & laciniées en leurs bords, lisses en-dessus, rougeâtres en leurs bords, & chargées de

Q iv

843. quelques points farineux en-dessous. Les fleurs sont disposées par grappes rameuses & plus courtes que les feuilles. On trouve cette plante dans les lieux incultes, les décombres. ⊙

XVI. *Feuilles & corolles presque toutes verdâtres ; grappes longues de deux pouces ou plus..*

Patte-d'oie des murs. *Chenopodium murale.* Lin. Sp. 318.

> *Chenopodium pes anserinus secundus.* Tabern. Tournef. 506.

Cette espèce a beaucoup de rapport avec la précédente, mais elle est ordinairement verte dans toutes ses parties ; sa tige est plus rameuse, plus foible, & ne s'élève que jusqu'à un pied : ses feuilles sont un peu plus grandes, très-luisantes en-dessus, ovales-rhomboidales, dentées & légèrement fari-neuses en-dessous, sur-tout dans leur jeunesse. Ses fleurs sont disposées en grappes presque toutes terminales, rameuses & assez grandes. On trouve cette plante le long des murs & sur le bord des chemins. ⊙

XVII. *Feuilles non luisantes ; points farineux très-abondans.*

Patte-d'oie blanchâtre. *Chenopodium candicans.*

> *Chenopodium folio sinuato candicante.* Tournef. 506.
> *Chenopodium album.* Lin. Sp. 319.
> β. *Chenopodium sylvestre, opuli folio.* Vail. Parif. 36, t. 7 ; f. 1.
> *Chenopodium viride.* Lin. Sp. 319.

Sa tige est haute d'un à deux pieds, droite, un peu rameuse, verte, quelquefois rougeâtre, & farineuse dans sa partie supérieure ; ses feuilles sont pétiolées, triangulaires-rhomboïdales, irrégulièrement dentées, vertes en - dessus, blanchâtres & farineuses en-dessous : celles du sommet sont étroites & communément très-entières ; les grappes de fleurs sont un peu grêles, alongées, presque nues & blanchâtres. La variété β a ses tiges plus rougeâtres, ses feuilles un peu moins farineuses en-dessous, & ses grappes de fleurs alongées & moins blanchâtres. Cette plante est commune dans les jardins & les lieux incultes. ⊙

XVIII. *Feuilles vertes des deux côtés & sans points farineux.*

Feuilles triangulaires & légèrement dentées. X I X.	Feuilles larges, un peu en cœur, & à sept angles très-saillans. X X.

XIX. *Feuilles triangulaires & légèrement dentées.*

Patte-d'oie deltoïde. *Chenopodium deltoideum.*

> *Chenopodium pes anserinus primus.* Vail. Parif. 36.
>
> *Chenopodium urbicum.* Lin. Sp. 318.

Sa tige eft haute d'un pied & demi, droite, glabre, ftriée, feuillée & fouvent fimple; fes feuilles font pétiolées, deltoïdes, dentées, un peu charnues, vertes & glabres des deux côtés. Ses fleurs font petites, herbacées & difpofées en grappes menues, droites, axillaires & terminales. On trouve cette plante dans les environs de Paris. ☉

XX. *Feuilles larges, un peu en cœur & à sept angles très-saillans.*

Patte-d'oie anguleufe. *Chenopodium angulofum.*

> *Chenopodium ftramonii folio.* Vail. Parif. 36, tab. 7; f. 2.
>
> *Chenopodium hybridum.* Lin. Sp. 319.

Sa tige eft haute de deux pieds, droite, glabre, cannelée, feuillée & ordinairement fimple; fes feuilles font pétiolées, vertes des deux côtés & très-anguleufes : leur angle terminal eft fort grand, alongé & aigu. Les fleurs font prefque toutes terminales, & forment au fommet de la tige une efpèce de panicule compofée de grappes nues & très-rameufes. On trouve cette plante dans les lieux cultivés, les champs, ☉; elle a une odeur fétide.

844. *Des fleurs femelles, dont la corolle est bivalve, mélangées parmi les fleurs hermaphrodites.*

Arroche. *Atriplex.*

Les Arroches ne diffèrent des Pattes-d'oies que parce qu'elles portent deux sortes de fleurs sur le même individu, c'est-à-dire, des fleurs hermaphrodites ayant une corolle de quatre ou cinq pièces, & des fleurs femelles, dont la corolle n'est composée que de deux folioles appliquées l'une contre l'autre.

ANALYSE.

Tige herbacée.	Tige ligneuse.
I.	X.

I. *Tige herbacée.*

Valves séminales dentées en leurs bords ou hérissées sur leur dos.	Valves séminales très-entières & point dentées ni hérissées.
I I.	V.

II. *Valves séminales dentées en leurs bords ou hérissées sur leur dos.*

Toutes les feuilles alternes, & la plupart lancéolées-linéaires.	Plusieurs feuilles opposées, & presque toutes triangulaires & hastées.
I I I.	I V.

III. *Toutes les feuilles alternes, & la plupart lancéolées-linéaires.*

Arroche étalée. *Atriplex patula.* Lin. Sp. 1494.

Atriplex angusto oblongo folio. Tournef. 505.

Ses tiges sont longues d'un pied & demi, rameuses, striées, glabres, quelquefois un peu droites, mais plus ordinairement couchées & étalées fur la terre ; fes feuilles inférieures font un peu haftées, ou garnies à leur bafe d'un ou deux angles oblongs & courbés ; toutes les autres font étroites, lancéolées-linéaires, avec quelques dentelures vagues, ou quelquefois très-entières : les fleurs font petites, & forment des épis fort grêles au fommet de la tige & des rameaux. On trouve cette plante dans les lieux incultes, le long des chemins, fur le bord des champs. ⊙

IV. *Plufieurs feuilles oppofées & prefque toutes triangulaires & haftées.*

Arroche haftée. *Atriplex haftata.* Lin. Sp. 1494.

Atriplex folio haftato feu deltoide. Tournef. 505.

Sa tige eft droite, anguleufe, très-rameufe, diffufe, & s'élève jufqu'à un pied & demi ; fes rameaux inférieurs font grands, très-ouverts & couchés fur la terre ; fes feuilles font pétiolées, larges, triangulaires, un peu haftées, dentées & très-glabres : les valves féminales font grandes, deltoïdes, dentées & prefque finuées. On trouve cette plante dans les lieux incultes, le long des murs & des haies. ⊙

V. *Valves féminales très-entières & point dentées ni hériffées.*

Feuilles toutes linéaires & prefque feffiles.	Feuilles pétiolées & point linéaires.
V I.	V I I.

VI. *Feuilles toutes linéaires & prefque feffiles.*

Arroche des rives. *Atriplex littoralis.* Lin. Sp. 1494.

Atriplex anguftiffimo & longiffimo folio. Tournef. 505.

Sa tige eft haute d'un à deux pieds, droite, ftriée & très-rameufe ; fes feuilles font alternes, d'un vert clair, longues de deux pouces, larges d'une ligne & demie tout au plus, un peu rétrécies à leur bafe, & très-entières ou quelquefois garnies de quelques dents peu confidérables : fes fleurs forment

844. au sommet de la tige & des rameaux, des épis grêles & cylindriques. Les étamines ont leurs anthères jaunâtres. Cette plante est indiquée en Alsace par Mappus, & dans les environs de Paris par Vaillant. ☉

VII.	*Feuilles pétiolées & point linéaires.*

Tige de moins de deux pieds; feuilles couvertes de points argentés & farineux. V I I I.	Tige de plus de deux pieds; feuilles sans points farineux. I X.

VIII. *Tige de moins de deux pieds; feuilles couvertes de points argentés & farineux.*

Arroche laciniée. *Atriplex laciniata.* Lin. Sp. 1494.

Atriplex maritima, laciniata. Tournef. 505.

Sa tige est longue de six à dix pouces, droite, quelquefois un peu couchée, jaunâtre ou rougeâtre dans sa partie inférieure, blanchâtre & presque cotonneuse vers son sommet; ses feuilles sont pétiolées, blanchâtres & comme farineuses des deux côtés; les inférieures sont opposées, ovales & légèrement anguleuses; les supérieures sont alternes, deltoïdes, très-dentées & comme déchirées en leurs bords : les valves séminales sont un peu tétragones & leurs angles latéraux sont obtus. Cette plante croît en Provence, sur le bord de la mer. ☉

IX. *Tige de plus de deux pieds; feuilles sans points farineux.*

Arroche de jardin. *Atriplex hortensis.* Lin. Sp. 1493.

Atriplex hortensis, alba, sive pallidè virens. Tournef. 505.
β. *Atriplex hortensis, rubra.* Ibid.

Sa tige est haute de quatre ou cinq pieds, droite, glabre, cannelée & un peu rameuse; ses feuilles sont alternes, pétiolées, lisses, molles, triangulaires & pointues; ses fleurs sont terminales & disposées en épis grêles & paniculés. Cette plante est étrangère, mais on la cultive dans les jardins potagers, où elle se reseme & se renouvelle tous les ans d'elle-

1844. même avec beaucoup de facilité. ⊙ elle est rafraîchissante, délayante & laxative.

X.   *Tige ligneuse.*

Feuilles pétiolées, oblongues & spatulées.	Feuilles sessiles, & simplement ovales.
X I.	X I I.

XI.   *Feuilles pétiolées, oblongues & spatulées.*

Arroche pourpière. *Atriples portulacoides.* Lin. Sp. 1493.

    Atriplex maritima, angustissimo folio. Tournef. 505.

Sous-arbrisseau d'un pied environ, dont la tige est grisâtre & se divise dans sa partie inférieure en beaucoup de rameaux grêles, assez droits, feuillés & blanchâtres ; ses feuilles sont opposées, oblongues, assez étroites, d'une couleur glauque ou blanchâtre, & d'une consistance un peu charnue : ses fleurs sont terminales, disposées en épis grêles & rameux. On trouve cette plante dans les lieux maritimes des provinces méridionales. ♄

XII.   *Feuilles sessiles & simplement ovales.*

Arroche glauque. *Atriplex glauca.* Lin. Sp. 1493.

    Atriplex maritima, Hispanica, frutescens & procumbens. Tournef. 505.

Sous-arbrisseau dont les tiges sont grêles, blanchâtres & ordinairement un peu couchées ; ses feuilles sont petites, ovales, un peu charnues & d'une couleur glauque ou blanchâtre. Ses fleurs sont disposées comme celles de l'espèce précédente, avec laquelle celle-ci a beaucoup de rapport. On trouve cette plante en Languedoc, dans les lieux maritimes. ♄

---

845.   *Plusieurs ovaires* . . . .

Feuilles toutes radicales.	725
Tige garnie de feuilles. .	166

846.

Corolle à six divisions ou plus. { Corolle à six divisions.. 847

Corolle à plus de six divisions. 883

847.

Corolle à six divisions.

Liliacées.

Les Liliacées font des plantes monocotyledones, dont les feuilles font ordinairement alternes, liffes, à nervures parallèles & engainées à leur bafe ; leurs fleurs ont une corolle partagée en fix découpures plus ou moins profondes, communément fix étamines, & en général un ovaire qui fe change prefque toujours en un fruit à trois loges.

Obs. Les Liliacées, dont l'ovaire eft inférieur au réceptacle de la corolle, font analyfées aux n.os 962 & 1090.

A N A L Y S E.

Un feul ovaire. 848.	Plufieurs ovaires. 884.

848.

Un feul ovaire .... { Ovaire chargé de ftyle.. 849

Ovaire privé de ftyle.... 880

849.

Ovaire chargé de ftyle .... { Un feul ftyle....... 850

Trois ftyles......... 877

850.

Un feul ftyle .... { Style & ftigmate fimples & entiers.............. 851

Style ou ftigmate à trois divifions............... 864

51. *Style & stigmate simples & entiers* . . . . {

Fleurs ramassées en naissant, dans un spathe commun, & disposées en ombelle 852

Fleurs non ramassées dans un spathe commun, & point disposées en ombelle 853

---

852. *Fleurs ramassées en naissant, dans un spathe commun, & disposées en ombelle.*

Ail. *Allium.*

Les fleurs d'Ail sont assez petites, nombreuses, renfermées avant leur épanouissement dans un spathe membraneux, & portées sur des péduncules qui s'insèrent tous en un point commun ; elles sont composées de six pétales plus ou moins ouverts, de six étamines, dont les filamens sont quelquefois alternativement élargis, & d'un ovaire chargé d'un style simple. Le fruit est une capsule courte & à trois loges.

A N A L Y S E.

Filamens des étamines alternativement simples & trifides. I.	Tous les filamens des étamines très - simples. X.

I. *Filamens des étamines alternativement simples & trifides.*

Feuilles planes. I I.	Feuilles cylindriques. V I I.

II. *Feuilles planes.*

Ombelle portant des bulbes. I I I.	Ombelle ne portant que des capsules. V I.

852. **III.**   *Ombelle portant des bulbes.*

Feuilles très-entières.	Feuilles denticulées.
I V.	V.

IV.   *Feuilles très-entières.*

Ail cultivé. *Allium sativum.* Lin. Sp. 425.

Allium sativum. Tournef. 383.

Sa tige est haute d'un pied ou un peu plus, droite, cylindrique & feuillée dans sa partie inférieure ; ses feuilles sont planes, linéaires, pointues & très - entières ; ses fleurs sont blanches ou rougeâtres, terminales & disposées en une ombelle arrondie en tête. On trouve cette plante en Provence. ♉. On la cultive dans les jardins potagers. Sa racine est stomachique, anthelmintique, alexitaire, sudorifique, diurétique, anti-hystérique, & extérieurement résolutive & maturative.

V.   *Feuilles denticulées.*

Ail rocambole. *Allium scorodoprasum.* Lin. Sp. 425.

Allium sativum, alterum, sive allioprasum caulis summo circumvoluto. Tournef. 383.

Cette espèce ressemble beaucoup à la précédente ; sa tige est droite, cylindrique, feuillée inférieurement & s'élève jusqu'à deux pieds ; sa partie supérieure se replie en spirale avant la maturité des bulbes ; ses feuilles sont longues, étroites, pointues, planes & finement denticulées en leurs bords. On trouve cette plante dans les provinces méridionales, ♉. Ses bulbes, ainsi que ceux de la précédente, sont d'usage dans la cuisine.

VI.   *Ombelle ne portant que des capsules.*

Ail poireau. *Allium porrum.* Lin. Sp. 423.

Porrum commune, capitatum. Tournef. 382.

β. *Scorodoprasum primum.* Cluf. hist. 1, p. 190.

Allium ampeloprasum. Lin. Sp. 423.

Sa tige est haute de trois à quatre pieds, droite, cylindrique &

ferme

52. ferme & feuillée dans sa partie inférieure ; ses feuilles sont longues, planes & un peu en gouttière ; ses fleurs forment une tête arrondie, terminale & d'une couleur glauque, ou légèrement rougeâtre : les trois étamines trifides ont leur filament fort large & pétaliforme. La variété β a sa racine prolifère, ses feuilles un peu plus étroites, & sa tête de fleurs moins dense. On cultive cette plante dans les jardins pour l'usage de la cuisine. Sa variété croît dans les provinces méridionales ; elle est diurétique, emménagogue, béchique & incisive ; extérieurement elle est très-adoucissante.

VII.	*Feuilles cylindriques.*

Ombelle portant des bulbes. V I I I.	Ombelle ne portant que des capsules. I X.

VIII. *Ombelle portant des bulbes.*

Ail des vignes. *Allium vineale.* Lin. Sp. 428.

Porrum sylvestre, vinearum. Tournef. 382.

Sa tige est droite, cylindrique, garnie de deux ou trois feuilles, & s'élève depuis un jusqu'à deux pieds ; ses feuilles sont menues, cylindriques & fistuleuses ; ses fleurs sont rougeâtres & leur ombelle porte des bulbes qui souvent commencent à pousser de nouvelles plantes avant d'être détachées, ce qui la fait paroître alors comme chevelue. On trouve cette plante dans les vignes, parmi les haies. ♃

IX. *Ombelle ne portant que des capsules.*

Ail à tête ronde. *Allium sphærocephalum.* Lin. Sp. 426.

Allium montanum, capite rotundo. Tournef. 384.

β. *Cepa tenuifolia, sphærocephalos, purpurascens.* Ibid. 383.

Sa tige est droite, cylindrique, feuillée dans sa partie inférieure, & haute d'un pied & demi ; ses feuilles sont un peu fistuleuses, sémi-cylindriques, menues, assez longues & se fanent de bonne heure ; ses fleurs forment au sommet de la tige une tête arrondie & d'un pourpre foncé : les étamines

852. sont saillantes hors de la corolle. On trouve cette plante dans les lieux montagneux, les champs stériles. ♃

X. *Tous les filamens des étamines très-simples.*

Spathe formant deux cornes remarquables. X I.	Spathe ne formant pas deux cornes. X V I I I.

XI. *Spathe formant deux cornes remarquables.*

Fleurs jaunes ou blanchâtres. X I I.	Fleurs verdâtres ou rougeâtres. X I I I.

XII. *Fleurs jaunes ou blanchâtres.*

Ail jaune. *Allium flavum.* Lin. Sp. 428.

Allium juncifolium, bicorne, luteum. Tournef. 384.

β. *Allium montanum, bicorne, flore pallide odoro.* Ibid.

Allium pallens. Lin. Sp. 427.

Sa tige est haute d'un pied & demi, cylindrique, feuillée & d'un vert un peu glauque, sur-tout vers son sommet; ses feuilles sont menues, fort étroites, demi-cylindriques & un peu fistuleuses; ces fleurs sont jaunes & disposées en ombelle lâche, presque paniculée : les étamines sont plus longues que la corolle, & les pétales sont ovales & émoussés à leur sommet. La variété β se distingue par ses fleurs d'un jaune très-pâle & presque blanchâtre. On trouve cette plante dans les champs, les haies, les bois taillis. ♃

XIII. *Fleurs verdâtres ou rougeâtres.*

Ombelle portant des bulbes. X I V.	Ombelle ne portant que des capsules. X V I I.

252. **XIV.** *Ombelle portant des bulbes.*

Feuilles planes & en gouttière ; fleurs purpurines. X V.	Feuilles cylindriques & un peu fistuleuses ; fleurs pâles ou verdâtres. X V I.

XV. *Feuilles planes & en gouttière ; fleurs purpurines.*

Ail cariné. *Allium carinatum.* Lin. Sp. 426.

> *Allium montanum, bicorne, angustifolium, flore diluté purpurascente.* Tournef. 383.

Sa tige est haute d'un pied ou un peu plus, cylindrique, & chargée de deux ou trois feuilles étroites, planes, un peu en gouttière, & ordinairement torses ou contournées ; le spathe forme deux cornes écartées, dont une est beaucoup plus longue que l'autre : les fleurs sont en petit nombre, lâches & disposées sur la tête formée par les bulbes. Les corolles, & même les péduncules, sont d'un pourpre presque violet. On trouve cette plante dans les champs, les lieux cultivés, les vignes. ♃

XVI. *Feuilles cylindriques & un peu fistuleuses ; fleurs pâles ou verdâtres.*

Ail verdâtre. *Allium virescens.*

> *Cepa bicornis, tenuifolia, flore obsoleto.* Tournef. 383.
> *Allium oleraceum.* Lin. Sp. 129.

Sa tige est haute d'un pied, cylindrique, & chargée de deux ou trois feuilles très-menues, fistuleuses & sillonnées ; ses fleurs forment une ombelle lâche & médiocrement garnie ; elles sont verdâtres ou d'une couleur brune, presque point purpurine : le spathe est divisé en deux cornes écartées, dont une est fort longue. On trouve cette plante dans les haies, les lieux cultivés, les vignes. ♃

852. XVII. *Ombelle ne portant que des capsules.*

Ail paniculé. *Allium paniculatum.* Lin. Sp. 428.

Allium radice duplici, foliis succulentis, spatha bicorni, umbellæ radiis pendulis. Hall. Hist. n.º 1225.

Sa tige est lisse, cylindrique, & haute d'un à deux pieds; ses feuilles sont longues, très-menues & semi-cylindriques; ses fleurs sont disposées en une ombelle très-lâche & comme paniculée : les extérieures ont leurs péduncules un peu pendans. Les corolles sont purpurines ou violettes, les pétales sont émoussés à leur sommet, & les étamines sont un peu plus longues que la corolle. On trouve cette plante dans les lieux montagneux & incultes. ♃

XVIII. *Spathe ne formant pas deux cornes.*

Feuilles planes ou en gouttière. X I X.	Feuilles cylindriques. X X X I V.

XIX. *Feuilles planes ou en gouttière.*

Fleurs jaunes ou blanchâtres. X X.	Fleurs sensiblement rougeâtres. X X I X.

XX. *Fleurs jaunes ou blanchâtres.*

Fleurs jaunes. X X I.	Fleurs blanchâtres. X X I I.

XXI. *Fleurs jaunes.*

Ail doré. *Allium aureum.*

Allium latifolium luteum. Tournef. 384.
Allium moly. Lin. Sp. 432.

Sa tige est haute de neuf à dix pouces, nue & presque entièrement cylindrique; ses feuilles sont longues, lancéolées

52. pointues, seffiles, & embraffent la partie inférieure de la tige : fes fleurs font affez grandes, d'un beau jaune, & difpofées en ombelle aplatie ou très-ouverte. On trouve cette plante dans les environs de Paris. ♃

XXII.   *Fleurs blanchâtres.*

Tige nue.	Tige feuillée.
X X I I I.	X X V I.

XXIII.   *Tige nue.*

Feuilles planes & pétiolées.	Feuilles en gouttière & feffiles.
X X I V.	X X V.

XXIV.   *Feuilles planes & pétiolées.*

Ail pétiolé. *Allium petiolatum.*

Allium fylveftre latifolium. Tournef. 383.
Allium urfinum. Lin. Sp. 431.

Sa tige eft haute de fix à fept pouces, nue & un peu triangulaire ; fes feuilles font grandes, ovales-lancéolées ; pointues, pétiolées & fouvent plus longues que la tige : fes fleurs font d'un blanc de lait, & difpofées en ombelle aplatie. On trouve cette plante dans les lieux couverts, ♃ ; elle fleurit en Avril.

XXV.   *Feuilles en gouttière & feffiles.*

Ail triangulaire. *Allium triquetrum.* Lin. Sp. 431.

Allium caule triangulo. Tournef. 385.

Sa tige eft droite, un peu plus courte que les feuilles, nue & triangulaire ; fes feuilles font longues, enfiformes & profondément creufées en gouttière. Les fleurs font blanches, les pétales font droits, lancéolés & pointus, & les étamines font moins longues que la corolle. On trouve cette plante en Provence, fur le bord des ruiffeaux. ♃

---

852. **XXVI.** *Tige feuillée.*

Feuilles glabres, nerveuses, & larges de plus d'un pouce. XXVII.	Feuilles velues en leurs bords, & larges de moins de six lignes. XXVIII.

XXVII. *Feuilles glabres, nerveuses, & larges de plus d'un pouce.*

Ail plantaginé. *Allium plantagineum.*

> *Allium montanum, latifolium, maculatum.* Tournef. 383.
>
> *Allium victoralis.* Lin. Sp. 424.

Sa tige est haute de huit à neuf pouces, quelquefois tachée & feuillée dans sa partie inférieure; ses feuilles, au nombre de deux ou trois, sont ovales-oblongues, sessiles, nerveuses & assez semblables à celles du plantain majeur. Ses fleurs forment une tête arrondie, & sont d'un blanc pâle ou verdâtre. On trouve cette plante dans les montagnes des provinces méridionales. ♃

XXVIII. *Feuilles velues en leurs bords, & larges de moins de six lignes.*

Ail velu. *Allium hirsutum.*

> *Allium angustifolium, umbellatum, flore albo.* Tournef. 385.
>
> *Allium subhirsutum.* Lin. Sp. 424.

Sa tige est haute de six à huit pouces, lisse, creuse, cylindrique & feuillée dans sa partie inférieure; ses feuilles sont longues, planes, velues en leurs bords, & larges de trois ou quatre lignes tout au plus. Les fleurs sont d'un blanc de lait, & forment une ombelle aplatie. On trouve cette plante dans les provinces méridionales.

XXIX. *Fleurs sensiblement rougeâtres.*

Tige cylindrique. XXX.	Tige à deux angles. XXXIII.

852. XXX. *Tige cylindrique.*

Tige feuillée.	Tige nue.
X X X I.	X X X I I.

XXXI. *Tige feuillée.*

Ail rose. *Allium roseum.* Lin. Sp. 432.

> *Allium sylvestre, sive moly minus, roseo amplo flore.* Tournef. 385.

Sa tige est haute d'un pied, lisse, cylindrique & feuillée dans sa partie inférieure ; ses feuilles sont planes, un peu élargies, finement striées & plus courtes que la tige. Les fleurs sont grandes & d'un pourpre foncé ; les pétales sont ovales-oblongs & obtus, & les étamines sont fort courtes. Cette plante croît dans les champs, les vignes des provinces méridionales. ♃

XXXII. *Tige nue.*

Ail à feuilles de narcisse. *Allium narcissifolium.*

> *Allium montanum, foliis narcissi mollioribus, floribus dilutioribus.* Tournef. 384.
>
> *Allium nigrum.* Lin. Sp. 430.
>
> ß. *Allium Monspessulanum.* Gouan. Obs. p. 24, tab. 16.

Sa tige est haute de deux pieds, nue, lisse & un peu dure ; ses feuilles sont radicales, au nombre de quatre ou cinq, longues, planes, pointues & d'un vert glauque. Ses fleurs sont grandes & purpurines ; les pétales sont droits ou demi-ouverts, & les étamines ne sont pas plus longues que la corolle. On trouve cette plante en Provence & en Languedoc, dans les champs. ♃

XXXIII. *Tige à deux angles.*

Ail anguleux. *Allium angulosum.* Lin. Sp. 430.

> *Allium montanum, foliis narcissi, minus.* Tournef. 384.
>
> ß. *Allium montanum, foliis narcissi, majus.* Ibid.
>
> *Allium senescens.* Lin. Sp. 430.

Sa racine, en vieillissant, devient ligneuse, horizontale

852. & garnie de beaucoup de fibres; elle pouſſe une tige droite, nue, liſſe, haute d'un pied à peu-près, & remarquable par deux angles oppoſés plus ou moins tranchans : ſes feuilles ſont radicales au nombre de ſix ou huit, longues de huit ou neuf pouces, larges de deux ou trois lignes, convexes en-deſſous, preſque planes en-deſſus, & torſes ou un peu contournées. Ses fleurs ſont légèrement rougeâtres & diſpoſées en ombelle hémiſphérique; les pétales ſont demi-ouverts, & les étamines ſont un peu plus longues que la corolle. On trouve cette plante dans les montagnes du Dauphiné & de la Provence. ♃

XXXIV. · *Feuilles cylindriques.*

Tige ventrue à ſa baſe; fleurs verdâtres ou légèrement rougeâtres. X X X V.	Tige grêle, non ventrue à ſa baſe; fleurs tout-à-fait purpurines. X X X V I.

XXXV. *Tige ventrue à ſa baſe; fleurs verdâtres ou légèrement rougeâtres.*

Ail oignon. *Allium cepa.* Lin. Sp. 431.

Cepa vulgaris. Tournef. 382.

Sa tige eſt haute de deux à trois pieds, nue, cylindrique, fiſtuleuſe & renflée dans ſa partie inférieure; ſes feuilles ſont longues, cylindriques, fiſtuleuſes & pointues, & ſes fleurs forment au ſommet de la tige une tête arrondie ou un peu ovale; les pétales ſont droits, preſque réunis à leur ſommet, & laiſſent ſaillir les étamines par les côtés des fleurs. Cette plante eſt cultivée dans les jardins potagers pour l'uſage de la cuiſine, ♂; ſa racine eſt maturative, diurétique, inciſive, alexitère & aphrodiſiaque.

XXXVI. *Tige grêle non ventrue à ſa baſe; fleurs tout-à-fait purpurines.*

Ail ciboule. *Allium ſchœnopraſum.* Lin. Sp. 432.

Cepa ſterilis, juncifolia, perennis. Tournef. 382.

β. *Cepa alpina, paluſtris, tenuifolia.* Ibid.

Ses tiges ſont grêles, cylindriques, & hautes de cinq à

852. six pouces ; ses feuilles sont aussi longues que les tiges, cylindriques, un peu fistuleuses, mais très-menues, filiformes & pointues ; ses fleurs sont purpurines, & forment une ombelle serrée & ramassée en tête. On trouve cette plante dans les lieux humides des montagnes de la Provence, ♃ ; on la cultive dans les jardins pour l'usage de la cuisine.

853. *Fleurs non ramassées dans un sphate commun & point disposées en ombelle* . . . .
{ Six écailles conniventes & staminifères au fond de la corolle. 854
{ Point d'écailles particulières chargées des étamines au fond de la corolle. . . . . 855.

854. *Six écailles conniventes & staminifères au fond de la corolle.*

Asphodèle. *Asphodelus.*

Les fleurs d'Asphodèle sont assez grandes, & disposées en épi simple ou rameux; elles sont composées d'une corolle à six divisions profondes, marquées d'une raie particulière dans leur milieu; de six étamines remarquables par les écailles qui soutiennent leurs filamens, & d'un ovaire chargé d'un style assez long. Le fruit est une capsule sphérique & à trois lobes.

A N A L Y S E.

Feuilles ensiformes, un peu en gouttière, & larges de quatre ou cinq lignes.	Feuilles presque cylindriques, très-menues, & un peu fistuleuses.
I.	I I.

854.

I. *Feuilles ensiformes, un peu en gouttière, & larges de quatre ou cinq lignes.*

Asphodèle rameux. *Asphodelus ramosus.* Lin. Sp. 444.

Asphodelus albus, ramosus, mas [& minor]. Tournef.
343.

β. *Asphodelus albus, non ramosus.* Ibid.

Sa tige est haute de trois pieds, cylindrique, nue, & plus ou moins rameuse dans sa partie supérieure; ses feuilles sont radicales, fort longues, nombreuses & ensiformes : ses fleurs sont grandes, ouvertes en étoile, & portées sur de courts pédoncules. Les pétales sont blancs, & chargés d'une ligne rougeâtre sur leur dos. On trouve cette plante dans les montagnes de la Provence. ♃

II. *Feuilles presque cylindriques, très-menues, & un peu fistuleuses.*

Asphodèle fistuleux. *Asphodelus fistulosus.* Lin. Sp. 444.

Asphodelus foliis fistulosis. Tournef. 344.

Sa tige est haute de deux pieds, grêle, nue, cylindrique, & un peu rameuse dans sa partie supérieure; ses feuilles sont radicales, nombreuses, menues, presque filiformes, d'un vert foncé, & fistuleuses : ses fleurs sont plus petites que celles de l'espèce précédente; leur corolle est composée de six pièces distinctes : les écailles des étamines sont velues, & le stigmate est un peu à trois lobes. On trouve cette plante dans les provinces méridionales. ♃

855.

Point d'écailles particulières chargées des étamines, au fond de la corolle . . . . . .

Corolle monopétale. . . . 856

Corolle polypétale. . . . . 86?

856.

Corolle monopétale . . . . . .

Étamines inclinées d'un seul côté; corolle longue de plus d'un pouce. 857

Étamines sans inclinaison remarquable; corolle dont la longueur n'excède pas un pouce. . . 858

857. *Étamines inclinées d'un seul côté ; corolle longue*
de plus d'un pouce.

Hemerocalle safranée. *Hemerocallis crocea.*

Lilio-asphodelus phœniceus. Tournef. 344.
Hemerocallis fulva. Lin. Sp. 462.

Sa tige est haute de trois pieds, nue, presque cylindrique, lisse & un peu rameuse à son sommet ; ses feuilles sont radicales, fort longues, ensiformes, un peu étroites & creusées en gouttière. Ses fleurs sont grandes, pédunculées & terminales ; leur corolle est d'un jaune rougeâtre, sur-tout intérieurement : elle forme à sa base un tube étroit, au fond duquel se trouve l'ovaire qui est bien certainement supérieur au réceptacle de cette corolle. Cette plante croît en Provence selon Garidel. ♃

---

858. *Étamines sans inclinaison remarquable ; corolle dont la longueur n'excède pas un pouce.*

Ovaire globuleux, non sillonné ; baie sphérique......... 859

Ovaire à trois côtés, & chargé de trois sillons ; capsule trigone. 860

---

859. *Ovaire globuleux, non sillonné ; baie sphérique.*

Muguet. *Convallaria.*

Les fleurs de Muguet sont composées d'une corolle en cloche ou en grelot, à quatre ou six divisions, d'un pareil nombre d'étamines, souvent moins longues que la corolle, & d'un ovaire qui se change en une baie sphérique, tachée avant sa maturité, & divisée intérieurement en deux ou trois loges.

ANALYSE.

Fleurs axillaires, ou disposées sous les feuilles.	Fleurs terminales, & point disposées sous les feuilles.
I.	VI.

859. **I.** *Fleurs axillaires ou disposées sous les feuilles.*

| Feuilles alternes.
I I. | Feuilles verticillées.
V. |

II. *Feuilles alternes.*

| Tige anguleuse;
péduncules uniflores.
I I I. | Tige presque cylindrique;
péduncules pluriflores.
I V. |

III.   *Tige anguleuse; péduncules uniflores.*

Muguet anguleux. *Convallaria angulosa.* [Sceau de Salomon].

> *Polygonatum latifolium , vulgare.* Tournef. 78.
> *Convallaria polygonatum.* Lin. Sp. 451.

Sa tige est haute d'un pied ou un peu plus, simple, anguleuse, dure, un peu courbée & feuillée dans toute sa moitié supérieure; ses feuilles sont ovales-lancéolées, glabres, légèrement nerveuses & semi - amplexicaules. Les fleurs sont blanches, pendantes & la plupart solitaires. On trouve cette plante dans les bois, ♃ ; sa racine passe pour vulnéraire, astringente & anti-herniaire.

IV. *Tige presque cylindrique; péduncules pluriflores.*

Muguet multiflore. *Convallaria multiflora.* Lin. Sp. 452.

> *Polygonatum latifolium , maximum.* Tournef. 78.
> β. *Polygonatum latifolium , hellebori albi foliis.* Ibid.

Sa tige est haute de deux pieds, simple, courbée & cylindrique, ou n'ayant qu'une ou deux côtes très-obtuses & peu saillantes; ses feuilles sont larges, ovales-elliptiques, ou un peu lancéolées, nerveuses, & souvent redressées ou réfléchies en-dessus : ses péduncules portent chacun deux à six fleurs pendantes & blanchâtres. On trouve cette plante dans les lieux couverts, les bois. ♃

V. *Feuilles verticillées.*

Muguet verticillé. *Convallaria verticillata.* Lin. Sp. 451.

Polygonatum angustifolium, non ramosum. Tournef. 78.

Sa tige est droite, ordinairement simple, creuse, feuillée, & s'élève jusqu'à un pied & demi; ses feuilles sont étroites, lancéolées-linéaires, pointues, lisses, à peine nerveuses & disposées quatre à quatre à chaque articulation : elles sont toutes plus longues que les entre-nœuds; les péduncules portent une à trois fleurs petites, pendantes & blanches ou un peu verdâtres. Cette plante croît dans les lieux couverts des provinces méridionales. ♃

VI. *Fleurs terminales , & point disposées sous les feuilles:*

Hampe nue; corolle à six divisions. **V I I.**	Tige feuillée; corolle à quatre divisions. **V I I I.**

VII.   *Hampe nue; corolle à six divisions.*

Muguet de mai. *Convallaria majalis.* Lin. Sp. 451.

Lilium convallium album. Tournef. 77.

Sa tige est haute de cinq à six pouces, très-grêle, nue, & un peu courbée sous le poids des fleurs; ses feuilles sont radicales, ovales-lancéolées, lisses, & ordinairement au nombre de deux : ses fleurs sont blanches, courtes, campanulées ou en grelot, un peu pendantes & disposées en une espèce de grappe terminale ou en épi lâche & unilatéral; elles ont une odeur agréable. On trouve cette plante dans les bois, parmi les haies, ♃; ses fleurs sont céphaliques, atténuantes & anti-spasmodiques.

VIII.   *Tige feuillée; corolle à quatre divisions.*

Muguet quadrifide. *Convallaria quadrifida.*

Smilax unifolia, humillima. Tournef. 654.

Convallaria bifolia. Lin. Sp. 452.

Sa racine est fibreuse, & pousse à l'entrée du printemps

859. une seule feuille portée sur un assez long pétiole ; quelque p[ ] temps après la tige se développe & s'élève à la hauteur de trois ou quatre pouces ; elle est chargée d'une ou deux feuilles, & se termine par un épi lâche, composé de petites fleurs blanchâtres, dont la corolle est à quatre divisions profondes, réfléchies contre le péduncule, les étamines au nombre de quatre, & l'ovaire chargé d'un style légèrement bifide à son sommet. Les feuilles sont cordiformes, lisses & un peu nerveuses. On trouve cette plante dans les bois montagneux. ♃

---

860. *Ovaire à trois côtés, & chargé de trois sillons ;*

capsule trigone.

Jacinthe. *Hyacinthus.*

Les fleurs de Jacinthe sont composées d'une corolle tubulée ou en grelot, & à six divisions plus ou moins profondes, de six étamines plus courtes que la corolle, & d'un ovaire surmonté par un style simple. Cet ovaire est chargé de trois pores presque imperceptibles, mais remarquables par une petite goutte de liqueur qui en transsude & qu'on y découvre assez souvent.

ANALYSE.

Péduncules n'étant pas plus longs que les corolles.	Péduncules des fleurs supérieures, beaucoup plus longs que les corolles.
I.	VI.

I. *Péduncules n'étant pas plus longs que les corolles.*

Corolle oblongue, & dont l'entrée n'est point rétrécie.	Corolle ovale ou globuleuse, & rétrécie à son entrée.
I I.	I I I.

II. *Corolle oblongue, & dont l'entrée n'est point rétrécie.*

Jacinthe des prés. *Hyacinthus pratensis.*

> *Hyacinthus oblongo flore, cæruleus, major.* Tournef. 344.
> *Hyacinthus non scriptus.* Lin. Sp. 453.

Sa tige est droite, cylindrique, nue, & s'élève un peu au-delà d'un pied; ses feuilles sont radicales, longues de sept à huit pouces, larges de trois lignes, planes, lisses, foibles, & presque couchées sur la terre au bas de la plante. Les fleurs forment un épi lâche au sommet de la tige; elles sont ordinairement bleues, d'une odeur très-agréable, tournées souvent d'un même côté, & un peu pendantes: leur corolle est découpée un peu au-delà de moitié, ou quelquefois jusqu'à sa base, & le sommet de ses divisions est rejeté en-dehors. A la base de chaque fleur, on trouve une couple de bractées linéaires, colorées, & presque aussi longues que les corolles. Cette plante est commune dans les prés en Picardie, en Artois. ♃

III. *Corolle ovale ou globuleuse & rétrécie à son entrée.*

Feuilles grêles, presque cylindriques, & d'une ligne à peine de largeur. **I V.**	Feuilles de deux à trois lignes de largeur, & simplement canaliculées. **V.**

IV. *Feuilles grêles, presque cylindriques, & d'une ligne à peine de largeur.*

Jacinthe à feuilles de jonc. *Hyacinthus juncifolius.*

> *Muscari arvense juncifolium, cæruleum, minus.* Tournef. 348.
> *Hyacinthus racemosus.* Lin. Sp. 455.

Sa tige est grêle, nue, cylindrique, & haute de cinq à six pouces; ses feuilles sont menues, plus longues que la tige, linéaires, assez semblables à celles de quelques espèces de jonc, mais plus foible, & chargée d'une cannelure en gouttière: les fleurs sont petites, nombreuses, & disposées

860. en un épi court, ovale & serré. Les corolles sont bleues, mais leur limbe forme un petit rebord blanc, qui se colore par la suite. On trouve cette plante dans les lieux cultivés. ♃

V. *Feuilles de deux à trois lignes de largeur, & simplement canaliculées.*

Jacinthe botride. *Hyacinthus botryoides.* Lin. Sp. 455.

Muscari cœruleum, majus. Tournef. 347.

Cette espèce a beaucoup de rapport avec la précédente, mais sa tige s'élève un peu plus, & ses feuilles sont plus larges, plus fermes & plus redressées; ses fleurs sont inodores, & leur corolle est globuleuse, bleue, & terminée par un très-petit rebord blanc. On trouve cette plante dans les provinces méridionales.

VI. *Péduncules des fleurs supérieures beaucoup plus longs que les corolles.*

Jacinthe à toupet. *Hyacinthus comosus.* Lin. Sp. 455.

Muscari arvense, latifolium, purpurascens. Tournef. 347.

Sa tige est nue, cylindrique, lisse & haute de huit à dix pouces ou quelquefois davantage; ses feuilles sont radicales longues, larges de trois lignes, un peu épaisses, & planes au moins supérieurement. Ses fleurs sont d'un bleu-rougeâtre, disposées en un épi fort long & lâche dans sa partie inférieure; les péduncules inférieurs sont très-ouverts, & de même couleur que celle de la tige : les supérieurs sont redressés, colorés, fort longs, & soutiennent de petites fleurs ordinairement stériles. On trouve cette plante dans les champs, les lieux cultivés, & sur le bord des bois. ♃

861.

Corolle polypétale. . . . .
{
Plantes ayant des feuilles radicales; capsule à trois loges polyspermes. 862

Plantes sans feuilles radicales; baie à deux ou trois semences. 863
}

Plantes

62. *Plantes ayant des feuilles radicales ; capsule à trois loges polyspermes.*

Ornithogale. *Ornithogalum.*

Les fleurs d'Ornithogale sont composées d'une corolle de six pièces lancéolées, souvent imparfaitement colorées & plus ou moins ouvertes; de six étamines, dont les filamens sont simples ou quelquefois trifides à leur sommet; & d'un ovaire chargé d'un style à peu‑près de la longueur des étamines.

O B S. Il y a plus de différence entre le *Bistorta*, le *Fagopyrum* & le *Polygonum* de M. de Tournefort, qu'entre le *Scilla*, l'*Ornithogalum* & la plupart des *Anthericum* de M. Linné. Les filamens des étamines, filiformes ou alternativement élargis à leur base, & l'évasement plus ou moins considérable de la corolle, n'offrent pour la distinction de ces derniers genres, que des caractères obscurs & très‑imparfaits.

A N A L Y S E.

Fleurs bleues ou purpurines.	Fleurs blanches ou jaunâtres.
I.	V I.

I.   *Fleurs bleues ou purpurines.*

Feuilles planes, & larges de plus d'une ligne.	Feuilles filiformes, & n'ayant pas une ligne de largeur.
I I.	V.

II. *Feuilles planes, & larges de plus d'une ligne.*

Deux ou trois feuilles seulement.	Toujours plus de trois feuilles.
I I I.	I V.

862. **III.** *Deux ou trois feuilles seulement.*

Ornithogale double-feuille. *Ornithogalum bifolium.*

Ornithogalum bifolium, germanicum, cæruleum. Tournef. 380.

Scilla bifolia. Lin. Sp. 443.

Sa tige est haute de quatre à six pouces, nue, lisse & cylindrique; ses feuilles sont radicales, communément au nombre de deux, larges de trois lignes, un peu obtuses à leur sommet, & à peine plus longues que la tige. Les fleurs sont au nombre de deux à cinq, disposées en épi lâche, & composées de six pétales ouverts en étoile. On trouve cette plante dans les lieux couverts, & les pâturages en Alsace, ♃; elle fleurit au commencement d'Avril.

IV. *Toujours plus de trois feuilles.*

Ornithogale écailleux. *Ornithogalum squamosum.*

Lilio-hyacinthus vulgaris, flore cæruleo. Tournef. 372.

Scilla lilio-hyacinthus. Lin. Sp. 442.

Sa racine est écailleuse, oblongue & jaunâtre; elle pousse une tige nue, haute de six à sept pouces, & chargée à son sommet de plusieurs fleurs bleues, ouvertes en étoile; ses feuilles sont radicales, au nombre de six ou sept, lisses, planes, disposées en rond au bas de la plante, & ordinairement moins longues que la tige. Cette plante a été observée dans les provinces méridionales, par Dom Fourmaut. ♃

O B S. Le *Scilla amœna* de M. Linné croît spontanément dans le petit bois du Jardin Royal à Paris; on le distingue de l'espèce, que je viens de décrire, par sa racine bulbeuse, non écailleuse, & par ses feuilles plus longues que la tige.

V. *Feuilles filiformes, & n'ayant pas une ligne de largeur.*

Ornithogale d'automne. *Ornithogalum autumnale.*

Ornithogalum autumnale, minus, floribus cæruleis. Tournef. 381.

Scilla autumnalis. Lin. Sp. 443.

Sa tige est nue, grêle & haute de cinq à six pouces,

ò862. ſes feuilles ſont radicales, très-menues, filiformes, foibles, vertes, moins longues que la tige, & ſe fanent très-ſouvent avant le développement des fleurs. Les fleurs ſont bleues ou purpurines & un peu diſpoſées en corymbe. On trouve cette plante dans les environs de Paris. ♃

VI.   *Fleurs blanches ou jaunâtres.*

Fleurs diſpoſées en un corymbe ombelliforme. **V I I.**	Fleurs en épi ou en panicule. **X.**

VII.   *Fleurs diſpoſées en un corymbe ombelliforme.*

Pétales verts & blancs. **V I I I.**	Pétales jaunes intérieurement. **I X.**

VIII.   *Petales verts & blancs.*

Ornithogale ombellé. *Ornithogalum umbellatum.* Lin. Sp. 441.

> *Ornithogalum umbellatum, medium, anguſtifolium.* Tournef. 378.

Sa tige eſt droite, nue & haute de cinq à ſix pouces ; elle ſe termine ſupérieurement par un corymbe étalé, compoſé de ſept à huit fleurs pédunculées, aſſez grandes & remarquables par leurs pétales alongés, pointus, blanchâtres en leurs bords, & verts dans leur partie moyenne : les péduncules ſont garnis de bractées longues, membraneuſes & pointues ; les filamens des étamines ſont ſimples & non échancrés ; les feuilles ſont radicales, étroites & un peu en gouttière. On trouve cette plante dans les champs, les lieux cultivés. ♃

IX.   *Pétales jaunes intérieurement.*

Ornithogale jaune. *Ornithogalum luteum.* Lin. Sp. 440.

> *Ornithogalum luteum.* Tournef. 379.
> β. *Ornithogalum luteum, minus.* Ibid.
> *Ornithogalum minimum.* Lin. Sp. 440.

Sa tige eſt haute de deux à quatre pouces, anguleuſe,

862. glabre inférieurement, & se divise vers son sommet en plusieurs rameaux ou péduncules pubescens, & disposés en corymbe : à la base de chaque rameau, on observe une bractée longue, étroite & pointue : les feuilles radicales sont étroites, souvent plus longues que la tige & rarement au-delà de deux : les pétales sont ligulés, velus en dehors, & jaunes intérieurement : les filamens des étamines ne sont point élargis à leur base. On trouve cette plante dans les champs secs & arides. ♃

X. *Fleurs en épi ou en panicule.*

Tige simple.	Tige rameuse.
X I.	X X.

XI. *Tiges simples.*

Étamines & pistil sans inclinaison particulière.	Étamines ou pistil ayant une inclinaison remarquable.
X I I.	X V I I.

XII. *Étamines & pistil sans inclinaison particulière.*

Pétales tout-à-fait blancs ; feuilles larges de deux pouces ou davantage.	Pétales verdâtres sur leur dos & colorés en leurs bords ; feuilles larges de moins d'un pouce.
X I I I.	X I V.

XIII. *Pétales tout-à-fait blancs ; feuilles larges de deux pouces ou davantage.*

Ornithogale maritime. *Ornithogalum maritimum.*

> *Ornithogalum maritimum, seu scilla radice rubrâ.* Tournef. 381.
>
> β. *Ornithogalum maritimum, seu scilla radice alba.* Ibid.
> *Scilla maritima.* Lin. Sp. 442. [α, β]

Sa racine est une bulbe plus grosse que le poing, formée

862. de plusieurs tuniques épaisses, charnues & rougeâtres ou blanchâtres selon les variétés ; elle pousse une tige haute de deux pieds, droite, nue & terminée par un épi conique, composé de beaucoup de fleurs blanches, ouvertes en étoile : les feuilles sont radicales, larges, longues presque d'un pied, & couchées sur la terre. On trouve cette plante dans les sables sur les bords de la mer en Bretagne, en Normandie. ♃ Sa racine est incisive, diurétique & apéritive.

XIV. *Pétales verdâtres sur leur dos, & colorés en leurs bords ; feuilles larges de moins d'un pouce.*

Pétales d'un blanc - jaunâtre en leurs bords ; tige de deux pieds. X V.	Pétales d'un blanc de lait en leurs bords ; tige de moins de deux pieds. X V I.

X V. *Pétales d'un blanc - jaunâtre en leurs bords ; tige de deux pieds.*

Ornithogale jaunissant. *Ornithogalum flavescens.*

Ornithogalum angustifolium majus, floribus ex albo virescentibus. Tournef. 379.

Ornithogalum Pyrenaicum. Lin. Sp. 440.

Sa tige est simple, nue, très-droite & haute de deux pieds ou quelquefois davantage ; elle se termine par un épi fort long, pointu & composé de beaucoup de fleurs : les péduncules de celles qui sont épanouies sont très-ouverts, mais tous les autres sont redressés & serrés contre l'axe de l'épi ; les pétales sont ligulés, verdâtres dans leur milieu & d'un blanc sale & jaunâtre en leurs bords : les bractées sont membraneuses, élargies à leur base & très-aiguës. On trouve cette plante dans les environs de Paris. ♃

X V I. *Pétales d'un blanc de lait en leurs bords ; tige de moins de deux pieds.*

Ornithogale de Narbonne. *Ornithogalum Narbonense.* Lin. Sp. 440.

Ornithogalum majus, spicatum, flore albo. Tournef. 379.

Cette plante n'est qu'une variété de la précédente selon

862. M. Gérard; cependant sa tige ne s'élève que jusqu'à un pied & demi , & ses fleurs sont toujours un peu plus grandes & n'ont jamais un aspect jaunâtre : les feuilles dans l'un & dans l'autre espèce se fanent la plupart avant l'épanouissement des fleurs. On trouve celle-ci en Languedoc & en Provence. ♃

XVII. *Étamines ou pistil ayant une inclinaison remarquable.*

Corolle ouverte en étoile ; épi lâche & assez long. **X V I I I.**	Corolle simplement campanulée ; épi court & presque unilatéral. **X I X.**

XVIII. *Corolle ouverte en étoile ; épi lâche & assez long.*

Ornithogale graminé. *Ornithogalum gramineum.*

Phalangium parvo flore , non ramosum. Tournef. 368.
Anthericum liliago. Lin. Sp. 445.

Sa tige est cylindrique, nue, ferme , & haute d'un pied & demi ; ses feuilles sont radicales, longues d'un pied, larges d'une ligne & demie tout au plus, planes, légèrement en gouttière , & ressemblent un peu à celles des graminées : les fleurs sont blanches, larges d'un pouce & demi dans leur épanouissement, fort écartées les unes des autres à la base de l'épi, & très-rapprochées à son sommet. Les bractées des fleurs inférieures sont longues, linéaires & pointues. Les pétales sont très-minces, & chargées de trois lignes sur leur dos : le pistil est sensiblement incliné. On trouve cette plante dans les environs de Paris. ♃

XIX. *Corolle simplement campanulée ; épi court & presque unilatéral.*

Ornithogale liliforme. *Ornithogalum liliforme.*

Liliastrum alpinum minus. Tournef. 369.
Anthericum liliastrum. Lin. Sp. 445.

Sa tige est haute d'un pied, nue & cylindrique ; ses feuilles sont radicales, planes, presque aussi longues que la tige , &

862. larges de deux ou trois lignes : ſes fleurs ſont blanches, grandes, fort belles, & la plupart tournées d'un même côté. Les pétales preſque connivens, leur donnent l'aſpect de celles du lys ordinaire. Les bractées inférieures ſont fort longues. Cette plante croît dans les pâturages des montagnes de la Provence. ♃

XX.   *Tige rameuſe.*

Ornithogale rameux. *Ornithogalum ramoſum.*

> *Phalangium parvo flore, ramoſum.* Tournef. 368.
> *Anthericum ramoſum.* Lin. Sp. 445.

Sa tige eſt haute de deux pieds, droite, nue & rameuſe vers ſon ſommet, où elle forme une panicule lâche ; ſes feuilles ſont radicales, longues, linéaires, étroites, & aſſez ſemblables à celles des plantes graminées : les fleurs ſont blanches & moins grandes que celles des deux eſpèces précédentes avec leſquelles celle-ci a beaucoup de rapport : le piſtil n'eſt point incliné. La bractée inférieure eſt longue de deux pouces, linéaire & aiguë. On trouve cette plante dans les lieux mon-tagneux & incultes. ♃

---

863. *Plantes ſans feuilles radicales ; baie à deux ou trois ſemences.*

Aſperge. *Aſparagus.*

Les fleurs d'Aſperges ſont petites, compoſées de ſix pétales droits, un peu réfléchis à leur ſommet, ſur-tout les trois intérieurs, & preſque connivens à leur baſe, de ſix étamines plus courtes que la corolle, adhérentes chacune à la baſe de chaque pétale ſans s'y inſérer poſitivement, & d'un ovaire en poire renverſée. Je n'y ai point obſervé de ſtyle ; le fruit eſt une baie ſphérique.

A N A L Y S E.

Tige herbacée ; feuilles ſétacées, molles & point piquantes.	Tige ligneuſe ; feuilles courtes, roides & un peu piquantes.
I.	I I.

863.

I. *Tige herbacée; feuilles sétacées, molles & point piquantes.*

Asperge officinale. *Asparagus officinalis.* Lin. Sp. 448.

Asparagus sylvestris, tenuissimo folio. Tournef. 300.

β. *Asparagus maritimus, crassiore folio.* Ibid.

γ. *Asparagus sativa.* Ibid.

Sa tige est droite, cylindrique, verte, très-rameuse & paniculée dans sa partie supérieure, & s'élève jusqu'à deux ou trois pieds; ses feuilles sont linéaires, sétacées, molles & disposées deux à cinq ensemble par faisceaux assez nombreux. A la base de chaque faisceau, on trouve une stipule membraneuse extrêmement petite : les fleurs sont d'un vert jaunâtre, pédunculées, & disposées à l'origine des rameaux; il leur succède des baies d'un rouge vif dans leur maturité. On trouve cette plante dans les provinces méridionales. La variété β croît dans les lieux voisins de la mer; la variété γ est cultivée dans les jardins pour l'usage de la cuisine, ♃; sa racine est apéritive & diurétique.

II. *Tige ligneuse; feuilles courtes, roides & un peu piquantes.*

Asperge piquante. *Asparagus acutifolius.* Lin. Sp. 449.

Asparagus foliis acutis. Tournef. 300.

Sa tige est haute d'un à deux pieds, blanchâtre, striée, très-rameuse & presque en buisson; ses feuilles sont longues d'une ligne & demie tout au plus, roides, aiguës, un peu piquantes, vertes, nombreuses, & ramassées par faisceaux très-rapprochés les uns des autres, & disposées sur les rameaux. Les fleurs sont solitaires, d'un blanc jaunâtre, & portées sur des péduncules à peine plus longs que les feuilles. On trouve cette espèce dans les lieux stériles & pierreux des provinces méridionales. ♄

864. *Style ou stigmate à trois divisions............*
{ Base intérieure des pétales, distinguée par une rainure, ou une fossette, ou deux callosités remarquables............ 865

Aucune rainure, ni fossette, ni callosité particulière à la base intérieure des pétales. ... 872

865. *Base intérieure des pétales, distinguée par une rainure, ou une fossette, ou deux callosités remarquables.*
{ Une rainure longitudinale à la base intérieure des pétales.. 866

Une fossette ou deux callosités à la base intérieure des pétales. 867

866. *Une rainure longitudinale à la base intérieure des pétales.*

Lys. *Lilium.*

Les fleurs de Lys font grandes, fort belles, composées de six pétales ovales-lancéolés, un peu épais, réunis en manière de cloche, & remarquables par une cannelure longitudinale, disposée en leur surface intérieure ; de six étamines un peu moins longues que les pétales ; & d'un ovaire oblong, chargé d'un style de la longueur de la corolle : le stigmate est épais & à trois lobes ou trois angles obtus. Le fruit est une capsule presque cylindrique, marquée de six sillons, dont trois plus profonds que les autres, & divisée en trois loges.

ANALYSE.

Feuilles éparses.	Feuilles verticillées.
I.	VIII.

I.	Feuilles éparses.

Corolle tout-à-fait blanche.	Corolle rouge ou jaunâtre.
II.	III.

866. II.   *Corolle tout-à-fait blanche.*

Lys blanc. *Lilium candidum.* Lin. Sp. 433.

Lilium album, vulgare. Tournef. 369.

Sa tige est haute de deux ou trois pieds, droite, cylindrique & très-simple; ses feuilles sont entières, éparses, oblongues, ondulées, pointues, & d'autant plus courtes & plus étroites, qu'elles sont plus voisines du sommet de la tige; les fleurs sont terminales, pédunculées, fort belles & d'une odeur exquise. Cette plante paroît étrangère, mais on la cultive dans tous les jardins, dont elle fait l'ornement, ♃ sa racine est émolliente, anodine & maturative.

III.   *Corolle rouge ou jaunâtre.*

Corolles droites & simplement campanulées. I V.	Corolles pendantes, & dont les pétales sont réfléchies en-dessus. V.

IV.   *Corolles droites & simplement campanulées.*

Lys bulbifère. *Lilium bulbiferum.* Lin. Sp. 433.

Lilium purpuro-croceum, majus. Tournef. 369.

β. *Lilium purpuro-croceum, minus.* Ibid. 370.

Sa tige est haute d'un à deux pieds, droite, très-simple, feuillée & terminée par une ou plusieurs fleurs; ses feuilles sont éparses, assez petites, étroites, pointues, & chargées de lignes ou de nervures très-fines en leur surface inférieure; on trouve dans leurs aisselles supérieures de petites bulbes blanchâtres & sessiles. Les fleurs sont grandes, d'un pourpre jaunâtre ou couleur de safran, parsemées intérieurement de petites taches noires & pubescentes en leur rainure. Cette plante croît en Alsace & en Provence, dans les lieux montagneux & humides. ♃

56. *V. Corolles pendantes , & dont les pétales font réfléchis en - deſſus.*

Corolles tout-à-fait rouges , & point ponctuées. VI.	Corolles jaunâtres , & plus ou moins ponctuées. VII.

VI. *Corolles tout-à-fait rouges , & point ponctuées.*

Lys rouge. *Lilium rubrum.*

> *Lilium rubrum , anguſtifolium.* Tournef. 371.
>
> *Lilium pomponium.* Lin. Sp. 434.

Sa tige eſt haute d'un pied & demi, droite, ſimple & abondamment garnie de feuilles dans toute ſa longueur ; ſes feuilles font éparſes, nombreuſes, étroites, pointues, & vont en diminuant de grandeur vers le ſommet de la tige, de ſorte que les ſupérieures font très-petites. Les fleurs font terminales, fort belles, d'un rouge vif, & rarement au-delà de quatre. On trouve cette plante en Provence. ♃

VII. *Corolles jaunâtres & plus ou moins ponctuées.*

Lys jaune. *Lilium flavum.*

> *Lilium flavum , anguſtifolium.* Tournef. 371.
>
> *Lilium Pyrenaïcum.* Gouan. Obſ. 25.

Cette eſpèce a beaucoup de rapport avec la précédente ; ſa tige eſt haute d'un à deux pieds, ſimple & garnie de feuilles éparſes, nombreuſes & très-rapprochées les unes des autres ; elles font étroites-lancéolées, nerveuſes en-deſſous, & vont en diminuant de grandeur vers le ſommet de la tige. Les fleurs font terminales, à peine au-delà de trois, & quelquefois ſolitaires ; leur corolle eſt jaune, d'une couleur pâle en-dehors, & parſemée en-dedans de points rouges ou noirâtres. Cette plante croît dans les Pyrénées. ♃

866. **VIII.** *Feuilles verticillées.*

Lys martagon. *Lilium martagon.* Lin. Sp. 435.

    Lilium floribus reflexis, montanum, flore rubente. Tourn[ef.]
    37o.

  β. *Lilium floribus reflexis, montanum, flore albicante.* Ibid.

  γ. *Lilium floribus reflexis, alterum, lanuginosum, hirsutum.* Ib[id.]

Sa tige est droite, simple, quelquefois tachée, & s'élève
jusqu'à deux pieds ; ses feuilles sont ovales-lancéolées,
pointues, nerveuses en-dessous, & disposées par verticill[es]
dont les supérieurs sont souvent imparfaits : les fleurs so[nt]
rougeâtres ou blanchâtres, communément velues en-dehors
sur-tout avant leur épanouissement, pendantes & parsemé[es]
de taches purpurines ou noirâtres : leurs pétales sont réfléch[is]
en-dessus. Cette plante croît en Provence, en Alsace, & s[ur]
le Mont d'or en Auvergne. ♃

867.

Une fossette ou deux callosités à la base intérieure des pétales . . . .
{
  Une fossette arrondie ou oval[e]
  à la base intérieure de chaqu[e]
  pétale. . . . . 86[7]

  Deux callosités saillantes à l[a]
  base des trois pétales intérieurs
  87[0]
}

868.

Une fossette arrondie ou ovale, à la base intérieure de chaque pétale.
{
  Fleurs terminales ; feuilles étroite[s]
  & sessiles. . . . . 86[9]

  Fleurs disposées sous les feuilles
  feuilles larges & amplexicaules.
  87[0]
}

---

869. *Fleurs terminales ; feuilles étroites & sessiles.*

Fritillaire. *Fritillaria.*

Les fleurs de Fritillaire sont pendantes, composées de si[x]
pétales disposés en cloche pentagone, de six étamines presque
aussi longues que la corolle, & d'un ovaire oblong chargé
d'un style qui excède la longueur des étamines, & dont l[e]
stigmate est trifide. Le fruit est une capsule oblongue, prismatique & triloculaire.

A N A L Y S E.

Toutes les feuilles alternes; tige uniflore. **I.**	Feuilles inférieures opposées; tige pluriflore. **I I.**

I.   *Toutes les feuilles alternes ; tige uniflore.*

Fritillaire méléagre. *Fritillaria meleagris.* Lin. Sp. 436.

> *Fritillaria præcox , purpurea , variegata.* Tournef. 377.

> β. *Fritillaria alba , præcox.* Ibid.

> γ. *Fritillaria lutea maxima , italica.* Ibid.

> δ. *Fritillaria serotina , floribus exflavo virentibus.* Ibid.

Sa tige est droite, menue, très-simple, & haute de huit à neuf pouces ; ses feuilles sont au nombre de trois ou quatre, écartées, longues, étroites & pointues ; sa fleur est terminale, fort belle, & ressemble un peu à une tulipe renversée ; elle varie dans sa couleur, mais elle est communément panachée ou tachée par petits carreaux en forme de damier. On trouve cette plante dans les pâturages humides & dans les montagnes. ♃

II.   *Feuilles inférieures opposées ; tige pluriflore.*

Fritillaire des Pyrénées. *Fritillaria Pyrenaïca.* Lin. Sp. 436.

> *Fritillaria flore minore.* Tournef. 377.

Je ne sai si cette espèce est suffisamment distinguée de la précédente ; selon les Auteurs sa tige s'élève davantage, ses feuilles sont plus étroites & ses fleurs plus petites ; elles sont ordinairement séparées par une feuille. On trouve cette plante dans les montagnes de la Provence. ♃

870. *Fleurs disposées sous les feuilles ; feuilles larges &*
amplexicaules.

Uvulaire amplexicaule. *Uvularia amplexifolia.* Lin.
Sp. 436.

> *Polygonatum latifolium, quartum, ramosum.* Cluft. Hift. I.
> p. 276.

Sa tige eft haute d'un pied, rameufe, feuillée & cylindrique ; fes feuilles font alternes, amplexicaules, pointues, liffes & nerveufes : fes fleurs font petites, pendantes, folitaires & attachées à des péduncules courbés dans leur milieu, & qui naiffent à la bafe des feuilles : leur corolle eft campanulée, & compofée de fix pétales lancéolés, diftingués chacun par une petite foffette à leur bafe intérieure. Les étamines font très-courtes, & au nombre de fix ; le fruit eft une baie qui devient rougeâtre en mûriffant. Cette plante croît en Dauphiné dans les lieux couverts de montagnes. ♃

---

871. *Deux callofités faillantes à la bafe des trois*
pétales intérieurs.

Dent-de-chien mouchetée. *Erythronium maculofum.*

> *Dens canis latiore rotundioreque folio.* Tournef. 378.
> β. *Dens canis anguftiore longioreque folio.* Ibid.
> *Erythronium dens canis.* Lin. Sp. 437. [α, β].

Sa tige eft une hampe uniflore, haute de cinq à fix pouces, garnie dans fa partie inférieure d'une couple de feuilles ovales-lancéolées, très-ouvertes, & mouchetées & panachées de vert & d'un rouge obfcur. Sa fleur eft terminale, pendante, compofée de fix pétales lancéolés, pointus, & à demi réfléchis en-deffus ; de fix étamines inférées aux onglets des pétales ; & d'un ovaire dont le ftyle eft plus long que les étamines, & terminé par trois ftigmates. On trouve cette plante dans les lieux couverts des montagnes. ♃

---

872. *Aucune rainure, ni foffette, ni callofité particulière à la bafe intérieure des pétales.*
<table>
<tr><td>Pétales ftaminifères & à onglets étroits. . . . . 873</td></tr>
<tr><td>Pétales non ftaminifères & fans onglets remarquables. . . . . 876</td></tr>
</table>

·873·

Pétales staminifères & à onglets étroits. . . . . {

Feuilles lancéolées ; point d'écailles glumacées embriquées autour des fleurs. 874

Feuilles nulles ; des écailles glumacées embriquées autour des fleurs. 875

---

874. *Feuilles lancéolées ; point d'écailles glumacées embriquées autour des fleurs.*

Campanette printannière. *Bulbocodium vernum.* Lin. Sp. 422.

Colchicum vernum , Hispanicum. Tournef. 350.

Cette plante a beaucoup de rapport avec les Colchiques, *n.° 878 ;* ses feuilles sont radicales & lancéolées. Sa fleur est campanulée, blanche avant son épanouissement, & acquiert en s'ouvrant, une couleur purpurine plus ou moins foncée ; elle naît presque immédiatement de la racine , & est composée de six pétales dont les onglets sont longs & étroits ; de six étamines insérées sur les onglets des pétales ; & d'un ovaire pointu, chargé d'un style de la longueur des étamines, & terminé par trois stigmates. Le fruit est une capsule obtusément triangulaire, pointue & divisée en trois loges polyspermes. Cette plante a été observée dans le Dauphiné par M. de Villars. ♃

---

875. *Feuilles nulles ; des écailles glumacées embriquées autour des fleurs.*

Non-feuillée de Montpellier. *Aphyllantes Monspeliensis.* Lin. Sp. 422.

Aphyllantes Monspeliensium. Tournef. 657.

Cette plante a l'aspect d'un petit jonc ; ses tiges sont des hampes nues, grêles, & hautes de sept à huit pouces : elles sont chargées à leur extrémité d'une ou deux fleurs sessiles, blanches ou bleuâtres, & environnées à leur base par des écailles luisantes, scarieuses & un peu roussâtres. On trouve cette plante dans les lieux pierreux des provinces méridionales. ♃

876. *Pétales non staminifères, & sans onglets remarquables.*

Jonc. *Juncus.*

Les Joncs tiennent le milieu entre les Liliacées, auxquelles ils ont de très-grands rapports, & les plantes graminées auxquelles ils ressemblent aussi beaucoup par le port en général, sur-tout à celles qui forment la division des Scirpes, des Souchets, &c. Leurs fleurs sont petites, composées de six pétales pointus & coriaces; de six étamines dont les anthères sont souvent aussi longues que la corolle, & d'un ovaire, dont le style est terminé par trois stigmates quelquefois plumeux. Le fruit est une capsule uniloculaire & trivalve.

ANALYSE.

Tige nue, entièrement ou dans toute sa moitié inférieure. I.	Tige feuillée, au moins dans sa moitié inférieure. XIV.

I. *Tige nue, entièrement ou dans toute sa moitié inférieure.*

Tige chargée d'une à trois fleurs. II.	Tige chargée de plus de trois fleurs. III.

II. *Tige chargée d'une à trois fleurs.*

Jonc trifide. *Juncus trifidus.* Lin. Sp. 465.

Juncus acumine reflexo, minor & trifidus. Tournef. 246.

Sa tige est haute de six à huit pouces, menue, cylindrique, garnie près de sa racine, de plusieurs écailles vaginales roussâtre, & chargée vers son sommet de deux ou trois feuilles sétacées, aiguës, lisses, & qui, par leur rapprochement, font souvent paroître son extrémité trifide. Ses fleurs sont terminales, brunes, luisantes, quelquefois solitaires & rarement au nombre de trois. On trouve cette plante sur les montagnes de la Provence. ♃

III.

876. **III.** *Tige chargée de plus de trois fleurs.*

Bouquet de fleurs tout-à-fait terminal & sans bractées saillantes à sa base. **I V.**	Bouquet de fleurs n'étant pas à la fois terminal & sans bractées à sa base. **V.**

IV. *Bouquet de fleurs tout-à-fait terminal & sans bractées saillantes à sa base.*

Jonc rude. *Juncus squarrosus.* Lin. Sp. 465.

Juncus parvus, cum pericarpiis rotundis. Tournef. 247.

Cette plante a une rigidité très-remarquable; sa tige est nue, & ne s'élève que jusqu'à six à sept pouces; ses feuilles sont radicales, vertes, sétacées, un peu carinées & aiguës; ses fleurs forment une panicule terminale, non feuillée, & ses fruits sont luisans & roussâtres. On trouve cette plante dans les lieux humides & marécageux. ♃

V. *Bouquet de fleurs n'étant pas à la fois terminal & sans bractées à sa base.*

Bouquet de fleurs terminal, entre deux bractées piquantes, ou un peu latéral avec une bractée saillante à sa base. **V I.**	Bouquet de fleurs parfaitement latéral & sans bractée saillante à sa base. **V I I.**

V I. *Bouquet de fleurs terminal, entre deux bractées piquantes, ou un peu latéral avec une bractée saillante à sa base.*

Jonc piquant. *Juncus acutus.* Lin. Sp. 463.

Juncus acutus, capitulis sorghi. Tournef. 246.

Sa tige est nue, cylindrique & se termine par une pointe

Tome III. T

876. aiguë & piquante ; ſes fleurs ſont diſpoſées en une panicule lâche, imparfaitement terminale, ou diſpoſées un peu latéralement, dans l'aiſſelle d'une bractée aiguë & ſaillante ; ſes feuilles ſont radicales, cylindriques & piquantes à leur ſommet. On trouve cette plante dans les lieux marécageux. ♃

VII. *Bouquet de fleurs parfaitement latéral & ſans bractée*

ſaillante à ſa baſe.

Bouquet de fleurs diſpoſé preſque au milieu de la tige qui ne s'élève que juſqu'à un pied.	Bouquet de fleurs diſpoſé au moins au tiers ſupérieur de la tige qui s'élève au-delà d'un pied.
V I I I.	I X.

VIII. *Bouquet de fleurs diſpoſé preſque au milieu de la tige*

qui ne s'élève que juſqu'à un pied.

Jonc filiforme. *Juncus filiformis.* Lin. Sp. 465.

Juncus lævis, panicula ſparſa, minor. Bauh. Pin. 12.

Sa tige eſt cylindrique, grêle, foible & plus ou moins penchée ; ſes feuilles ſont radicales, molles & ſétacées ; & ſes fleurs ſont d'une couleur pâle & diſpoſées en une panicule peu garnie, placée dans la partie moyenne de la tige. Cette plante croît dans les marais. ♃

IX. *Bouquet de fleurs diſpoſé au moins au tiers ſupérieur*

de la tige qui s'élève au-delà d'un pied.

Fleurs ramaſſées en un peloton ſerré & ſeſſile ; tous les péduncules très-courts & peu ſenſibles.	Fleurs diſpoſées en une panicule lâche ; péduncules aſſez longs & très-ſenſibles.
X.	X I.

876. **X.** *Fleurs ramaſſées en un peloton ſerré & ſeſſile ; tous les péduncules très-courts & peu ſenſibles.*

Jonc congloméré. *Juncus conglomeratus.* Lin. Sp. 464.

Juncus lævis, panicula non ſparſa. Tournef. 246.

Sa tige eſt haute d'un pied & demi, nue, liſſe, & cylindrique ; ſes feuilles ſont radicales, cylindriques, aiguës & un peu foibles ; ſes fleurs ſont d'un brun-rouſſâtre & diſpoſées en un peloton ſerré & latéral : les capſules ſont courtes & obtuſes. On trouve cette plante dans les marais. ♃

XI. *Fleurs diſpoſées en une panicule lâche ; péduncules aſſez longs & très-ſenſibles.*

Tige dont la pointe eſt droite & point courbée. X I I.	Tige dont la pointe eſt foible, & courbée ou penchée. X I I I.

XII. *Tige dont la pointe eſt droite & point courbée.*

Jonc épars. *Juncus effuſus.* Lin. Sp. 464.

Juncus lævis, panicula ſparſa, major. Tournef. 246.

Ses tiges ſont droites, liſſes, ſtriées, cylindriques, nues & hautes de deux pieds ; elles ſe terminent par une pointe droite & très-aiguë ; les feuilles ſont radicales, cylindriques, pointues, droites & reſſerrées contre les tiges ; les fleurs forment une panicule latérale très-lâche ; les capſules ſont brunes & obtuſes. On trouve cette plante dans les marais & ſur le bord des chemins un peu humides : on en fait des cordages, des liens, &c.

XIII. *Tige dont la pointe eſt foible & courbée ou penchée.*

Jonc recourbé. *Juncus inflexus.* Lin. Sp. 246.

Juncus acumine reflexo, major. Tournef. 246.

Cette plante a beaucoup de rapport avec la précédente, & n'en eſt qu'une variété ſelon M. de Haller ; ſes tiges ſont cylindriques, nues, ſtriées & ſe prolongent au-deſſus des fleurs en manière de feuilles très-foibles & arquées

876. les feuilles font radicales, cylindriques & pointues; les fleurs font difposées en une panicule lâche & latérale. On trouve cette plante dans les lieux humides des provinces méridionales. ♃

XIV. *Tige feuillée, au moins dans fa moitié inférieure.*

Feuilles glabres.	Feuilles velues.
X V.	X X I I.

XV. *Feuilles glabres.*

Feuilles articulées; elles paroiffent noueufes en les gliffant entre les doigts.	Feuilles non articulées, & point noueufes.
X V I.	X V I I.

XVI. *Feuilles articulées.*

Jonc articulé. *Juncus articulatus.* Lin. Sp. 465.

Juncus foliis articulofis, floribus umbellatis. Tournef. 247.
β. *Juncus nemorofus, folio articulofo.* Ibid.

Sa tige eft droite, cylindrique & s'élève jufqu'à un pied; elle eft garnie de deux ou trois feuilles un peu comprimées, fenfiblement articulées, pointues & peu ouvertes : les fleurs font terminales, & difposées en panicule lâche, formée par deux ou trois ombelles; elles font folitaires ou ramaffées deux à quatre enfemble fur chaque péduncule, par petits faifceaux. La variété β s'élève un peu plus; fes fleurs forment une panicule plus ample, & fes feuilles font prefque cylindriques ou très-peu comprimées. On trouve cette plante dans les lieux humides; fa variété croît dans les bois. ♃

XVII. *Feuilles non articulées & point noueufes.*

Feuilles planes; fleurs en épi, ou grappe penchée.	Feuilles anguleufes ou canaliculées; fleurs droites.
X V I I I.	X I X.

876. **XVIII.** *Feuilles planes ; fleurs en épi ou grappe penchée.*

Jonc à épi. *Juncus spicatus.* Lin. Sp. 469.

> *Juncus alpinus, latifolius, paniculâ racemosâ, nigricante, pendulâ.* Mich. nov. Gen. 42.
>
> β. *Juncus foliis planis, glabris, spicis oblongis pluribus.* Ger. prov. 140.

Sa tige est haute de cinq à sept pouces, feuillée, & se termine par une grappe de fleurs brune ou roussâtre, plus ou moins droite, & composée de petits épis pédunculés & nombreux ; ses feuilles sont planes, glabres, linéaires & pointues. Celles de la variété β sont larges de deux ou trois lignes. On trouve cette plante dans les montagnes des provinces méridionales, ♃ ; elle a beaucoup de rapport avec le jonc champêtre, n.° XXV.

XIX. *Feuilles anguleuses ou canaliculées ; fleurs droites.*

Capsule arrondie ; pétales très - courts, un peu pointus & d'un brun roussâtre. X X.	Capsule oblongue ; pétales alongés, très - aigus & simplement blanchâtres. X X I.

XX. *Capsule arrondie ; pétales très-courts, un peu pointus, & d'un brun roussâtre.*

Jonc bulbeux. *Juncus bulbosus.* Lin. Sp. 466.

> *Gramen junceum pericarpiis rotundis, vulgare.* Morif. Hist. p. 227, sec. 8, tab. 9, fol. 11.

Sa racine est épaisse, s'alonge horizontalement, produit beaucoup de fibres chevelues, & pousse plusieurs tiges hautes de cinq à huit pouces ou quelquefois davantage, fort grêles, & légèrement comprimées ; ses feuilles sont linéaires, très-étroites, canaliculées & pointues : les fleurs forment une panicule peu étalée & terminale. Les pétales sont courts, & les capsules sont brunes, arrondies & luisantes. Cette plante est commune dans les marais & les prés humides. ♃

876. **XXI.** *Capsules oblongues ; pétales alongés, très-aigus & simplement blanchâtres.*

Joncs des crapauds. *Juncus bufonius.* Lin. Sp. 466.

Juncus palustris, humilior, erectus. Tournef. 246.
β. *Juncus palustris, humilior repens.* Ibid.

Ses tiges sont menues, filiformes, bifurquées, plus ou moins droites, & hautes de quatre à cinq pouces ; ses feuilles sont linéaires, sétacées & anguleuses ; ses fleurs sont solitaires, quelquefois géminées, & disposées aux extrémités & dans les bifurcations des tiges. On remarque à leur base une ou deux écailles fort petites, transparentes & blanchâtres ; les pétales sont plus longs que la capsule. La variété β est extrêmement grêle dans toutes ses parties ; ses fleurs sont toutes solitaires, blanchâtres, & la plupart ont leurs pétales terminés par une barbe ou pointe sétacée particulière. On trouve cette plante dans les lieux humides, les prés marécageux, sur le bord des chemins, &c. ☉

XXII.   *Feuilles velues.*

| Fleurs tout-à-fait blanches. | Fleurs brunes ou roussâtres. |
| X X I I I. | X X I V. |

XXIII.   *Fleurs tout-à-fait blanches.*

Jonc blanc. *Juncus niveus.* Lin. Sp. 468.

Juncus angustifolius villosus, floribus albis, paniculatis. Tournef. 247.

Sa tige est droite, menue, simple, feuillée, & haute d'un pied & demi ; ses feuilles sont longues, larges à peine d'une ligne, & velues sur-tout à leur base. Les fleurs sont disposées en une panicule resserrée & un peu convexe ; les pétales sont très-blancs & pointus, & les intérieurs sont beaucoup plus longs que les autres : la feuille supérieure fait une saillie au-dessus des fleurs. Cette plante croît dans les pâturages des montagnes de l'Alsace & de la Provence. ♃

376. | **XXIV.** *Fleurs brunes ou rousſâtres.*

Fleurs ramaſſées en deux à cinq têtes compactes, dont une ſeſſile, & les autres portées ſur des péduncules ſimples.	Fleurs ſolitaires ſur leur péduncule, ou ramaſſées par petits paquets diſpoſés ſur des péduncules rameux.
X X V.	**X X V I.**

XXV. *Fleurs ramaſſées en deux à cinq têtes compactes, dont une ſeſſile, & les autres portées ſur des péduncules ſimples.*

Jonc champêtre. *Juncus campeſtris.* Lin. Sp. 468.

Juncus villoſus, capitulis pſyllii. Tournef. 246.

Sa tige eſt haute de quatre à ſix pouces, menue, légèrement feuillée & ordinairement ſimple ; ſes feuilles ſont planes, alongées, pointues, larges preſque d'une ligne, & chargées de poils blancs en leurs bords ou à l'entrée de leur gaine : ſes têtes de fleurs ſont arrondies, brunes ou noirâtres & un peu panachées par le mélange de quelques bractées ou écailles membraneuſes & blanchâtres ; elles ſont ordinairement au nombre de trois, & ſenſiblement hériſſées par les petites barbes qui terminent les pétales, & par la ſaillie des ſtigmates. On trouve cette plante ſur le bord des champs & dans les prés ſecs. ♃

XXVI. *Fleurs ſolitaires ſur leur péduncule, ou ramaſſées par petits paquets diſpoſés ſur des péduncules rameux.*

Péduncules chargés d'une à trois fleurs toutes ſéparées & ſolitaires.	Péduncules chargés de plus de trois fleurs, la plupart ramaſſées par petits paquets.
X X V I I.	**X X V I I I.**

876. **XXVII.** *Péduncules chargés d'une à trois fleurs toutes séparées & solitaires.*

Jonc des bois. *Juncus nemorosus.*

> *Gramen hirsutum, nemorosum.* Lob. ic. p. 16.
> *Juncus nemorosus, latifolius, major.* Tournef. 246.

Ses tiges font hautes de huit à neuf pouces, droites, simples, feuillées, & terminées par une ombelle de fleurs, médiocre ; elles font chargées de trois ou quatre feuilles courtes, pointues & velues à l'entrée de leur gaine : les feuilles radicales font nombreuses, planes, larges de deux lignes & presque aussi longues que les tiges ; elles font garnies de quelques poils blancs en leurs bords. Les fleurs font petites, pédunculées & solitaires ; leurs pétales font lisses, de couleur brune & un peu blanchâtres fur leur bord. On trouve cette plante dans les bois, ♃ ; elle fleurit de bonne heure.

XXVIII. *Péduncules chargés de plus de trois fleurs, la plupart ramassées par petits paquets.*

Jonc de montagne. *Juncus montanus.*

> *Juncus villosus, latifolius, maximus.* Vail. Parif. 110.
> β. *Juncus foliis planis, pilosis, paniculâ coarctâ nutante.* Ger. prov. 141.

Ses tiges font hautes d'un pied ou quelquefois davantage, droites, feuillées, & terminées par une panicule de fleurs étalée, garnie à fa base de deux ou trois feuilles qui l'embraffent, & lui fervent de collerette ; les feuilles caulinaires font à peine plus longues que leur gaine ; celles de la racine font fort longues, nombreuses, & forment un gazon denfe ; les unes & les autres font planes, velues en leurs bords, & larges de deux à trois lignes. Les péduncules font rameux, foutiennent des petits paquets de deux à cinq fleurs, & pendent quelquefois un peu fous leur poids ; les pétales font lisses & bruns dans leur moitié supérieure. On trouve cette plante dans les bois montagneux. ♃

877.

Trois styles .... { Corolle fort longue, dont le tube naît immédiatement de la racine. 878

Fleurs petites & ramassées en épi au sommet de la tige.. 879

---

878. *Corolle fort longue, dont le tube naît immédiatement de la racine.*

Colchique. *Colchicum.*

Les fleurs de Colchique sont composées d'une corolle tubulée fort longue, partagée en six découpures ovales-lancéolées, droites & profondes; de six étamines moins longues que la corolle, & d'un ovaire chargé de trois styles filiformes, de la longueur des étamines. Le fruit est composé de trois capsules enflées, cohérentes & polyspermes.

ANALYSE.

Feuilles à peine larges de six lignes, se développant peu de temps après les fleurs, & toujours dans la même saison. I.	Feuilles larges d'un pouce au moins, se développant long-temps après les fleurs, & toujours dans une saison différente. I I.

I. *Feuilles à peine larges de six lignes, se développant peu de temps après les fleurs, & toujours dans la même saison.*

Colchique de montagne. *Colchicum montanum.* Lin. Sp. 485.

Colchicum montanum, angustifolium. Tournef. 350.

Sa fleur est rougeâtre, & composée de pétales linéaires; elle paroît en automne, & quelque temps après les feuilles se développent; elles sont très-ouvertes, étalées sur la terre, au nombre de quatre ou cinq, étroites, un peu en gouttière, vertes, & persistent communément pendant l'hiver. Cette plante croît en Alsace dans les montagnes. ♃

878. II. *Feuilles larges d'un pouce au moins, se développant long-temps après les fleurs, & toujours dans une saison différente.*

Colchique d'automne. *Colchicum autumnale.* Lin. Sp. 485.

Colchicum commune. Tournef. 348.

Sa fleur est longue de trois ou quatre pouces, d'un blanc rougeâtre, & naît immédiatement de la racine sans être accompagnée d'aucune feuille; elle paroît en automne : les feuilles & les fruits ne se développent qu'au printemps. Ces feuilles sont grandes, larges, lancéolées, droites & engaînées à leur base. Cette plante est commune dans tous les prés, ♃; sa racine est un puissant diurétique que l'on ne doit employer qu'avec précaution.

---

879. *Fleurs petites & ramassées en épi au sommet de la tige.*

Narthec caliculé. *Narthecium calyculatum.*

Phalangium alpinum, palustre, iridis folio. Tournef. 368.
Anthericum calyculatum. Lin. Sp. 447.

Sa tige est haute de sept à huit pouces, simple & feuillée dans sa partie inférieure; ses feuilles sont étroites, pointues, & s'engainent par le côté comme celles des iris : les radicales sont nombreuses, planes, un peu dures, & disposées en gazon. Les fleurs sont petites, verdâtres, portées sur de très-courts péduncules, & ramassées en épi terminal un peu interrompu; elles sont composées de six pétales herbacés, de six étamines, & d'un seul ovaire chargé de trois styles courts, mais très-distincts. Un peu au-dessous de la fleur, le péduncule est chargé de trois petites dents qui paroissent former un petit calice à la base de la corolle : la capsule du fruit se divise supérieurement en trois parties dans sa maturité. On trouve cette plante en Provence, en Dauphiné, dans les lieux humides des montagnes. ♃

---

880. *Ovaire privé de style......* { Fleurs petites & nombreuses. 881

Fleur solitaire & terminale. 883

881.

Fleurs petites & nombreuses.

{ Plante ayant des feuilles radicales ; fleurs ramassées autour d'un chaton............. 882

Plante sans feuilles radicales ; fleurs éparses sur les rameaux. 863

---

882. *Plante ayant des feuilles radicales ; fleurs ramassées autour d'un chaton.*

Acore odorant. *Acorus odoratus.*

Acorus sive calamus officinalis aromaticus. Bauh. Pin. 34.
Acorus calamus. Lin. Sp. 462.

Ses feuilles sont droites, longues, ensiformes, & s'engainent par le côté comme celles des iris ; ses fleurs naissent sur un chaton, un peu incliné d'un côté, & moins élevé que les feuilles ; elles sont composées d'une corolle de six pièces courtes & persistantes, de six étamines un peu plus longues que la corolle, & d'un ovaire qui se change en une capsule à trois loges monospermes, obtuse & sillonnée. On trouve cette plante dans les fossés & sur le bord des eaux, ♃ ; ses feuilles froissées entre les doigts rendent une odeur agréable : sa racine est stomachique, carminative, histérique & diurétique.

---

883. *Fleur solitaire & terminale.*

Tulipe sauvage. *Tulipa sylvestris.* Lin. Sp. 438.

Tulipa minor, lutea, gallica. Tournef. 376.

Sa tige est haute d'un pied, cylindrique, & garnie de deux ou trois feuilles étroites & légèrement pliées en gouttière ; elle se termine par une fleur jaune dont les pétales sont lancéolés, très-pointus, & les étamines un peu velues à leur base. Cette fleur est penchée avant son épanouissement, ce qui distingue cette espèce de la tulipe des jardins dont la fleur est en tout temps très-droite. On trouve cette plante dans les prés montagneux de la Provence & du Languedoc. ♃

884. $\left\{\begin{array}{l}\text{Six étamines........ 885}\\[1em]\text{Neuf étamines....... 888}\end{array}\right.$

Plusieurs ovaires........

885. $\left\{\begin{array}{l}\text{Fleurs supérieures hermaphro-}\\\text{dites, \& les inférieures mâles;}\\\text{feuilles larges de plus de deux}\\\text{pouces \& très-nerveuses... 886}\\[1em]\text{Toutes les fleurs hermaphro-}\\\text{dites; feuilles n'ayant pas deux}\\\text{lignes de largeur \& point ner-}\\\text{veuses.............. 887}\end{array}\right.$

Six étamines.........

886. *Fleurs supérieures hermaphrodites, & les inférieures mâles ; feuilles larges de plus de deux pouces & très - nerveuses.*

Verâtre. *Veratrum.*

Les Verâtres portent des fleurs nombreuses, disposées par petites grappes en une panicule droite & alongée; ces fleurs sont composées de six pétales ovales-lancéolés & persistans; de six étamines un peu plus courtes que la corolle, & de trois ovaires, dont les sommets divergent, & qui avortent particulièrement dans les fleurs inférieures. Le fruit est formé par trois capsules comprimées & univalves.

ANALYSE.

Fleurs d'un blanc verdâtre.	Fleurs d'un rouge noirâtre.
I.	II.

I.   *Fleurs d'un blanc verdâtre.*

Verâtre blanc. *Veratrum album.* Lin. Sp. 1479. [Hellébore blanc].

Veratrum flore subviridi. Tournef. 273.

Sa tige est haute de deux ou trois pieds, droite, simple & cylindrique; elle se termine par une panicule de fleurs

886. d'un blanc verdâtre, & dont les corolles font droites ou médiocrement ouvertes : ses feuilles font fort grandes, ovales-lancéolées, & remarquables par des nervures nombreuses & parallèles. On trouve cette plante dans les pâturages des montagnes de la Provence, ♃ ; elle eft émétique, draftique & fternutatoire.

II.   *Fleurs d'un rouge noirâtre.*

Verâtre noir. *Veratrum nigrum.* Lin. Sp. 1479.

Veratrum flore atro-rubente. Tournef. 273.

Cette efpèce a beaucoup de rapport avec la précédente, mais on l'en diftingue aifément par la couleur de fes fleurs, par leurs pétales très-ouverts, & par fes péduncules pubefcens. Elle croît dans les montagnes de l'Alface, felon Mappus. ♃

887. *Toutes les fleurs hermaphrodites ; feuilles n'ayant pas deux lignes de largeur, & point nerveufes.*

Scheuchzère des marais. *Scheuchzeria paluftris.* Lin. Sp. 482.

Juncus floridus, minor. Baub. Pin. 12.

Sa racine eft rampante, & pouffe plufieurs tiges fimples, feuillées, hautes de fix à huit pouces, & garnies à leur bafe de quelques écailles vaginales & blanchâtres ; fes feuilles font alternes, très-étroites, aiguës, engainées & pliées en gouttière. Ses fleurs font folitaires fur chaque péduncule, & difpofées cinq ou fix enfemble en une efpèce de grappe terminale ; elles font compofées de fix pétales, fix étamines & trois ovaires qui fe changent en un pareil nombre de capfules monofpermes. Cette plante croît dans le Dauphiné, où elle a été obfervé par M. de Villars. ♃

888.   *Neuf étamines.*

Butome ombellé. *Butomus umbellatus.* Lin. Sp. 532. [Jonc fleuri].

Butomus flore rofeo. Tournef. 271.

Ses tiges font droites, nues, cylindriques, & hautes de

888. deux ou trois pieds ; elles se terminent par une ombelle de quinze à vingt fleurs, garnie à sa base d'une collerette de trois pièces membraneuses & pointues. Les fleurs sont portées sur des péduncules longs de trois pouces ou environ ; elles sont composées de six pétales oblongs & rougeâtres ; de neuf étamines moins longues que la corolle ; & de six ovaires pointus, qui se changent en un pareil nombre de capsules univalves & polyspermes : les feuilles sont radicales, longues, étroites, pointues, droites & un peu triangulaires vers leur base. On trouve cette plante sur le bord des eaux. ♃

---

889. *Corolle à plus de six divisions.* {
Quatre étamines...... 890

Plus de quatre étamines. 891

---

890. *Quatre étamines.*

Pied-de-lion. *Alchemilla.*

Les fleurs de Pied-de-lion sont petites, herbacées & composées d'une corolle à huit divisions, dont quatre plus petites que les autres ; de quatre étamines très-courtes, insérées sur la corolle ; & d'un ovaire chargé d'un ou deux styles, qui se change en une ou deux semences renfermées dans la corolle.

A N A L Y S E.

Fleurs terminales, & disposées par bouquets presque paniculés.	Fleurs ramassées dans les aisselles des feuilles, & point terminales.
I.	I V.

I. *Fleurs terminales, & disposées par bouquets presque paniculés.*

Feuilles lobées, simples, & point découpées jusqu'au pétiole.	Feuilles digitées, & composées de cinq ou sept folioles très-distinctes.
I I.	I I I.

890. **II.** *Feuilles lobées, simples, & point découpées jusqu'au pétiole.*

Pied-de-lion commun. *Alchemilla vulgaris.* Lin. Sp. 178.

Alchimilla vulgaris. Tournef. 508.

β. *Alchimilla Alpina, pubescens, minor.* Ibid.

Alchemilla Alpina, hybrida. Lin. Sp. 179.

Sa racine est grosse, ligneuse, garnie de beaucoup de fibres chevelues, & pousse plusieurs tiges cylindriques, rameuses, légèrement velues, feuillées, & hautes d'un pied ou environ ; ses feuilles sont pétiolées, arrondies, à huit ou dix lobes dentés, glabres en-dessus, nerveuses & veinées en-dessous, & chargées de quelques poils en leurs bords & sur leurs nervures : celles de la racine sont assez grandes, & portées sur de longs pétioles. Les fleurs sont petites, nombreuses, verdâtres, & disposées par bouquets pédunculés au sommet & dans les aisselles supérieures des tiges. La variété β est un peu moins grande dans toutes ses parties ; ses tiges & le dessous de ses feuilles sont plus abondamment garnies de poils. On trouve cette plante dans les prés & les bois montagneux. Sa variété croît dans les Alpes, ♃ ; elle est vulnéraire & astringente.

III. *Feuilles digitées & composées de cinq ou sept folioles très-distinctes.*

Pied-de-lion argenté. *Alchemilla argentea,*

Alchimilla alpina, quinquefolii folio, subtus argenteo. Tournef. 508.

Cette plante a un aspect charmant ; sa racine est assez grosse, ligneuse, & pousse plusieurs tiges hautes de six à huit pouces, grêles, souvent simples, feuillées & pubescentes ; ses feuilles sont pétiolées, composées de cinq ou sept folioles très-distinctes, disposées en manière de digitations ; ces folioles sont ovales, un peu rétrécies vers leur base, dentées à leur sommet, vertes en-dessus, soyeuses, luisantes & très-argentées en-dessous ; les fleurs sont petites, ramassées par bouquets serrés, & disposées au sommet & dans les aisselles supérieures des tiges. On trouve cette espèce dans les pâturages des montagnes en Dauphiné, en Provence & sur le Mont-d'or en Auvergne. ♃

890. **IV.** *Fleurs ramassées dans les aisselles des feuilles & point terminales.*

Pied - de - lion des champs. *Alchemilla arvensis.* Scop. carn. I. p. 115.

Alchimilla montana, minima. Tournef. 508.
Aphanes arvensis. Lin. Sp. 179.

Cette plante est petite & légèrement velue dans toutes ses parties ; ses tiges sont grêles, feuillées & hautes de deux ou trois pouces ; ses feuilles sont petites, blanchâtres, arrondies, découpées en trois lobes bifides ou trifides, & portées par des pétioles fort courts, à la base desquels on trouve, comme dans les espèces précédentes, une stipule embrassante & vaginale : les fleurs sont très - petites, herbacées, sessiles & ramassées dans les aisselles des feuilles : les fruits sont souvent composés de deux semences. On trouve cette plante dans les champs, ☉. Elle passe pour diurétique & lithontriptique.

891.

Plus de quatre étamines . . . { Feuilles écailleuses, pointues & alternes. 892
Feuilles arrondies & opposées. 554*

---

892. *Feuilles écailleuses, pointues & alternes.*

Sucepin parasite. *Monotropa hypopithys.* Lin. Sp. 555.

Orobanchoides nostras, flore oblongo, flavescente. Vail. Paris. 155.

Cette plante est d'une couleur pâle & un peu jaunâtre dans toutes ses parties ; sa racine est écailleuse, charnue & naît ou s'attache sur celles des arbres aux dépens desquelles elle se nourrit ; elle pousse une tige droite, très - simple, garnie d'écailles oblongues, pointues, éparses, & presque embriquées inférieurement : les fleurs sont oblongues, jaunâtres & disposées en épi terminal penché avant leur épanouissement ; elles sont composées de huit ou dix pétales

peu

892. peu ouverts, d'un pareil nombre d'étamines, & d'un ovaire ovale, qui se change en une capsule polysperme. On trouve cette plante dans les bois, au pied des pins, des hêtres, &c.

893.

Onze étamines ou plus.... {
Corolle régulière & symétrique. 894
Corolle irrégulière & point symétrique............ 913

894.

Corolle régulière & symétrique............ {
Quatre pétales dans la plupart des fleurs............ 895
Toutes les fleurs à plus de quatre pétales............... 898

895.

Quatre pétales dans la plupart des fleurs........ {
Semences à aigrette ; feuilles opposées............... 896
Capsules nues ; feuilles alternes. 897

---

896. *Semences à aigrette ; feuilles opposées.*

Clématite. *Clematis.*

Les fleurs de Clematite sont composées de quatre pétales oblongs, de vingt étamines ou davantage, & de cinq à vingt ovaires, chargés de styles longs & souvent plumeux ou soyeux.

A N A L Y S E.

Tiges droites & point grimpantes. I.	Tiges sarmenteuses & grimpantes. I I.

I. *Tiges droites & point grimpantes.*

Clématite droite. *Clematis recta.* Lin. Sp. 767.

Clematitis sive flammula surrecta, alba. Tournef. 294.

Ses tiges sont droites, feuillées, & hautes de trois pieds ; ses feuilles sont grandes, ailées, composées de folioles ovales,

Tome III. U

896. pointues, très-entières, pubeſcentes en-deſſous, pétiolées & diſtantes : les fleurs ſont blanches, terminales, & diſpoſées en une eſpèce de panicule formée par des péduncules droits, deux ou trois fois ternés ou trifides ; les ſemences ſont en petit nombre. Cette plante croît dans les lieux ſtériles & incultes des provinces méridionales. ♃

II.   *Tiges ſarmenteuſes & grimpantes.*

Pétales pubeſcens en leurs bords, mais point ſur leur dos ; cinq à huit ſemences pour chaque fleur. I I I.	Pétales pubeſcens, & comme veloutés ſur leur dos ; plus de huit ſemences pour chaque fleur. I V.

III. *Pétales pubeſcens en leurs bords, mais point ſur leur dos ; cinq à huit ſemences pour chaque fleur.*

Clématite flammulē. *Clematis flammula.* Lin. Sp. 766.

Clematitis ſive flammula repens. Tournef. 293.

Ses ſarmens ſont nombreux, rampans ou grimpans, feuillés & un peu anguleux ; ſes feuilles ſont ailées, compoſées de folioles fort petites, ovales-lancéolées, & la plupart très-entières : ſes fleurs ſont blanches & diſpoſées en une eſpèce de panicule terminale ſur des péduncules trois à trois. On trouve cette plante dans les provinces méridionales. ♃

IV. *Pétales pubeſcens, & comme veloutés ſur leur dos ; plus de huit ſemences pour chaque fleur.*

Clématite des haies. *Clematis ſepium.* [herbe aux gueux.]

Clematitis ſylveſtris, latifolia. Tournef. 293.

β. *Clematitis ſylveſtris, latifolia, foliis non inciſis.* Ibid.

Clematis vitalba. Lin. Sp. 766. [α, β.]

Ses ſarmens ſont nombreux, anguleux, feuillés, grimpans, & s'alongent ſouvent au-delà de ſix pieds ; ſes feuilles ſont toutes ailées, compoſées ordinairement de cinq folioles un peu en cœur, pointues & plus ou moins dentées ; les pétioles,

896. comme dans la plupart des autres espèces, s'accrochent à tout ce qu'ils rencontrent, en se roulant ou se tortillant en manière de vrille : les fleurs sont blanches, & disposées en une panicule formée par des péduncules plusieurs fois trifides. Les semences sont ramassées, & forment, par leurs aigrettes, des plumets blancs, soyeux & très-remarquables. Cette plante est commune dans les haies, ♃ ; elle est caustique, vésicatoire & anti-ulcéreuse.

---

897. *Capsules nues ; feuilles alternes.*

Pigamon. *Thalictrum.*

Les fleurs de Pigamon sont petites, nombreuses, composées de quatre ou cinq pétales très-caduques, de beaucoup d'étamines, & de plusieurs ovaires qui se changent en capsules monospermes, cannelées ou ailées.

A N A L Y S E.

Tige de deux pieds ou davantage ; fleurs droites ou peu étalées. **I.**	Tige de moins de deux pieds ; fleurs penchées & très-lâches. **V I.**

I. *Tige de deux pieds ou davantage ; fleurs droites ou peu étalées.*

Folioles des feuilles, arrondies ou ovales, & larges de plus d'une ligne. **I I.**	Folioles des feuilles, linéaires & point larges de plus d'une ligne. **V.**

II. *Folioles des feuilles, arrondies ou ovales, & larges de plus d'une ligne.*

Capsules pendantes ; des stipules à la base des divisions des pétioles. **I I I.**	Capsules non pendantes ; point de stipules aux divisions des pétioles. **I V.**

U ij

897. **III.** *Capsules pendantes; des stipules à la base des divisions des pétioles.*

Pigamon à feuilles d'ancolie. *Thalictrum aquilegifolium.* Lin. Sp. 770.

> *Thalictrum alpinum, aquilegiæ foliis, florum staminibus purpurascentibus.* Tournef. 270.

Sa tige est haute de deux ou trois pieds, cylindrique, à peine striée & d'un bleu rougeâtre; ses feuilles sont fort grandes, trois fois ailées, composées de folioles larges, ovoïdes, légèrement trilobées ou crénelées à leur sommet, & d'une couleur glauque : les fleurs sont disposées en une panicule dense, terminale & un peu purpurine; il leur succède des capsules pendantes, triangulaires & presque ailées. On trouve cette plante dans les prés couverts des montagnes. ♃

IV. *Capsules non pendantes; point de stipules aux divisions des pétioles.*

Pigamon jaunâtre. *Thalictrum flavum.* Lin. Sp. 770.

> *Thalictrum majus, siliquâ angulosâ aut striatâ.* Tourn. 270.
>
> β. *Thalictrum majus, siliquâ seminis striatâ, foliis rugosis, trifidis.* Ibid.

Sa tige est haute de deux ou trois pieds, droite, un peu dure, striée, & plus ou moins rameuse; ses feuilles sont grandes, deux ou trois fois ailées, composées de folioles ovales, à trois lobes obtus, nerveuses, presque ridées, & d'une couleur pâle en-dessous. Les fleurs forment une panicule jaunâtre, terminale & un peu étalée. La variété β est remarquable par les folioles de ses feuilles, un peu étroites, plus ridées, d'un vert noirâtre en-dessus, & la plupart terminées par trois angles ou trois dents pointues. On trouve cette plante dans les prés humides, ♃; ses racines sont légèrement purgatives & diurétiques : elles teignent en jaune.

V. *Folioles des feuilles linéaires, & point larges de plus d'une ligne.*

Pigamon à feuilles étroites. *Thalictrum angustifolium.* Lin. Sp. 769.

> *Thalictrum pratense, angustissimo folio.* Tournef. 271.

Cette espèce a beaucoup de rapport avec la précédente;

897. ſa tige eſt hauté de trois ou quatre pieds, droite, ſtriée, feuillée & peu rameuſe : ſes feuilles ſont deux fois ailées, compoſées de folioles étroites, linéaires, longues preſque d'un pouce, la plupart très-entières, ridées & luiſantes en-deſſus. Les fleurs ſont petites, herbacées, & diſpoſées en panicule terminale, un peu reſſerrée. Cette plante croît dans les prés en Alſace, en Provence, &c. ♃

VI. *Tige de moins de deux pieds ; fleurs penchées & très-lâches.*

Tige & feuilles velues ou pubeſcentes. V I I.	Tige & feuilles glabres, & point pubeſcentes. V I I I.

VII. *Tige & feuilles velues ou pubeſcentes.*

Pigamon fétide. *Thaliĉtrum fœtidum.* Lin. Sp. 768.

Thaliĉtrum minimum, fœtidiſſimum. Tournef. 271.

Sa tige eſt haute d'un pied ou un peu plus, grêle, cylin-drique, feuillée, pubeſcente & rameuſe; ſes feuilles ſont trois fois ailées, compoſées de folioles très-petites, courtes, à trois lobes entiers ou dentés, d'un vert obſcur en-deſſus & pubeſcentes des deux côtés. Les fleurs ſont diſpoſées en panicules très-lâches ; les capſules au nombre de cinq à huit, ſont ramaſſées, & divergent en formant l'étoile. Cette plante croît dans le Dauphiné, la Provence & le Languedoc. , ♃ ; elle a une odeur fétide.

VIII. *Tige & feuilles glabres, & point pubeſcentes.*

Pigamon mineur. *Thaliĉtrum minus.* Lin. Sp. 769.

Thaliĉtrum minus. Tournef. 271.

Sa tige eſt haute d'un pied, un peu ſtriée & feuillée feulement dans ſa partie inférieure ; ſes feuilles ſont petites, deux ou trois fois ailées, compoſées de folioles ovales, un peu cunéiformes, & partagées à leur ſommet en trois lobes.

U iij

897. rarement entiers : le lobe du milieu est à trois dents, & les lobes latéraux n'en ont communément que deux ; la panicule de fleurs est très-lâche, & occupe la plus grande partie de la tige : les capsules sont très-pointues, cannelées & au nombre de trois à six. On trouve cette plante dans les prés montagneux & les bois humides. ♃

---

898. *Toutes les fleurs à plus de quatre pétales* . . . .
{ Plusieurs cornets ou follicules tubulés, disposés entre les pétales & les ovaires. 899

Aucun cornet ni follicule tubulé, disposé dans la fleur. 907

---

899. *Plusieurs cornets ou follicules tubulés, disposés entre les pétales & les ovaires . . .*
{ Cinq cornets fort grands, & terminés chacun par un éperon saillant sous la corolle. . . . 900

Tous les cornets renfermés dans la fleur, & point saillans sous la corolle. 901

---

900. *Cinq cornets fort grands, & terminés chacun par un éperon saillant sous la corolle.*

Ancolie. *Aquilegia.*

Les fleurs d'Ancolie sont grandes, fort belles, composées de cinq pétales ovales-lancéolés, de cinq cornets tubulés, placés alernativement entre les pétales & saillans sous la corolle ; de trente à quarante étamines & de cinq ovaires environnés de dix paillettes courtes, ridées & canaliculées. Ces ovaires se changent en capsules uniloculaires & poly-spermes.

ANALYSE.

Découpures des feuilles, arrondies.	Découpures des feuilles, linéaires.
I.	I I.

900. **I.**   *Découpures des feuilles, arrondies.*

Ancolie vulgaire. *Aquilegia vulgaris.* Lin. Sp. 752.

    Aquilegia sylvestris. Tournef. 428.

    ß. *Aquilegia viscosa.* Gouan. Obs. 33, tab. 19, f. 1.

Sa tige est droite, pubescente, rameuse, feuillée, & s'élève jusqu'à trois ou quatre pieds ; ses feuilles sont grandes, pétiolées, deux ou trois fois ternées, & leurs folioles sont larges, arrondies, incisées ou trilobées, & d'un vert glauque en-dessous. Les fleurs sont pédunculées, terminales, de couleur bleue & pendantes. Cette plante croît dans les lieux couverts, les bois, les haies, &c. ♃ ; elle passe pour emménagogue, diurétique, sudorifique & anti-scorbutique. On la cultive dans les jardins pour la beauté de ses fleurs, qui doublent facilement, & varient agréablement dans leur couleur.

II.   *Découpures des feuilles linéaires.*

Ancolie des Alpes. *Aquilegia alpina.* Lin. Sp. 752.

    Aquilegia montana, magno flore. Tournef. 428.

La tige de cette plante, selon M. de Haller, est haute d'un pied & demi, & chargée d'une ou deux fleurs ; ses feuilles sont pétiolées, deux fois ternées, & leurs folioles sont partagées en trois découpures ou lobes linéaires, presque parallèles & point divergens : les fleurs sont grandes, fort belles, d'un beau bleu, terminales & pendantes. Cette plante a été observée en Dauphiné par M. de Villars. ♂

901.

Tous les cornets renfermés dans la fleur & point saillans sous la corolle... { Pétales pétiolés & à onglets très-remarquables ; capsule simple, ou divisée dans sa moitié supérieure.................. 902

Pétales sessiles ou à onglets peu sensibles ; plusieurs capsules tout-à-fait distinctes.......... 903

902. *Pétales pétiolés & à onglets très-remarquables ; capsule simple, ou divisée dans sa moitié supérieure.*

Nielle. *Nigella.*

Les fleurs de Nielle sont composées de cinq pétales pétiolés, pointus & très-ouverts, de huit petits cornets ou follicules pédiculés, terminés par deux lèvres dont l'inférieure est à deux dents, & la supérieure courte & pointue, de beaucoup d'étamines un peu moins longues que la corolle, & d'un ovaire dont les divisions supérieures plus ou moins profondes, sont chargées de styles qui divergent en manière de cornes.

A N A L Y S E.

Une collerette feuillée & multifide sous la corolle. I.	Corolle nue & sans collerette remarquable. I I.

I. *Une collerette feuillée & multifide sous la corolle.*

Nielle bleue. *Nigella cærulea.*

> *Nigella angustifolia, flore simplici cæruleo.* Tournef. 258.
> *Nigella damascena.* Lin. Sp. 753.

Sa tige est haute d'un pied ou un peu plus, glabre, striée, feuillée & rameuse dans sa partie supérieure ; ses feuilles sont alternes, sessiles & découpées très-menu ; ses fleurs sont grandes, terminales, & de couleur bleue. On trouve cette plante dans les champs & les vignes des provinces méridionales, ⊙. On la cultive dans les parterres.

II. *Corolle nue & sans collerette remarquable.*

Nielle des champs. *Nigella arvensis.* Lin. Sp. 753.

> *Nigella arvensis, cornuta.* Tournef. 258.

Cette espèce est un peu plus petite que la précédente dans

902. toutes ſes parties ; ſes fleurs ſont nues & blanches ou d'un bleu très-pâle ; ſa capſule eſt oblongue, rétrécie inférieurement & profondément diviſée, au lieu que celle de la première eſt globuleuſe & preſque entière : elle croît dans les champs, parmi les blés, ⊙. Ses ſemences paſſent pour inciſives, emménagogues & diurétiques.

---

903. *Pétales ſeſſiles ou à onglets peu ſenſibles ; pluſieurs capſules tout-à-fait diſtinctes.*

Hellébore. *Helleborus.*

Les fleurs d'Hellébore ſont compoſées de cinq pétales ou davantage, communément arrondis à leur ſommet & per-ſiſtans dans pluſieurs eſpèces ; de cinq à douze cornets très-petits, tubulés, ſouvent labiés & très-caducs ; de beaucoup d'étamines moins longues que la corolle, & de trois à douze ovaires pointus, qui ſe changent en un pareil nombre de capſules ramaſſées ou divergentes.

OBS. Je ne connois pas de moyen ſuffiſant pour ſéparer l'*iſopyrum* de l'*Helleborus.* Le nombre des capſules n'eſt pas au-delà de trois dans l'*iſop. thalictroides & aquilegioides,* ſelon M.ʳˢ de Haller & Scopoli ; j'ai obſervé bien diſtinctement des cornets, dans l'*iſop. fumaroides ;* les pétales de l'*helleb. hyemalis* ne ſont pas perſiſtans, &c.

A N A L Y S E.

Pétales coriaces, perſiſtans & verdâtres dans leur plus grande partie. ·I.	Petales minces, non coriaces, caduques & entièrement colorés. I V.

I. *Pétales coriaces, perſiſtans & verdâtres dans leur plus grande partie.*

Tige preſque nue & pauciflore ; feuilles radicales, plus nombreuſes que les caulinaires. I I.	Tige rameuſe, feuillée & multiflore ; feuilles radicales moins nombreuſes que les caulinaires. I I I.

903. II. *Tige presque nue & pauciflore ; feuilles radicales plus nombreuses que les caulinaires.*

Hellébore noir. *Helleborus niger.* Lin. Sp. 783.

Helleborus niger, angustioribus foliis. Tournef. 272.
β. *Helleborus niger, hortensis, flore viridi.* Ibid.
Helleborus viridis. Lin. Sp. 784.

Ses tiges font presque nues, souvent simples ou fourchues dans leur partie supérieure, & s'élèvent jusqu'à un pied ; elles portent à leur sommet quelques fleurs verdâtres & ordinairement penchées ; les feuilles radicales font pédiaires ; digitées, coriaces & portées sur de longs pétioles : leurs folioles font dentées en scie. On trouve cette plante dans les lieux arides des provinces méridionales. ♃

III. *Tige rameuse, feuillée & multiflore ; feuilles radicales moins nombreuses que les caulinaires.*

Hellébore fétide. *Helleborus fœtidus.* Lin. Sp. 784. [pied de griffon.]

Helleborus niger, fœtidus. Tournef. 272.

Sa tige est droite, cylindrique, épaisse, ferme, feuillée, & haute d'un pied & demi ; ses feuilles font pétiolées, digitées, d'un vert noirâtre, souvent rougeâtres vers l'épanouissement de leur pétiole, & à digitations longues, pointues & dentées ; les corolles font verdâtres & un peu rouges en leurs bords : les péduncules font pubescens. On trouve cette plante dans les lieux stériles & pierreux, ♃ ; elle a une odeur fétide : elle est âcre & purge avec violence.

IV. *Pétales minces, non coriaces, caduques, & entièrement colorés.*

Tige uniflore.	Tige pluriflore.
V.	VI.

903. **V.** *Tige uniflore.*

Hellébore d'hiver. *Helleborus hyemalis.* Lin. Sp. 783.

Helleborus niger, tuberofus, ranunculi folio, flore luteo. Tournef. 272.

Sa racine eft tubéreufe, & pouffe une ou plufieurs tiges droites, très-fimples, & hautes de trois pouces; ces tiges font chargées à leur fommet d'une feuille difpofée horizontalement, plane, orbiculaire, très-glabre, & profondément découpée en lobes un peu étroits, fimples ou incifés. Audeffus de cette feuille on trouve une feule fleur feffile, terminale & de couleur jaune; fes pétales font communément au nombre de fix. Cette plante croît dans les lieux couverts des montagnes de la Provence, & fleurit de très-bonne heure. ♃

VI. *Tige pluriflore.*

Hellébore pigamier. *Helleborus thalictroides.*

Thalictrum montanum, præcox. Tournef. 271.
Ifopyrum thalictroides. Lin. Sp. 783.

Sa tige eft haute de cinq à huit pouces, grêle, d'un vert un peu rougeâtre, feuillée, & plus ou moins rameufe; fes feuilles font pétiolées, une ou deux fois ternées, compofées de folioles ovales, légèrement trilobées, petites, tendres, & d'une couleur un peu glauque : fes fleurs font blanches & folitaires fur leurs péduncules. Cette plante a été obfervée en Auvergne par Dom Fourmault.

904. *Feuilles·fimples* .... { Toutes les feuilles radicales. 905
Tige garnie de feuilles. 863

905. *Toutes les feuilles radicales.* { Un feul ovaire........ 906
Plufieurs ovaires...... 725

906. *Un seul ovaire* . . . . $\Big\{$
Corolle monopétale. . . . 860

Corolle polypétale. 862

907. *Aucun cornet ni follicule tubulé, disposé dans la fleur* . . . . $\Big\{$
Semences libres ; trois ou plusieurs feuilles verticillées en manière de collerette, à quelque distance au-dessous de la fleur. 908

Capsules polyspermes ; point de feuilles verticillées, ni de collerette ternée sous la fleur. 909

908. *Semences libres ; trois ou plusieurs feuilles verticillées en manière de collerette, à quelque distance au-dessous de la fleur.*

Anémone. *Anemone.*

Les fleurs d'Anémone font pédunculées, terminales, composées de cinq à douze pétales difposés fur plufieurs rangs, de beaucoup d'étamines moins longues que la corolle, & d'ovaires nombreux ramaffés en tête ; les femences font ou nues avec une petite pointe, ou entourées d'un duvet laineux, ou chargées de longues queues plumeufes.

A N A L Y S E.

Feuilles de la collerette, pétiolées.	Feuilles de la collerette, feffiles.
I.	X I I.

I.   *Feuilles de la collerette, pétiolées.*

Semences nues, non laineufes & fans queue remarquable ; collerette de trois feuilles feulement.	Semences, ou laineufes, ou chargées d'une longue queue plumeufe ; collerette communément de plus de trois feuilles.
I I.	I X.

908. **II.** *Semences nues, non laineuses, & sans queue remarquable ; collerette de trois feuilles seulement.*

Fleurs blanches ou rougeâtres. III.	Fleurs de couleur jaune. VIII.

III. *Fleurs blanches ou rougeâtres.*

Feuilles à trois folioles, simplement dentées. IV.	Feuilles, dont les folioles sont profondément découpées. V.

IV. *Feuilles à trois folioles, simplement dentées.*

Anémone trifoliée. *Anemone trifolia.* Lin. Sp. 762.

Ranunculus nemorosus, trifolius. Tournef. 285.

Sa tige est haute de cinq à six pouces, grêle, cylindrique, & porte à son sommet une fleur blanche ou un peu rougeâtre ; à deux pouces au-dessous de cette fleur, on trouve trois feuilles pétiolées, disposées en verticille, & composées chacune de trois folioles ovales, pointues & dentées : elles sont un peu luisantes en-dessous & rougeâtres en leur pétiole. Cette plante croît dans les bois. ♃

V. *Feuilles, dont les folioles sont profondément découpées.*

Cinq à huit pétales. VI.	Plus de huit pétales. VII.

VI. *Cinq à huit pétales.*

Anémone des bois. *Anemone nemorosa.* Lin. Sp. 762. [La Silvie].

Ranunculus phragmites, albus, vernus. Tournef. 285.

β. *Ranunculus phragmites, purpureus, vernus.* Ibid.

Sa tige est haute de cinq à sept pouces, grêle, &

908. terminée à son sommet par une fleur assez grande, blanche, quelquefois purpurine extérieurement, & ordinairement composée de six pétales oblongs; à un pouce & demi au-dessous de la fleur, on trouve une collerette de trois feuilles pétiolées & partagées en trois ou cinq folioles pointues, incisées, dentées & presque glabres. Cette plante est commune dans les bois, où elle fleurit de très-bonne heure. ♃

VII.   *Plus de huit pétales.*

Anémone bleue.   *Anemone cærulea.*

> *Ranunculus nemorosus, flore cæruleo, foliis majoribus [& minoribus] Apennini montis.* Tournef. 285.
>
> *Anemone Apennina.* Lin. Sp. 762.

Sa racine est grosse, recourbée, noueuse, & pousse une tige grêle, nue dans sa plus grande partie, haute de cinq à six pouces, chargée vers son sommet d'une collerette de trois feuilles, & terminée par une fleur, dont les pétales sont étroits & nombreux; les feuilles de la collerette sont partagées en trois folioles incisées ou trilobées : celles de la racine sont petites, portées sur de longs pétioles, deux fois ternées & à folioles incisées ou dentées. Cette plante croît dans les bois des montagnes de la Provence, où elle a été observée par Dom Fourmault.

VIII.   *Fleurs de couleur jaune.*

Anémone jaune.   *Anemone lutea.*

> *Ranunculus nemorosus, luteus.* Tournef. 285.
> *Anemone ranunculoides.* Lin. Sp. 762.

Sa tige est haute d'un demi-pied, menue, chargée de quelques poils, & porte à son sommet une ou deux fleurs jaunes, petites, & dont les pétales sont arrondis; à peu de distance au-dessous de la fleur, on trouve une collerette de trois feuilles portées sur de courts pétioles, divisées profondément en trois ou quatre lobes incisés ou dentés, & qui ressemblent à des digitations. Cette plante croît dans les bois & les prés couverts. ♃

908. **IX.** *Semences ou laineuses, ou chargées d'une longue queue plumeuse; collerette communément de plus de trois feuilles.*

Semences entourées d'un duvet laineux. , X.	Semences chargées d'une longue queue plumeuse. X I.

X. *Semences entourées d'un duvet laineux.*

Anémone sauvage. *Anemone sylvestris.* Lin. Sp. 761.

Anemone sylvestris, alba, major. Tournef. 277.

Ss tige est haute de six à huit pouces, cylindrique, velue & chargée à son sommet d'une fleur blanche, composée de six pétales ovales-oblongs & assez grands ; à quelques pouces au-dessous de la fleur, on trouve une collerette composée de trois à cinq feuilles pétiolées, & partagées en lobes profonds & incisés : les feuilles radicales sont pétiolées & composées de cinq digitations incisées & anguleuses. Cette plante croît en Alsace. ♃

XI. *Semences chargées d'une longue queue plumeuse.*

Anémone des Alpes. *Anemone Alpina.* Lin. Sp. 760.

Pulsatilla flore albo. Tournef. 284.

β. *Pulsatilla lutea, pastinacæ sylvestris folio.* Ibid.

Sa tige est haute de huit à neuf pouces, cylindrique, velue & chargée à son sommet d'une fleur assez grande, blanchâtre en-dedans, & quelquefois un peu rougeâtre en-dehors ; la collerette est composée de plus de trois feuilles pétiolées, très-divisées & à découpures anguleuses : les feuilles radicales sont grandes, d'un vert pâle ou un peu obscur, deux ou trois ailées & à découpures qui ressemblent presque à celles de l'*Athamanta libanotis.* La variété β a sa fleur d'un blanc jaunâtre, & ses feuilles découpées très-menu. On trouve cette plante dans les lieux montagneux, sur le bord des bois. ♃

908. XII.   *Feuilles de la collerette, sessiles.*

Feuilles composées ou très - découpées. X I I I.	Feuilles simples, & à trois lobes entiers. X X.

XIII.   *Feuilles composées ou très-découpées.*

Tige uniflore. X I V.	Tige pluriflore. X I X.

XIV.   *Tige uniflore.*

Six ou sept pétales ; semences chargées de longues queues plumeuses. X V.	Plus de sept pétales ; semences simplement laineuses. X V I I I.

XV. *Six ou sept pétales ; semences chargées de longues queues plumeuses.*

Feuilles deux fois ailées, & à pinnules finement découpées. X V I.	Feuilles une fois ailées, & à pinnules élargies, courtes & incisées. X V I I.

XVI.   *Feuilles deux fois ailées, & à pinnules finement découpées.*

Anémone pulsatille. *Anemone pulsatilla.* Lin. Sp. 769.

> *Pulsatilla folio crassiore & majore flore.* Tournef. 284.
> β. *Pulsatilla flore minore, nigricante.* Ibid.
> *Anemone pratensis.* Lin. Sp. 760.

Sa tige est haute de six à sept pouces, cylindrique & velue ; elle porte à son sommet une fleur violette assez grande, dont les pétales sont oblongs, plus ou moins droits & velus

908. & velus en-dehors ; à un demi-pouce au-deſſous de la fleur, on remarque une collerette profondément découpée en lanières velues & étroites : les feuilles ſont radicales, pétiolées, alongées, deux fois ailées, velues, blanchâtres dans leur jeuneſſe, & à découpures fines & pointues. La variété β a le ſommet de ſes pétales rejeté en-dehors. Ou trouve cette plante ſur le bord des bois & dans les prés montagneux, ♃ ; elle eſt âcre, déterſive, ſternutatoire & un peu véſicatoire.

XVII. *Feuilles une fois ailées, & à pinnules élargies, courtes & inciſées.*

Anémone printannière. *Anemone vernalis.* Lin. Sp. 759.

Pulſatilla apii folio, vernalis, flore majore [& minore]. Tournef. 284.

Sa tige eſt haute de trois à ſix pouces, très-velue, & porte à ſon ſommet, une fleur droite aſſez grande, d'un blanc jaunâtre, quelquefois un peu rougeâtre en-dehors, & dont les pétales ſont velus extérieurement ; à un pouce au-deſſous de la fleur, on trouve une collerette découpée comme celle de la précédente, mais remarquable par le coton rouſſâtre ou jaunâtre & très-abondant dont elle eſt garnie : ſes feuilles ſont radicales, ſimplement ailées, à pinnules peu nombreuſes, inciſées & preſque cunéiformes. Cette plante croît dans les pâturages des montagnes. ♃

XVIII. *Plus de ſept pétales ; ſemences ſimplement laineuſes.*

Anémone des jardins. *Anemone hortenſis.* Lin. Sp. 761.

Anemone geranii rotundo folio, purpuraſcens. Tournef. 276.

Sa racine eſt compoſée de pluſieurs tubéroſités garnies de fibres, & pouſſe une tige haute de cinq à ſept pouces, cylindrique, à peine velue & uniflore ; les feuilles radicales ſont preſque digitées, compoſées de trois folioles profondément inciſées & portées ſur d'aſſez longs pétioles : les feuilles de la collerette ſont au nombre de trois, ſeſſiles, un peu connées & plus ou moins découpées. La fleur eſt terminale, grande, légèrement purpurine, & compoſée de neuf pétales longs, étroits, marqués de quelques lignes & un peu velus en-deſſous. Cette plante croît dans les lieux ſtériles de la

912. de douze ou quatorze pétales ramaſſés en boule ; elle contient, outre les étamines & les ovaires, dix ou douze languettes canaliculées, qui ont beaucoup de rapport avec les cornets des hellébores. On trouve cette plante ſur le mont d'Or en Auvergne & dans les prés montagneux du Dauphiné & de la Provence, ♃ ; on la dit anti - ſcorbutique.

913.

Corolle irrégulière . . . .
{
Pétale ſupérieur terminé en arrière par un éperon, & point voûté antérieurement. 914

Pétale ſupérieur ſans éperon, voûté, & renfermant deux folli- cules fiſtuleux & pédiculés. 915
}

914. *Pétale ſupérieur terminé en arrière par un éperon, & point voûté antérieurement.*

Dauphin. *Delphinium.*

Les fleurs de Dauphin ſont compoſées de cinq pétales inégaux, dont le ſupérieur un peu moins grand que les autres, ſe termine poſtérieurement par un éperon alongé & pointu, ou quelquefois légèrement bifide. Au milieu de chaque fleur on trouve un follicule particulier à trois lobes, dont le ſupérieur eſt droit & médiocrement échancré, & les deux latéraux ſont rabattus ſur les étamines & comme com- primés. Ce follicule ſe prolonge en arrière dans l'éperon du pétale ſupérieur. Les étamines ſont au nombre de douze à ſeize, & le nombre des ovaires varie d'un à trois.

OBS. Dans quelques eſpèces, la corolle avant ſon épanouiſ- ſement, a à peu-près la forme que l'on attribu aue dauphin.

A N A L Y S E.

Feuilles pétiolées & palmées ; fruit tricapſulaire.	Feuilles preſque ſeſſiles & à découpures linéaires ; fruit unicapſulaire.
I.	I V.

(325)

914. I. *Feuilles pétiolées & palmées; fruit tricapsulaire.*

Tige lisse, creuse & s'élevant au-delà de deux pieds. I I.	Tige velue, pleine & ne s'élevant pas au-delà de deux pieds. I I I.

II. *Tige lisse, creuse & s'élevant au-delà de deux pieds.*

Dauphin élevé. *Delphinium elatum.* Lin. Sp. 749.

Delphinium perenne, montanum, villosum, aconiti folio. Tournef. 426.

Sa tige est droite, lisse, feuillée, & s'élève jusqu'à quatre ou cinq pieds; elle se termine par un long épi de fleurs d'un bleu admirable, & dont les péduncules propres sont un peu pubescens ou légèrement farineux : les feuilles sont alternes, pétiolées, palmées, glabres dans leur parfait développement, & découpées en cinq lobes pointus & incisés. Cette plante a été observée en Dauphiné par M. de Villars. ♃

III. *Tige velue, pleine & ne s'élevant pas au-delà de deux pieds.*

Dauphin staphisaigre. *Delphinium staphisagria.* Lin. Sp. 750.

Delphinium platani folio, staphisagria dictum. Tourn. 428.

Sa tige est haute d'un pied & demi, cylindrique, velue & un peu rameuse; ses feuilles sont pétiolées, palmées, velues, & à lobes ou digitations pointus & incisés : les fleurs sont assez grandes, d'un bleu pâle, & disposées en épi terminal. Cette plante croît dans les provinces méridionales, dans les lieux exposés à l'ombre, ☉; sa semence est un purgatif violent & dangereux : on l'emploie extérieurement pour déterger les ulcères & pour détruire les poux.

IV. *Feuilles presque sessiles & à découpures linéaires; fruit unicapsulaire.*

Dauphin des blés. *Delphinium segetum.* [pied d'alouette.]
Delphinium segetum, flore cœruleo. Tournef. 426.
Delphinium consolida. Lin. Sp. 748.

Sa tige est haute d'un à deux pieds, cylindrique, presque

914. glabre, rameuſe, & un peu paniculée ou à rameaux très-ouverts; ſes feuilles ſont découpées très-menu; & ſes fleurs, ordinairement d'un beau bleu, ſont diſpoſées au ſommet de la tige & des rameaux, en bouquets lâches formant à peine l'épi. Les corolles, avant leur épanouiſſement, ont un peu la forme d'un dauphin. Cette plante eſt commune dans les champs parmi les blés, ⊙; elle eſt vulnéraire.

---

915. *Pétale ſupérieur ſans éperon, voûté & renfermant deux folicules fiſtuleux & pédiculés.*

Aconit. *Aconitum.*

Les Aconits ont beaucoup de rapport avec les dauphins; le pétale ſupérieur de leur corolle reſſemble à un caſque: le fruit eſt toujours pluricapſulaire.

A N A L Y S E.

Fleurs de couleur bleue. I.	Fleurs d'un jaune pâle. I I.

I.   *Fleurs de couleur bleue.*

Aconit napel. *Aconitum napellus.* Lin. Sp. 751.

Aconitum cæruleum, ſeu napellus. Tournef. 425.

Sa tige eſt droite, ſimple, ferme, feuillée, & haute de deux pieds; elle ſe termine par un épi un peu denſe, dont les fleurs ſont aſſez grandes, ſerrées & ſolitaires ſur leur péduncule; ſes feuilles ſont pétiolées, palmées, multifides, d'un vert noirâtre, luiſantes & à découpures étroites, chargées d'une ligne ou cannelure courante. On trouve cette plante dans les lieux couverts & humides des montagnes de la Provence, ♃; elle eſt âcre, cauſtique & paſſe pour un poiſon dangereux : cependant ſon extrait donné à petites doſes peut, ſelon les expériences de M. Storck, être employé avantageuſement & ſans danger dans les maladies où il eſt néceſſaire d'exciter la tranſpiration & la ſueur.

915. **II.** *Fleurs d'un jaune pâle.*

Trois ovaires ; découpures des feuilles élargies & point linéaires.	Cinq ovaires ; découpures des feuilles toutes étroites & linéaires.
I I I.	I V.

III. *Trois ovaires ; découpures des feuilles élargies & point linéaires.*

Aconit tue-loup. *Aconitum lycoctonum.* Lin. Sp. 750.

Aconitum lycoctonum, luteum. Tournef. 424.

Sa tige est haute de deux ou trois pieds, cylindrique, feuillée & un peu rameuse ; ses feuilles font pétiolées, fort larges, palmées, à trois ou cinq lobes pointus, incisés & dentés ; elles font d'un vert foncé ou un peu noirâtre : les fleurs font terminales, d'un blanc jaunâtre & disposées en épi ; le pétale supérieur de leur corolle est alongé en manière de toque ou de bonnet presque conique, obtus à son sommet, pubescent & anguleux ou ridé. Cette plante croît dans les lieux montagneux de l'Alsace & des provinces méridionales. ♃

IV. *Cinq ovaires ; découpures des feuilles toutes étroites & linéaires.*

Aconit salutifère. *Aconithum anthora.* Lin. Sp. 751.

Aconitum salutiferum seu anthora. Tournef. 425.

Sa tige est haute d'un pied ou un peu plus, lisse dans sa partie inférieure, feuillée & presque simple ; ses feuilles font palmées, multifides & à découpures linéaires ; elles font un peu blanchâtres en-dessous, & les supérieures font presque sessiles : les fleurs font terminales, jaunâtres, velues, & le casque que forme leur pétale supérieur est obtus, convexe, & point alongé en toque conique comme celui de l'espèce précédente. On trouve cette plante dans les montagnes de la Provence. ♃

916.
Ovaire sous la corolle . . . . . {
Corolle monopétale. . . . 917
Corolle polypétale. 977

917.
Corolle monopétale . . . . . . {
Cinq étamines ou moins. 918
Plus de cinq étamines. . 959

918.
Cinq étamines ou moins . . . {
Feuilles ou radicales ou alternes. 919
Tige garnie de feuilles opposées ou verticillées. 932

919.
Feuilles ou radicales ou alternes . . . . {
Feuilles simples, entières ou dentées. 920
Feuilles ailées avec une impaire. 931

920.
Feuilles simples, entières ou dentées . . . . {
Fleurs complettes ; elles ont une corolle & un calice. 921
Fleurs incomplettes ; elles n'ont qu'une corolle & point de calice. 929

921.
Fleurs complettes . . . . {
Corolle régulière. 922
Corolle irrégulière. 928

922.
Corolle régulière . . . . {
Stigmate simple & entier. 923
Stigmate à deux ou trois divisions. 925

923. *Stigmate simple & entier.*

Samole aquatique. *Samolus aquaticus.*

Samolus valerandi. Tournef. 143. Lin. Sp. 243.

Sa tige est haute d'un pied où environ, droite, cylindrique, glabre, feuillée & un peu rameuse; ses feuilles sont ovales - obtuses, spatulées & très-lisses. Ses fleurs sont blanches & disposées en grappes droites & terminales; elles ont une corolle en soucoupe, partagée en cinq découpures ovales - obtuses, & remarquable par cinq petites écailles pointues & connivantes à l'entrée de son tube : le fruit est une capsule ovale, uniloculaire, polysperme & couronnée par le calice. Cette plante croît sur le bord des ruisseaux & dans les lieux aquatiques. ♂

924. *Feuilles ailées* . . . . { Feuilles ailées avec une impaire. 931

Feuilles ailées sans impaire. 259

925. *Stigmate à deux ou trois divisions* . . . . { Corolle partagée au - delà de moitié en cinq découpures linéaires. 926

Corolle non divisée au-delà de moitié, & dont les découpures ne sont pas linéaires. 927

926. *Corolle partagée au - delà de moitié en cinq découpures linéaires.*

Raiponce. *Rapunculus.*

Les Raiponces ont beaucoup de rapport avec les Campanules & les Jasions; leurs fleurs sont ramassées en épi ou en tête, & composées d'un calice court, à cinq divisions; d'une corolle, dont les découpures sont profondes & linéaires; de cinq étamines, & d'un style terminé par un stigmate bifide ou trifide.

ANALYSE.

926.

Feuilles inférieures en cœur à leur base. I.	Toutes les feuilles étroites, & point en cœur. VI.

I.   *Feuilles inférieures en cœur à leur base.*

Fleurs en épi assez long & conique. II.	Fleurs en bouquet court ou orbiculaire. III.

II.   *Fleurs en épi assez long & conique.*

Raiponce à épi. *Rapunculus spicatus.* Tournef. 113.

Phyteuma spicata. Lin. Sp. 242.

Sa tige est haute de six à huit pouces, droite, feuillée & très-simple; elle se termine par un épi conique ou cylindrique, long de deux à quatre pouces, & composé de fleurs bleues ou d'un blanc jaunâtre : les feuilles inférieures sont cordiformes, portées sur de longs pétioles & légèrement dentées en leurs bords ; les supérieures sont étroites & sessiles. On trouve cette plante dans les pâturages des montagnes. ♃

III.   *Fleurs en bouquet court ou orbiculaire.*

Tête de fleurs nue, & sans bractées à sa base. IV.	Tête de fleurs, garnie à sa base de deux bractées assez longues. V.

IV. *Tête de fleurs nue, & sans bractées à sa base.*

Raiponce orbiculaire. *Rapunculus orbicularis.* Scop. carn. 1, p. 150.

Rapunculus folio oblongo, spicâ orbiculari. Tournef. 113. *Phyteuma orbicularis.* Lin. Sp. 242.

Sa tige est grêle, très-simple, & haute de six à sept

926. pouces, ſes feuilles ſont un peu dures : les inférieures ſont en cœur & plus courtes que leur pétiole ; les ſupérieures ſont étroites, pointues & preſque ſeſſiles : les fleurs ſont bleuâtres & ramaſſées en une tête terminale, arrondie ou orbiculaire. On trouve cette plante dans les lieux montagneux de l'Alſace & des provinces méridionales. ♃

V. *Tête de fleurs garnie à ſa baſe de deux bractées aſſez longues.*

Raiponce colletée. *Rapunculus comoſus.*

Rapunculus Alpinus, corniculatus. Tournef. 113.

Phyteuma comoſa. Lin. Sp. 242.

Sa racine pouſſe pluſieurs tiges grêles, liſſes, garnies de quelques feuilles, & hautes de cinq à ſix pouces ; ſes feuilles ſont pétiolées, un peu dures, nerveuſes, d'un vert noirâtre & plus fortement dentées en leurs bords que celles des eſpèces précédentes : les radicales ſont en cœur & beaucoup plus courtes que leur pétiole, & les caulinaires ſont lancéolées. Les fleurs ſont bleuâtres & ramaſſées en une tête terminale, remarquable par les bractées qui l'accompagnent. Cette plante a été obſervée, dans les montagnes des provinces méridionales, par Dom Fourmault.

VI. *Toutes les feuilles étroites & point en cœur.*

Raiponce hémiſphérique. *Rapunculus hemiſphericus.*

Rapunculus gramineo folio. Tournef. 113.

Phyteuma hemiſpherica. Lin. Sp. 241.

Sa tige eſt très-ſimple, cannelée, haute d'un demi-pied, & garnie dans ſa partie moyenne de beaucoup de feuilles étroites, légèrement dentées, & dont les inférieures ſont portées ſur des pétioles extrêmement longs. Les fleurs ſont bleues & ramaſſées en une tête terminale fort courte & hémiſphérique. Cette plante croît dans les montagnes de la Provence. ♃

927. *Corolle non divisée au-delà de moitié, & dont les découpures ne sont pas linéaires.*

Campanule. *Campanula.*

Les fleurs de Campanule sont composées d'un calice à cinq divisions ; d'une corolle monopétale assez grande, ayant communément la forme d'une cloche, & partagée en son limbe, en cinq découpures élargies, pointues & ouvertes ; de cinq étamines qui se flétrissent de bonne heure, & dont les filamens s'insèrent sur des écailles conniventes au fond de la corolle ; & d'un style terminé par un stigmate trifide. Le fruit est une capsule anguleuse, à plusieurs loges polyspermes, & qui s'ouvre latéralement.

ANALYSE.

Fleurs glomérulées & ramassées en tête, ou en épi dense.	Fleurs libres, lâches, & point glomérulées.
I.	V I.

I. *Fleurs glomérulées & ramassées en tête, ou en épi dense.*

Toutes les feuilles sessiles & lancéolées-linéaires.	Feuilles inférieures pétiolées, & point linéaires.
I J.	V.

II. *Toutes les feuilles sessiles, & lancéolées-linéaires.*

Tige terminée par un épi dense & cylindrique.	Tige terminée par une tête de fleurs.
I I I.	I V.

927. **III.** *Tige terminée par un épi dense & cylindrique.*

Campanule thyrſoïde. *Campanula thyrſoidea.* Lin. Sp. 235.

Campanula Alpina, echioides, pyramidata. Tournef. 109.

Sa tige eſt haute de huit à dix pouces, droite, très-ſimple & hériſſée de poils blancs ; ſes feuilles ſont nombreuſes, éparſes autour de la tige, lancéolées-linéaires, un peu émouſſées à leur ſommet, & pareillement hériſſées de poils. Les fleurs ſont d'un blanc ſale, ſeſſiles, velues, très-nombreuſes, & diſpoſées en un épi denſe, cylindrique, terminal, feuillé dans ſa partie inférieure, preſque nu vers ſon ſommet & long de trois ou quatre pouces. Cette plante croît dans les montagnes de la Provence. ♃

IV. *Tige terminée par une tête de fleurs.*

Campanule cervicaire. *Campanula cervicaria.* Lin. Sp. 235.

Campanula foliis echii. Bauh. prodr. 36.

Sa tige eſt haute de deux pieds, hériſſée de poils blancs, feuillée, ſimple ou quelquefois garnie dans ſa partie ſupérieure de quelques rameaux médiocres ; ſes feuilles ſont étroites, preſque linéaires, dentées en leurs bords, émouſſées à leur ſommet, d'un aſpect blanchâtre & hériſſées de poils qui les rendent très-rudes au toucher. Les fleurs ſont terminales, de couleur bleue, ſeſſiles & ramaſſées en tête au ſommet de la tige & des rameaux : leur corolle eſt velue en ſes angles. On trouve cette plante dans les bois & les lieux pierreux des montagnes. ♃

V. *Feuilles inférieures, pétiolées & point linéaires.*

Campanule glomérulée. *Campanula glomerata.* Lin. Sp. 235.

Campanula pratenſis, flore glomerato. Tournef. 110.

Sa tige eſt haute d'un pied, ordinairement ſimple, à peine velue, feuillée & légèrement anguleuſe ; ſes feuilles radicales ſont ovales-lancéolées, pointues, finement dentées en leurs bords, médiocrement velues, un peu blanchâtres en-deſſous & portées ſur de longs pétioles ; celles de la tige ſont petites & ſémi-amplexicaules ; les fleurs ſont bleues,

927. seffiles, ramaffées en une tête terminale, & quelques-unes difposées dans les aiffelles des feuilles fupérieures. On trouve cette plante dans les lieux fecs & montueux. ♃

VI. *Fleurs libres, lâches & point glomérulées.*

Calice beaucoup plus court que la corolle. **V I I.**	Calice auffi grand, ou plus grand que la corolle. **X X I V.**

VII. *Calice beaucoup plus court que la corolle.*

Corolle velue. **V I I I.**	Corolle très-glabre. **X V.**

VIII. *Corolle velue.*

Toutes les feuilles feffiles & point cordiformes. **I X.**	Feuilles inférieures, pétiolées & cordiformes. **X I I.**

IX. *Toutes les feuilles feffiles & point cordiformes.*

Corolle longue de plus d'un pouce, & velue en - dehors. **X.**	Corolle longue de moins d'un pouce, & très-velue en-dedans. **X I.**

X. *Corolle longue de plus d'un pouce & velue en dehors.*

Campanule à grandes fleurs. *Campanula grandiflora.*

> *Campanula hortenfis, folio & flore oblongo, cæruleo.* Tournef. 109.

> *Campanula medium.* Lin. Sp. 236.

Sa tige eft haute de deux pieds, droite, feuillée, rude, velue & un peu rameufe ; fes feuilles font ovales-lancéolées, feffiles, rudes au toucher, légèrement velues & d'un vert quelquefois

927. noirâtre, ses fleurs sont fort grandes, pédunculées & de couleur bleue ou blanchâtre; leur calice est remarquable par des replis & des sinuosités particulières dans sa moitié inférieure, & leur corolle est légèrement velue en ses angles. Cette plante croît dans les bois & les lieux arides de la Provence. ♂

XI. *Corolle longue de moins d'un pouce & très - velue en dedans.*

Campanule barbue. *Campanula barbata.* Lin. Sp. 236.

Campanula foliis echii, floribus villosis. Tournef. 110.

Sa tige est velue, médiocrement feuillée, un peu rameuse vers son sommet & s'élève jusqu'à un pied & demi; ses feuilles sont ovales - oblongues, velues, un peu rudes au toucher & très-entières; les fleurs sont bleues, pédunculées, la plupart inclinées ou pendantes & disposées au nombre de huit à dix en une panicule très - lâche; elles sont beaucoup plus petites que celles de l'espèce précédente, & leur corolle est remarquable par beaucoup de poils blancs & tortueux qui rendent son entrée très-barbue. Cette plante à été observée en Dauphiné par M. de Villars.

XII. *Feuilles inférieures pétiolées & cordiformes.*

Presque toutes les feuilles pétiolées ; angles extérieurs de la corolle, velus.	Feuilles inférieures pétiolées; angles extérieurs de la corolle, glabres.
X I I I.	X I V.

XIII. *Presque toutes les feuilles pétiolées; angles extérieurs de la corolle, velus.*

Campanule gantelée. *Campanula trachelium.* Lin. Sp. 235.

Campanula vulgatior, foliis urticæ, vel major & asperior.

Sa tige est velue, anguleuse, rude, quelquefois rameuse, feuillée dans toute sa longueur & s'élève jusqu'à deux ou trois pieds; ses feuilles sont en cœur, pointues, dentées en scie, larges, rudes & pétiolées; ses fleurs sont bleues ou

927. violettes, pédunculées & remarquables par leur calice hériffé de poils blancs, & par fes divifions élargies. On trouve cette plante dans les bois. ♃

XIV. *Feuilles inférieures pétiolées ; angles extérieurs de la corolle, glabres.*

Campanule inclinée. *Campanula nutans.*

 Campanula hortenfis, rapunculi radice. Tournef. 109.
 Campanula rapunculoides. Lin. Sp. 234.

Sa tige eft haute de deux pieds, droite, cylindrique, rougeâtre, prefque liffe, à peine velue, & feuillée dans toute fa longueur ; fes feuilles inférieures font en cœur, pointues, dentées & portées fur de longs pétioles ; les fupérieures font ovales-lancéolées & feffiles ou femi-amplexicaules. Les fleurs font d'un bleu rougeâtre, pédunculées, toutes inclinées ou pendantes, & difpofées dans les aiffelles des feuilles fupérieures, en un épi fort long & terminal ; les divifions de leur calice font très-ouvertes, prefque réfléchies, & celles de leur corolle font légèrement velues en leurs bords intérieurs. On trouve cette plante dans les lieux fecs & fur le bord des vignes. ♃

XV.   *Corolle très-glabre.*

Feuilles inférieures, ou feffiles ou rétrécies en pétiole, & point arrondies ni en cœur.	Feuilles inférieures diftinctement pétiolées, & d'une forme arrondie ou en cœur.
X V I.	X X I.

XVI. *Feuilles inférieures, ou feffiles ou rétrécies en pétiole, & point arrondies ni en cœur.*

Feuilles inférieures rétrécies en pétiole, & longues de plus de deux pouces.	Toutes les feuilles feffiles, ovales, pointues, & longues à peine d'un pouce.
X V I I.	X X.

XVIII.

927. **XVII.** *Feuilles inférieures rétrécies en pétiole, & longues de plus de deux pouces.*

Tige simple & très-glabre ; longueur de la corolle moins grande que le diamètre de son ouverture. **XVIII.**	Tige rameuse & un peu velue ; longueur de la corolle plus grande que le diamètre de son ouverture. **XIX.**

XVIII. *Tige simple & très-glabre ; longueur de la corolle moins grande que le diamètre de son ouverture.*

Campanule à feuilles de Pêcher. *Campanula persicifolia.* Lin. Sp. 232.

 Campanula persicæ folio. Tournef. 110.

 β. *Campanula nemorosa, angustifolia, magno flore, major.* Ibid. 111.

Sa tige est droite, lisse, médiocrement garnie de feuilles, & haute de deux à trois pieds ; ses feuilles sont longues, étroites, glabres, & garnies de dentelures légères & glanduleuses : les radicales sont ovales-oblongues & rétrécies en pétiole ; celles de la tige sont distantes & très-pointues : les fleurs sont bleues ou quelquefois blanches, pédunculées & assez grandes. La variété β n'en porte ordinairement que deux ou trois. On trouve cette plante dans les bois taillis. ♃

XIX. *Tige rameuse & légèrement velue ; longueur de la corolle plus grande que le diamètre de son ouverture.*

Campanule raiponce. *Campanula rapunculus.* Lin. Sp. 232.

 Campanula radice esculentâ, flore cœruleo. Tournef. 111.

 β. *Campanula radice esculentâ, flore candicante.* Ibid.

Sa tige est haute d'un pied & demi ou quelquefois beaucoup davantage, cannelée, rameuse, & médiocrement garnie de feuilles dans sa partie supérieure ; ses feuilles radicales

Tome III.   Y

927. font molles, un peu velues, ovales-oblongues & rétrécies en pétiole à leur bafe : celles de la tige font lancéolées-linéaires, pointues, feffiles & un peu diftantes. Les fleurs font bleues ou quelquefois blanches, pédunculées & difpofées au fommet de la tige & des rameaux en manière d'épis grêles & très-lâches. On trouve cette plante dans les vignes, les lieux incultes & le long des haies, ♂ ; on mange fa racine en falade, au printemps, avant qu'elle ait pouffée la tige.

XX. *Toutes les feuilles feffiles, ovales, pointues & longues à peine d'un pouce.*

Campanule rhomboidale. *Campanula rhomboidalis.* Lin. Sp. 233.

Campanula Alpina, teucrii folio, angulato. Tournef. 110.
Campanula drabæ minoris foliis. Ibid. 112.

Sa tige eft fimple, grêle, ftriée, prefque glabre, feuillée, & s'élève jufqu'à un pied & demi ; fes feuilles font éparfes, affez nombreufes, petites, ovales, pointues, glabres & dentées en leurs bords : elles ont quatre ou cinq lignes de largeur, & font longues de fept ou huit lignes. Les fleurs forment au fommet de la tige, un épi court & un peu lâche ; elles font de couleur bleue, pédunculées & fouvent tournées d'un même côté ; les divifions de leur calice font fétacées ou capillaires. Cette plante croît dans les prés des montagnes du Dauphiné & de la Provence. ♃

XXI. *Feuilles inférieures diftinctement pétiolées, & d'une forme arrondie ou en cœur.*

Feuilles pétiolées, en cœur & à cinq lobes divergens.	Feuilles la plupart linéaires, & les inférieures arrondies.
X X I I.	X X I I I.

XXII. *Feuilles pétiolées, en cœur & à cinq lobes divergens.*

Campanule lierrée. *Campanula hederacea.* Lin. Sp. 240.
Campanula cymbalariæ foliis, vel folio hederaceo. Tournef. 112.

Sa tige eft très - menue, foible, rameufe & peu élevée ;

927. ſes feuilles ſont glabres, pétiolées, en cœur & à cinq lobes un peu pointus. Les fleurs ſont petites, écartées, pédunculées & ſolitaires. On trouve cette plante dans les lieux couverts & un peu humides.

XXIII. *Feuilles la plupart linéaires, & les inférieures arrondies.*

Campanule mineure. *Campanula minor.*

> *Campanula minor, rotundifolia, vulgaris.* Tournef. 111.
> β. *Campanula alpina, rotundifolia, minor.* Ibid.
> γ. *Campanula alpina, linifolia, cærulea.* Ibid.
> *Campanula rotundifolia.* Lin. Sp. 232. [α, β, γ].

Ses tiges ſont hautes de ſix à neuf pouces, très-grêles, plus ou moins glabres & feuillées, mais un peu nues vers leur ſommet; ſes feuilles inférieures ſont fort petites, pétiolées, arrondies, & un peu en cœur à leur baſe. Au-deſſus d'elles, on en trouve quelques-unes qui ſont lancéolées & dentées en leurs bords: toutes les autres ſont linéaires, très-étroites & pointues: les fleurs ſont en petit nombre, aſſez grandes, pédunculées, & ordinairement de couleur bleue; les diviſions de leur calice ſont ſétacées. Cette plante eſt commune dans les lieux pierreux, montueux & ſur le bord des bois. ♃

XXIV. *Calice auſſi grand ou plus grand que la corolle.*

Tige & feuilles glabres; corolles planes & en roue.	Tige & feuilles velues; corolles campanulées ou tubulées.
X X V.	X X V I I I.

XXV. *Tige & feuilles glabres; corolles planes & en roue.*

Fleurs pétiolées & ſolitaires ſur leur pétiole.	Fleurs ſeſſiles, & ſouvent ramaſſées pluſieurs enſemble.
X X V I.	X X V I I.

927. **XXVI.** *Fleurs pétiolées & solitaires sur leur pétiole.*

Campanule doucette. *Campanula speculum.* Lin. Sp. 238.
[miroir de Vénus].

> *Campanula arvensis, erecta.* Tournef. 112.
> *Campanula arvensis, procumbens.* Ibid.

Sa tige est haute de six à dix pouces, anguleuse, feuillée, rameuse & diffuse ; ses feuilles sont petites, ovales, un peu en pointe, sessiles & légèrement dentées : les fleurs sont d'un bleu rougeâtre, pédunculées, & disposées au sommet & dans les aisselles supérieures de la tige & des rameaux ; leur corolle est plane & semi-quinquefide, les étamines n'ont pas d'écailles bien sensibles à la base de leurs filamens, le calice est à cinq divisions très-profondes & linéaires, & le fruit est une capsule longue & prismatique. On trouve cette plante dans les champs parmi les blés. ☉

XXVII. *Fleurs sessiles, & souvent ramassées plusieurs ensemble.*

Campanule bâtarde. *Campanula hybrida.* Lin. Sp. 239.

> *Campanula arvensis, minor, siliquâ ampliori.* Tournef. 112.

Cette espèce a beaucoup de rapport avec la précédente, mais sa tige est simple ou seulement rameuse à sa base ; ses feuilles sont oblongues & légèrement crénelées : les fleurs à peine se développent & paroissent même avorter entièrement. Le fruit est une capsule longue, prismatique & couronnée par le calice, dont les divisions sont grandes, linéaires & persistantes. On trouve cette plante dans les champs. ☉

XXVIII. *Tige & feuilles velues ; corolles campanulées ou tubulées.*

Campanule érine. *Campanula erinus.* Lin. Sp. 241.

> *Campanula minor, annua, foliis incisis.* Tournef. 112.

Sa tige est haute de cinq à six pouces, grêle, velue & rameuse ; ses feuilles sont sessiles, un peu distantes, ovales &

927. garnies de quelques dents écartées & assez profondes ; les inférieures font oblongues & un peu spatulées : celles du sommet font opposées : les fleurs font petites, & leur corolle est d'un bleu pâle ou blanchâtre ; ses divisions font droites & régulières. On trouve cette plante dans les lieux pierreux. ☉

---

928. *Corolle irrégulière.*

Lobélie brûlante. *Lobelia urens.* Lin. Sp. 1321.

Rapuntium urens, folonienfe. Tournef. 163.

Sa tige est haute d'un pied ou un peu plus, droite, feuillée, très-simple & anguleuse ; ses feuilles radicales font ovales-oblongues, & celles de la tige font ovales-lancéolées & un peu distantes entr'elles ; les unes & les autres font glabres & légèrement dentées en leurs bords : les fleurs font bleues, portées fur de courts pédunculiers, & disposées en une espèce de grappe ou d'épi terminal : leur corolle est comme labiée, & fa gorge est distinguée par deux taches pâles ou blanchâtres. On trouve cette plante dans les environs de Paris, ☉ ; fon goût est piquant & brûlant.

---

929. *Fleurs incomplètes* . . . . . . { Quatre ou cinq étamines. 930
{ Trois étamines 1093

---

930. *Quatre ou cinq étamines* . . . { Tige herbacée, & de moins de deux pieds 930*
{ Tige ligneuse, & de plus de deux pieds 1068

930.* *Tige herbacée & de moins de deux pieds.*

Thesion. *Thesium.*

Les fleurs de Thésion ont une corolle monopétale, colorée intérieurement, & partagée en quatre ou cinq découpures, un pareil nombre d'étamines insérées à la base des divisions de la corolle, & un style terminé par un stigmate simple. Le fruit est une semence inférieure au réceptacle de la fleur.

Y üj

ANALYSE.

Tiges rameufes, & prefque paniculées dans leur partie fupérieure; fleurs pédunculées. I.	Tiges fimples dans leur moitié fupérieure; fleurs la plupart prefque feffiles. I I.

I. *Tiges rameufes & prefque paniculées dans leur partie fupérieure; fleurs pédunculées.*

Théfion linophylle. *Thefium linophyllum.* Lin. Sp. 301.

> *Alchimilla linariæ folio, calyce florum albo. [& fubluteo]*, Tournef. 509.

Ses tiges font menues, glabres, anguleufes, feuillées, plus ou moins droites, & longues de fix à dix pouces; fes feuilles font alternes, étroites-linéaires, & quelquefois lancéolées-linéaires : fes fleurs font pédunculées & communément quinquefides. On trouve cette plante fur les collines & dans les prés fecs & montagneux. ♃

II. *Tige fimples dans leur moitié fupérieure; fleurs la plupart prefque feffiles.*

Théfion des Alpes. *Thefium Alpinum.* Lin. Sp. 301.

> *Thefium floribus fubfeffilibus, pedunculis foliofis, foliis linearibus.* Ger. prov. 442, t. 17, f. 1.

Ses tiges font nombreufes, très-menues, fimples, feuillées & hautes de fix à huit pouces; fes feuilles font toutes étroites, linéaires, & les fupérieures font auffi longues ou quelquefois plus longues que les autres. Ses fleurs font fort petites, la plupart quadrifides & prefque feffiles ou portées fur des péduncules longs d'une ligne; ces péduncules font chargés d'une longue feuille & fouvent de deux autres beaucoup plus petites. On trouve cette plante en Provence & en Dauphiné. ♃

Feuilles ailées avec une impaire.

Pimprenelle. *Pimpinella.*

Les fleurs de Pimprenelle font petites & ramaffées en tête ou en épi ferré ; elles font compofées d'un calice de deux ou trois feuilles fort courtes & inférieures à l'ovaire ; d'une corolle profondément quadrifide & portée fur l'ovaire ; de quatre ou plus de dix étamines, & d'un ftyle fimple òu de deux ftyles plumeux & rougeâtres. Le fruit eft une capfule sèche ou un peu charnue, tétragone & biloculaire.

A N A L Y S E.

Feurs à quatre étamines.	Fleurs à plus de dix étamines.
I.	I I.

I. *Fleurs à quatre étamines.*

Pimprenelle officinale. *Pimpinella officinalis.*

> *Pimpinella fanguiforba, major.* Tournef. 156.
> *Sanguiforba officinalis.* Lin. Sp. 169.

Ses tiges font droites, anguleufes, glabres, médiocrement rameufes & hautes de deux ou trois pieds ; fes feuilles font alternes, un peu diftantes, pétiolées, & compofées de onze ou treize folioles cordiformes, obtufes à leur fommet, dentées en leurs bords & d'un vert glauque en-deffous. Les fleurs font terminales, rougeâtres & difpofées en une tête ovale ou un épi fort court. Cette plante croît dans les prés fecs, ♃ ; elle eft vulnéraire & aftringente.

II. *Fleurs à plus de dix étamines.*

Pimprenelle mineure. *Pimpinella minor.*

> *Pimpinella fanguiforba, minor, hirfuta.* Tournef. 157.
> β. *Pimpinella fanguiforba, minor, lævis.* Ibid.
> *Poterium fanguiforba.* Lin. Sp. 1411. *[α, β]*.

Ses tiges font un peu anguleufes, plus ou moins velues, légèrement rameufes, & ne s'élèvent que jufqu'à un pied & demi ; fes feuilles font compofées de onze à quinze folioles affez petites, prefque toutes égales, ovales & garnies de

931. dentelures profondes. Ses fleurs font terminales & difposées en tête ovale ou quelquefois entièrement arrondie ; les unes font femelles , & n'ont que deux ftyles plumeux & rougeâtres ; ce font les fupérieures : d'autres font mâles , & ont trente à quarante étamines fort longues ; d'autres enfin font hermaphrodites. On trouve cette plante dans les prés fecs & montagneux, ♃ ; elle eft deffication, vulnéraire, aftringente & anti-dyfentérique : elle entre comme affaifonnement dans les falades.

932.

Tige garnie de feuilles oppo-fées ou verticillées . . . . .

Feuilles fimplement oppofées.
933

Feuilles verticillées , & plus de deux à chaque nœud 948

933.

Feuilles fimplement oppofées.

Fleurettes nombreufes, difpofées fur un même réceptacle environné par un calice commun . . . 934

Fleurs libres , non difpofées fur un même réceptacle, ni environnées par un calice commun. 937

934.

Fleurettes nombreufes , difpofées fur un même réceptacle environné par un calice commun.

Fleurettes ayant chacune un calice fimple ; nervure poftérieure des feuilles, épineufe 935

Fleurettes ayant chacune un calice double ; aucune épine fur la nervure poftérieure de feuilles. 936

935. *Fleurettes ayant chacune un calice fimple ; nervure poftérieure des feuilles, épineufe.*

Cardère. *Dipfacus.*

Les fleurs de Cardère font ramaffées en tête conique ou hémifphérique, hériffée par des paillettes fort grandes, roides

935.

& piquantes. Chaque fleurette a un calice simple fort petit, une corolle monopétale, tubulée & quadrifide, quatre étamines & un style terminé par un stigmate simple. Le fruit est une semence tétragone.

ANALYSE.

Têtes de fleurs, alongées & coniques. I.	Têtes de fleurs, arrondies ou hémisphériques. I V.

I.   *Têtes de fleurs, alongées & coniques.*

Feuilles simplement dentées. I I.	Feuilles sinuées ou laciniées. I I I.

II.   *Feuilles simplement dentées.*

Cardère sauvage. *Dipsacus sylvestris.*

> *Dipsacus sylvestris aut virga pastoris major.* Tournef. 466.
>
> *Dipsacus fullonum.* Lin. Sp. 140.

Sa tige est haute de trois ou quatre pieds, droite, ferme, un peu branchue, cannelée & hérissée d'épines ; ses feuilles sont opposées, connées, sur-tout les inférieures, ovales-lancéolées, vertes, glabres & épineuses en leurs nervures : les têtes de fleurs sont terminales, solitaires, & garnies à leur base de bractées linéaires, courbées & épineuses ; les fleurettes ont leur corolle d'un bleu rougeâtre, & les paillettes du réceptacle sont très-droites. On trouve cette plante sur le bord des chemins & le long des haies, ♂ ; ses racines sont diurétiques.

OBS. La Cardère cultivée diffère de cette espèce par ses têtes de fleurs hérissées de paillettes crochues.

III.   *Feuilles sinuées ou laciniées.*

Cardère laciniée. *Dipsacus laciniatus.* Lin. Sp. 141.

> *Dipsacus folio laciniato.* Tournef. 466.

Cette espèce a beaucoup de rapport avec la précédente,

935. mais elle est garnie d'épines plus petites & moins fortes ; ses feuilles sont laciniées & plus fortement connées, & les bractées sont moins courbées, moins étroites & plus courtes. Elle est indiquée en Alsace par Mappus, d'après J. Bauhin. ♂

IV. *Têtes de fleurs, arrondies ou hémisphériques.*

Cardère velue. *Dipsacus pilosus.* Lin. Sp. 141.

Dipsacus sylvestris, capitulo minore, seu virga pastoris minor. Bauh. Pin. 385.

Sa tige est haute de deux à trois pieds, branchue, cannelée & garnie de petites épines assez foibles ; ses feuilles sont ovales-lancéolées, pointues, dentées en leurs bords, épineuses en leur nervure postérieure, & remarquables par quelques appendices ou oreillettes disposées à leur base : les inférieures sont pétiolées, & les supérieures sont presque sessiles. Les têtes de fleurs sont petites, velues & hémisphériques ou presque arrondies : les corolles sont blanchâtres, & les étamines ont des anthères noirâtres ou purpurines. On trouve cette plante sur le bord des fossés humides & le long des haies. ♂

---

936. *Fleurettes ayant chacune un calice double ; aucune épine sur la nervure postérieure des feuilles.*

Scabieuse. *Scabiosa.*

Les Scabieuses ne sont point garnies d'épines comme les Cardères, & leurs têtes de fleurs sont en général planes ou simplement convexes ; la corolle de chaque fleurette est monopétale, tubulée & divisée en quatre ou cinq parties inégales. Le réceptacle est velu ou chargé de paillettes courtes.

ANALYSE.

Fleurettes ayant leur corolle quadrifide.	Fleurettes ayant leur corolle quinquefide.
I.	X I I.

936. **I.** *Fleurettes ayant leur corolle quadrifide.*

Réceptacle simplement velu, & sans paillettes. I I.	Réceptacle chargé de paillettes disposées entre les fleurettes. V I I.

II. *Réceptacle simplement velu & sans paillettes.*

Toutes les feuilles, ou au moins les inférieures, pinnatifides. I I I.	Toutes les feuilles très-simples, & point pinnatifides. V I.

III. *Toutes les feuilles ou au moins les inférieures pinnatifides.*

Feuilles inférieures obtuses à leur sommet & en leurs découpures. I V.	Toutes les feuilles pointues & sans découpures obtuses. V.

IV. *Feuilles inférieures obtuses à leur sommet & en leurs découpures.*

Scabieuse à feuilles de paquerette. *Scabiosa bellidifolia.*

Scabiosa annua, integrifolia sive foliis bellidis. Tournef. 465.

Scabiosa integrifolia. Lin. Sp. **142.**

Sa tige est haute d'un pied & demi, cylindrique, légèrement velue, & un peu branchue dans sa partie supérieure ; ses feuilles inférieures sont spatulées, certainement pinnatifides à leur base, & terminées par un lobe fort grand, ovale, un peu obtus & crénelé : les pinnules sont obtuses & crénelées à leur sommet ; les feuilles supérieures sont étroites-lancéolées, pointues, ciliées, & à peine dentées en leurs bords : les fleurs sont

936. rougeâtres, terminales, & forment des têtes assez petites. On trouve cette plante sur le bord des champs dans les provinces méridionales: ⊙

V. *Toutes les feuilles pointues & sans découpures obtuses.*

Scabieuse des champs. *Scabiosa arvensis.* Lin. Sp. 143.

Scabiosa pratensis, hirsuta quæ officinarum. Tournef. 464.

Sa tige est haute d'un à deux pieds, plus ou moins branchue, un peu velue, feuillée & cylindrique; ses feuilles sont profondément pinnatifides, presque ailées, & terminées par une pinnule assez grande, lancéolée, un peu dentée & pointue: les fleurs sont d'un bleu rougeâtre, terminales, & portées sur des péduncules longs & nus. Les fleurettes de la circonférence sont plus grandes que celles du centre. Cette plante est commune dans les champs, les prés & sur le bord des chemins; elle passe pour sudorifique, expectorante, détersive & vulnéraire.

VI. *Toutes les feuilles simples & point pinnatifides.*

Scabieuse des bois. *Scabiosa sylvatica.* Lin. Sp. 142.

Scabiosa montana, latifolia, non laciniata, rubra & prima. Tournef. 464.

Sa tige est haute de deux ou trois pieds, cylindrique, feuillée, branchue, & chargée de poils un peu distans & redressés; ces poils naissent chacun sur un petit point rougeâtre; les feuilles sont grandes, ovales, pointues, dentées, un peu connées, traversées par une nervure blanche, & d'un vert presque noirâtre: les fleurs sont grandes, terminales, & ressemblent à celles de l'espèce précédente. On trouve cette plante dans les bois des montagnes. ♃

VII. *Réceptacle chargé de paillettes disposées entre les fleurettes.*

Feuilles pinnatifides; fleurs blanches ou jaunâtres.	Feuilles très-simples; fleurs ordinairement de couleur bleue.
VIII.	**XI.**

936. **VIII.** *Feuilles pinnatifides ; fleurs blanches ou jaunâtres.*

Écailles calicinales glabres & obtuses. I X.	Écailles calicinales velues & pointues. X.

IX. *Écailles calicinales glabres & obtuses.*

Scabieuse à fleurs blanches. *Scabiofa leucantha.* Lin. Sp. 142.

Scabiofa fruticans, angustifolia, alba. Tournef. 464.

Sa tige est haute de trois ou quatre pieds, branchue, cylindrique, cannelée & très-glabre ; ses feuilles font grandes, profondément pinnatifides, composées de pinnules, lancéolées, pointues, dentées & presque incisées ; elles font vertes, & ont leur nervure postérieure très-blanche : les fleurs font de couleur blanche, & forment de petites têtes presque globuleuses au sommet de la plante. On trouve cette espèce dans les lieux montagneux de la Provence. ♃

Obs. Il y a une variété de cette plante dont les écailles intérieures du calice font pointus, & les fleurs d'un blanc jaunâtre : les fleurettes ont leur corolle quadrifide.

X. *Écailles calicinales velues & pointues.*

Scabieuse des Alpes. *Scabiofa Alpina.* Lin. Sp. 141.

Scabiofa alpina, foliis centaurii majoris. Tournef. 464.

Sa tige est haute de trois ou quatre pieds, épaisse, ferme, fistuleuse, cylindrique & velue ; ses feuilles ne ressemblent pas mal à celles de la grande centaurée ; elles font fort grandes, d'un vert blanchâtre, & composées de folioles lancéolées, dentées, décurrentes, & disposées en manière d'aile ; la foliole terminale est plus grande que les autres : les fleurs font jaunâtres, & forment des têtes presque globuleuses, un peu penchées & hérissées par des paillettes velues. On trouve cette plante dans les montagnes de la Provence. ♃

936. **XI.** *Feuilles très-simples; fleurs ordinairement de couleur bleue.*

Scabieuse succise. *Scabiosa succisa.* Lin. Sp. 142. [mors du diable.]

> *Scabiosa folio integro, glabro, flore cæruleo.* Tournef. 466.
> β. *Scabiosa folio integro, hirsuto.* Ibid.

Sa tige est haute d'un à deux pieds, cylindrique, feuillée, presque simple & pauciflore; ses feuilles inférieures sont pétiolées, ovales, entières, & chargées souvent de quelques poils assez longs; celles de la tige sont ovales-lancéolées, rétrécies à leur base, connées, ordinairement très-entières, quelquefois dentées ou même incisées, & disposées par paires un peu distantes : les fleurs sont terminales, souvent au nombre de trois, & forment des têtes un peu convexes : les fleurettes ne sont point inégales entr'elles, & le calice commun est fort court. On trouve cette plante dans les bois & sur les collines sèches, ♃ : on la regarde comme alexitère, sudorifique & vulnéraire.

XII. *Fleurettes ayant leur corolle quinquefide.*

Feuilles découpées ou pinnatifides. XIII.	Feuilles toutes très-entières. XX.

XIII. *Feuilles découpées ou pinnatifides.*

Calice commun débordant la fleur. XIV.	Calice commun ne débordant point la fleur. XV.

XIV. *Calice commun débordant la fleur.*

Scabieuse maritime. *Scabiosa maritima.* Lin. Sp. 144.

> *Scabiosa maritima, parva.* Tournef. 465.

Sa tige est haute d'un pied & demi, blanchâtre, chargé de quelques poils un peu écartés entre eux, feuillée, très-branchue & presque paniculée; ses feuilles sont vertes, la

936. plupart glabres, profondément pinnatifides & à découpures étroites & linéaires : celles du sommet font souvent linéaires & très-simples. Les fleurs font blanchâtres, terminales & portées fur d'affez longs péduncules ; les fleurettes de la circonférence font plus grandes que celles du centre. On trouve cette plante dans les lieux maritimes des provinces méridionales. ☉

XV. *Calice commun ne débordant point la fleur.*

Feuilles caulinaires élargies & dentées à leur fommet, & pinnatifides à leur bafe.	Feuilles caulinaires pinnatifides dans toute leur longueur, & point dentées à leur fommet.
X V I.	**X V I I.**

XVI. *Feuilles caulinaires élargies & dentées à leur fommet, & pinnatifides à leur bafe.*

Scabieufe étoilée. *Scabiofa ftellata.* Lin. Sp. 144.

Scabiofa ftellata, folio laciniato, major. Tournef. 465.

Scabiofa ftellata, folio laciniato, minor. Ibid.

Sa tige eft cylindrique, blanchâtre, velue, un peu branchue, & haute d'un pied & demi ; fes feuilles font molles, velues, d'un vert-blanchâtre, profondément pinnatifides à leur bafe, élargies & fimplement incifées ou dentées dans leur partie fupérieure : les fleurs font blanches, terminales & affez grandes ; les fleurettes extérieures font plus grandes que celles du centre, & les divifions de leur calice commun font velues & ciliées : les femences font fort belles & ramaffées en une tête globuleufe ; chacune d'elles eft velue à fa bafe, diftinguée par huit cavités latérales, & chargée d'une aigrette campaniforme membraneufe & fcarieufe, au milieu de laquelle on obferve une étoile noirâtre, pédiculée & à cinq pointes. Cette plante croît dans les lieux ftériles & maritimes de la Provence. ☉

936. **XVII.** *Feuilles caulinaires pinnatifides dans toute leur longueur, & point dentées à leur sommet.*

Fleurs bleuâtres ou rougeâtres. XVIII.	Fleurs d'un blanc jaunâtre. XIX.

XVIII. *Fleurs bleuâtres ou rougeâtres.*

Sabieuse colombaire. *Scabiosa Columbaria.* Lin. Sp. 143.

Scabiosa capitulo globoso , major. Tournef. 465.

β. *Scabiosa capitulo globoso minor.* Ibid.

Scabiosa gramuntia. Lin. Sp. 143.

Sa tige est cylindrique, branchue, presque glabre & s'élève depuis un pied jusqu'à deux; ses feuilles radicales sont simples, ovales, spatulées, dentées, & se fanent de bonne heure, ce qui fait qu'on ne les trouve que dans la jeunesse de la plante; toutes les autres sont une fois pinnatifides & à découpures linéaires: les fleurs sont portées sur des pédundules nus & fort longs; les fleurettes extérieures sont plus grandes que celles du centre; les semences sont petites, distinguées par huit cannelures latérales, & chargées d'un petit godet scarieux, au milieu duquel on observe une étoile terminée par cinq filets fort longs & noirâtres. La variété β est moins grande & a toutes ses feuilles découpées. On trouve cette plante dans les lieux secs & montueux. ♃

XIX. *Fleurs d'un blanc jaunâtre.*

Scabieuse jaunâtre. *Scabiosa ochroleuca.* Lin. Sp. 146.

Scabiosa multifido folio, flore flavescente. Tournef. 464.

Cette plante a beaucoup de rapport avec la précédente & n'en est peut-être qu'une variété; sa tige est haute d'un pied & demi, branchue, cylindrique, grêle, un peu dure, verte, & quelquefois rougeâtre à ses articulations; ses feuilles sont connées, profondément pinnatifides, & à découpures linéaires; les fleurs sont terminales, portées sur des péduncules nus

& fort

936. & fort longs ; les fleurettes extérieures sont plus grandes que celles du centre. On trouve cette plante dans les prés secs des provinces méridionales. ♃

XX. *Feuilles toutes très-entières.*

Scabieuse graminée. *Scabiosa graminifolia.* Lin. Sp. 145.

Scabiosa argentea, angustifolia. Tournef. 464.

Toute la plante est couverte d'un duvet blanc & très-court ; sa tige est haute d'un pied ou un peu peu plus, uniflore & nue vers son sommet ; ses feuilles sont linéaires, longues de deux à quatre pouces, larges d'une ou deux lignes, pointues & d'un blanc - argenté ; la fleur est assez grande & terminale, son calice est cotonneux, & les fleurettes de la circonférence sont plus grandes que celles du centre. Cette plante croît en Provence où elle a été observée par Dom Fourmault. ♃

---

937. *Fleurs libres, non disposées sur un même réceptacle, ni environnées par un calice commun.* { Tige herbacée......... 938

Tige ligneuse........ 941

---

938. *Tige herbacée...........* { Fleurs sessiles & toutes axillaires ; tige rampante.... 938 *

· Fleurs terminales ; tige non rampante............. 939

938.* *Fleurs sessiles & toutes axillaires ; tige rampante.*

Isnarde des marais. *Isnardia palustris.* Lin. Sp. 175.

Dantia foliis subovatis, pediculatis, floribus in foliorum alis sessilibus. Guett. Stamp. II, p. 115.

Cette plante ressemble beaucoup à la péplide pourpière, n.° 554 ; sa tige est grêle & rampante ou flottante dans l'eau ; ses feuilles sont ovales-arrondies, opposées, glabres, & un

Tome III.   Z

938. peu épaisses : ses fleurs sont petites, verdâtres & axillaires ; elles sont composées de quatre étamines, d'un pistil, & d'une corolle herbacée à quatre divisions. On trouve cette plante sur le bord des rivières & dans les ruisseaux. ⊙

939. *Fleurs terminales ; tige non rampante* . . . .
{ Une à quatre étamines ; style & stigmate simple 940

Cinq étamines ; trois stigmates sessiles . . . . 947—III

940. *Une à quatre étamines ; style & stigmate simple.*

Valériane. *Valeriana.*

Les fleurs de Valériane sont composées d'une corolle monopétale, souvent renflée à sa base, & à cinq divisions plus ou moins régulières, d'une à quatre étamines aussi longues ou plus longues que la corolle, & d'un style terminé par un stigmate simple. Le fruit est une semence ou nue, ou couronnée par le calice qui est sensible dans quelques espèces, ou chargée d'une aigrette de poils.

A N A L Y S E.

Fleurs à une étamine.	Fleurs à trois étamines.
I.	I V.

I. *Fleurs à une étamine.*

Feuilles lancéolées & très-simples.	Feuilles profondément pinnatifides.
I I.	I I I.

II. *Feuilles lancéolées & très-simples.*

Valériane rouge. *Valeriana rubra.* Lin. Sp. 44.

Valeriana rubra. Tournef. 131.

β. *Valeriana rubra, angustifolia* Ibid.

Sa tige est lisse, cylindrique, branchue, & haute de deux pieds ; ses feuilles sont larges-lancéolées, pointues, très-entières, & d'un vert glauque en-dessous ; les supérieures

940. font quelquefois dentées à leur bafe : les fleurs font rougeâtres, blanches dans une variété, & difpofées en panicule terminale : leur corolle eft garnie d'un éperon alongé & trèsgrêle. La variété β eft remarquable par fes feuilles beaucoup plus étroites & prefque linéaires, mais elle dégénère & fe change infenfiblement en la première au bout de quelques années, plus ou moins promptement, felon la fertilité du fol. Cette plante croît dans les vieilles murailles & dans les lieux pierreux des provinces méridionales, ♃ ; on la cultive dans les parterres.

III.   *Feuilles profondément pinnatifides.*

Valériane chauffe-trape. *Valeriana calcitrapa.* Lin. Sp. 44.

Valeriana foliis calcitrapæ. Tournef. 132.

Sa tige eft liffe, cylindrique, creufe, branchúe, & haute d'un pied ou quelquefois davantage ; fes feuilles font profondément pinnatifides, molles, vertes, liffes, & terminées par un lobe élargi, ovale-oblong & denté : les fleurs font rouges & difpofées en panicule courte ou corymbiforme, au fommet de la tige & des rameaux. On trouve cette plante dans les lieux ftériles de la Provence. ☉

IV.   *Fleurs à trois étamines.*

Tige non interrompue dans fa direction, & fimple, ou dont les rameaux font latéraux.	Tige interrompue dans fa direction, & une ou plufieurs fois fourchue.
V.	X V I I I.

V. *Tige non interrompue dans fa direction, & fimple, ou dont les rameaux font latéraux.*

Feuilles de la tige fimples, ou feulement trifides.	Feuilles de la tige, la plupart ailées ou pinnatifides.
V I.	X I I I.

940. **VI.** *Feuilles de la tige simples ou seulement trifides.*

Feuilles de la tige profondément trifides ou ternées.	Toutes les feuilles simples & point trifides.
V I I.	**V I I I.**

VII. *Feuilles de la tige profondément trifides ou ternées.*

Valériane trifide. *Valeriana tripteris.* Lin. Sp. 45.

Valeriana Alpina, prima. Tournef. 131.

Sa tige est haute d'un pied ou un peu plus, cylindrique, feuillée & souvent simple ; ses feuilles radicales sont pétiolées, vertes, lisses, cordiformes, quelques-unes un peu obtuses ou presque arrondies, & les autres pointues & dentées en leurs bords : les feuilles caulinaires sont portées sur de courts pétioles ; elles sont composées de trois folioles lancéolées, pointues, confluentes, inégalement dentées, & dont une terminale est plus grande que les deux autres. Les fleurs sont blanches ou rougeâtres & disposées en panicule au sommet de la tige. On trouve cette plante dans les montagnes de la Provence. ♃

VIII. *Toutes les feuilles simples & point trifides.*

Feuilles ayant à leur base un enfoncement en cœur, dans lequel s'insère leur pétiole.	Feuilles sans enfoncement en cœur à leur base, mais rétrécies en pétiole.
I X.	**X.**

IX. *Feuilles ayant à leur base un enfoncement en cœur, dans lequel s'insère leur pétiole.*

Valériane des Pyrénées. *Valeriana Pyrenaïca.* Lin. Sp. 46.

Valeriana maxima, pyrenaïca, cacaliæ folio. Tournef. 131.

Sa tige est haute de deux pieds, simple, cylindrique,

940. épaiffe, creufe, feuillée & quelquefois rougeâtre dans fa partie fupérieure ; fes feuilles font pétiolées, grandes ; cordiformes, dentées, d'un gros vert, & chargées en leurs nervures poftérieures & à la bafe de leur pétiole, de poils fort courts & blanchâtres. Les fleurs font purpurines, & forment au fommet de la tige, une panicule un peu ramaffée. Cette plante a été obfervée dans les montagnes des provinces méridionales par Dom Fourmault. ♃

X. *Feuilles fans enfoncement en cœur à leur bafe, mais rétrécies en pétiole.*

Feuilles inférieures diftinctement pétiolées, & larges de fix lignes ou davantage.	Feuilles inférieures fimplement fpatulées, & dont la largeur n'excède pas trois lignes.
X I.	X I I.

XI. *Feuilles diftinctement pétiolées, & larges de fix lignes ou davantage.*

Valériane de montagne. *Valeriana montana.* Lin. Sp. 45.

Valeriana montana, folio fubrotundo. Tournef. 131.

Valeria Alpina, fcrophulariæ folio. Ibid.

Sa racine eft longue, un peu horizontale, & pouffe une tige fimple, cylindrique, médiocrement garnie de feuilles, & haute de fix à dix pouces ; fes feuilles inférieures font pétiolées, ovales, la plupart pointues, très-entières & plus ou moins glabres : les feuilles de la tige font feffiles, ovalesoblongues, un peu étroites, pointues & au nombre de deux ou de quatre feulement. Les fleurs font rougeâtres, terminales & difpofées en une panicule médiocre. Cette plante croît dans les montagnes du Dauphiné & de la Provence. ♃

XII. *Feuilles inférieures fimplement fpatulées, & dont la largeur n'excède pas trois lignes.*

Valériane celtique. *Valeriana celtica.* Lin. Sp. 46.

Valeriana celtica. Tournef. 131.

Sa racine eft odorante, noirâtre, un peu horizontale,

940. garnie de beaucoup de fibres , & divifée communément
vers fon collet en plufieurs fouches qui pouffent des paquets
de feuilles , & les tiges qui portent·les fleurs ; ces tiges font
grêles , folitaires fur chaque fouche , hautes de trois à cinq
pouces , quelquefois nues , mais plus ordinairement chargées
d'une ou deux paires de feuilles fort petites , étroites &
pointues : les feuilles radicales font ovales-oblongues , légèrement obtufes & rétrécies vers leur bafe: elles font glabres ,
& ont à peine un pouce de longueur fur deux lignes de largeur.
Les fleurs font petites , rougeâtres , & difpofées en un petit
corymbe terminal ou quelquefois en deux ou trois efpèces
de verticilles un peu écartés ; les étamines font plus longues
que la corolle. Cette plante croît dans les montagnes du
Dauphiné , ♃ ; fa racine eft anti-fpafmodique , carminative
& diurétique.

XIII. *Feuilles de la tige la plupart ailées ou*
pinnatifides.

Feuilles radicales , ou feuilles inférieures de la tige , très-fimples , & point découpées. **X I V.**	Toutes les feuilles de la plante , ailées ou pinnatifides. **X V I I.**

XIV. *Feuilles radicales, ou feuilles inférieures de la*
tige , très-fimples , & point découpées.

Tige fleurie ayant à fa bafe des feuilles fimples ; fleurs hermaphrodites. **X V.**	Aucune feuille fimple à la bafe de la tige fleurie ; fleurs unifexuelles. **X V I.**

940.

XV. *Tige fleurie ayant à sa base des feuilles simples; fleurs hermaphrodites.*

Valériane des jardins. *Valeriana hortensis.*

Valeriana hortensis, phu folio olusatri Dioscoridis. Tournef. 132.

Valeriana phu. Lin. Sp. 45.

Sa tige est haute de trois ou quatre pieds, lisse, cylindrique, creuse & un peu branchue; ses feuilles radicales sont pétiolées, ovales-oblongues, les unes tout-à-fait simples, & les autres ayant une couple de pinnules à leur base; les feuilles supérieures de la tige sont ailées, composées de folioles lancéolées, pointues & un peu décurrentes : les fleurs sont blanches ou rougeâtres, & disposées au sommet de la tige & des rameaux, en panicule peu étalée. Cette plante croît en Alsace, ♃ : on a cultive dans les parterres; sa racine est anti-spasmodique, diurétique, emménagogue & céphalique.

XVI. *Aucune feuille simple à la base de la tige fleurie; fleurs unisexuelles.*

Valériane dioïque. *Valeriana dioïca.* Lin. Sp. 44.

Valeriana palustris, minor. Tournef. 132.

Sa racine est odorante, & pousse latéralement quelques rejets garnis de feuilles simples, ovales-oblongues, lisses, & portées sur de longs pétioles; sa tige est haute d'un pied ou un peu plus, droite, presque simple, menue, feuillée & très-lisse; ses feuilles sont ailées ou profondément pinnatifides, & leur foliole terminale est plus grande que les autres : les fleurs sont purpurines ou blanchâtres, & disposées au sommet de la plante en une panicule composée & un peu dense; elles ne sont qu'imparfaitement unisexuelles, selon M. de Haller, On trouve cette plante dans les marais. ♃

XVII. *Toutes les feuilles de la plante ailées ou pinnatifides.*

Valériane officinale. *Valeriana officinalis.* Lin. Sp. 45.

Valeriana sylvestris, major. Tournef. 132.

β. *Valeriana sylvestris, major altera folio lucido.* Ibid.

Sa tige est haute de trois à cinq pieds, presque simple,

940. creufe, cannelée & un peu velue ; fes feuilles font toutes ailées, & leurs folioles font pointues, légèrement velues, & dentées en leurs bords : les fleurs font rougeâtres, terminales, & difpofées comme celles des efpèces précédentes. La variété β eft remarquable par fes feuilles luifantes & d'un vert foncé ou noirâtre. On trouve cette plante dans les bois & les lieux humides, ♃ ; elle paffe pour anti-épileptique, anti-hiftérique, fudorifique, diurétique & emménagogue.

XVIII. *Tige interrompue dans fa direction, & une ou plufieurs fois fourchue.*

| Tige fourchue ; femences nues ou couronnées par des dents calicinales. **X I X.** | Tige quadrifide ; femences couronnées par une aigrette de poils. **X X I I.** |

XIX. *Tige fourchue ; femences nues ou couronnées par des dents calicinales.*

| Bouquets de fleurs portés fur des péduncules uniformes, & par-tout d'égale groffeur. **X X.** | Bouquets de fleurs portés fur des péduncules coniques & épaiffis vers leur fommet. **X X I.** |

XX. *Bouquets de fleurs portés fur des péduncules uniformes, & par-tout d'égale groffeur.*

Valériane mâche. *Valeriana locufta.* Lin. Sp. 47.

α. *Valerianella arvenfis, præcox, humilis, femine compreffo.* Tournef. 132.

   V. locufta olitoria. Mâche potagère.

β. *Valerianella femine ftellato.* Tournef. 133.

   V. locufta coronata. Mâche couronnée.

γ. *Valerianella arvenfis, ferotina, altior, femine turgidiore.* Tournef. 132.

V. locusta dentata, Mâche dentée.

δ. *Valerianella semine umbilicato, nudo, rotundo.* Tourn. 132.

Valerianella semine umbilicato, nudo, oblongo. Ibid. 133.

V. locusta pumila. Mâche naine.

Sa tige est haute de cinq à dix pouces, grêle, foible, cylindrique, un peu cannelée, feuillée, communément très-glabre, & se divise par bifurcations divergentes; ses feuilles sont alongées, presque linéaires & entières ou dentées : ses fleurs sont fort petites, de couleur blanche ou rougeâtre, & ramassées par petits bouquets au sommet de la plante. La variété *α* se distingue par son fruit simple & comprimé : on la cultive dans les jardins, & l'on mange ses jeunes feuilles en salade pendant l'hiver & dans le carême. La variété *β* a son fruit couronné par six dents. Celui de la variété *γ* n'est couronné que par trois dents. Enfin la variété *δ* est remarquable par ses semences nues & ombiliquées ; ses feuilles inférieures sont dentées, & les supérieures sont très-découpées & linéaires. Ces plantes croissent dans les lieux cultivés, les vignes, & sur le bord des champs. ☉

XXI. *Bouquets de fleurs portés sur des péduncules coniques & épaissis vers leur sommet.*

Valériane hérissée. *Valeriana echinata.* Lin. Sp. 47.

Valerianella cornucopioides, echinata. Tournef. 133.

Sa tige est plusieurs fois fourchue, & garnie de feuilles sessiles, lancéolées, dentées & un peu incisées à leur base. Ses fleurs sont blanchâtres & régulières, & ses fruits sont chargés de trois dents, dont une recourbée & plus grande que les autres. On trouve cette plante dans les champs des provinces méridionales. ☉

XXII. *Tige quadrifide; semences couronnées par une aigrette de poils.*

Valériane mixte. *Valeriana mixta.* Lin. Sp. 48.

Valerianella semine umbilicato, hirsuto, minore. Tournef. 133.

Sa tige ne s'élève que jusqu'à six ou huit pouces, &

940. se divise, presque dès sa base, en quatre rameaux qui se bifurquent ensuite chacun une seule fois ; ses feuilles inférieures sont bipinnatifides. Cette plante croît dans les champs des provinces méridionales. ⊙

---

941. *Tige ligneuse* . . . .
{ Feuilles simples & entières, ou dentées ou lobées 942
{ Feuilles ailées, & à folioles dentées ou multifides 947

---

942. *Feuilles simples, entières, ou dentées ou lobées* . . . .
{ Corolle presque plane & en roue ; trois stigmates sessiles. 943
{ Corolle infundibuliforme ou campanulée ; style terminé par un stigmate simple ou bifide . . . 944

---

943. *Corolle presque plane & en roue ; trois stigmates sessiles.*

Viorne. *Viburnum.*

Les fleurs de Viorne sont disposées en manière d'ombelle, sur des péduncules rameux ; elles sont composées d'un calice très-petit & à cinq dents, d'une corolle quinquefide plus ou moins régulière & légèrement campanulée ou presque plane, de cinq étamines & de trois stigmates. Le fruit est une baie arrondie, comprimée & monosperme.

ANALYSE.

Feuilles très - simples, & point lobées.	Feuilles à trois ou cinq lobes ; pétioles glanduleux.
I.	I V.

I.   *Feuilles très-simples & point lobées.*

Feuilles dentées en leurs bords, & ridées en-dessus.	Feuilles très-entières, lisses, & luisantes en-dessus.
I I.	I I I.

943.

II. *Feuilles dentées en leurs bords & ridées en-deſſus.*

Viorne cotonneuſe. *Viburnum tomentoſum.*

> *Viburnum matth.* Tournef. 607.
> *Viburnum lantana.* Lin. Sp. 384.

Arbriſſeau de quatre à ſix pieds, rameux, & dont l'écorce des jeunes pouſſes eſt comme farineuſe ; ſes feuilles ſont oppoſées, pétiolées, aſſez larges, ovales, denticulées, blanchâtres & cotonneuſes en-deſſous. Ses fleurs ſont blanches, terminent les rameaux, & ſont diſpoſées en manière d'ombelle ſur des péduncules cotonneux ; il leur ſuccède des baies, d'abord verdâtres, rouges enſuite, & enfin de couleur noire lorſqu'elles ſont mûres. On trouve cet arbriſſeau dans les haies & les bois, ♄ ; ſes feuilles & ſes baies paſſent pour rafraîchiſſantes & aſtringentes.

III. *Feuilles très-entières, liſſes & luiſantes en-deſſus.*

Viorne lauriforme. *Viburnum lauriforme.* [Laurier-tin].

> *Tinus 1, 2, 3, Cluſii.* Tournef. 607.
> *Viburnum tinus.* Lin. Sp. 383.

Arbriſſeau de deux ou trois pieds, rameux, & dont les jeunes pouſſes ſont quarrées & ſouvent rougeâtres ; ſes feuilles ſont oppoſées, pétiolées, ovales, pointues, perſiſtantes, coriaces, liſſes, d'un vert foncé en-deſſus, & garnies en-deſſous de nervures pubeſcentes. Les fleurs ſont blanches ou un peu rougeâtres, diſpoſées en manière d'ombelle, & durent fort long-temps. On trouve cet arbriſſeau dans les lieux pierreux & couverts des provinces méridionales, ♄ ; on le cultive dans les jardins pour ſa beauté.

IV. *Feuilles à trois ou cinq lobes ; pétioles glanduleux.*

Viorne lobée. *Viburnum lobatum.* [Obier].

> *Opulus ruellii.* Tournef. 607.
> *Viburnum opulus.* Lin. Sp. 384.

Arbriſſeau de quatre à cinq pieds, rameux, & dont le bois eſt blanc & fragile ; ſes feuilles ſont oppoſées, pétiolées, glabres & ordinairement à trois lobes un peu pointus & dentés. Ses fleurs ſont blanches, terminales, & diſpoſées en manière d'ombelle ; les fleurs de la circonférence de l'ombelle

943. sont plus grandes que les autres, tout-à-fait planes, irrégulières & communément stériles. On trouve cet arbrisseau dans les bois & les haies, ♄ ; on en cultive dans les jardins une variété, dont les fleurs sont ramassées en boule & presque toutes stériles : elle est connue sous le nom de *rose de Gueldre*.

944. *Corolle infundibuliforme, ou campanulée ; style terminé par un stigmate simple ou bifide.*

Calice simple ; fleurs à cinq étamines 945

Calice double ; fleurs à quatre étamines 946

945. *Calice simple ; fleurs à cinq étamines.*

Chèvre-feuille. *Caprifolium.*

Les fleurs de Chèvre-feuille sont ou terminales & disposées en bouquet, ou axillaires & communément géminées sur le même péduncule ; elles sont composées d'un calice à cinq dents & extrêmement petit, d'une corolle tubulée, quinquefide & plus ou moins irrégulière, de cinq étamines, & d'un style simple : le fruit est une baie polysperme.

ANALYSE.

Fleurs terminales & disposées plus de deux ensemble. I.	Fleurs axillaires & géminées sur chaque péduncule. IV.

I. *Fleurs terminales & disposées plus de deux ensemble.*

Feuilles du sommet connées & perfoliées. II.	Toutes les feuilles libres & point perfoliées. III.

945. **II.** *Feuilles du sommet connées & perfoliées.*

Chèvre-feuille des jardins *Caprifolium hortense.*

Caprifolium italicum. Tournef. 608.
Lonicera caprifolium. Lin. Sp. 246.

Arbrisseau grimpant, dont les tiges sont cylindriques, lisses, feuillées & s'entortillent facilement autour des arbres de son voisinage ; ses rameaux sont grêles, verdâtres & flexibles ; ses feuilles sont opposées, sessiles, ovales, la plupart obtuses, très-entières, glabres & d'un vert-glauque en-dessous : les deux ou trois couples placées vers le sommet des tiges sont réunies chacune en une seule feuille arrondie & perfoliée : les fleurs sont grandes, fort belles, d'une odeur suave, rougeâtres en dehors & disposées en bouquet terminal, composé d'un ou deux verticilles feuillés ou colletés. Ce qui distingue cette espèce de chèvre-feuille toujours vert, dont les verticilles de fleurs sont tout-à-fait nus. On trouve cet arbrisseau dans les haies & les vignes des provinces méridionales, ♄ ; on le cultive dans les jardins pour la beauté & l'odeur délicieuse de ses fleurs : il a les mêmes vertus que le suivant.

III. *Toutes les feuilles libres & point perfoliécs.*

Chèvre-feuille des bois. *Caprifolium Sylvaticum.*

Caprifolium germanicum. Tournef. 608.
Lonicera perclymenum. Lin. Sp. 247.

Cet arbrisseau ressemble beaucoup au précédent, mais ses feuilles sont toutes libres, pointues, & jamais perfoliées ; ses fleurs sont grandes, terminales & d'une odeur agréable : leur corolle a un tube fort long ; elle est rougeâtre en-dehors, jaunâtre à son entrée, & presque labiée en son limbe : il est commun dans les bois & les haies, ♄ ; ses fleurs & ses baies sont diurétiques, ses feuilles sont vulnéraires & détersives, & l'eau distillée de ses fleurs est ophtalmique.

IV. *Fleurs axillaires & géminées sur chaque péduncule.*

Fleurs blanches & point rouges extérieurement.	Fleurs rouges ou purpurines, au moins extérieurement.
V.	**X.**

945.

V. *Fleurs blanches & point rouges extérieurement.*

Un seul ovaire par couple de fleurs; baie d'un bleu noirâtre.	Un ovaire pour chaque fleur; baie rougeâtre.
V I.	V I I.

V I. *Un seul ovaire par couple de fleurs ; baie d'un bleu-noirâtre.*

Chèvre-feuille bleuâtre. *Caprifolium cœruleum.*

> *Chamæserasus montana, fructu singulari, cœruleo.* Tournef. 609.
>
> *Lonicera cœrulea.* Lin. Sp. 249.

Arbrisseau de trois ou quatre pieds, rameux & dont l'écorce est d'un jaune-rougeâtre; ses feuilles font opposées, ovales, très - entières, émoussées à leur sommet, un peu fermes, glabres dans leur parfait développement & portées sur de courts pétioles; les fleurs font blanches, géminées sur chaque ovaire & soutenues par des péduncules fort courts; elles font presque régulières & remplacées par une baie ovale & bleuâtre. Cet arbrisseau croit en Provence. ♄

VII. *Un ovaire pour chaque fleur ; baie rougeâtre.*

Feuilles glabres.	Feuilles velues.
V I I I.	I X.

VIII. *Feuilles glabres.*

Chèvre-feuille des Pyrénées. *Caprifolium Pyrenaïcum.*

> *Xylosteum Pyrenaïcum.* Tournef. 609.
>
> *Lonicera Pyrenaïca.* Lin. Sp. 248.

Arbrisseau de trois pieds à peu-près, branchu, dont l'écorce est grisâtre & le bois cassant; ses feuilles font opposées, presque sessiles, oblongues, un peu élargies vers leur sommet, d'un vert glauque & veinées en-dessous : ses fleurs font blanches, presque régulières, & ont une petite bosse à

945. la bafe de leur corolle; leurs anthères font jaunâtres. On trouve cet arbriffeau fur les montagnes de la Provence. ♄

IX. *Feuilles velues.*

Chèvre-feuille des buiffons. *Caprifolium dumetorum.*

> *Chamæcerafus dumetorum, fructu gemino rubro.* **Tournef.** 609.

> *Lonicera xylofteum.* Lin. Sp. 248.

Arbriffeau de fix pieds, droit, branchu, dont le bois eft blanc, l'écorce des rameaux rougeâtre, & celle du tronc grife ou cendrée; fes feuilles font oppofées, pétiolées, ovales-oblongues, pointues, molles, d'un vert blanchâtre, pubef-centes & prefque cotonneufes en-deffous : fes fleurs font petites, blanches, & difpofées deux enfemble fur le même péduncule : il leur fuccède deux baies rouges, remplies d'un fuc amer & défagréable. On trouve cet arbriffeau dans les lieux montagneux & couverts, dans les haies. ♄

X. *Fleurs rouges ou purpurines, au moins extérieurement.*

Feuilles plus larges dans leur partie moyenne qu'à leur bafe ; baies rougeâtres. X I.	Feuilles plus larges à leur bafe que dans leur partie moyenne; baies noirâtres. X I I.

XI. *Feuilles plus larges dans leur partie moyenne qu'à leur bafe ; baies rougeâtres.*

Chèvre-feuille des Alpes. *Caprifolium Alpinum.*

> *Chamæcerafus Alpina, fructu gemino rubro, duobus punctis notato.* Tourn. 609.

> *Lonicera alpigena.* Lin. Sp. 248.

Arbriffeau de trois pieds, dont le bois eft caffant, & les rameaux un peu épais & feuillés ; fes feuilles font oppofées, pétiolées, fort grandes, ovales-lancéolées, pointues, légèrement velues en leurs bords dans leur jeuneffe, & un peu luifantes en-deffous : fes fleurs font géminées, labiées, jaunâtres inté-rieurement, & purpurines en-dehors; il leur fuccède deux

945. baies réunies & rougeâtres. On trouve cet arbriffeau dans les lieux couverts & montagneux de l'Alface & de la Provence, ♄ ; fes baies font émétiques.

XII. *Feuilles plus larges à leur bafe que dans leur partie moyenne ; baies noirâtres.*

Chèvre-feuille rofe. *Caprifolium rofeum.*

Chamæcerafus Alpina, fruclu nigro gemino. Tournef. 609.

Lonicera nigra. Lin. Sp. 247.

Arbriffeau de quatre à fix pieds, dont les rameaux font affez droits, feuillés & plians ; fes feuilles font ovales, pointues, prefque en cœur à leur bafe, très-entières, glabres, partagées par une nervure blanche, & portées fur de courts pétioles : fes fleurs font deux à deux fur chaque péduncule, garnies chacune d'une braétée linéaire, & d'une couleur rofe fort agréable : il leur fuccède deux baies noirâtres & diftinétes. On trouve cet arbriffeau dans les montagnes de la Provence. ♄

---

946. *Calice double ; fleurs à quatre étamines.*

Linnée boréale. *Linnæa borealis.* Lin. Sp. 880.

Campanula ferpyllifolia. Tournef. 112.

Ses tiges font longues de huit à dix pouces, perfiftantes, très-grêles, légèrement velues, rameufes, feuillées & couchées fur la terre ; fes feuilles font petites, arrondies, garnies de quelques dentelures, pétiolées, oppofées & un peu velues : fes fleurs font blanches ou rougeâtres, & géminées fur chaque péduncule ; elles font compofées de deux calices, dont un eft diphyle & inférieur à l'ovaire, & l'autre fupérieur & à cinq divifions ; d'une corolle campanulée, à cinq découpures obtufes & un peu inégales, de quatre étamines, & d'un ftyle fimple : le fruit eft une baie sèche & trifperme. On trouve ce fous-arbriffeau dans les lieux pierreux & couverts des provinces méridionales. ♄

---

947. *Feuilles*

947. *Feuilles ailées & à folioles dentées ou multifides.*

Sureau. *Sambucus.*

Les fleurs de Sureau ont beaucoup de rapport avec celles des Viornes ; elles font compofées d'un calice très-petit & à cinq dents, d'une corolle en roue ou légèrement campanulée & à cinq découpures obtufes, de cinq étamines, & de trois ftigmates feffiles. Le fruit eft une baie trifperme.

ANALYSE.

Fleurs difpofées en manière d'ombelle. **I.**	Fleurs difpofées en grappe ovale. **I V.**

I. *Fleurs difpofées en manière d'ombelle.*

Tige ligneufe, s'élevant au-delà de quatre pieds. **I I.**	Tige herbacée, ne s'élevant que jufqu'à trois pieds. **I I I.**

II. *Tige ligneufe s'élevant au-delà de quatre pieds.*

Sureau commun. *Sambucus vulgaris.*

> *Sambucus fructu in umbellâ nigro.* Tournef. 606.
>
> β. *Sambucus fructu in umbellâ viridi.* Ibid.
>
> *Sambucus nigra.* Lin. Sp. 385. *[α , β]*

Arbriffeau de dix à quinze pieds, dont le bois eft caffant & les rameaux creux ou pleins de moëlle ; fes feuilles font oppofées, ailées avec une impaire, & compofées de cinq où fept folioles ovales-lancéolées, pointues & dentées en fcie. Ses fleurs font blanches, odorantes, petites, nombreufes, terminales & difpofées en manière d'ombelle fur des pédun-cules particuliers rameux ; il leur fuccède des baies d'abord rouges & enfuite noirâtres lorfqu'elles font mûres. Cet ar-briffeau eft commun dans les haies & les terreins un peu

947. humides, ♄; ſes feuilles & ſes fleurs ſont réſolutives, anti-éryſipélateuſes & diaphorétiques : ſa ſeconde écorce eſt pur-gative & hydragogue, & ſes baies ſont anti-dyſentériques.

III. *Tige herbacée ne s'élevant que juſqu'à trois pieds.*

Sureau nain. *Sambucus humilis.* [Yeble].

Sambucus humilis ſive ebulus. Tournef. 606.

Sambucus ebulus. Lin. Sp. 385.

Sa tige eſt droite, un peu rameuſe, verte, cannelée, pleine de moëlle, feuillée, & périt tous les ans ; ſes feuilles ſont oppoſées, ailées, & compoſées de ſept ou neuf folioles plus longues & plus étroites que celles de l'eſpèce précédente, & pareillement dentées en ſcie : ſes fleurs ſont blanches & diſpoſées en ombelle terminale. On trouve cette plante ſur le bord des chemins & des foſſés humides, ♃; ſa racine, ſon écorce moyenne & ſes feuilles ſont purgatives & anti-hydropiques : à l'extérieur, ſes fleurs & ſes feuilles ſont réſolutives & anti-œdémateuſes.

IV. *Fleurs diſpoſées en grappe ovale.*

Sureau à grappes. *Sambucus racemoſa.* Lin. Sp. 386.

Sambucus racemoſa, rubra. Tournef. 606.

Arbriſſeau de cinq à huit pieds, & aſſez ſemblable au ſureau commun par ſon port ; ſes feuilles ſont oppoſées, ailées & compoſées de cinq ou ſept folioles lancéolées & dentées en ſcie : les ſupérieures ſont quelquefois ſimplement ternées. Ses fleurs ſont terminales, diſpoſées en grappes preſque droites, & remplacées par des baies de couleur rouge. On trouve cet arbriſſeau en Alſace & en Provence dans les lieux montagneux. ♄

---

948. *Feuilles verticillées, & plus de deux à chaque nœud.*

Rubiacées.

Les fleurs des Plantes rubiacées ſont petites, quelquefois incomplettes, & ont communément une corolle monopétale & quadrifide, quatre étamines & un ſtyle bifide à ſon

948. sommet. Le fruit est composé de deux semences ou deux capsules rapprochées & presque réunies; ces plantes en général font remarquables par leurs feuilles disposées par verticilles ou par des stipules opposées & intermédiaires : les racines de la plupart donnent une teinture rouge.

ANALYSE.

Corolle tubulée ou campanulée.	Corolle plane, & point tubulée.
949.	956.

949. *Corolle tubulée ou campanulée* . . . . $\begin{cases}$ Calice composé de deux feuilles lancéolées. . . . . 950 \\ Calice à quatre dents ou presque nul. . . . . 951 $\end{cases}$

950. *Calice composé de deux feuilles lancéolées.*

Croisette. *Crucianella.*

Les fleurs de Croisette sont ordinairement disposées en épi terminal; leur corolle est infundibuliforme, & son tube est extrêmement grêle. Le fruit est composé de deux semences linéaires, situées entre le calice & la corolle.

ANALYSE.

Fleurs en épi grêle, non interrompu, & embriqué d'écailles resserrées contre son axe.	Fleurs opposées, & ne formant que des épis lâches ou interrompus, dont les écailles sont très - ouvertes.
I.	I I.

950. I. *Fleurs en épi grêle, non interrompu, & embriqué d'écailles reſſerrées contre ſon axe.*

Croiſette à épi. *Crucianella ſpicata.*

α. *Rubeola anguſtiore folio.* Tournef. 130.
Crucianella anguſtifolia. Lin. Sp. 157.
β. *Rubeola latiore folio.* Tournef. 130.
Crucianella latifolia. Lin. Sp. 158.
γ. *Rubeola ſupina, ſpicâ longiſſimâ.* Tournef. 130.
Crucianella monſpeliaca. Lin. Sp. 158.

Sa tige eſt rameuſe, diffuſe, feuillée, rude en ſes angles, droite ou couchée dans ſa partie inférieure, & s'élève juſqu'à un pied ; ſes feuilles ſont plus courtes que les entre-nœuds, pointues & verticillées au nombre de quatre à ſix : les épis ſont grêles, longs de deux à quatre pouces, & agréablement panachés de vert & de blanc. La plante α ſe diſtingue par toutes ſes feuilles étroites, linéaires & aiguës. La ſeconde β a ſes feuilles un peu plus élargies, & les inférieures ſont ovales ou lancéolées. La troiſième γ a ſa tige plus couchée que les deux autres. On trouve ces plantes dans les lieux ſtériles & incultes des provinces méridionales. ☉

II. *Fleurs oppoſées, & ne formant que des épis lâches ou interrompus, dont les écailles ſont très-ouvertes.*

Croiſette maritime. *Crucianella maritima.* Lin. Sp. 158.

Rubeola maritima. Tournef. 130.

Ses tiges ſont dures, ligneuſes, perſiſtantes, un peu couchées, & longues de ſix à dix pouces ; ſes feuilles ſont quaternées, lancéolées, rudes & pointues : ſes fleurs ſont jaunâtres & un peu rougeâtres en-dehors : leur corolle eſt à cinq diviſions, terminées chacune par une petite pointe remarquable. On trouve cette plante dans les lieux maritimes des provinces méridionales. ♄

951. *Calice à quatre dents ou presque nul.* . . . . {
Fruit couronné par les dents du calice. 952
Fruit nu & point couronné. 953

---

952. *Fruit couronné par les dents du calice.*

Sherard des champs. *Sherardia arvensis.* Lin. Sp. 149.

Aparine supina, pumila, flore cæruleo. Tournef. 114.

Ses tiges sont longues de cinq à six pouces, plus ou moins droites, rameuses, feuillées, très-grêles, & rudes en leurs angles; ses feuilles sont lancéolées, très-aiguës, verticillées quatre à six à chaque nœud, & hérissées de poils roides : ses fleurs sont bleuâtres ou purpurines, terminales & ramassées en ombelle, garnie d'une collerette en étoile. On trouve cette plante dans les champs. ☉

---

953. *Fruit nu & point couronné.* {
Corolle tubulée & infundibuliforme; fruit sec. 954
Corolle campanulée; fruit pulpeux ou succulent. 955

---

954. *Corolle tubulée & infundibuliforme ; fruit sec.*

Aspérule. *Asperula.*

Les fleurs d'Aspérule ne diffèrent de celles des caille-lait que par leur corolle, dont la forme ressemble à celle d'un entonnoir. Le fruit est composé de deux semences globuleuses.

A N A L Y S E.

Tous les verticilles composés de six feuilles, ou davantage.	Tous les verticilles, ou au moins les supérieurs, composés de moins de six feuilles.
I.	I V.

954. *I. Tous les verticilles composés de six feuilles, ou davantage.*

Fleurs bleues. I I.	Fleurs blanches. I I I.

II. *Fleurs bleues.*

Aspérule des champs. *Asperula arvensis.* Lin. Sp. 150.

Gallium arvense, flore cæruleo. Tournef. 115.

Sa tige est haute de six à neuf pouces, feuillée, plus ou moins lisse & rameuse; ses feuilles sont linéaires, un peu émoussées à leur sommet, & au nombre de six ou de huit par verticilles : ses fleurs sont terminales, sessiles, ramassées & environnées de feuilles florales ciliées & disposées en étoiles. On trouve cette plante dans les champs. ⊙

III. *Fleurs blanches.*

Aspérule odorante. *Asperula odorata.* Lin. Sp. 150.

Aparine latifolia, humilior, montana. Tournef. 114.

Ses tiges sont hautes de six à sept pouces, simples, lisses, feuillées & légèrement anguleuses; ses feuilles sont ovales-lancéolées, un peu ciliées en leurs bords, & au nombre de huit par verticilles. Les supérieures sont plus grandes que les inférieures : les fleurs sont blanches, pédunculées, terminales, & remplacées par des fruits un peu velus. On trouve cette plante dans les bois & les lieux couverts, ♃ ; son herbe verte & à demi fanée, a une odeur agréable; elle est vulnéraire, tonique & emménagogue.

IV. *Tous les verticilles ou au moins les supérieurs, composés de moins de six feuilles.*

Toutes les feuilles, ou au moins celles de la moitié supérieure de la tige, étroites & linéaires. V.	Presque toutes les feuilles ovales ou lancéolées, & point linéaires. V I.

954. **V.** *Toutes les feuilles ou au moins celles de la moitié supérieure de la tige, étroites & linéaires.*

Aspérule rubéole. *Asperula rubeola.*

> *Rubeola vulgaris, quadrifolia lævis, floribus purpurascentibus [& albis].* Tournef. 130.
>
> α. *Asperula cynanchica.* Lin. Sp. 151.
> β. *Asperula tinctoria.* Ibid. 150.
> γ. *Asperula Pyrenaïca.* Ibid. 151.

Je ne connois aucun caractère constant qui puisse servir à distinguer sans erreur les plantes α, β, γ. J'ai eu beaucoup d'occasions d'observer la première, & je l'ai trouvée, selon les circonstances locales, tantôt avec les caractères qu'on lui attribue, & tantôt avec ceux de la seconde β. La description de G. Bauhin *[Prodr. 146, n.° VIII]*, ne m'apprend rien de particulier sur la troisième γ.

Les tiges de la plante que j'ai observée, sont menues, un peu dures, rameuses, anguleuses & feuillées ; dans les lieux secs & montagneux, elles sont couchées & longues de cinq à huit pouces ; dans les lieux fertiles & cultivés, elles sont assez droites, & s'élèvent jusqu'à un pied & demi : ses feuilles sont étroites, linéaires, glabres, simplement opposées dans le voisinage des fleurs, ordinairement quaternées à la plupart des verticilles, & quelquefois six à six selon les circonstances que je viens de citer. Les fleurs sont petites, terminales, de couleur rougeâtre ou quelquefois blanches, & trifides ou quadrifides. On trouve cette plante sur les collines arides & dans les prés secs, ♃ ; elle est un peu astringente & vantée dans la squinancie.

VI. *Presque toutes les feuilles ovales ou lancéolées, & point linéaires.*

Toutes les feuilles pointues, & à trois nervures.	La plupart des feuilles obtuses, & point nerveuses.
V I I.	V I I I.

954. **VII.** *Toutes les feuilles pointues & à trois nervures.*

Aspérule à trois nerfs. *Asperula trinervia.*

> Cruciata Alpina, latifolia, lævis. Tournef. 115.
>
> *Asperula taurina.* Lin. Sp. 150.

Ses tiges sont droites, rameuses, & s'élèvent jusqu'à un pied ; ses feuilles sont toutes quaternées, larges, ovales-lancéolées, pointues, chargées de quelques poils en-dessous, & marquées de trois nervures disposées comme celles des plantains. Les fleurs sont blanches, terminales & fasciculées ou verticillées ; les unes sont hermaphrodites, & les autres mâles ou stériles. Cette plante croît dans les environs de Montpellier. ♃

VIII. *La plupart des feuilles obtuses, & point nerveuses.*

Aspérule lisse. *Asperula lævigata.* Lin. Mant. 38.

> Cruciata lusitanica, latifolia, glabra, flore albo. Tournef. 115.

Ses tiges sont hautes de six pouces, menues, feuillées, rameuses & un peu diffuses ; ses feuilles sont petites, toutes quaternées, ovales, la plupart obtuses, lisses, & légèrement accrochantes ou rudes en leurs bords. Ses fleurs sont blanches, fort petites, pédunculées & terminales. On trouve cette plante dans les environs de Montpellier. ♃

---

955. *Corolle campanulée ; fruit pulpeux ou succulent.*

Garance des Teinturiers. *Rubia Tinctorum.* Lin. Sp. 158.

> *Rubia Tinctorum, sativa.* Tournef. 114.
>
> *Rubia sylvestris, Monspessulana.* Ibid.

Sa racine est longue, rampante, & pousse plusieurs tiges hautes de deux ou trois pieds, rameuses, feuillées, & dont les angles sont hérissés de dents crochues ; ses feuilles sont verticillées au nombre de quatre à six, ovales, pointues, & garnies en leurs bords & en leur nervure postérieure, de

955. dents durés, crochues & blanchâtres. Ses fleurs font petites, jaunâtres, & naiffent fur des péduncules rameux, difpofés dans les aiffelles des feuilles fupérieures ; il leur fuccède des baies noirâtres. On trouve cette plante dans les provinces méridionales, ♃ ; fa racine donne une teinture rouge très-employée : elle eft aftringente, diurétique, apéritive & emménagogue.

956. *Corolle plane & point tubulée.*
{ Fleurs terminales ; elles naiffent dans les aiffelles des feuilles fupérieures, & au fommet des tiges qu'elles terminent très-diftinctement.................... 957.

Fleurs latérales ; elles naiffent dans la plus grande partie de la longueur des tiges, fans malgré cela les terminer........ 958

957. *Fleurs terminales.*

Caillelait. *Galium.*

Les fleurs de Caillelait font petites, difpofées en panicule quelquefois alongée en matière d'épi, & compofées d'une corolle plane, ordinairement à quatre divifions, de quatre étamines, & d'un ftyle légèrement bifide. Le fruit eft compofé de deux femences globuleufes.

A N A L Y S E.

Fleurs tout-à-fait blanches. I.	Fleurs rougeâtres ou jaunâtres. X I V.

I. *Fleurs tout-à-fait blanches.*

Verticilles de quatre feuilles. I I.	Verticilles de plus de quatre feuilles. V.

957.

II. *Verticilles de quatre feuilles.*

Feuilles à peu-près égales, & à trois nervures.	Feuilles inégales, & à une seule nervure.
I I I.	I V.

III. *Feuilles à peu-près égales & à trois nervures.*

Caillelait nerveux. *Galium nervofum.*

> *Cruciata erecta, angustifolia, glabra.* Vaill. Parif. 43.
> *Galium boreale.* Lin. Sp. 156.
> β. *Galium rubioïdes.* Ibid. 152.

Sa tige est droite, menue, glabre, un peu rude en ses angles, feuillée, rameuse, & s'élève jusqu'à un pied & demi; ses feuilles sont quaternées, lancéolées, d'un vert noirâtre, glabres, rudes en leurs bords, & remarquables par leurs nervures : les fleurs sont blanches & disposées en panicule terminale; il leur succède des fruits un peu velus. La variété β ne diffère que par ses fruits glabres. On trouve cette plante dans les prés montagneux. ♃

IV. *Feuilles inégales & à une seule nervure.*

Caillelait des marais. *Galium palustre.* Lin. Sp. 153.

> *Cruciata palustris, alba.* Tournef. 115.

Sa tige est grêle, filiforme, anguleuse, un peu rude en ses angles, feuillée, rameuse, & haute d'un pied à peu-près; ses feuilles sont petites, inégales entr'elles, un peu obtuses, rétrécies à leur base, & communément quaternées : ses fleurs sont pédunculées, fort petites & de couleur blanche. On trouve cette plante dans les marais. ♃

V. *Verticilles de plus de quatre feuilles.*

Verticilles composés de cinq à sept feuilles.	Verticilles composés de huit feuilles.
V I.	X I.

957.

VI. *Verticilles composés de cinq à sept feuilles.*

Feuilles d'une couleur glauque remarquable. VII.	Feuilles verdâtres & point de couleur glauque. VIII.

VII. *Feuilles d'une couleur glauque remarquable.*

Caillelait glauque. *Galium glaucum.* Lin. Sp. 156.

Gallium saxatile, glauco folio. Tournef. 115.

β. *Galium foliis linearibus, sulcatis], retrorsum scabris, pedicellis capillaribus.* Ger. Prov. 226.

Ses tiges sont lisses, grêles, anguleuses, rougeâtres à leurs articulations, très-rameuses, diffuses, un peu couchées dans leur partie inférieure, & s'élèvent presque jusqu'à un pied & demi ; ses feuilles sont linéaires, communément au nombre de six à chaque verticille, & de couleur glauque, particulièrement en-dessous ; elles ont environ six lignes de longueur, & sont à peine larges d'un tiers de ligne. Leur sommet est chargé d'une pointe très-petite : les fleurs sont pédunculées & de couleur blanche. On trouve cette plante en Provence. ♃

VIII. *Feuilles verdâtres & point de couleur glauque.*

Feuilles aiguës & point émoussées. IX.	Feuilles émoussées à leur sommet. X.

IX. *Feuilles aiguës & point émoussées.*

Caillelait couché. *Galium supinum.*

Gallium album, supinum, multicaule. Mapp. Alsat. 120.

Gallium saxatile minimum, supinum & pumilum. Tournef. 115.

β. *Aparine palustris, minor, Parisiensis, flore albo.* Ibid. 114.

Galium uliginosum. Lin. Sp. 153.

Ses tiges sont longues de quatre à sept pouces, très-nombreuses, rameuses, grêles, feuillées, couchées & étalées sur la terre ; ses feuilles sont lancéolées-linéaires, aiguës,

957. petites, rudes ou accrochantes en leurs bords, d'une roideur remarquable, & ordinairement six ou sept à chaque verticille. Ses fleurs sont blanches, pédunculées & fort petites. On trouve cette plante dans les lieux arides & pierreux. La variété β croît dans les lieux humides. ♃

X.   *Feuilles émouſſées à leur ſommet.*

Caillelait de roche. *Galium ſaxatile.* Lin. Sp. 154.

Gallium ſaxatile, ſupinum, molliore folio. Juſſ. act. 1714, p. 492, t. 15.

Ses tiges font nombreuses, très-garnies de feuilles, & longues à peine de six pouces; ses feuilles font oblongues, rétrécies vers leur base, sans pointe aiguë à leur sommet, moins roides que celles de l'espèce précédente, & au nombre de six à chaque verticille; ses fleurs font blanches & portées sur de courts péduncules. Cette plante a été observée en Dauphiné par M. de Villars.

XI.   *Verticilles compoſés de huit feuilles.*

Tige quadrangulaire.	Tige cylindrique.
X I I.	X I I I.

XII.   *Tige quadrangulaire.*

Caillelait blanc. *Galium album.*

Gallium album vulgare. Tournef. 115.

Galium mollugo. Lin. Sp. 155.

Ses tiges font foibles, lisses, quarrées, noueuses, rameuses & s'élèvent jusqu'à deux ou trois pieds; ses feuilles font ovales - oblongues, glabres, très - ouvertes, chargées d'une petite pointe à leur sommet, & au nombre de huit à la plupart des verticilles; ses fleurs font blanches, pédunculées & disposées en une panicule oblongue & très - ramifiée. Cette plante est commune le long des haies & sur le bord des prés & des chemins humides, ♃; sa racine teint en rouge; elle est deſſicative & aſtringente.

957. **XIII.** *Tige cylindrique.*

Caillelait des bois. *Galium sylvaticum.* Lin. Sp. 155.

Gallium montanum, latifolium, ramosum. Tournef. 115.

Ses tiges sont hautes de deux pieds, lisses, sans angles remarquables, rougeâtres à leurs articulations & très-rameuses; ses feuilles sont larges-lancéolées, plus grandes que celles de l'espèce précédente, d'un vert presque glauque, un peu rudes en leurs bords & en leur nervure, & au nombre de huit aux verticilles inférieurs; les fleurs sont extrêmement petites, paniculées & portées sur des péduncules capillaires. Cette plante croît en Alsace & en Dauphiné. ♃

XIV. *Fleurs rougeâtres ou jaunâtres.*

Fruits glabres; tiges lisses & point accrochantes. **X V.**	Fruits hérissés; tiges rudes & accrochantes. **X V I I I.**

XV. *Fruits glabres; tiges lisses & point accrochantes.*

Fleurs jaunes. **X V I.**	Fleurs rouges. **X V I I.**

XVI. *Fleurs jaunes.*

Caillelait jaune. *Galium luteum.* Tournef. 115.

Galium verum. Lin. Sp. 155.

Ses tiges sont grêles, quarrées, rameuses, un peu couchées dans leur partie inférieure & s'élèvent jusqu'à un pied & demi; ses rameaux fleuris sont fort courts; ses feuilles sont étroites, linéaires, pointues, lisses, partagées par un sillon, souvent réfléchies pendant la floraison, & au nombre de six ou de huit à la plupart des verticilles : les fleurs sont petites, portées sur de courts péduncules & ramassées en grappe droite, alongée presque en épi. On trouve cette plante dans les prés, le long des haies & sur les bords des chemins, ♃ ; elle est

957. deſſicative, aſtringente & vulnéraire : elle paſſe auſſi pour céphalique, anti-épileptique, anti-ſpaſmodique & anti-hyſtérique : ſes ſommités fleuries font aiſément cailler le lait.

XVII. *Fleurs rouges.*

Caillelait rouge. *Galium rubrum.* Lin. Sp. 156.

Gallium rubro flore. Cluſ. Hiſt. II, p. 175.

Ses tiges ſont grêles, anguleuſes, très-rameuſes & hautes d'un pied ou un peu plus; ſes feuilles ſont longues, linéaires, étroites, vertes & au nombre de cinq ou ſix par verticille. Ses fleurs ſont petites, terminales & portées ſur de courts péduncules. On trouve cette plante ſur les collines ſtériles de la Provence.

XVIII. *Fruits hériſſés; tiges rudes & accrochantes.*

Caillelait Pariſien. *Galium Pariſienſe.* Lin. Sp. 157.

Gallium Pariſienſe, tenuifolium, flore atro purpureo. Tournef. 115.

Ses tiges ſont hautes de ſix à huit pouces, grêles, quadrangulaires, accrochantes en leurs angles, foibles & rameuſes ; ſes feuilles ſont un peu étroites, linéaires, pointues, rudes particulièrement en leurs bords, & verticillées ſix ou ſept à chaque nœud. Ses fleurs ſont petites, pédunculées & rougeâtres. On trouve cette plante dans les lieux ſtériles & ſablonneux. ♃

---

958. *Fleurs latérales.*

Valance. *Valantia.*

Les Valances ont beaucoup de rapport avec les Caillelaits, & n'en différent que par la diſpoſition de leurs fleurs qui ne terminent point les tiges, mais ſont toutes axillaires ou diſpoſées par bouquets latéraux. On trouve ſouvent des fleurs mâles ou ſtériles parmi les fleurs hermaphrodites.

ANALYSE.

Verticilles composés de cinq feuilles ou davantage. I.	Verticilles composés de quatre feuilles. V I.

I. *Verticilles composés de cinq feuilles ou davantage.*

Fleurs blanches ; tiges rudes & accrochantes en leurs angles. I I.	Fleurs jaunâtres ; tiges non accrochantes. V.

II. *Fleurs blanches ; tiges rudes & accrochantes en leurs angles.*

Péduncules communs, plus longs que les feuilles ; toutes les fleurs hermaphrodites. I I I.	Péduncules communs, à peine aussi longs que les feuilles ; des fleurs mâles & des fleurs hermaphrodites. I V.

III. *Péduncules communs, plus longs que les feuilles ; toutes les fleurs hermaphrodites.*

Valance grateron. *Valantia aparine.*

> *Aparine vulgaris.* Tournef. 114.
> β. *Aparine vulgaris, femine minori.* Ibid.
> *Galium aparine.* Lin. Sp. 157. *[α , β].*
> γ. *Aparine femine lævi.* Tournef. 114.
> *Galium spurium.* Lin. Sp. 154.

Ses tiges font foibles, quarrées, rameuses, feuillées dans toute leur longueur, hérissées en leurs angles de petites dents très-accrochantes, & s'élèvent depuis un pied jusqu'à trois ; ses feuilles font longues, lancéolées-linéaires, verticillées six ou huit à chaque nœud, terminées par une petite pointe particulière, & garnies en leurs bords & en leur nervure

958. poftérieure, de petites dents rudes & crochues. Ses fleurs font très-petites, blanches, & naiffent latéralement fur des péduncules très-divifés & alongés en rameaux ; il leur fuccède des fruits hériffés & portés fur des péduncules alors réfléchis en bas. La variété β fe diftingue par fes fruits très-petits & légèrement velus. La variété γ eft remarquable par fes fruits entièrement glabres. On trouve cette plante dans les haies, les champs & les lieux incultes, ⊙ ; elle paffe pour apéritive & un peu fudorifique.

IV. *Péduncules communs, à peine auffi longs que les feuilles ; des fleurs mâles & des fleurs hermaphrodites.*

Valance triflore. *Valantia triflora.*

> *Aparine femine coriandri faccharati.* Tournef. 114.
> *Valantia aparine.* Lin. Sp. 1491.

Ses tiges font longues d'un pied, grêles, foibles, feuillées dans toute leur longueur, & garnies en leurs angles de petites dents, crochues comme celles de l'efpèce précédente ; fes feuilles font prefque linéaires, un peu rétrécies vers leur bafe, rudes & comme dentées en leurs bords, & fix enfemble à chaque verticille. Les fleurs font au nombre de trois fur chaque péduncule ; les deux latérales font trifides, mâles & pédunculées : celle du milieu eft hermaphrodite, quadrifide & fans péduncule propre ; les fruits font légèrement hériffés. On trouve cette plante dans les champs des provinces méridionales. ⊙

V. *Fleurs jaunâtres ; tiges non accrochantes.*

Valance des rochers. *Valantia rupeftris.*

> *Sherardia muralis.* Lin. Sp. 149.

Ses tiges font grêles, fort petites, plus ou moins droites & feuillées dans toute leur longueur ; fes feuilles font petites, étroites, lancéolées & difpofées au nombre de fix à la plupart des verticilles. Ses fleurs font jaunâtres, axillaires & prefque feffiles ; il leur fuccède des fruits un peu hériffés. Cette plante croît en Provence dans les lieux pierreux & fur les vieux murs. ⊙

VI.

958. **VI.** *Verticilles composés de quatre feuilles.*

Péduncules simples, & chargés d'une ou deux fleurs. V I I.	Péduncules rameux, & chargés de plus de deux fleurs. V I I I.

VII. *Péduncules simples & chargés d'une ou deux fleurs.*

Valance des murs. *Valantia muralis.* Lin. Sp. 1490.

Valantia quadrifolia, verticillata. Tournef. act. 1706.
p. 86.

Ses tiges font longues de trois ou quatre pouces, glabres,
menues, feuillées, & fimples ou rameufes à leur bafe ; fes
feuilles font quaternées, petites, ovales, obtufes, rétrécies
en pétiole à leur bafe, vertes & très-glabres : les péduncules
font courts, axillaires, fimples & portent communément
deux fleurs d'un vert-iaunâtre, dont une eft ftérile & trifide,
& l'autre quadrifide & fertile. On trouve cette plante en
Provence parmi les rochers & fur les murs. ☉

VIII. *Péduncules rameux & chargés de plus de deux fleurs.*

Valance croifette. *Valantia cruciata.* Lin. Sp. 1491.

Cruciata hirfuta. Tournef. 115,

Ses tiges font longues d'un pied ou environ, foibles,
quarrées, très-velues, ordinairement fimples & feuillées dans
toute leur longueur ; fes feuilles font quaternées, ovales,
velues, feffiles & marquées de trois nervures ; fes fleurs
font petites, d'un jaune-verdâtre, toutes quadrifides & difpofées par bouquets pédunculés, communément plus courts
que les feuilles ; ces bouquets font au nombre de quatre ou
cinq par verticille & garnis chacun de deux bractées très-petites.
On trouve cette plante le long des haies & fur le bord des
chemins, ♃ ; fon odeur eft affez forte ; elle eft aftringente
& vulnéraire.

959. *Plus de cinq étamines* .... { Six étamines 960

Plus de six étamines ... 967 }

---

960. *Six étamines* .... { Limbe de la corolle entier, & terminé en languette 961

Limbe de la corolle divisé, & point terminé en languette. 962 }

---

961. *Limbe de la corolle entier & terminé en languette.*

Ariſtoloche. *Ariſtolochia.*

Les fleurs d'Ariſtoloche ont une corolle tubulée, ventrue à ſa baſe, & remarquable par ſon limbe terminé en languette: leurs étamines ſont compoſées de ſix anthères ſeſſiles, portées ſur le ſtyle, un peu au-deſſous du ſtigmate qui eſt à ſix diviſions. Le fruit eſt une capſule à ſix loges & polyſperme.

ANALYSE.

Aiſſelles des feuilles uniflores. I.	Aiſſelles des feuilles pluriflores. V I.

I.	*Aiſſelles des feuilles uniflores.*

Feuilles preſque ſeſſiles; racine ronde. I I.	Feuilles pétiolées; racine longue. I I I.

II. *Feuilles preſque ſeſſiles; racine ronde.*

Ariſtoloche ronde. *Ariſtolochia rotunda.* Lin. Sp. 1364.

Ariſtolochia rotunda, flore ex purpurâ nigro. Tourn. 162.

Ses tiges ſont foibles, anguleuſes, feuillées, & s'élèvent juſqu'à un pied & demi; ſes feuilles ſont alternes, toutes

961. presque sessiles, cordiformes & un peu obtuses à leur sommet: ses fleurs sont axillaires, solitaires, fort grandes, & leur languette est ordinairement d'un rouge noirâtre. Cette plante croît dans les champs & les vignes des provinces méridionales, ♃; sa racine est emménagogue & tonique.

III. *Feuilles pétiolées ; racine longue.*

Feuilles très-entières ; racine longue & très-simple.	Feuilles denticulées ; racine très-divisée & fasciculée.
I V.	**V.**

IV. *Feuilles très-entières ; racine longue & très-simple.*

Aristoloche longue. *Aristolochia longa.* Lin. Sp. 1364.

Aristolochia longa, vera. Tournef. 162.

Ses tiges sont grêles, anguleuses, foibles, feuillées, & longues d'un à deux pieds ; ses feuilles sont en cœur, un peu obtuses, pétiolées & alternes : ses fleurs sont axillaires, solitaires, longues, & ont leur languette d'une couleur moins foncée que celles de l'espèce précédente. On trouve cette plante dans les provinces méridionales. ♃

V. *Feuilles denticulées ; racine très-divisée & fasciculée.*

Aristoloche fasciculée. *Aristolochia fasciculata.*

Aristolochia pistolochia dicta. Tournef. 162.
Aristolochia pistolochia. Lin. Sp. 1364.

Sa racine est divisée en portions nombreuses, cylindriques, & disposées en faisceau ; elle pousse plusieurs tiges, grêles, foibles, anguleuses, feuillées, & hautes d'un pied ou un peu plus ; ses feuilles sont petites, pétiolées, cordiformes, crénelées ou denticulées en leurs bords, & d'un vert pâle : ses fleurs sont solitaires, jaunâtres en leur tube, & un peu noirâtres en leur languette ; les péduncules sont presque aussi longs que la corolle. On trouve cette plante en Provence & en Languedoc dans les lieux incultes. ♃

961. VI.   *Aisselles des feuilles pluriflores.*

Aristoloche clématite. *Aristolochia clematitis.* Lin. Sp. 1364.

Aristolochia clematitis, recta. Tournef. 162.

Sa tige est haute de deux pieds, assez droite, moins foible que celle des espèces précédentes, simple, feuillée & anguleuse; ses feuilles sont alternes, pétiolées, cordiformes, glabres, & remarquables par des nervures très-ramifiées & réticulées dans leur surface inférieure : ses fleurs sont d'un jaune pâle, pédunculées & ramassées trois à cinq ensemble dans les aisselles des feuilles. On trouve cette plante dans les lieux pierreux, stériles, & dans les décombres, ♃ ; elle est vulnéraire, emménagogue & détersive.

962.

Limbe de la corolle divisé & point terminé en languette. { Limbe de la corolle simple; étamines insérées au fond de la corolle............ 963

Limbe de la corolle double; étamines insérées sur la corolle. 964

963. *Limbe de la corolle simple ; étamines insérées au fond de la corolle.*

Agavé d'Amérique. *Agave Americana.* Lin. Sp. 461.

Aloe folio in oblongum aculeum abeunte. Tournef. 366.

Ses feuilles sont radicales, nombreuses, fort grandes, épaisses, charnues, lancéolées, terminées par une pointe alongée & très-dure, concaves en-dessus, convexes en-dessous, & bordées de dents épineuses; sa tige est une hampe cylindrique, épaisse, rameuse à son sommet, chargée d'un grand nombre de fleurs, & qui s'élève jusqu'à quinze ou vingt pieds : ses fleurs sont d'un jaune verdâtre, composées d'une corolle cylindrique, à six divisions profondes & point ouvertes, de six étamines saillantes hors de la corolle, &

963. d'un style terminé par un stigmate simple. Le fruit est une capsule à trois loges polyspermes, ♄ : cette plante originaire d'Amérique, est maintenant naturalisée dans le Roussillon & la Provence.

---

964. *Limbe de la corolle double ; étamines insérées sur la corolle.* {
Étamines insérées sur le bord du limbe intérieur de la corolle. 965

Étamines insérées dans le tube de la corolle, & point en son bord. 966
}

---

965. *Étamines insérées sur le bord du limbe intérieur de la corolle.*

Pancrace maritime. *Pancratium maritimum.* Lin. Sp. 418.

Narcissus maritimus. Tournef. 357.

Sa tige est une hampe nue, un peu anguleuse d'un côté, & haute d'un pied ou un peu plus ; elle porte à son sommet cinq ou six fleurs blanches fort grandes, & disposées en manière d'ombelle ; leur corolle est divisée dans la partie supérieure de son tube en deux limbes, dont un extérieur est composé de six pièces lancéolées & un peu étroites, & l'autre intérieur est moins grand, monophylle, & partagé en six découpures terminées chacune par une étamine longue & saillante. Le style est un peu plus long que les étamines : les feuilles sont radicales, longues, planes, & larges presque d'un pouce. On trouve cette plante dans les lieux maritimes des provinces méridionales. ♃

---

966. *Étamines insérées dans le tube de la corolle, & point en son bord.*

Narcisse. *Narcissus.*

Les fleurs de Narcisse sont assez grandes, fort belles, & naissent renfermées dans un spathe ; leur corolle est un tube long, cylindrique, & divisé, dans sa partie supérieure, en

B b iij

966. deux limbes, dont l'extérieur est de six pièces lancéolées, & l'intérieur monophylle, en anneau ou en cloche, & frangé ou un peu découpé en son bord. Les étamines sont au nombre de six, & le style est terminé par un stigmate légèrement trifide.

ANALYSE.

Hampe uniflore. I.	Hampe pluriflore. I V.

I. *Hampe uniflore.*	
Limbe intérieur très-petit, en anneau & rouge en son bord. I I.	Limbe intérieur fort grand, campanulé & jaunâtre. I I I.

II. *Limbe intérieur très-petit, en anneau & rouge en son bord.*

Narcisse de Poëte. *Narcissus poëticus.* Lin. Sp. 414.

Narcissus albus, circulo purpureo. Tournef. 353.

Sa tige s'élève un peu au-delà d'un pied, & soutient à son sommet une belle fleur blanche, dont le limbe extérieur est composé de six pièces assez grandes, ovales, presque obtuses & d'un blanc de lait, & l'intérieur forme un anneau très-court, crénelé & d'une couleur purpurine en son bord ; les feuilles sont radicales, ensiformes, vertes, lisses, presque aussi longues que la tige, & larges de près de deux lignes. On trouve cette plante dans les prés des provinces méridionales. ♃

III. *Limbe intérieur fort grand, campanulé & jaunâtre.*

Narcisse sauvage. *Narcissus sylvestris.*

α. *Narcissus sylvestris pallidus, calice luteo.* Tournef. 356.
Narcissus pseudo-narcissus. Lin. Sp. 414.
β. *Narcissus albus, tubo luteo.* Tournef. 356.
Narcissus bicolor. Lin. Sp. 415.

Sa tige est haute presque d'un pied, & porte à son

966. fommet une fleur fort grande, & remarquable par le limbe intérieur de fa corolle, qui eft auffi grand que l'extérieur, campanulé, légèrement frangé en fon bord & de couleur jaunâtre ; le limbe extérieur eft compofé de fix pièces lancéolées, d'un jaune pâle dans la plante α, & de couleur blanche dans la variété β : fes feuilles font radicales, enfiformes, liffes, & un peu moins longues que la tige. On trouve cette plante dans les bois, ♃ ; elle fleurit de très-bonne heure.

IV.　　　　　*Hampe pluriflore.*

Feuilles planes.	Feuilles femi - cylindriques.
V.	V I.

V.　　　　　*Feuilles planes.*

Narciffe multiflore. *Narciffus multiflorus.*

　　　Narciffus medio luteus, copiofo flore, odore gravi. Tourn. 354.
　　　Narciffus tazetta. Lin. Sp. 416.

On peut rapporter à cette efpèce beaucoup de variétés que l'on ne pourroit diftinguer que très-imparfaitement, & qu'il eft inutile de citer ; fa tige s'élève rarement au - delà d'un pied, & n'a communément que huit ou dix pouces de hauteur ; elle porte à fon fommet fix à dix fleurs, dont les péduncules naiffent d'un même point, & font inégaux en longueur. Ces fleurs font remarquables par le limbe intérieur de leur corolle un peu jaunâtre, légèrement campanulé, tronqué, & deux ou trois fois plus court que l'extérieur, qui eft compofé de fix pièces ordinairement de couleur blanche ; les feuilles font radicales, liffes, planes, un peu moins longues que la tige, & larges de deux lignes ou environ. Cette plante croît dans les lieux humides & maritimes des provinces méridionales. ♃

VI.　　　　　*Feuilles femi-cylindriques.*

Narciffe jonquille. *Narciffus junquilla.* Lin. Sp. 417.

　　　Narciffus juncifolius, luteus, minor. Tournef. 355.
　　β. *Narciffus juncifolius, oblongo calyce, luteus, major.* Ibid

Sa tige eft liffe, & s'élève jufqu'à un pied ; elle foutien

966. à son sommet trois à six fleurs jaunes, dont le tube est grêle & fort long, & le limbe intérieur un peu campanulé & très-court. Ces fleurs sont petites & odorantes ; celles de la variété β ont le limbe intérieur de leur corolle un peu moins court & d'un jaune rougeâtre ; les feuilles sont radicales, menues, en alène, presque cylindriques avec une gouttière, & ressemblent en quelque manière à celles de plusieurs espèces de jonc. On trouve cette plante sur les collines en Provence, ♃ ; on la cultive dans les parterres, mais les Fleuristes font peu de cas de la variété β.

967.

Plus de six étamines . . . . .
{
Tige herbacée 968

Tige ligneuse 976

968.

Tige herbacée . . . .
{
Feuilles simples 969

Feuilles composées 974

969.

Feuilles simples . . . .
{
Corolle à trois divisions. 970

Corolle à plus de trois divisions. 971

970. *Corolle à trois divisions.*

Cabaret d'Europe. *Asarum Europæum* Lin. Sp. 633.

Asarum dod. Tournef. 501.

Sa tige est une souche rampante, longue de deux à cinq pouces, & qui se divise, & pousse à différens intervalles, les feuilles & les péduncules des fleurs ; les feuilles sont réniformes, un peu coriaces, vertes & lisses en-dessus, légèrement velues en-dessous & en leurs bords, & portées sur des pétioles longs de trois pouces. Les fleurs sont petites, campanulées, trifides, un peu velues en-dehors, d'un rouge noirâtre intérieurement, soutenues par de courts péduncules, solitaires

970. & situées à la base des feuilles : elles sont composées d'une douzaine d'étamines extrêmement courtes, & d'un style, dont le stigmate est à six divisions ; il leur succède une capsule coriace, couronnée & à six loges polyspermes. On trouve cette plante dans les bois & les lieux couverts, ♃ ; elle est émétique, purgative, emménagogue, anti-hypocondriaque & errhine.

---

971. *Corolle à plus de trois divisions* . . . . { Feuilles sessiles ; plus de dix étamines 972

Feuilles pétiolées ; huit ou dix étamines seulement 973

---

972. *Feuilles sessiles ; plus de dix étamines.*

Cytinet hypociste. *Cytinus hypocistis.* Lin. Gen. 1232.

Hypocistis flore luteo. Tournef. cor. 46.

Sa tige est haute de trois ou quatre pouces, épaisse, succulente, rougeâtre ou jaunâtre, & couverte de petites feuilles ou d'écailles charnues & comme embriquées. Ses fleurs sont terminales, composées d'une corolle campanulée & quadrifide, & de seize étamines sessiles, attachées sur le style, un peu au-dessous du stigmate ; le fruit est une baie couronnée & à huit loges. Cette plante est parasite & croît communément sur les racines du Ciste ladanier ; son suc est astringent.

---

973. *Feuilles pétiolées ; huit ou dix étamines seulement.*

Dorine. *Chrysosplenium.*

Les fleurs de Dorine ont une corolle à quatre ou cinq découpures obtuses ou arrondies, huit ou dix étamines très-courtes, & deux styles un peu divergens. Le fruit est une capsule à deux cornes, uniloculaire, bivalve & polysperme.

A N A L Y S E.

Feuilles opposées.	Feuilles alternes.
I.	I I.

973. I. *Feuilles opposées.*

Dorine à feuilles opposées. *Chrysosplenium oppositifolium.* Lin. Sp. 569.

Chrysosplenium foliis amplioribus auriculatis. Tournef. 146.

Ses tiges sont menues, hautes de trois ou quatre pouces, feuillées & un peu rameuses; ses feuilles sont opposées, pétiolées, arrondies & un peu crénelées en leur contour. Ses fleurs sont jaunâtres, portées sur de très-courts péduncules & garnies de bractées à leur base. On trouve cette plante dans les terreins humides & couverts, ♃; elle est vulnéraire.

II. *Feuilles alternes.*

Dorine à feuilles alternes. *Chrysosplenium alternifolium.* Lin. Sp. 569.

Chrysosplenium foliis pediculis oblongis insidentibus. Tournef. 146.

Cette espèce ressemble beaucoup à la précédente; ses tiges sont hautes de quatre ou cinq pouces, menues, feuillées & un peu rameuses à leur sommet; ses feuilles sont alternes, pétiolées, arrondies, réniformes, crénelées & chargées de quelques poils courts : les inférieures sont portées sur de longs pétioles. Les fleurs sont jaunâtres, un peu ramassées au sommet de la plante & comme posées sur les feuilles. On trouve cette espèce en Alsace. ♃

974. *Feuilles composées . . . . .* { Feuilles opposées. 975

Feuilles alternes. . . 931 — II

975. *Feuilles opposées.*

Adoxe moscatelline. *Adoxa moschatellina.* Lin. Sp. 527.

Moschatellina foliis fumariæ bulbosæ. Tournef. 156.

Sa tige est haute de trois à cinq pouces, herbacée, menue;

975. simple, & chargée d'une ou deux paires de feuilles; elle porte à son sommet quatre ou cinq fleurs sessiles, ramassées en une petite tête, d'une couleur pâle ou herbeuse. Ces fleurs ont un calice bifide selon M. Linné, ou trifide selon M. de Haller, une corolle à quatre ou cinq divisions, huit ou dix étamines & quatre ou cinq styles. Le fruit est une baie à quatre ou cinq loges monospermes; les feuilles sont pétiolées, deux ou trois fois ternées, à folioles incisées, lobées, tendres, & d'un vert un peu glauque. On trouve cette plante dans les haies & les lieux couverts, ♃; elle a une odeur de musc.

976.

Tige ligneuse.

Airelle. *Vaccinium.*

Les fleurs d'Airelle sont petites, composées d'un calice très-court, entier ou quadrifide, d'une corolle campanulée ou en grelot, dont les bords sont à quatre ou cinq dents, de huit étamines insérées sur le réceptacle, & d'un style simple. Le fruit est une baie umbiliquée, quadriloculaire & polysperme.

ANALYSE.

Tige droite. I.	Tige couchée & rampante. V I.

I. *Tige droite.*

Calice entier. I I.	Calice à quatre divisions. I I I.

II. *Calice entier.*

Airelle myrtille. *Vaccinium myrtillus.* Lin. Sp. 498.

> *Vitis idæa foliis oblongis crenatis, fructu nigricante.* Tourn. 608.

Sa tige est glabre, verdâtre, anguleuse, rameuse, & s'élève jusqu'à un pied & demi; ses feuilles sont alternes, ovales, glabres, un peu nerveuses, légèrement dentées en leurs bords, & portées sur des pétioles très-courts: ses fleurs sont en

276. grelot, d'un blanc un peu rougeâtre, & font remplacées par des baies d'un bleu noirâtre dans leur maturité. On trouve ce fous-arbriffeau dans les bois & les lieux couverts, ♄ ; fes baies font aftringentes & anti-dyfentériques : leur fuc teint en bleu ou en violet.

III. *Calice à quatre divifions.*

Feuilles ponctuées en-deffous & perfiftantes.	Feuilles veinées en-deffous, & point perfiftantes.
I V.	V.

IV. *Feuilles ponctuées en-deffous & perfiftantes.*

Airelle ponctuée. *Vaccinium punctatum.*

> *Vitis idæa folis fubrotundis, non crenatis, baccis rubris.* Tournef. 608.

> *Vaccinium vitis idæa.* Lin. Sp. 500.

Ses tiges font hautes d'un pied, cylindriques & rameufes; fes feuilles font ovales, dures, liffes, ponctuées en-deffous, & entières ou garnies de quelques dentelures peu fenfibles : fes fleurs font rougeâtres, & difpofées au fommet des tiges en petites grappes penchées; il leur fuccède des baies rouges dans leur maturité. On trouve cette efpèce en Alface & en Dauphiné dans les bois. ♄

V. *Feuilles veinées en-deffous, & point perfiftantes.*

Airelle fangeufe. *Vaccinium uliginofum.* Lin. Sp. 499.

> *Vitis idæa magna quibufdam, five myrtillus grandis.* Tourn. 608.

Sa tige eft haute d'un à deux pieds, rameufe & feuillée dans fa partie fupérieure ; fes feuilles font ovales, obtufes, liffes, glabres dans leur parfait développement, veinées, & un peu blanchâtres en-deffous : fes fleurs font blanches, quelquefois un peu couleur de rofe, & ont leur corolle ovale, à quatre ou cinq dents réfléchies en-dehors; il leur fuccède des baies noirâtres dans leur maturité. On trouve ce fous-arbriffeau dans les lieux fangeux & humides. ♄

976. **VI.** *Tige couchée & rampante.*

Airelle canneberge. *Vaccinium oxicoccos.* Lin. Sp. 500.

Oxicoccus five vaccinia paluftris. Tournef. 655.

Ses tiges font très-menues, filiformes, rameufes, fouvent rougeâtres, feuillées, couchées & étalées fur la terre ; fes feuilles font petites, ovales-oblongues, quelquefois pointues, plus ou moins contractées en leurs bords, vertes en-deffus & blanchâtres en-deffous : fes fleurs font rouges, profondément quadrifides, non polypétales, à découpures pointues, & portées fur de longs péduncules ; il leur fuccéde des baies rouges dans leur maturité. On trouve cette efpèce dans les lieux humides & marécageux. ♄

977.
Corolle polypétale. . . . . $\left\{\begin{array}{l} \text{Cinq pétales ou moins.. 978} \\ \text{Six pétalés ou plus... 1090} \end{array}\right.$

978.
Cinq pétales ou moins . . . . $\left\{\begin{array}{l} \text{Cinq étamines ou moins. 979} \\ \text{Six étamines ou plus. 1069} \end{array}\right.$

979.
Cinq étamines ou moins . . $\left\{\begin{array}{l} \text{Cinq pétales. . . . . . . 980} \\ \text{Moins de cinq pétales. 1062} \end{array}\right.$

980.
Cinq pétales . . . . $\left\{\begin{array}{l} \text{Semences nues & géminées. 981} \\ \text{Semences contenues dans une baie ou dans une capfule. 1059} \end{array}\right.$

981.

Semences nues & géminées.

Ombellifères.

Les Plantes Ombellifères portent des fleurs en rose, compofées de cinq pétales fouvent inégaux, de cinq étamines auffi longues ou plus longues que la corolle, & de deux ftyles courts plus ou moins perfiftans; ces fleurs, dans le plus grand nombre, ont une difpofition particulière très-remarquable : elles font foutenues par des péduncules qui partent tous d'un point commun, divergent comme les rayons d'un parafol, & forment ce qu'on nomme une *ombelle.* Voyez *les principes, n.°* 551. Dans quelques plantes de cette divifion, les fleurs ont un calice propre, mais dans la plupart, elles en manquent entièrement. Le fruit eft conftamment compofé de deux femences nues, réunies avant leur maturité, mais qui à ce terme fe féparent, & ne font alors foutenues que par un filet qui s'insère dans la partie fupérieure de leur furface interne; les tiges font ordinairement creufes, & les feuilles toujours alternes, & communément engainées ou amplexicaules.

ANALYSE.

Fleurs feffiles & difpofées fur un réceptacle commun, garni de paillettes. 982.	Fleurs non difpofées fur un réceptacle commun, garni de paillettes. 983.

982. *Fleurs feffiles & difpofées fur un réceptacle commun, garni de paillettes.*

Panicaut. *Eryngium.*

Les Panicauts reffemblent un peu aux chardons par leur port, aux fcabieufes par la difpofition de leurs fleurs, & aux plantes ombellifères par leur fructification. Leurs fleurs font ramaffées fur un réceptacle convexe ou conique, & entourées par un calice commun, prefque toujours épineux : elles font compofées d'un calice propre de cinq pièces, de cinq pétales oblongs, de cinq étamines & de deux ftyles. Le fruit fe divife en deux femences nues & oblongues.

ANALYSE.

Feuilles inférieures de la tige, simples, ou non découpées jusqu'au pétiole.	Feuilles inférieures de la tige, découpées jusqu'au pétiole.
I.	V I.

I. *Feuilles inférieures de la tige, simples, ou non découpées jusqu'au pétiole.*

Feuilles inférieures plissées, très-nerveuses & très-épineuses.	Feuilles inférieures planes, peu nerveuses, & peu ou point épineuses.
I I.	I I I.

II. *Feuilles inférieures plissées, très-nerveuses & très-épineuses.*

Panicaut marin. *Eryngium maritimum.* Lin. Sp. 337.

Eryngium maritimum. Tournef. 327.

Sa tige est cylindrique, épaisse, blanchâtre, feuillée, rameuse & haute d'un pied & demi; ses feuilles inférieures sont pétiolées, arrondies, larges, nerveuses, blanchâtres, plissées, coriaces, un peu découpées ou lobées, & bordées de dents épineuses: les autres sont sessiles, courtes, anguleuses, épineuses & légèrement trilobées, les folioles du calice commun sont fort larges, anguleuses, épineuses & au nombre de cinq ou six. Cette plante croît dans les lieux maritimes des provinces méridionales. ♃

III. *Feuilles inférieures planes, peu nerveuses, & peu ou point épineuses.*

Calice commun de cinq à huit folioles; têtes de fleurs ovales.	Calice commun de plus de dix folioles; têtes de fleurs coniques.
I V.	V.

982. **IV.** *Calice commun de cinq à huit folioles ; têtes de fleurs ovales.*

Panicaut plane. *Eryngium planum.* Lin. Sp. 336.

Eryngium latifolium planum. Tournef. 327.

Sa tige est haute de deux pieds, droite, cylindrique, feuillée & simple, ou légèrement rameuse à son sommet ; ses feuilles inférieures sont pétiolées, ovales - oblongues, obtuses, planes, vertes, dentées en leurs bords, & un peu en cœur à leur base ; les supérieures sont petites, sessiles, quelques-unes simples, & les autres trifides ou digitées : les fleurs sont bleuâtres, & forment de petites têtes arrondies ou ovales ; les folioles de leur calice commun sont étroites. On trouve cette plante dans les montagnes de la Provence. ♃

V. *Calice commun de plus de dix folioles ; têtes de fleurs coniques.*

Panicaut des Alpes. *Eryngium Alpinum.* Lin. Sp. 337.

Eryngium Alpinum, cæruleum, capitulis dipsaci. Tournef. 327.

β. *Eryngium Alpinum, spinis horridum, dipsaci capitulo longiori.* Ibid.

Spina alba. Dalech. Hist. 1462.

Sa tige est haute d'un pied & demi, droite, simple, feuillée, & chargée à son sommet d'une à trois têtes de fleurs cylindriques & fort belles. Ces têtes sont remarquables par leur calice commun, composé d'un grand nombre de folioles longues, étroites, légèrement pinnatifides, d'un bleu violet mêlé de vert & de blanc, non épineuse, mais agréablement ciliées dans toute leur longueur ; les feuilles de la racine sont cordiformes, portées sur de longs pétioles, & bordées de dents terminées chacune par un filet foible : celles du milieu de la tige sont presque sessiles, trilobées & ciliées ; enfin les supérieures sont digitées. La plante β diffère par sa tige plus épaisse, plus ferme, blanche & plus rameuse ; ses feuilles sont plus sensiblement épineuses, & ses têtes de fleurs ont leur calice commun composé de folioles roides & piquantes. Ces plantes croissent dans les montagnes du Dauphiné où elles ont été observées par M. de Villars. ♃

VI.

982. **VI.** *Feuilles inférieures de la tige découpées jusqu'au pétiole.*

Tige simple, & chargée de trois à cinq têtes de fleurs.	Tige très-rameuse, & chargée de plus de dix têtes de fleurs.
V I I.	**V I I I.**

VII. *Tige simple, & chargée de trois à cinq têtes de fleurs.*

Panicaut améthyste. *Eryngium amethystinum.* Lin. Sp. 337.

> *Eryngium montanum, amethystinum.* Tournef. 327.
> *Eryngium bourgati.* Gouan. Obs. p. 7, t. 3.

Sa tige est cylindrique, glabre, striée, médiocrement feuillée, d'un bleu violet dans sa partie supérieure, & s'élève jusqu'à un pied & demi; ses feuilles sont épineuses, très-découpées, & panachées de vert & de blanc : les inférieures sont portées sur de longs pétioles, presque arrondies, & divisées en trois parties trifides ou pinnatifides; les supérieures sont presque sessiles & pareillement découpées. Les têtes de fleurs sont ovales, terminales, & remarquables par leur calice commun, intérieurement coloré, & d'une couleur bleue superbe, tirant sur celle de l'améthiste; ses folioles sont étroites & épineuses. On trouve cette plante dans les environs de Montpellier. ♃

VIII. *Tige très-rameuse, & chargée de plus de dix têtes de fleurs.*

Panicaut commun. *Eryngium vulgare.* Tournef. 327.

> *Eryngium campestre.* Lin. Sp. 337.

Sa tige est haute d'un pied ou un peu plus, droite, cylindrique, striée, blanchâtre, & garnie dans sa moitié supérieure de beaucoup de rameaux très-ouverts; ses feuilles sont dures, vertes, nerveuses, épineuses, ailées & à folioles décurrentes. laciniées ou semi-pinnées vers leur sommet : ses têtes de

Tome III. C c

982. fleurs font petites, terminales & très-nombreuses ; les folioles de leur calice commun font étroites, roides & épineuses. On trouve cette plante fur le bord des chemins & dans les lieux incultes, ♃ ; fa racine paffe pour apéritive, diurétique, emménagogue & aphrodifiaque.

---

983. *Fleurs non difpofées fur un réceptacle commun garni de paillettes . . . .*

{ Feuilles fimples, entières ou lobées, ou digitées ; leur pétiole n'eft jamais ramifié 984

{ Feuilles compofées, plus ou moins ramifiées, & dont les folioles ne font point difpofées en digitations 991

---

984. *Feuilles fimples, entières, ou lobées ou digitées . . . .*

{ Feuilles palmées ou digitées. 985

{ Feuilles très-entières ou légèrement crénelées 988

---

985. *Feuilles palmées ou digitées.*

{ Fruit hériffé de pointes nombreufes ; folioles des collerettes partielles, ne débordant point leur ombelle 986

{ Fruit non hériffé de pointes ; folioles des collerettes partielles débordant leur ombelle . . . 987

---

986. *Fruit hériffé de pointes nombreufes ; folioles des collerettes partielles ne débordant point leur ombelle.*

Sanicle officinale. *Sanicula officinarum.* Tournef. 326.

Sanicula Europæa. Lin. Sp. 339.

Sa tige eft droite, prefque nue, grêle, & s'élève jufqu'à

986. un pied & demi ; ses feuilles sont lisses, luisantes, vertes, palmées & à trois ou cinq lobes profonds, dentés, incisés ou trifides : celles de la racine sont portées sur de longs pétioles. Les fleurs sont blanches, fort petites & ramassées en ombellules globuleuses ; les rayons de l'ombelle universelle sont longs & communément au nombre de cinq, dont quatre sont trifides à leur sommet, & portent chacun trois ombelles partielles. On trouve cette plante dans les bois, ♃ ; elle est très-vulnéraire, astringente & détersive.

---

987. *Fruit non hérissé de pointes ; folioles des collerettes partielles débordant leur ombelle.*

Radiaire. *Astrantia.*

Les Radiaires ont quelquefois leur ombelle simple, & lorsqu'elle est composée, l'ombelle universelle n'a qu'un petit nombre de rayons ; les ombelles partielles paroissent radiées, leur collerette étant composée de folioles saillantes, colorées & ordinairement très-nombreuses.

ANALYSE.

Feuilles composées de cinq folioles simples ou bilobées, & larges de trois lignes ou davantage. I.	Feuilles composées de sept folioles simples, dont la largeur n'excède pas une ligne. I I.

I. *Feuilles composées de cinq folioles simples ou bilobées, & larges de trois lignes ou davantage.*

Radiaire majeure. *Astrantia major.* Lin. Sp. 339.

Astrantia major, corona floris purpurascente. Tournef. 314.

Sa tige est droite, un peu rameuse, & s'élève jusqu'à un pied & demi ; ses feuilles sont palmées, digitées, dentées, ciliées & d'un vert noirâtre : celles de la racine sont larges, & portées sur de longs pétioles. Les fleurs sont terminales, petites & disposées trente ou quarante par ombellules ; ces ombelles partielles paroissent former chacune une belle fleur

987. radiée, rougeâtre ou blanchâtre : la collerette, qui forme leur couronne, est composée de quinze à vingt folioles pointues & à trois nervures. On trouve cette plante dans les montagnes du Dauphiné & de l'Alsace, ♃ ; sa racine est purgative.

II. *Feuilles composées de sept folioles simples, dont la largeur n'excède pas une ligne.*

Radiaire mineure. *Astrantia minor.* Lin. Sp. 340.

Astrantia minor. Tournef. 314.

Cette espèce est beaucoup plus petite que la précédente dans toutes ses parties ; ses tiges sont hautes de huit à dix pouces, grêles & presque nues : ses feuilles sont digitées & composées de sept folioles tout-à-fait distinctes, simples, très-étroites & dentées. Les fleurs forment des ombellules très-petites, & dont la collerette ne déborde que légèrement. On trouve cette plante dans les montagnes du Dauphiné & de la Provence. ♃

---

988. Feuilles très - entières, ou légèrement crénelées....
{ Feuilles légèrement crénelées ; fleurs blanches......... 989
{ Feuilles très - entières ; fleurs jaunes................ 990

---

989. *Feuilles légèrement crénelées ; fleurs blanches.*

Goblet - d'eau commun. *Hydrocotyle vulgaris.* Lin. Sp. 338.

Hydrocotyle vulgaris. Tournef. 328.

Ses tiges sont grêles, rampantes & longues de deux à cinq pouces ; ses feuilles sont orbiculaires, crénelées, vertes, glabres & portées sur de longs pétioles qui s'insèrent dans le milieu de leur surface inférieure. Les fleurs naissent dans les aisselles des feuilles, le long des tiges, ou quelquefois sur des hampes courtes qui partent immédiatement de la racine : elles sont fort petites & ramassées cinq à huit ensemble en une ombelle simple, glomérulée ou en une tête très-petite. Le fruit est comprimé & composé de deux semences sémi-orbiculaires. On trouve cette plante dans les marais. ♃

Feuilles très-entières ; fleurs jaunes.

Buplèvre. *Buplevrum.*

990.

Les fleurs de Buplèvre ont leurs pétales entiers & jaunâtres ; les ombelles partielles sont garnies chacune d'une collerette de cinq feuilles remarquables par leur grandeur, & souvent colorées. Le fruit est comprimé & chargé de stries saillantes.

A N A L Y S E.

Feuilles de la tige, ou perfoliées, ou tout-à-fait amplexicaules. **I.**	Feuilles de la tige sessiles, ou semi-amplexicaules. **V I.**

I. *Feuilles de la tige ou perfoliées, ou tout-à-fait amplexicaules.*

Collerette universelle nulle ; feuilles de la tige perfoliées. **I I.**	Collerette universelle de plusieurs folioles ; feuilles de la tige amplexicaules. **I I I.**

II. *Collerette universelle nulle ; feuilles de la tige perfoliées.*

Buplèvre percefeuille. *Buplevrum perfoliatum.*

Buplevrum perfoliatum, rotundifolium, annuum. Tournef. 310.

Buplevrum perfoliatum, longifolium, annuum. Ibid.

Buplevrum rotundifolium. Lin. Sp. 340.

Sa tige est rameuse, glabre, & s'élève jusqu'à un pied & demi ; ses feuilles sont ovales, arrondies dans leur partie inférieure, chargées d'une très-petite pointe à leur sommet, glabres, d'un vert glauque, & la plupart percées par la tige ; les inférieures sont simplement amplexicaules : les collerettes partielles sont composées chacune de cinq folioles ovales, inégales, jaunâtres intérieurement, & terminées par une petite pointe aiguë. On trouve cette plante dans les champs, dans les terreins secs, ⊙ ; elle est vulnéraire & astringente.

990.

III. *Collerette universelle de plusieurs folioles ; feuilles de la tige amplexicaules.*

Tige simple ; feuilles caulinaires alongées, & peu cordiformes. **I V.**	Tige rameuse ; feuilles caulinaires courtes & cordiformes. **V.**

IV. *Tige simple ; feuilles caulinaires alongées & peu cordiformes.*

Buplèvre à feuilles longues. *Buplevrum longifolium.* Lin. Sp. 341.

Buplevrum montanum, latifolium. Tournef. 310.

Sa tige est feuillée, simple, & s'élève un peu au-delà d'un pied ; ses feuilles sont longues, glabres & pointues ; les inférieures sont un peu rétrécies en pétiole à leur base, & toutes les autres sont amplexicaules : la collerette universelle est composée de trois à cinq feuilles inégales, & la partielle en a cinq ovales, pointues & de la longueur des rayons de l'ombellule. Cette plante croît dans les montagnes du Dauphiné & de la Provence. ♃

V. *Tige rameuse ; feuilles caulinaires courtes & cordiformes.*

Buplèvre anguleux. *Buplevrum angulosum.* Lin. Sp. 341.

Buplevrum alpinum, angustifolium, majus. Tournef. 310.

β. *Buplevrum alpinum, angustifolium, minus.* Ibid.

Sa tige est cylindrique, médiocrement garnie de feuilles, & s'élève jusqu'à un pied & demi ; ses feuilles radicales sont longues, étroites, & particulièrement rétrécies vers leur base ; celles de la tige sont un peu distantes, cordiformes, pointues & amplexicaules. La collerette universelle est composée de deux ou trois folioles ovales-oblongues, & la partielle en a cinq ou six disposées en étoile, & terminées chacune par une petite pointe particulière. On trouve cette plante en Languedoc & dans le Roussillon. ♃

990. OBS. Le *buplevrum* ranunculoïdes de M. Linné est une variété de cette espèce, selon M. de Haller.

VI. *Feuilles de la tige sessiles ou semi-amplexicaules.*

Tige herbacée.	Tige ligneuse.
V I I.	X V I I I.

VII. *Tige herbacée.*

Collerettes partielles monophylles & en bassin.	Collerettes partielles de plusieurs pièces très-distinctes.
V I I I.	I X.

VIII. *Collerettes partielles monophylles & en bassin.*

Buplèvre étoilé. *Buplevrum stellatum.* Lin. Sp. 340.

Buplevrum foliis gramineis, involucro peculiari octies emarginato. Hall. Hist. n.° 771, t. XVIII.

Sa tige est haute d'un pied, cylindrique & souvent simple; ses feuilles sont longues, presque toutes radicales, vertes & graminées : les collerettes partielles sont en forme de bassin découpé en ses bords, & l'universelle est de trois pieces. Cette plante a été observée en Dauphiné par M. de Villars. ♃

IX. *Collerettes partielles de plusieurs pièces très-distinctes.*

Tige simple & presque nue.	Tige rameuse & feuillée.
X.	X I.

X. *Tige simple & presque nue.*

Buplèvre des rochers. *Buplevrum petræum.* Lin. Sp. 340.

Sedum petræum, buplevri folio. Pon. Bald. 347.

Sa tige est haute de six à huit pouces, cylindrique, nue ou chargée dans sa partie supérieure d'une petite feuille sessile, étroite & aiguë; ses feuilles radicales sont nombreuses, très-

990. étroites, aiguës, & longues de quatre à cinq pouces : la collerette univerfelle eft compofée de cinq folioles étroites & inégales, & la partielle en a fix ou huit fort petites, ne débordant pas leur ombelle, & entièrement diftinctes. Cette plante a été obfervée en Dauphiné par M. de Faujas de Saint-fond qui m'a envoyé l'exemplaire dont je me fuis fervi pour cette defcription. ♃

XI. *Tige rameufe & feuillée.*

Collerettes partielles ne débordant pas leur ombelle.	Collerettes partielles débordant de beaucoup leur ombelle.
X I I.	X V.

XII. *Collerettes partielles ne debordant pas leur ombelle.*

Toutes les ombelles compofées & terminales.	Plufieurs ombelles fimples & latérales.
X I I I.	X I V.

XIII. *Toutes les ombelles compofées & terminales.*

Buplèvre faucillier. *Buplevrum falcatum.* Lin. Sp. 341.

> *Buplevrum folio fubrotundo, five vulgatiſſimum.* Tournef. 309.
>
> β. *Buplevrum folio rigido.* Ibid.
>
> *Buplevrum rigidum.* Lin. Sp. 342.

Sa tige eft haute d'un à deux pieds, cylindrique, cannelée, dure, un peu fléchie en zig-zag & très-rameufe ; fes feuilles inférieures font elliptiques-lancéolées, rétrécies en pétiole à leur bafe & nerveufes ; les autres font étroites-lancéolées, pointues & fouvent courbées en faucille ; les ombellules font fort petites ; la collerette univerfelle eft compofée d'une à trois folioles inégales, & la partielle en a ordinairement cinq petites & aiguës. La variété β a fes feuilles un peu plus élargies, plus roides & plus nerveufes. On trouve cette efpèce dans les lieux fecs & pierreux ; fa variété croît dans les provinces méridionales. ♃

990. **XIV.** *Plusieurs ombelles simples & latérales.*

Buplèvre menu. *Buplevrum tenuissimum.* Lin. Sp. 343.

Buplevrum angustissimo folio. Tournef. 310.

Sa tige est grêle, un peu dure, feuillée, haute d'un pied & demi, & garnie dans la plus grande partie de sa longueur, de rameaux alternes & peu alongés ; ses feuilles sont étroites, pointues & presque linéaires ; les fleurs forment des ombellules extrêmement petites ; les ombelles qui terminent la tige ou les rameaux sont composées, & celles qui sont à la base des rameaux sont la plupart simples. La collerette universelle est formée par quatre ou cinq folioles très-courtes & pointues. On trouve cette plante dans les lieux secs & pierreux. ☉

X V. *Collerettes partielles débordant de beaucoup leur ombelle.*

Fleurs presque sessiles & dont les péduncules propres n'ont pas une ligne de longueur. **X V I.**	Fleurs dont les péduncules propres ont plus d'une ligne de longueur. **X V I I.**

XVI. *Fleurs presque sessiles & dont les péduncules propres n'ont pas une ligne de longueur.*

Buplèvre joncier. *Buplevrum junceum.* Lin. Sp. 343.

Buplevrum involucris & involucellis pentaphyllis, foliis linearisubulatis. Ger. prov. 233. t. 9.

Sa tige est très-grêle, un peu anguleuse, divisée en rameaux presque droits, & s'élève jusqu'à un pied ; ses feuilles sont linéaires, étroites, aiguës & chargées de trois nervures très-fines : les rayons de l'ombelle universelle sont longs & filiformes : les ombelles partielles n'ont qu'un petit nombre de fleurs, la plupart presque sessiles : les folioles de la collerette, soit universelle, soit partielle, sont extrêmement aiguës. On trouve cette plante en Provence. ☉

990.

XVII. *Fleurs dont les péduncules propres ont plus d'une ligne de longueur.*

Buplèvre étalé. *Buplevrum divaricatum.*

Buplevrum annuum minimum, angustifolium. Tournef. 310.
Buplevrum odontites. Lin. Sp. 342.
β. *Buplevrum semi-compositum.* Ibid.

Sa tige est grêle, striée, haute de six à sept pouces, & garnie de rameaux étalés & très-ouverts; ses feuilles sont presque linéaires, longues de trois ou quatre pouces, larges d'une ligne & demie, pointues & chargées de trois nervures fines : les collerettes, soit universelles, soit partielles, sont composées chacune de cinq folioles longues-lancéolées, aiguës & à trois nervures : les ombellules sont portées sur des péduncules très-inégaux,. & forment de belles étoiles jaunâtres. La variété β s'élève un peu moins ; ses feuilles sont élargies vers leur sommet & presque obtuses avec une petite pointe ; les étoiles que forment ses ombellules sont plus petites & simplement verdâtres. On trouve cette espèce dans les provinces méridionales. ⊙

XVIII. *Tige ligneuse.*

Buplèvre ligneux. *Buplevrum fruticosum.* Lin. Sp. 343.

Buplevrum frutescens, salicis folio. Tournef. 310.

Sa tige est haute de trois pieds, droite, rameuse, cylindrique & d'un rouge noirâtre; ses feuilles sont ovales-oblongues, un peu rétrécies vers leur base, coriaces, lisses, & traversées par une nervure longitudinale. Ses fleurs sont terminales & disposées en ombelle composée, garnie de collerette universelle & particelle. On trouve cette espèce dans les environs de Marseille & de Narbonne, ♄ ; ses semences sont carminatives.

991.

Feuilles composées, plus ou moins ramifiées, & dont les folioles ne sont point disposées en digitations.

{ Fleurs blanches, ou rougeâtres, ou verdâtres. 992

{ Fleurs sensiblement de couleur jaune. 1044

992. *Fleurs blanches, ou rougeâtres, ou verdâtres...* {

Fruit ou comprimé, ou chargé de plusieurs ailes membraneuses & très-saillantes......... 993

Fruit non comprimé, & point chargé d'ailes membraneuses ; il est plus ou moins strié.... 1002

993. *Fruit ou comprimé, ou chargé de plusieurs ailes membraneuses & très-saillantes.* {

Fleurs très-irrégulières ; les pétales extérieurs sont beaucoup plus grands que les autres..... 994

Fleurs presque régulières ; tous les pétales sont à peu-près égaux. 997

994. *Fleurs très-irrégulières ....* {

Fruit entouré d'un rebord particulier hérissé de poils, ou d'un bourlet crénelé......... 995

Fruit plane, elliptique, & sans rebord particulier hérissé ni crénelé. 996

995. *Fruit entouré d'un rebord particulier hérissé de poils ou d'un bourlet crénelé.*

Tordyle. *Tordylium.*

Les fleurs de Tordyle sont irrégulières, sur-tout celles de la circonférence de l'ombelle, & sont remplacées par des semences comprimées, plus ou moins velues, ovales ou arrondies, & garnies d'un rebord.

ANALYSE.

Semences entourées d'un rebord blanc & crénelé.	Semences entourées d'un rebord rougeâtre & très-velu.
I.	I I.

995.

I. *Semences entourées d'un rebord blanc & crénelé.*

Tordyle officinal. *Tordylium officinale.* Lin. Sp. 345.

Tordylium Narbonense, minus. Tournef. 320.

Sa tige est droite, velue, rameuse, & haute de huit à dix pouces ; ses feuilles sont ailées, & leurs folioles sont ovales, incisées & crénelées : ses fleurs sont blanches & disposées en ombelle plane ; il leur succède des fruits orbiculaires & garnis d'un bourlet. On trouve cette plante dans les provinces méridionales, sur le bord des champs, ⊙ ; sa racine est incisive, & ses semences sont diurétiques & emménagogues.

II. *Semences entourées d'un rebord rougeâtre & très-velu.*

Tordyle majeur. *Tordylium maximum.* Lin. Sp. 345.

Tordylium maximum. Tournef. 320.

Sa tige est haute de deux à trois pieds, très-velue, striée & rameuse ; ses feuilles sont ailées, & leur foliole impaire est beaucoup plus longue que les autres. Les fleurs sont blanches, & les extérieures sont rougeâtres en-dessous ; il leur succède des semences ovoïdes, comprimées, velues, & garnies d'un rebord un peu renflé & rougeâtre. On trouve cette plante dans les lieux incultes & sur le bord des champs. ⊙

---

996. *Fruit plane, elliptique & sans rebord particulier, hérissé ni crénelé.*

Berce. *Heracleum.*

Les fleurs de Berce sont grandes, très-irrégulières, & leurs pétales extérieurs sont profondément bifides. Les collerettes sont caduques, & manquent quelquefois.

A N A L Y S E.

Tige droite, & haute de plus d'un pied.	Tige couchée ; ou ne s'élevant pas au-delà d'un pied.
I.	I I.

996. **I.** *Tige droite, & haute de plus d'un pied.*

Berce branc-urfine. *Heracleum fphondylium.* Lin. Sp. 358.

> *Sphondylium vulgare, hirfutum.* Tournef. 320.
> β. *Sphondylium hirfutum, foliis angufioribus.* Ibid.
> γ. *Sphondylium alpinum, glabrum.* Ibid.
> *Heracleum alpinum.* Lin. Sp. 359.

Sa tige eft haute de trois ou quatre pieds, épaiffe, cannelée, cylindrique, creufe, rameufe, & plus ou moins velue; fes feuilles font fort amples, ailées, à pinnules lobées, & velues particulièrement en-deffous. La variété β a fes feuilles un peu plus finement découpées, & fes fleurs quelquefois d'un blanc fale. Cette plante eft commune dans les prés, ♃; fes feuilles paffent pour émollientes; fa racine & fes femences font incifives & carminatives.

II. *Tige couchée, ou ne s'élevant pas au-delà d'un pied.*

Berce mineure. *Heracleum minimum.*

> *Heracleum foliis bipinnatis, foliolis lanceolatis, glabris, caule proftrato.* Vill. Delph.

Sa tige eft longue de fix à huit pouces, menue, glabre, & prefque toujours couchée ou ferpentante parmi les cailloux; fes feuilles font petites, deux fois ailées, & compofées de folioles lancéolées & entières ou un peu confluentes; les ombelles font communément au nombre de deux, foutenues par des péduncules redreffés, & n'ont que quatre à fix rayons : les fleurs font blanches & irrégulières, & la collerette manque très-fouvent. Cette plante a été obfervée en Dauphiné par M. Clappier, Médecin de Grenoble, & par M. Liettard neveu. ♃

---

997. Fleurs prefque régulières...

{ Fruit à huit ailes membraneufes & faillantes........... 998

Fruit comprimé, & n'ayant pas huit ailes remarquables.... 999

998. *Fruit à huit ailes membraneuses & saillantes.*

Laser. *Laserpitium.*

Les fleurs de Laser forment communément des ombelles assez grandes & fort garnies, & leurs pétales ont un pli qui les fait paroître échancrés en cœur; les semences ont chacune quatre ailes ou feuillets remarquables qui font une saillie sur leur dos.

ANALYSE.

Feuilles dont les folioles sont simples, entières ou dentées en leurs bords. I.	Feuilles dont les folioles sont fourchues ou trifides. I V.

I. *Feuilles dont les folioles sont simples, entières ou dentées en leurs bords.*

Folioles un peu en cœur & dentées en leurs bords. I I.	Folioles lancéolées & très-entières. I I I.

II. *Folioles un peu en cœur & dentées en leurs bords.*

Laser à feuilles larges. *Laserpitium latifolium.* Lin. Sp. 356.

Laserpitium foliis latioribus, lobatis. Tournef. 324.

Sa tige est glabre, striée, rameuse, & s'élève jusqu'à deux pieds; ses feuilles sont amples, divisées en trois parties qui soutiennent chacune trois ou cinq folioles, assez larges, un peu fermes, glabres, obliquement en cœur & dentées : les fleurs sont blanches & disposées en ombelle terminale fort large & très-ouverte. On trouve cette plante dans les montagnes des provinces méridionales. ♃

998. **III.** *Folioles lancéolées & très-entières.*

Laser de montagne. *Laserpitium montanum.*

Ligusticum quod seseli officinarum. Tournef. 323.

β. *Ligusticum sive siler montanum, angustifolium.* Ibid.

Laserpitium siler. Lin. Sp. 357. [α, β].

Sa tige est haute de deux à quatre pieds, cylindrique, striée & un peu rameuse; ses feuilles sont fort amples, deux ou trois fois ailées, & composées de folioles lancéolées, entières, glabres, un peu fermes, & d'un vert pâle : ses fleurs sont blanches & disposées en ombelles larges, terminales & très-garnies. On trouve cette plante dans les montagnes des provinces méridionales, ♃; elle est incisive, carminative, diurétique & emménagogue.

IV. *Feuilles dont les folioles sont fourchues ou trifides.*

Laser trifurqué. *Laserpitium trifurcatum.*

Laserpitium gallicum. Tournef. 324. Lin. Sp. 357.

β. *Laserpitium alpinum, extremis lobulis breviter multifidis.* Hall. enum. p. 441, n.° 2, Hist. n.° 795.

Sa tige est haute d'un pied & demi, glabre, striée & un peu rameuse; ses feuilles sont extrêmement amples, surcomposées, & trois ou quatre fois ailées : leurs folioles sont nombreuses, petites, cunéiformes, la plupart trifides ou quinquefides, pointues en leurs angles, lisses, glabres, un peu dures & d'un vert foncé. Les fleurs sont blanches & terminales; leur ombelle est très-garnie & un peu ramassée, & les semences, qui leur succèdent, ont leurs ailes très-ondulées & comme frisées. La variété β ne diffère uniquement que par des proportions de grandeur; elle est beaucoup plus petite, & sa tige est quelquefois simple & presque nue. On trouve cette plante dans les provinces méridionales, ♃; elle est incisive & carminative.

999.

Fruit comprimé & n'ayant pas huit ailes remarquables.

Gaine des pétioles fort large & ventrue ; folioles des feuilles, larges, simples ou lobées, & dentées en scie. 1000

Gaine des pétioles étroite ou médiocre ; feuilles, ou n'ayant que des découpures étroites, ou dont les folioles sont incisées profondément. 1001

1000. *Gaine des pétioles fort large & ventrue ; folioles des feuilles, larges, simples ou lobées, & dentées en scie.*

Impératoire. *Imperatoria.*

Les Impératoires ressemblent beaucoup aux Angéliques par leur port ; mais elles en diffèrent par leurs fruits comprimés, entourés d'un rebord ou feuillet mince, & chargés de trois petites stries dans leur milieu.

OBS. On éprouve, en séparant les impératoires des selins, des difficultés à peu-près semblables à celles que présente la séparation des angéliques d'avec les livêches.

ANALYSE.

Rameaux alternes, ou quelquefois opposés. I.	Rameaux la plupart verticillés. I V.

I. *Rameaux alternes, ou quelquefois opposés.*

Feuilles, dont les folioles sont la plupart trilobées. I I.	Feuilles, dont les folioles sont simples & point trilobées. I I I.

II.

1000. **II.** *Feuilles, dont les folioles font la plupart trilobées.*

Impératoire majeure. *Imperatoria major.* Tournef. 317.

Imperatoria oſtruthium. Lin. Sp. 371.

Sa racine eſt aſſez groſſe, un peu noueuſe, & pouſſe une tige épaiſſe, cylindrique & haute de deux pieds; ſes feuilles ſont pétiolées & diviſées communément en trois folioles larges, trilobées & dentées : l'ombelle des fleurs eſt fort grande, & preſque toujours dépourvue de collerette. On trouve cette plante daus les pâturages des montagnes, ♃; ſa racine eſt carminative, emménagogue, inciſive, céphalique & ſtomachique.

III. *Feuilles, dont les folioles ſont ſimples & point trilobées..*

Impératoire ſauvage. *Imperatoria ſylveſtris.*

Imperatoria pratenſis major. Tournef. 317.

Angelica ſylveſtris. Lin. Sp. 361.

Sa tige eſt haute de trois à cinq pieds, cylindrique, ſtriée & un peu rameuſe; ſes feuilles ſont deux ou trois fois ailées & compoſées de folioles ovales-lancéolées, & dentées en ſcie : leur pétiole commun forme à ſa baſe une gaine ventrue & très-large. Les fleurs ſont blanches ou un peu rougeâtres, & diſpoſées en une ombelle très-garnie, très-ample, & ſouvent ſans collerette ; il leur ſuccède des ſemences aplaties & garnies de chaque côté d'une aile ou d'un feuillet très-mince. ♃

IV. *Rameaux, la plupart verticillés.*

Impératoire nodiflore. *Imperatoria nodiflora.*

Angelica alpina, ad nodos florida. Tournef. 313.

Sa tige eſt haute de quatre ou cinq pieds, droite, cylindrique, très - glabre, & garnie dans ſa moitié ſupérieure de beaucoup de rameaux très-ouverts, la plupart verticillés trois à trois, & qui vont en diminuant de grandeur vers le ſommet de la plante ; ces rameaux ſoutiennent eux-mêmes d'autres petits rameaux également verticillés, & qui portent des ombelles compoſées, nombreuſes & très-petites : les feuilles

Tome III.   D d

1000. font très-grandes, deux ou trois fois ternées, compofées de folioles ovales, pointues, fortement dentées, vertes, liffes, minces & très-glabres. Cette plante croît dans les montagnes du Dauphiné, où elle a été obfervée par M. de Villars. ♃

1001. *Gaine des pétioles étroite ou médiocre ; feuilles, ou n'ayant que des découpures étroites, ou dont les folioles font incifées profondément.*

Selin. *Selinum.*

Les Selins diffèrent beaucoup des impératoires par leur port, mais prefque point par leurs fruits ; leurs fleurs font régulières ; la collerette univerfelle eft compofée d'une à quinze folioles : les femences font comprimées, elliptiques, & chargées de trois ftries fur leur dos.

ANALYSE.

Collerette univerfelle ou nulle, ou d'une à quatre pièces ; folioles des feuilles larges de moins de deux lignes. I.	Collerette univerfelle de plus de quatre pièces ; folioles des feuilles ayant plus de deux lignes de largeur. I V.

I. *Collerette univerfelle ou nulle, ou d'une à quatre pièces ; folioles des feuilles larges de moins de deux lignes.*

Tige laiteufe. I I.	Tige non laiteufe. I I I.

II. *Tige laiteufe.*

Selin lactefcent. *Selinum lactefcens.*

> *Thyffelinum paluftre.* Tournef. 319.
> *Selinum paluftre.* Lin. Sp. 350.
> β. *Thyffelinum Plinii.* Tournef. 319.
> *Selinum fylveftre.* Lin. Sp. 350.

Sa tige eft haute de deux ou trois pieds, cylindrique,

1001. ſtriée & diviſée en quelques rameaux droits ; ſes feuilles ſont deux fois ailées, & leurs folioles ou découpures ſont étroites & linéaires : les fleurs ſont blanches, terminales & diſpoſées en ombelles médiocrement garnies. La variété β a ſes feuilles plus amples ; & ſa racine plus diviſée, pouſſe communément pluſieurs tiges. On trouve cette plante dans les prés humides, ♃ ; elle eſt carminative, diurétique & emménagogue.

III. *Tige non laiteuſe.*

Selin anguleux. *Selinum angulatum.*

Angelica pratenſis apii folio, altera. Tournef. 313.

Selinum carvifolia. Lin. Sp. 350.

Sa tige eſt haute de deux à quatre pieds, droite, glabre, un peu rameuſe, & remarquable dans toute ſa longueur par des angles élevés & tranchans, qui la font paroître preſque ailée ; ſes feuilles ſont tripinnées, & leurs folioles ſont nom-. breuſes, petites, ſimples ou trifides, ou pinnatifides. Les feuilles ſupérieures ont leurs folioles plus alongées & moins compoſées ; les fleurs ſont blanches, régulières, & forment au ſommet de la tige & des rameaux, des ombelles évaſées & aſſez garnies : la collerette univerſelle eſt nulle ou mono- phylle. J'ai trouvé cette plante dans les bois de Saint-Prix aux environs de Paris. ♃

IV. *Collerette univerſelle de plus de quatre pièces ; folioles des feuilles ayant plus de deux lignes de largeur.*

Feuilles d'un vert glauque, & dont les folioles ſont larges-lancéolées. **V.**	Feuilles non d'un vert glauque, & dont les folioles ſont cunéiformes & inciſées. **VI.**

V. *Feuilles d'un vert glauque, & dont les folioles ſont larges-lancéolées.*

Selin glauque. *Selinum glaucum.*

Oreoſelinum apii folio, majus. Tournef. 318.

Athamanta cervaria. Lin. Sp. 352.

Sa tige eſt haute de trois ou quatre pieds, ferme, ſtriée

[1001.] & rameuse ; ses feuilles sont deux fois ailées, composées de folioles grandes, lancéolées, pointues, dentées, pinnatifides, d'une couleur glauque, un peu fermes & veinées en-dessous. Les fleurs sont blanches & disposées en ombelles terminales. On trouve cette plante dans les montagnes de la Provence. ♃

VI. Feuilles non d'un vert glauque, & dont les folioles sont cunéiformes & incisées.

Feuilles trois fois ailées ; tige rameuse & sans cannelures luisantes. **V I I.**	Feuilles deux fois ailées ; tige presque simple, ayant des cannelures luisantes. **V I I I.**

VII. Feuilles trois fois ailées ; tige rameuse & sans cannelures luisantes.

Selin persillé. *Selinum oreoselinum.*

> *Oreoselinum apii folio, minus.* Tournef. 318.
> *Athamanta oreoselinum.* Lin. Sp. 352.

Sa tige est glabre, cylindrique, rameuse, & haute de deux ou trois pieds ; ses feuilles sont trois fois ailées, & ont des folioles cunéiformes, incisées, trifides ou pinnatifides, & assez semblables à celles du persil : les pétioles communs & leurs divisions sont un peu pliés, & comme brisés ou interrompus dans leur direction : les fleurs sont blanches, & forment des ombelles terminales assez garnies. On trouve cette plante dans les bois & les lieux montagneux, ♃ ; sa racine est incisive, diurétique & sudorifique.

VIII. Feuilles deux fois ailées ; tige presque simple, ayant des cannelures luisantes.

Selin noir. *Selinum nigrum.*

> *Dauci tertium genus.* Fuchs. p. 233.
> *Selinum Austriacum.* Jacq. Vind. obs. 220.
> *Selinum Pyrenæum.* Gouan. obs. 2, tab. 5.

Sa tige est haute d'un pied & demi, glabre, cannelée, chargée de deux ou trois feuilles distantes entre elles, &

1001. garnie ordinairement d'un seul rameau ; ses feuilles radicales ont une forme triangulaire, sont deux fois ailées, portées sur des pétioles cannelés & presque luisans, & ont leurs folioles élargies, partagées en trois lobes cunéiformes & incisés : ces folioles sont lisses, d'un vert foncé ou noirâtre en-dessus, d'une couleur pâle en-dessous, & ont leurs découpures terminées par une petite pointe blanche ; les feuilles de la tige ont une forme oblongue, & sont plus petites & une seule fois ailées. Les fleurs sont blanches, régulières, & forment une ombelle plane, composée d'une vingtaine de rayons ; les folioles de la collerette universelle sont petites, blanchâtres en leurs bords, & au nombre de huit ou dix. Cette plante a été observée dans le Roussillon par M. Gouan. ♃

OBS. L'individu vivant, d'après lequel j'ai fait cette description, est assez bien rendu par la figure qu'a donnée M. Gouan ; mais cet illustre Auteur dit que la collerette universelle est nulle, ce qui est contraire à mon observation.

1002.

Fruit non comprimé & point chargé d'ailes membraneuses.

{ Fruit couronné par le calice, ou hérissé de pointes roides, ou sensiblement velu. 1003

{ Fruit plus ou moins strié ou crénelé, mais point couronné, ni hérissé, ni velu. 1013

1003.

Fruit couronné par le calice, ou hérissé de pointes roides, ou sensiblement velu.

{ Feuilles épineuses. . . . 1004

{ Feuilles non épineuses. . 1005

1004. *Feuilles épineuses.*

Échinophore épineuse. *Echinophora spinosa.* Lin. Sp. 344.

Echinophora maritima, spinosa. Tournef. 656.

Sa tige est épaisse, cannelée, feuillée, haute de huit ou neuf pouces, & rameuse dans sa partie supérieure ; ses

1004. feuilles font alongées, prefque deux fois ailées, d'un vert blanchâtre, & à découpures étroites, aiguës & épineufes. Les fleurs font blanches, irrégulières, & difpofées en ombelles très-ouvertes ; la collerette univerfelle eft compofée de cinq folioles affez longues, & la partielle de fix, dont les trois extérieures font beaucoup plus grandes que les autres : ces folioles font toutes terminées par une pointe épineufe ; elles font pubefcentes ainfi que les rayons de l'ombelle. On trouve cette plante dans les lieux maritimes des provinces méridionales. ♃

1005.
Feuilles non épineufes . . . . . { Fruit hériffé de pointes ou chargé de poils. 1006
{ Fruit glabre, mais couronné par le calice. 1012

1006.
Fruit hériffé de pointes ou chargées de poils . . . . . . { Folioles de la collerette, fimples. 1007
{ Folioles de la collerette, multifides. 1011

1007.
Folioles de la collerette, fimples. { Fruit chargé de pointes ou de poils très-roides. 1008
{ Fruits fimplement velus, & dont les poils n'ont aucune roideur remarquable. 1009

1008. *Fruit chargé de pointes ou de poils très-roides.*

Caucalier. *Caucalis.*

Les Caucaliers ont beaucoup de rapport avec les Carottes ; leurs fleurs font plus ou moins régulières, & les intérieures font fouvent ftériles : la collerette, lorfqu'elle exifte, eft compofée d'une à cinq folioles non découpées & membraneufes en leurs bords ; les pointes font éparfes, ou quelquefois difpofées par rangées fur les côtes des femences.

1008.

A N A L Y S E.

Ombelle universelle, composée de cinq rayons ou davantage. I.	Ombelle universelle ou nulle, ou composée de moins de cinq rayons. I V.

I. *Ombelle universelle, composée de cinq rayons ou davantage.*

Fleurs extérieures très-irrégulières, & ayant chacune un pétale extrêmement grand, & fendu en deux. I I.	Fleurs toutes fort petites, les extérieures légèrement irrégulières, & leurs pétales un peu en cœur. I I I.

II. *Fleurs extérieures très-irrégulières, & ayant chacune un pétale extrêmement grand & fendu en deux.*

Caucalier grandiflore. *Caucalis grandiflora.* Lin. Sp. 346.

Caucalis arvensis, echinata, magno flore. Tournef. 323.

Sa tige est haute d'un pied, cannelée & rameuse; ses feuilles font deux fois ailées, finement découpées, d'un vert pâle & légèrement velues : ses fleurs font blanches ; les intérieures ont leurs pétales fort petits, mais celles de la circonférence ont chacune un pétale bifide, long de quatre lignes, & qui fait paroître l'ombelle radiée : les folioles de la collerette font sèches & blanchâtres en leurs bords : les semences font hérissées de pointes fort longues. On trouve cette plante dans les champs, ☉; elle passe pour apéritive, diurétique & emménagogue.

1008. **III.** *Fleurs toutes fort petites, les extérieures légèrement irrégulières, & leurs pétales un peu en cœur.*

Caucalier âpre. *Caucalis aspera.*

> *Daucus annuus, minor, flosculis rubentibus [& albis]. Tournef. 308.*
>
> *β. Daucus segetum, humilior & ramosior. Vail. Parif. 46.*
> *Tordylium anthriscus. Lin. Sp. 346.*

Sa tige est haute de deux à quatre pieds, rameuse, grêle, dure & âpre, ou rude au toucher ; ses feuilles sont ailées, & leurs folioles sont ovales-lancéolées, profondément pinnatifides, incisées & dentées : les feuilles supérieures ont leur foliole terminale fort alongée & pointue. Les fleurs sont communément rougeâtres ou simplement blanches, & forment des ombelles planes, composées de cinq à dix rayons ; il leur succède des semences petites, ovales & hérissées de poils courts, roides & quelquefois purpurins. On trouve cette plante le long des haies & dans les lieux incultes. La variété β croît dans les champs, & s'élève à peine jusqu'à un pied. ⊙

IV. *Ombelle universelle ou nulle, ou composée de moins de cinq rayons.*

Ombelles simples, presque sessiles, & disposées le long de la tige. V.	Ombelles composées, & toutes distinctement pédunculées. V I.

V. *Ombelles simples, presque sessiles, & disposées le long de la tige.*

Caucalier nodiflore. *Caucalis nodiflora.*

> *Daucus annuus, ad nodos floridus. Tournef. 308.*
> *Tordylium nodosum. Lin. Sp. 346.*

Ses tiges sont longues d'un pied ou environ, grêles, dures, un peu rudes au toucher, rameuses, & plus ou moins droites ; ses feuilles sont ailées & composées de folioles profondément pinnatifides, dont les découpures sont étroites & pointues :

1008. ses fleurs sont blanches, petites, & naissent à l'opposition des feuilles, ramassées en une ombelle simple & presque sessile. Les semences sont petites, ovales & hérissées la plupart d'un seul côté. On trouve cette plante dans les lieux incultes & sur le bord des champs. ☉

VI. *Ombelles composées, & toutes distinctement pédunculées.*

Ombelle universelle à deux rayons. VII.	Ombelle universelle à trois ou quatre rayons. VIII.

VII.   *Ombelle universelle à deux rayons.*

Caucalier nain. *Caucalis pumila.*

α. *Caucalis pumila, maritima.* Tournef. 323.

Caucalis involucro universali diphyllo, partialibus pentaphyllis. Ger. prov. 237, t. X.

β. *Caucalis arvensis, echinata, parvo flore & fructu.* Tourn. 323.

Caucalis leptophylla. Lin. Sp. 347.

Sa tige est haute de quatre ou cinq pouces, rameuse, plus ou moins droite, & chargée de poils rudes, mais très-courts & peu apparens; ses feuilles sont deux fois ailées, & leurs folioles sont petites & découpées très-menu : l'ombelle est composée de deux rayons courts qui soutiennent chacun cinq à sept fleurs petites, assez régulières & presque sessiles. La collerette universelle est diphylle, selon M. Gerard, mais les individus que j'ai observés & qui appartiennent bien décidément à la plante α, en manquoient entièrement : les fruits sont hérissés de poils roides, longs & jaunâtres. On trouve cette plante dans les champs & les lieux sablonneux des provinces méridionales. ☉

1008. **VIII.** *Ombelle univerſelle à trois ou quatre rayons.*

Collerette univerſelle, nulle ou monophylle; fleurs petites & régulières.	Collerette univerſelle de trois ou quatre folioles; fleurs extérieures irrégulières.
I X.	X.

IX. *Collerette univerſelle nulle ou monophylle; fleurs petites & régulières.*

Caucalier maritime. *Caucalis maritima.*

> *Caucalis dauci ſylveſtris folio, echinato magno fructu.* Tournef. 323.

> *Caucalis daucoides.* Lin. Sp. 346.

Sa tige eſt haute de ſept ou huit pouces, rameuſe, diffuſe, ſtriée & chargée de quelques poils courts; ſes feuilles ſont deux fois ailées, vertes & découpées très-menu : leurs découpures ſont étroites & linéaires, & les pinnules inférieures ſont un peu écartées des autres. Les fleurs ſont petites, blanches ou rougeâtres, preſque point irrégulières, & naiſſent latéralement à l'oppoſition des feuilles; leur ombelle univerſelle eſt trifide, ſans collerette ou garnie ſeulement d'une foliole étroite. Les ombelles particlles n'ont que trois à ſix fleurs auxquelles ſuccèdent des fruits chargés de pointes fort grandes & un peu crochues. On trouve cette plante dans les lieux maritimes & les champs des provinces méridionales. ☉

X. *Collerette univerſelle de trois ou quatre folioles; fleurs extérieures irrégulières.*

Caucalier à feuilles larges. *Caucalis latifolia.* Lin. Syſt. Nat. 205.

> *Caucalis arvenſis, echinata, latifolia.* Tournef. 323.

Sa tige eſt haute d'un pied, anguleuſe, rameuſe, & chargée de quelques poils écartés; ſes feuilles ſont larges, vertes & deux fois ailées, & leurs folioles ſont ovales & pinnatifides; les ombelles ſont portées ſur de longs pédunculus qui naiſſent

1008. à l'oppofition des feuilles ; elles ont trois ou quatre rayons, & un pareil nombre de folioles pour collerette : les fleurs font un peu rougeâtres en-dehors ; il leur fuccède des fruits affez gros & hériffés de pointes longues & purpurines. On trouve cette plante dans les champs & les lieux incultes. ☉

1009.

Fruits fimplement velus & dont les poils n'ont aucune roideur remarquable.

{ Collerette univerfelle de une à douze folioles......... 1010

{ Collerette univerfelle nulle. 1022

1010. *Collerette univerfelle de une à douze folioles.*

Turbit. *Libanotis.*

Les Turbits ont quelque rapport avec les carottes ; leurs fleurs font affez régulières, & forment des ombelles bien garnies & point concaves : les fruits font oblongs, ftriés & légèrement velus.

A N A L Y S E.

Pinnules des feuilles garnies de folioles jufqu'à leur bafe, c'eft-à-dire, jufqu'au pétiole commun.	Pinnules des feuilles nues à leur bafe, & point garnies de folioles jufqu'au pétiole commun.
I.	I I.

I. *Pinnules des feuilles garnies de folioles jufqu'à leur bafe.*

Turbit de montagne. *Libanotis montana.*

Daucus montanus, alpii folio, minor. Bauh. prod. 77.
Athamantha libanotis. Lin. Sp. 351.

Sa tige eft droite, cannelée, plus ou moins glabre, un peu rameufe, & s'élève depuis fix pouces jufqu'à un pied & demi ou même davantage, lorfque la plante eft cultivée ; fes feuilles font grandes, deux fois ailées, & leurs pinnules ou premières divifions font garnies jufqu'à leur bafe, de folioles oblongues, pinnatifides & à découpures pointues. Les fleurs

1010. font blanches, difposées en ombelles denfes, très-garnies
& convexes. Cette plante croît dans les montagnes du
Dauphiné & de la Provence. ♃

II.		*Pinnules des feuilles nues à leur bafe.*

Turbit velu. *Libanotis hirfuta.*

> *Liguflicum Alpinum, multifido longoque folio.* Tournef. 324.
> *Athamanta Cretenfis.* Lin. Sp. 352.

Sa tige eft droite, ftriée, pubefcente, peu garnie de feuilles
dans fa partie fupérieure, & s'élève jufqu'à un pied ; fes
feuilles font légèrement velues, trois fois ailées, & leurs folioles
font partagées en découpures planes, étroites, pointues &
linéaires : leur pétiole embraffe la tige par une gaine un peu
large & membraneufe en fes bords ; l'ombelle univerfelle eft
compofée de huit à quinze rayons pubefcens & blanchâtres,
& les folioles de fa collerette, dont le nombre varie d'un à fix,
font blanchâtres en leurs bords. Cette plante croît dans les
montagnes du Dauphiné & de la Provence. ♃

1011.		*Folioles de la collerette, multifides.*

Carotte. *Daucus.*

Les fleurs de Carotte font un peu irrrégulières, & forment
des ombelles qui deviennent concaves à mefure que le fruit
fe développe. La collerette univerfelle eft grande, polyphylle
& très-découpée ; les femences font hériffées de poils un peu
roides.

A N A L Y S E.

Ombelle univerfelle de dix à douze rayons ; fruit hériffé de pointes longues & rougeâtres.	Ombelle univerfelle de plus de douze rayons ; fruit chargé de poils roides, non rougeâtres.
I.	I I.

1011. **I.** *Ombelle universelle de dix à douze rayons ; fruit hérissé de pointes longues & rougeâtres.*

Carotte hérissée. *Daucus muricatus.* Lin. Sp. 349.

> *Caucalis daucoides, tingitana.* Morif. fect. 9, tab. 14, f. 4.

Sa tige est rameuse, chargée de poils blancs un peu rudes & écartés, & ne s'élève que jusqu'à un pied ; ses feuilles sont longues, étroites, découpées très-menu, à peine deux fois ailées, & n'ont pas plus d'un pouce de largeur. Les fleurs sont irrégulières, blanches ou un peu rougeâtres, & leur ombelle universelle, quoiqu'assez lâche, n'a jamais moins de huit ou dix rayons, dont les intérieurs sont beaucoup plus courts que les autres. Cette plante croît dans les champs des provinces méridionales. ☉

Obs. Les synonymes de Bauhin, de Columna, de M. Gouan & de M. Gerard, rapportés dans le *Syst. vég.* de M. Murray, ne conviennent point à la plante que je viens de décrire.

II. *Ombelle universelle de plus de douze rayons ; fruit chargé de poils roides, non rougeâtres.*

Ombelle fort grande, dont les rayons s'insèrent sur un réceptacle commun, charnu & hémisphérique.	Ombelle plus ou moins grande, mais dont les rayons s'insèrent en un point commun, simple.
I I I.	I V.

III. *Ombelle fort grande, dont les rayons s'insèrent sur un réceptacle commun, charnu & hémisphérique.*

Carotte d'Espagne. *Daucus Hispanicus.* Gouan. Obs. p. 9.

> *Daucus Hispanicus, umbellâ maximâ.* Tournef. 308.
> *Daucus Mauritanicus.* Lin. Sp. 348.

Cette plante n'est presque qu'une variété de l'espèce suivante, mais elle est plus grande dans toutes ses parties ; sa

1011. tige est haute de quatre ou cinq pieds , cannelée & rameuse :
ses feuilles sont fort amples, luisantes, deux ou trois fois ailées &
à folioles élargies , ovales , incisées , pinnatifides & très-glabres.
Les fleurs sont blanches , & forment des ombelles denses &
très-garnies , au centre desquelles on observe communément
une fleur rouge , stérile & charnue. Cette plante croît dans les
environs de Perpignan. ☉

IV. *Ombelle plus ou moins grande , mais dont les rayons
s'insèrent en un point commun simple.*

Carotte commune. *Daucus vulgaris.* Tournef. 307.

> *Pastinaca tenuifolia , sylvestris , Dioscoridis.* Bauh. p. 151.
> *Daucus carota.* Lin. Sp. 348.
> β. *Daucus maritimus , lucidus.* Tournef. 307.
> *Daucus polygamus.* Gouan. Obs. p. 9.
> *Daucus gengidium.* Lin. Sp. 348.

Sa tige est haute de deux à quatre pieds , rameuse , un peu
hérissée de poils courts & rudes au toucher ; ses feuilles sont
grandes , légèrement velues , deux ou trois fois ailées , &
leurs folioles sont partagées en découpures assez étroites ,
pointues & presque linéaires ; les fleurs sont blanches &
forment des ombelles très-garnies , dont le centre est souvent
remarquable par une fleur rouge & stérile : les stries des
semences sont hérissées & comme ciliées. On trouve cette
plante dans les prés & sur le bord des champs ; la variété β
croît dans les provinces méridionales ; & l'on cultive dans
les jardins , pour l'usage de la cuisine , une variété que tout
le monde connoît suffisamment , ♂ ; ses semences sont carminatives & diurétiques.

1012. *Fruits glabres , mais couronnés par le calice.*

Œnanthe.

Les fleurs d'Œnanthe sont un peu irrégulières & forment des
ombelles médiocrement garnies : dans quelques espèces, celles
du centre sont sessiles & avortent ordinairement. La collerette
universelle est nulle ou composée d'un petit nombre de folioles.
Les fruits sont oblongs , couronnés par le calice & par les
styles qui sont persistans.

1012.

ANALYSE.

Ombelle universelle composée de trois à cinq rayons.	Ombelle universelle composée de six rayons ou davantage.
I.	I I.

I. *Ombelle universelle composée de trois à cinq rayons.*

Œnanthe fistuleuse. *Œnanthe fistulosa.* Lin. Sp. 365.

Œnanthe aquatica. Tournef. 313.

Œnanthe aquatica triflora. Morif. fec. 9. t. 7, f. 8.

Sa tige est cylindrique, lisse, striée, fistuleuse & haute d'un pied; ses feuilles sont alongées, deux fois ailées & à découpures petites & pointues; les supérieures ont des folioles linéaires: les fleurs sont blanches & forment une ombelle composée ordinairement de trois rayons qui soutiennent chacun une ombellule très-ramassée, mais plane: la collerette universelle manque très-souvent. Cette plante est commune dans les marais. ♃

II. *Ombelle universelle composée de six rayons ou davantage.*

Collerette universelle d'une ou plusieurs folioles.	Collerette universelle nulle.
I I I.	I V.

III. *Collerette universelle d'une ou plusieurs folioles.*

Œnanthe pimpinellière. *Œnanthe pimpinelloides.* Lin. Sp. 366.

Œnanthe apii folio. Tournef. 312.

Sa tige est cannelée, glabre, fistuleuse & s'élève jusqu'à deux pieds; ses feuilles radicales sont deux ou trois fois ailées, & composées de folioles un peu cunéiformes, incisées & assez semblables à celles du persil; celles de la tige sont distantes, & leurs folioles ou découpures sont plus étroites, plus alongées & moins nombreuses: l'ombelle est composée de six à douze rayons. On trouve cette plante dans les prés marécageux. ♃

[1012. IV. *Collerette universelle nulle.*

| Suc jauniſſant ; péduncules des ombelles plus longs que les feuilles qui leur ſont oppoſées. V. | Suc non jauniſſant ; péduncules des ombelles plus courts que les feuilles qui leur ſont oppoſées. V I. |

V. *Suc jauniſſant ; péduncules des ombelles plus longs que les feuilles qui leur ſont oppoſées.*

Œnanthe ſafranée. *Œnanthe crocata.* Lin. Sp. 365.

Œnanthe chærophylli foliis. Tournef. 313.

Sa tige eſt haute de deux pieds, cannelée, rameuſe & ſouvent d'un vert-rouſſâtre ; ſes feuilles ſont deux fois ailées, liſſes, glabres, & compoſées de folioles élargies, inciſées & à découpures obtuſes : l'ombelle eſt compoſée de quinze à vingt rayons, & eſt ordinairement dépourvue de collerette. On trouve cette plante dans les lieux marécageux de la Provence, ♃ ; elle paſſe pour un poiſon très-dangereux.

VI. *Suc non jauniſſant ; péduncules des ombelles plus courts que les feuilles qui leur ſont oppoſées.*

Œnanthe phellandri. *Œnanthe phellandrium.*

Phellandrium Dod. Tournef. 306.

Phellandrium aquaticum. Lin. Sp. 366.

Sa tige eſt haute de deux ou trois pieds, très-épaiſſe, creuſe, cannelée & rameuſe ; ſes feuilles ſont fort amples, trois fois ailées, vertes, glabres, à pinnules écartées & à folioles extrêmement petites : les pinnules ou principales ramifications des feuilles, ſont ſouvent relevées de chaque côté, & font paroître les feuilles un peu pliées dans leur longueur ; les fleurs ſont petites, & leurs ombelles ſont portées ſur de courts péduncules. On trouve cette plante ſur le bord des étangs & dans les foſſés aquatiques, ♃ ; elle eſt très-venimeuſe. On la croit utile contre le ſchirre, le cancer & la gangrène.

1013. *Fruit plus ou moins strié, ou crénelé, mais point couronné, ni hérissé ni velu,* { Collerette universelle ou nulle, ou simplement monophylle... 1014

Collerette universelle composée de plus d'une foliole.... 1031

1014. *Collerette universelle ou nulle, ou simplement monophylle.* { Collerette universelle ou partielle, composée d'une ou plusieurs folioles.............. 1015

Collerette universelle & partielle nulle................ 1030

1015. *Collerette universelle ou partielle, composée d'une ou plusieurs folioles.* { Semences alongées, & une ou plusieurs fois plus longues que larges.............. 1016

Semences courtes, & dont la largeur approche de la longueur. 1023

1016. *Semences alongées, & une ou plusieurs fois plus longues que larges...........* { Semences une fois plus longues que larges, & sans pointe particulière............. 1017

Semences trois fois ou davantage plus longues que larges, & terminées par une pointe ou corne particulière.......... 1019

1017. *Semences une fois plus longues que larges, & sans pointe particulière.* { Feuilles découpées très-menues, & point composées de folioles larges.............. 1018

Feuilles dont toutes les folioles sont larges, simples ou lobées & dentées en scie.... 1035 — II

1018. *Feuilles découpées très-menu, & point composées de folioles larges.*

Seseli.

Les fleurs de Seseli sont petites & régulières; leurs ombellules sont souvent un peu ramassées; la collerette universelle manque presque toujours, & la partielle est composée d'une ou plusieurs folioles linéaires. Les semences sont alongées & cannelées.

ANALYSE.

Feuilles radicales ayant leurs pinnules garnies de folioles jusqu'à leur base.	Feuilles radicales ayant leurs pinnules nues à leur base & comme pétiolées.
I.	V I.

I. *Feuilles radicales ayant leurs pinnules garnies de folioles jusqu'à leur base.*

Gaine des feuilles échancrée à son sommet.	Gaine des feuilles très-entière & point échancrée.
I I.	I I I.

II. *Gaine des feuilles échancrée à son sommet.*

Seseli annuel. *Seseli annuum.* Lin. Sp. 373.

Fœniculum sylvestre annuum, tragoselini odore, umbellâ albâ. Vaill. Parif. 54, t. IX, f. 4.

Sa tige est haute d'un pied, cylindrique, striée, articulée, glabre, & légèrement rameuse; ses feuilles sont deux fois ailées, lisses, d'un vert un peu foncé, & leurs folioles sont assez roides, trifides ou pinnatifides. L'ombelle universelle est un peu convexe, & les ombellules sont denses & presque glomerulées. On trouve cette plante dans les prés secs & sur le bord des bois. ☉ ou ♂

1018. **III.** *Gaine des feuilles très-entière & point échancrée.*

Collerette universelle nulle; tige d'un pied. I V.	Collerette universelle monophylle; tige de deux pieds. V.

IV. *Collerette universelle nulle; tige d'un pied.*

Seseli de montagne. *Seseli montanum.* Lin. Sp. 372.

Carvifolia. Vaill. Paris. tab. V, f. 2.

Sa tige est haute d'un pied, cylindrique, lisse & un peu rameuse; ses feuilles radicales sont petites, alongées, deux fois ailées & à découpures ou folioles courtes & divergentes, qui ressemblent un peu à celles des feuilles de carotte : les feuilles de la tige sont distantes, plus petites & moins composées; les rayons de l'ombelle sont courts, & soutiennent des ombellules denses & en petit nombre. On trouve cette plante dans les lieux secs & montagneux. ♃

V. *Collerette universelle monophylle; tige de deux pieds.*

Seseli carvi. *Seseli carum.*

Carvi cæsalp. Tournef. 306.

Carum carvi. Lin. Sp. 378.

Ses tiges sont hautes de deux pieds, lisses, striées & rameuses; ses feuilles sont alongées, deux fois ailées, & composées de folioles ou découpures linéaires & pointues : ses fleurs sont blanches, petites & disposées en ombelle lâche; elles ont leurs pétales bifides. On trouve cette plante dans les prés montagneux, ♂; sa racine, & sur-tout ses semences, sont incisives, carminatives, stomachiques & diurétiques.

VI. *Feuilles radicales ayant leurs pinnules nues à leur base, & comme pétiolées.*

Tige dure, roide, très-tortueuse, & dont les entre-nœuds sont courts. V I I.	Tige effilée, peu tortueuse, & dont les entre-nœuds sont grands. V I I I.

1018. **VII.** *Tige dure, roide, très-tortueuse, & dont les entre-nœuds sont courts.*

Seseli tortueux. *Seseli tortuosum.* Lin. Sp. 373.

Fœniculum tortuosum. Tournef. 311.

Sa tige est lisse, striée, dure, presque ligneuse inférieurement, très-rameuse, tortueuse, à entre-nœuds courts, & blanchâtre à ses articulations; ses feuilles inférieures sont grandes, deux fois ailées, & leurs folioles sont partagées en découpures linéaires : les feuilles de la tige sont pareillement divisées, mais beaucoup moins grandes, & leur gaine est bordée d'une membrane blanche; les ombelles sont portées sur des péduncules longs d'un pouce & demi tout au plus. On trouve cette plante dans les provinces méridionales, ♃ ; ses semences sont carminatives, diurétiques & emménagogues.

VIII. *Tige effilée, peu tortueuse, & dont les entre-nœuds sont grands.*

Feuilles glauques; les radicales sont amples, & ont plus de trois pouces de largeur. I X.	Feuilles vertes; les radicales n'ont pas plus de deux pouces de largeur. X.

IX. *Feuilles glauques; les radicales sont amples, & ont plus de trois pouces de largeur.*

Seseli glauque. *Seseli glaucum.* Lin. Sp. 372.

Fœniculum sylvestre, glauco folio. Tournef. 311.

Sa tige est cylindrique, articulée, légèrement striée, rameuse, haute d'un pied & demi, & s'élève jusqu'à quatre pieds dans les jardins; ses feuilles sont deux fois ailées, & leurs folioles ou découpures sont longues & linéaires : elles ont souvent leur gaine un peu échancrée à leur sommet. Les fleurs sont blanches, & les ombellules sont petites & un peu denses. On trouve cette plante dans les lieux incultes & montueux. ♃

1018. X. *Feuilles vertes ; les radicales n'ont pas plus de deux pouces de largeur.*

Seseli élevé. *Seseli elatum.* Lin. Sp. 375.

Fœniculum sylvestre, elatius, ferulæ folio longiori. Tournef. 311.

Sa tige est haute de deux pieds, grêle, cylindrique, lisse, à peine striée, articulée & légèrement rameuse ; ses articulations sont un peu noueuses & blanchâtres : ses feuilles sont deux fois ailées, & composées de folioles étroites & linéaires : celles de la tige sont distantes, & les supérieures sur-tout sont fort petites & peu composées. Les fleurs sont blanches, rougeâtres avant leur épanouissement, & forment des ombelles qui ont à peine un pouce de diamètre. On trouve cette plante dans les lieux montagneux & sur le bord des bois.

1019. *Semences trois fois ou davantage plus longues que larges, & terminées par une pointe ou corne particulière.*

Ombelle universelle de deux ou trois rayons.......... 1020

Ombelle universelle de quatre rayons ou davantage..... 1021

1020. *Ombelle universelle de deux ou trois rayons.*

Peigne de Vénus. *Pecten Veneris.* Cam. Epit. 302.

Scandix semine rostrato, vulgaris. Tournef. 326.

Scandix pecten. Lin. Sp. 368.

β. *Scandix cretica, minor.* Tournef. 326.

Sa tige est haute d'un pied, grêle, lisse & un peu rameuse ; ses feuilles sont finement découpées, vertes & quelquefois légèrement velues : ses fleurs sont petites, blanches, irrégulières, & forment des ombelles peu garnies ; il leur succède des fruits terminés chacun par une corne très-longue, qui imite une aiguille ou une dent de peigne. La variété β est fort petite, & ses fruits sont légèrement velus. Cette plante est commune dans les champs parmi les blés ; sa variété croît en Provence. ⊙

1021. *Ombelle univerſelle de quatre rayons ou davantage.*

Cerfeuil. *Chærophyllum.*

Les fleurs de Cerfeuil ſont un peu irrégulières, & forment des ombelles communément aſſez lâches. Les fruits ſont alongés, grêles, liſſes, & quelquefois cannelés.

A N A L Y S E.

Ombelles, la plupart de quatre ou cinq rayons, latérales & ſeſſiles. I.	Ombelles, la plupart de plus de cinq rayons, & terminales. I I.

I. *Ombelles, la plupart de quatre ou cinq rayons, latérales & ſeſſiles.*

Cerfeuil cultivé. *Chærophyllum ſativum.* Tournef. 314.

Scandix cerefolium. Lin. Sp. 368.

Sa tige eſt haute d'un à deux pieds, rameuſe & ordinairement glabre ; ſes feuilles ſont tendres, deux ou trois fois ailées, & compoſées de folioles un peu élargies, courtes, & inciſées ou pinnatifides. Les fleurs ſont petites, blanches, & les extérieures un peu irrégulières ; les collerettes partielles ſont compoſées de deux ou trois folioles tournées du même côté. On cultive cette plante dans les jardins potagers, ⊙ ; elle eſt inciſive, apéritive, diurétique, anti-hydropique, emménagogue & réſolutive.

II. *Ombelles, la plupart de plus de cinq rayons, & terminales.*

Tige rameuſe ; ſemences brunes ou noirâtres. I I I.	Tige preſque ſimple ; ſemences de couleur jaune. V I I I.

1021. III. *Tige rameuse; semences brunes ou noirâtres.*

Semences profondément cannelées, & longues de quatre ou cinq lignes. I V.	Semences lisses ou un peu striées, & longues de deux lignes seulement. V.

IV. *Semences profondément cannelées, & longues de quatre ou cinq lignes.*

Cerfeuil odorant. *Chærophyllum odoratum.*

Myrrhis major, vel cicutaria odorata. Tournef. 315.
Scandix odorata. Lin. Sp. 368.

Sa tige est épaisse, creuse, cannelée, un peu velue, rameuse, & haute de deux ou trois pieds; ses feuilles sont fort grandes, larges, molles, trois fois ailées, légèrement velues, & souvent marquetées de taches blanches : ses semences sont luisantes, & remarquables par leur grandeur & par leurs profondes cannelures. On trouve cette plante dans les prés des montagnes de la Provence, ♃ ; elle a une odeur agréable qui a quelque rapport avec celle de l'anis; elle est incisive & emménagogue.

V. *Semences lisses ou un peu striées, & longues de deux lignes seulement.*

Feuilles glabres, ou velues en leurs bords & en leurs nervures, & dont les folioles sont partagées en découpures pointues. V I.	Feuilles velues des deux côtés, même sur leur disque, & dont les folioles sont partagées en découpures obtuses. V I I.

1021. **VI.** *Feuilles glabres ou velues en leurs bords & en leurs nervures, & dont les folioles sont partagées en découpures pointues.*

Cerfeuil sauvage. *Chærophyllum sylvestre.* Lin. Sp. 369.

Chærophyllum sylvestre, perenne, cicutæ folio. Tourn. 314.

β. *Myrrhis palustris, latifolia, alba.* [& rubra] Ibid.

Chærophyllum hirsutum. Lin. Sp. 371.

Sa tige est haute de deux à quatre pieds, fistuleuse, rameuse, velue dans sa partie inférieure, striée & un peu enflée sous chaque articulation ; ses feuilles sont grandes, deux ou trois fois ailées, ordinairement glabres, & à folioles alongées, pinnatifides & pointues : les fleurs sont blanches, & forment des ombelles médiocres, composées de huit à douze rayons. La variété β a sa racine fort longue ; sa tige & ses feuilles sont plus sensiblement velues. Cette plante est commune dans les prés, le long des haies & dans les montagnes. ♃

VII. *Feuilles velues des deux côtés, même sur leur disque, & dont les folioles sont partagées en découpures obtuses.*

Cerfeuil penché. *Chærophyllum temulum.* Lin. Sp. 370.

Myrrhis annua, semine striato lævi. Tournef. 315.

Sa tige est haute de deux pieds, rameuse, enflée sous ses articulations, velue & un peu rude au toucher ; ses feuilles sont deux fois ailées, & leurs folioles sont élargies, incisées, & à découpures obtuses : les ombelles sont lâches, souvent penchées & composées de six à dix rayons. On trouve cette plante dans les haies & les lieux incultes. ♂

VIII. *Tige presque simple ; semences de couleur jaune.*

Cerfeuil doré. *Chærophyllum aureum.* Lin. Sp. 370.

Myrrhis perennis, alba, minor, foliis hirsutis, semine aureo. Tournef. 315.

Sa tige est haute d'un à deux pieds, striée, tachée, & légèrement velue ; ses feuilles sont deux fois ailées, un peu

1021. velues, & composées de folioles profondément pinnatifides, dont les découpures font étroites & pointues : les fleurs font disposées en ombelle ample, composée de dix à quinze rayons filiformes. Les pétales font blancs & un peu rougeâtres en-dehors. La collerette partielle eft remarquable par fix ou fept folioles ovales lancéolées & pointues. Cette plante croît en Dauphiné, felon M. de Villars. ♃ L'individu que j'ai obfervé au Jardin du Roi avoit les pétales & les collerettes partielles jaunâtres.

1022.

Collerette univerfelle nulle.

Myrrhis.

Les Myrrhis ont beaucoup de rapport avec les cerfeuils, mais ils en différent par leurs fruits velus & point liffes ni ftriés.

ANALYSE.

Tige hériffée de poils blancs, & enflée fous fes articulations. I.	Tige liffe, glabre & point enflée fous fes articulations. I I.

I. *Tige hériffée de poils blancs, & enflée fous fes articulations.*

Myrrhis noueufe. *Myrrhis nodofa.*

Chærophyllum fylveftre, alterum, geniculis tumentibus. Tournef. 314.

Scandix nodofa. Lin. Sp. 369.

Sa tige eft haute de deux pieds, rameufe, hériffée de poils droits & diftans, & enflée fous chacune de fes articulations; fes feuilles font deux fois ailées, & leurs folioles font larges, incifées & à découpures prefque obtufes : les fleurs font blanches; l'ombelle univerfelle n'eft compofée que de deux à quatre rayons, & les femences font cylindriques, longues de deux lignes ou davantage, & couvertes de poils qui vont en montant. On trouve cette plante dans les haies & les lieux couverts. ☉

1022. **II.** *Tige lisse, glabre, & point enflée sous ses articulations.*

Myrrhis cerfeuillière. *Myrrhis chærophyllæa.*

> *Chærophyllum sylvestre, seminibus brevibus hirsutis.* Tournef. 314.
>
> *Scandix anthriscus.* Lin. Sp. 368.

Cette plante ressemble beaucoup au cerfeuil cultivé ; sa tige est haute d'un pied & demi, lisse, striée & très-rameuse : ses feuilles sont molles, légèrement velues, trois ou quatre fois ailées, & composées de folioles très-petites & incisées ; les ombelles sont la plupart latérales, portées sur de courts péduncules, & formées par quatre à six rayons filiformes. Les fleurs sont petites, presque régulières, & les semences n'ont pas plus d'une ligne & demie de longueur. On trouve cette plante dans les haies & sur le bord des champs, ⊙ ; son odeur est désagréable.

1023.

Semences courtes, & dont la largeur approche de la longueur.

> Semences ovales & cannelées, ou profondément sillonnées. . 1024
>
> Semences sphériques & sans stries, ou avec des stries légères, mais point cannelées. 1029

1024.

Semences ovales & cannelées, ou profondément sillonnées.

> Toutes les feuilles ayant des découpures très-menues, & point élargies en folioles simples. . 1025
>
> Toutes les feuilles, ou seulement les inférieures, ayant des folioles simples, élargies, & cunéiformes ou lancéolées. 1026

1025. *Toutes les feuilles ayant des découpures très-menues, & point élargies en folioles simples.*

Æthuse. *Æthusa.*

Les Æthuses ont quelques rapports avec la ciguë & la

1025. coriandre ; leurs fleurs font petites & un peu irrégulières, & leurs femences font courtes, ovales-arrondies & cannelées.

ANALYSE.

Collerettes partielles débordant de beaucoup les ombellules. I.	Collerettes partielles ne débordant pas les ombellules. I I.

I. *Collerettes partielles débordant de beaucoup les ombellules.*

Æthufe perfillée. *Æthufa cynapium.* Lin. Sp. 367.

Cicuta minor, petrofelino fimilis. Tournef. 306.

Sa tige eft haute d'un pied & demi, rameufe, glabre & cannelée ; fes feuilles font deux ou trois fois ailées, & leurs folioles font pointues & pinnatifides, ou profondément découpées. Ses fleurs font blanches, & forment des ombelles planes, très-garnies, & dépourvues de collerette. Cette plante eft commune dans les lieux cultivés, ⊙ ; on l'emploie à l'extérieur comme calmante & réfolutive, mais prife intérieurement elle eft très-dangereufe.

II. *Collerettes partielles ne débordant pas les ombellules.*

Æthufe mutelline. *Æthufa mutellina.*

Phellandrium Alpinum, umbellâ purpurafcente. Tournef. 307.

Phellandrium mutellina. Lin. Sp. 366.

Sa tige eft nue dans toute fa moitié inférieure, haute de huit à dix pouces, & porte communément à fon fommet, une couple d'ombelles, dont les fleurs font rougeâtres ; les feuilles font prefque toutes radicales, deux fois ailées, & leurs folioles font partagées en découpures très-étroites & pointues. Cette plante croît en Dauphiné, où elle a été obfervée par M. de Faujas de Saint-Fond. ♃

1026.

Toutes les feuilles, ou seulement les inférieures, ayant des folioles simples, élargies, & cunéiformes ou lancéolées.

{

Feuilles inférieures ayant des folioles courtes, ovales ou cunéiformes.............. 1027

Toutes les feuilles ayant des folioles lancéolées & dentées en scie................. 1028

}

1027. *Feuilles inférieures ayant des folioles courtes, ovales ou cunéiformes.*

Persil. *Apium.*

Les fleurs de Persil forment des ombelles médiocrement garnies ; la collerette universelle est nulle ou monophylle, & la partielle est composée d'une ou plusieurs folioles très-petites. Les semences sont ovales & cannelées.

A N A L Y S E.

Toutes les ombelles pédunculées.	La plupart des ombelles sessiles.
I.	I I.

I.   *Toutes les ombelles pédunculées.*

Persil commun. *Apium vulgare.*

Apium hortense seu petroselinum vulgo. Tournef. 305.
Apium petroselinum. Lin. Sp. 379.

Sa tige est haute de deux ou trois pieds, glabre, striée & rameuse ; ses feuilles inférieures sont deux fois ailées, & composées de folioles ovales ou cunéiformes & incisées : les fleurs sont blanches ou d'une couleur pâle, & leur ombelle est souvent garnie d'une collerette monophylle. Cette plante croît en Provence dans les lieux couverts ; on la cultive dans les jardins potagers, ♂ ; elle est apéritive, emménagogue, résolutive, diaphorétique & propre pour dissiper le lait des mamelles.

1027. II. *La plupart des ombelles seffiles.*

Perfil odorant. *Apium graveolens.* Lin. Sp. 379.
[Ache, céleri).

> *Apium paluftre & apium officinarum.* Tournef. 305.
> β. *Apium paluftre minus, cauliculis procumbentibus, ad alas floridum.* Ibid.

Sa tige eft haute d'un à deux pieds, un peu épaiffe, ftriée & rameufe; fes feuilles font une ou deux fois ailées, & leurs folioles font larges, liffes, prefque luifantes, incifées, lobées & dentées : la plupart des ombelles font axillaires & feffiles. On trouve cette plante dans les marais & fur le bord des ruiffeaux : la culture en a formé une variété fuffifamment connue de tout le monde fous le nom de *céleri*, ♂ fa racine eft diurétique, fudorifique & emménagogue.

1028. *Toutes les feuilles ayant des folioles lancéolées & dentées en fcie.*

Cicutaire aquatique. *Cicutaria aquatica.*

> *Sium paluftre alterum, foliis ferratis.* Tournef. 308.
> *Cicuta virofa.* Lin. Sp. 366.

Sa tige eft haute d'un ou deux pieds, cylindrique, fiftuleufe & rameufe ; fes feuilles font grandes, deux ou trois fois ailées & compofées de folioles lancéolées, un peu étroites, pointues & dentées en fcie ; les fleurs font blanches, prefque régulières & difpofées en ombelles lâches : la collerette univerfelle eft nulle ou monophylle, & la partielle eft compofée de plufieurs folioles qui débordent les ombellules. On trouve cette plante fur le bord des étangs & des foffés aquatiques, ♃ ; elle eft un poifon très-dangereux.

1029. *Semences fphériques & fans ftries, ou avec des ftries légères, mais point cannelées.*

Coriandre. *Coriandrium.*

Les fleurs de Coriandre font plus ou moins irrégulières, & forment des ombelles médiocrement garnies : la collerette

1029. universelle est nulle ou monophylle. Les semences sont exactement sphériques.

ANALYSE.

Toutes les fleurs petites & presque régulières.	Fleurs extérieures, grandes & très - irrégulières.
I.	I I.

I. *Toutes les fleurs petites & presque régulières.*

Coriandre didyme. *Coriandrium testiculatum.* Lin. Sp. 367.

Coriandrium minus, testiculatum. Tournef. 316.

Sa tige est rameuse, cannelée, & ne s'élève que jusqu'à un pied & demi ; ses feuilles sont une ou deux fois ailées, & leurs folioles sont toutes partagées en découpures étroites & pointues ; les ombelles sont petites & souvent simples ; les semences sont géminées, presque cohérentes, un peu ridées, mais sans stries. On trouve cette plante dans les champs des provinces méridionales. ☉

II. *Fleurs extérieures, grandes & très-irrégulières.*

Coriandre cultivée. *Coriandrium sativum.* Lin. Sp. 367.

Coriandrium majus. Tournef. 316.

Sa tige est glabre, rameuse & haute de deux pieds ou quelquefois davantage ; ses feuilles inférieures sont deux fois ailées & composées de folioles assez larges, ovales ou arrondies, lobées & dentées dans leur contour : toutes les autres feuilles sont découpées très-menu : les fleurs sont blanches ; l'ombelle est composée de cinq à huit rayons ; & les semences sont chargées de stries légères. M. Vaillant indique cette plante dans les environs de Paris, vraisemblablement comme cultivée, ☉ ; son odeur est forte & désagréable, mais celle de ses semences sèches est un peu aromatique & même assez suave : on la regarde comme stomachique & carminative.

Collerette universelle & partielle nulle.

Boucage. *Tragoselinum.*

Les Boucages ont les fleurs presque régulières ; leurs ombelles sont tout-à-fait dépourvues de collerette, & leurs fruits sont ovales-oblongs & striés.

A N A L Y S E.

Feuilles inférieures une fois ailées, & dont le pétiole est simple. I.	Feuilles inférieures plus d'une fois ailées, ou plusieurs fois ternées. I V.

I. *Feuilles inférieures une fois ailées, & dont le pétiole est simple.*

Feuilles supérieures simples & linéaires. I I.	Feuilles supérieures pinnatifides ou incisées. I I I.

II.   *Feuilles supérieures simples & linéaires.*

Boucage mineur. *Tragoselinum minus.* Tournef. 309.

Pimpinella saxifraga. Lin. Sp. 378.

β. *Tragoselinum foliis duplicato pinnatis, pinnulis profundissimè lobatis.* Hall. Hist. n.° 787.

Sa tige est grêle, médiocrement rameuse, peu garnie de feuilles, & haute d'un pied ou quelquefois un peu plus ; ses feuilles radicales imitent assez celles de la pimprenelle : elles sont ailées, composées de cinq ou sept folioles arrondies & dentées, & la terminale est souvent trilobée ; ces feuilles se flétrissent de bonne heure, & se trouvent rarement lorsque la plante fructifie ; les feuilles de la tige ont leurs folioles découpées très-menu, & les supérieures ne sont que des gaines alongées & dépourvues de véritables feuilles. Les fleurs sont blanches, & leur ombelle est penchée avant la floraison. On trouve cette plante sur les pelouses & dans les pâturages secs.

1030. **III.** *Feuilles supérieures pinnatifides ou incisées.*

Boucage majeur. *Tragoselinum majus.*

> *Tragoselinum majus, umbellâ candidâ* [*& rubente*]. Tournef. 309.
>
> *Pimpinella magna.* Lin. mant. 219.
>
> β. *Pimpinella peregrina.* Lin. Sp. 378.

Sa tige est striée, rameuse, & s'élève jusqu'à deux ou trois pieds ; les premières feuilles que pousse la racne, sont pétiolées, simples, ovales - arrondies, dentées & trilobées : celles d'ensuite sont ternées, enfin les autres sont ailées, & composées de cinq ou sept folioles ovales, assez larges, dentées, & souvent un peu luisantes ; les feuilles de la tige sont pareillement ailées, mais leurs folioles sont moins larges, & d'autant plus petites, que les feuilles, dont elles sont partie, sont plus près du sommet de la plante. Les fleurs sont blanches ou rougeâtres, & leurs ombelles sont penchées avant la floraison. On trouve cette plante dans les lieux incultes & sur le bord des bois. ♃

IV. *Feuilles inférieures plus d'une fois ailées, ou plusieurs fois ternées.*

Feuilles découpées très-menu, ou dont les folioles sont linéaires.	Feuilles, dont les folioles sont ovales ou lancéolées, & dentées en scie.
V.	V I.

V. *Feuilles découpées très-menu, ou dont les folioles sont linéaires.*

Boucage nain. *Tragoselinum pumilum.*

> *Seseli pumilum.* Lin. Sp. 373.
>
> β. *Tragoselinum caule crasso, sulcato, divaricato, foliis multifidis capillaribus.* Hall. Hist. n.° 788.
>
> *Pimpinella glauca.* Lin. Sp. 378.

Cette espèce est fort petite ; sa tige est un peu épaisse, glabre, anguleuse, droite, rameuse, paniculée, & ne s'élève communément que depuis six jusqu'à neuf pouces : ses feuilles sont

1030. font partagées en découpures ou folioles linéaires, vertes & un peu fermes. Ses fleurs font blanches ou rougeâtres, & forment des ombelles petites & extrêmement nombreuses, qui couvrent presque toute la plante. On la trouve dans les montagnes du Dauphiné & de la Provence. ♂

VI. *Feuilles, dont les folioles font ovales ou lancéolées,*

& dentées en scie.

Boucage angélique. *Tragoselinum angelica.*

Angelica sylvestris minor, seu erratica. Tournef. 313.

Ægopodium podagraria. Lin. Sp. 379.

Sa racine est longue, rampante, traçante, & pousse une tige droite, glabre, un peu rameuse, & haute de deux ou trois pieds; ses feuilles inférieures ont leur pétiole divisé en trois parties, qui soutiennent chacune trois folioles ovales, pointues & dentées : les supérieures font simplement ternées, & ont leurs folioles plus étroites. Les fleurs font blanches; leur ombelle est lâche & composée d'une vingtaine de rayons. On trouve cette plante dans les vergers & le long des haies. ♃

Obs. Cette plante se rapproche des Angéliques par son port ; mais comment la séparer du *Tragoselinum* par sa fructification !

1031. *Collerette universelle composée de plus d'une foliole.....* Folioles de la collerette très-simples & entières, ou seulement dentées.................. 1032

Folioles de la collerette profondément découpées en lanières très-étroites.............. 1043

Tome III.   F f

1032.

Folioles de la collerette très simples & entières ou seulement dentées . . . . {

> Feuilles décomposées, ou plusieurs fois ailées, & dont le pétiole n'est point simple. 1033
>
> Feuilles une seule fois ailées, & dont les folioles sont opposées ou verticillées sur un pétiole simple. 1042

1033.

Feuilles décomposées ou plusieurs fois ailées, & dont le pétiole n'est point simple. {

> Fruit dont les stries sont entières. 1034
>
> Fruit dont les stries sont crénelées. 1041

1034.

Fruit dont les stries sont entières. . . . . {

> Feuilles dont les folioles sont simples, anguleuses ou lobées, ou dentées, & ont au moins six lignes de largeur. 1035
>
> Feuilles décomposées, très-découpées, ou dont les folioles n'ont pas six lignes de largeur dans leur partie pleine. 1036

1035. *Feuilles dont les folioles sont simples, anguleuses ou lobées, ou dentées, & ont au moins six lignes de largeur.*

Angélique. *Angelica.*

Les Angéliques ont beaucoup de rapport avec les impératoires, n.° 1000 ; mais elles en diffèrent fortement par leurs semences qui, au lieu d'être comprimées & bordées d'une aile mince, sont oblongues, solides, convexes sur leur dos, & chargées de stries plus ou moins profondes.

Obs. En ne considérant que les parties de la fructification, il n'est pas possible de séparer les angéliques des livêches.

1035.

| Folioles des feuilles lancéolées, ou cunéiformes, & pointues à leur sommet. I. | Folioles des feuilles arrondies, lobées, & point terminées en pointe. I V. |

I. *Folioles des feuilles lancéolées, ou cunéiformes, & pointues à leur sommet.*

| Folioles ovales - lancéolées, & dentées en leurs bords. I I. | Folioles cunéiformes, & incisées, ou anguleuses. I I I. |

II. *Folioles ovales-lancéolées, & dentées en leurs bords.*

Angélique archangélique. *Angelica archangelica.* Lin. Sp. 360.

Imperatoria sativa. Tournef. 317.
β. *Angelica razulii.* Gouan. obs. p. 13, tab. VI.

Sa racine est assez longue, grosse, brune, & pousse une tige creuse, rameuse, un peu rougeâtre à sa base ; & qui s'élève à la hauteur de trois pieds, ou quelquefois beaucoup davantage ; ses feuilles sont grandes, deux fois ailées, & composées de folioles ovales - lancéolées, pointues, dentées en scie, & souvent lobées, sur-tout la terminale : les fleurs sont verdâtres ; leur ombelle est fort grande & très - garnie. Cette plante croît dans les montagnes des provinces méridionales. On la cultive dans les jardins, ♃ ; elle a une odeur & un goût aromatique; elle est cordiale, stomachique, sudorifique, carminative & emménagogue.

III. *Folioles cunéiformes & incisées, ou anguleuses.*

Angélique à feuilles d'ache. *Angelica paludapifolia.*

Angelica montana, perennis, paludapii folio. Tournef. 313.
Ligusticum levisticum. Lin. Sp. 359.

Sa tige est haute de trois à cinq pieds, cylindrique, glabre

1035. & un peu rameufe ; fes feuilles font grandes, deux ou trois fois ailées, & compofées de folioles planes, liffes, luifantes, cunéiformes, incifées ou lobées vers leur fommet, & entières dans leur moitié inférieure : les fleurs font terminales, & difpofées en ombelle d'une grandeur médiocre. Cette plante croît dans les montagnes des provinces méridionales, ♃ ; elle eft incifive, alexitère, fudorifique & emménagogue.

IV. *Folioles des feuilles arrondies, lobées, & point terminées en pointe.*

Angélique à feuilles d'ancolie. *Angelica aquilegifolia.*

> *Angelica montana, perennis, aquilegiæ folio.* Tournef. 313.
> *Laferpitium trilobum.* Lin. Sp. 357.

Sa tige eft cylindrique, ftriée, légèrement rameufe, & haute de deux pieds ; fes feuilles ont leur pétiole divifé en trois parties, qui foutiennent chacune trois folioles arrondies, lobées, incifées, & d'un vert glauque en-deffous : les fleurs font blanches, & leur ombelle eft lâche, mais fort ample. Les femences n'ont certainement point de reffemblance avec celles des *laferpitium*. On trouve cette plante dans les pâturages des montagnes de la Provence. ♃

1036. *Feuilles décompofées, très-découpées, ou dont les folioles n'ont pas fix lignes de largeur dans leur partie pleine.* { Fruit profondément cannelé ou chargé de fillons enfoncés.. 1037

Fruit n'ayant que des ftries légères, & point de fillons enfoncés. 1038

1037. *Fruit profondément cannelé ou chargé de fillons enfoncés.*

Livêche. *Liguficum.*

Les Livêches ont beaucoup de rapport avec les angéliques & avec les lafers ; leurs ombelles en général font amples & bien garnies ; leurs fruits ont des cannelures un peu plus profondes que ceux des angéliques, & n'ont pas des ailes feuillées & membraneufes comme ceux des lafers.

1037.

ANALYSE.

Ombelle fort ample, & ayant trente à cinquante rayons.	Ombelle médiocre, n'ayant pas plus de vingt rayons.
I.	I V.

I. *Ombelle fort ample, & ayant trente à cinquante rayons.*

Folioles des feuilles à découpures linéaires, écartées & divergentes, ou disposées en tout sens.	Folioles des feuilles à découpures élargies vers leur base, confluentes & point divergentes.
I I.	I I I.

II. *Folioles des feuilles à découpures linéaires, écartées & divergentes, ou disposées en tout sens.*

Livêche férulacée. *Ligusticum ferulaceum.*

> *Ligusticum Pyrenaïcum, amplissimo tenuique folio.* Tournef. 321.

> *Ligusticum Pyrenæum.* Gouan. Obs. p. 14.

Sa tige est haute de deux ou trois pieds, ferme, striée, anguleuse & très-rameuse; ses feuilles sont fort grandes, découpées très-menu comme celles des férules, & quatre fois ailées ou surcomposées; leurs folioles ou découpures sont terminées par une petite pointe particulière : les fleurs sont blanches & forment des ombelles très-amples. Cette plante croît dans les Pyrénées & dans les montagnes du Dauphiné. ♃

III. *Folioles des feuilles à découpures élargies vers leur base, confluentes & point divergentes.*

Livêche cicutaire. *Ligusticum cicutarium.*

> *Cicutaria latifolia, fœtida.* Tournef. 322.
> *Ligusticum Peloponnesiacum.* Lin. Sp. 360.

Sa tige est haute de trois ou quatre pieds, très-grosse,

1037. cannelée, creuse & rameuse ; ses feuilles sont extrêmement grandes, très-découpées, surcomposées & à folioles longues-lancéolées, pointues & sémi - pinnées ou à découpures confluentes : l'ombelle est fort ample, & les folioles de la collerette sont élargies & membraneuses. On trouve cette plante dans les montagnes du Dauphiné & de la Provence. ♃

IV. *Ombelle médiocre n'ayant pas plus de vingt rayons.*

Semences alongées ; découpures des feuilles capillaires.	Semences très-courtes ; découpures des feuilles non capillaires.
V.	V I.

V. *Semences alongées ; découpures des feuilles capillaires.*

Livêche capillacée. *Ligusticum capillaceum.*

> *Meum foliis anethi.* Tournef. 312.
> *Athamantha meum.* Lin. Sp. 353.

Sa tige est cannelée, un peu rameuse & s'élève à la hauteur d'un pied ou quelquefois davantage ; ses feuilles sont deux ou trois fois ailées & remarquables par leurs folioles ou découpures très-nombreuses, courtes & capillaires : les fleurs sont terminales : la collerette universelle est quelquefois nulle, mais on la trouve plus souvent composée d'une à cinq folioles étroites. Cette plante croît dans les provinces méridionales, ♃ ; elle est diurétique, incisive & emménagogue ; on l'emploie avec succès dans les fièvres intermittentes.

VI. *Semences très - courtes ; découpures des feuilles non capillaires.*

Livêche mineure. *Ligusticum minus.*

> *Selinum monnieri.* Lin. Sp. 351.

Sa tige est cannelée, très-rameuse & ne s'élève que jusqu'à un pied ; ses feuilles ressemblent un peu à celle de l'œthuse persillée ; elles sont deux ou trois fois ailées, & ont des découpures assez menues, planes & traversées par un sillon

1037. très-fin : les pétioles font bordées d'une membrane blanche & tranfparente : les fleurs font blanches, petites & forment une ombelle refferrée & peu ouverte. Les folioles de la collerette univerfelle font fouvent réfléchies contre le péduncule. On trouve cette plante dans les provinces mériridionales. ☉

1038.

Fruit n'ayant que des ftries légères & point de fillons enfoncés . . . .

{ Semences liffes, ayant fur leur dos un angle tranchant & deux latéraux plus petits ; feuilles charnues 1039

Semences chargées de ftries légères & rapprochées, mais fans angle particulier ; feuilles non charnues 1040

1039. *Semences liffes, ayant fur leur dos un angle tranchant & deux latéraux plus petits ; feuilles charnues.*

Crifte marine. *Crithmum maritimum.* Lin. Sp. 354.

Crithmum five fœniculum marinum, minus, Tournef. 317.

Sa tige eft haute d'un pied, cylindrique, liffe, verte, feuillée & fouvent fimple ; fes feuilles font affez grandes, deux fois ailées, & compofées de folioles étroites, linéaires, un peu aplaties & charnues. Les fleurs font terminales, & forment des ombelles médiocres, portées fur de fort courts péduncules ; fes fruits ne font certainement point comprimés. On trouve cette plante dans les lieux voifins de la mer, parmi les rochers, ♃ ; elle eft apéritive & diurétique : on fait confire fes feuilles dans le vinaigre pour l'ufage de la table.

O B S. Je ne fais pas mention du *crithmum pirenaïcum* de M. Linné, ne le croyant pas différent de l'*athamanta libanotis* de ce célèbre Auteur.

1040. *Semences chargées de stries légères & rapprochées, mais sans angle particulier ; feuilles non charnues.*

Terre-noix bulbeuse. *Bunium bulbocastanum.* Lin. Sp. 349.

Bulbocastanum majus, apii folio. Tournef. 307.

Bunium majus [& minus]. Gouan. Obs. p. 10.

Sa racine est une bulbe arrondie, noirâtre, & pousse une tige haute d'un pied & demi, cylindrique, striée & un peu rameuse ; ses feuilles sont deux ou trois fois ailées, & partagées en découpures étroites & linéaires : les inférieures sont portées sur de longs pétioles, & les radicales ont des découpures un peu plus élargies & moins longues. Les fleurs sont blanches, & forment des ombelles assez amples. On trouve cette plante dans les champs, ♃ ; on mange sa racine.

1041. *Fruit, dont les stries sont crénelées.*

Ciguë majeure. *Cicuta major.* Tournef. 306.

Conium maculatum. Lin. Sp. 349.

Sa tige est haute de trois ou quatre pieds, épaisse, fistuleuse, rameuse, feuillée, & chargée inférieurement de taches noirâtres ou purpurines ; ses feuilles sont grandes, un peu molles, trois fois ailées, & leurs folioles sont pinnatifides, pointues, d'un vert noirâtre & un peu luisantes. Les fleurs sont blanches, & forment des ombelles très-ouvertes. On trouve cette plante sur le bord des haies & dans les terreins un peu humides, ♂ ; son odeur est forte & fétide : elle passe pour résolutive, anti-schirreuse, anti-ulcéreuse & anti-cancéreuse ; on l'emploie aussi dans les cataractes naissantes & contre la goutte & les rhumatismes.

1042. *Feuilles une seule fois ailées, & dont les folioles*
sont opposées ou verticillées sur un
pétiole simple.

Berle. *Sium.*

Les fleurs de Berle sont assez régulières, & forment des ombelles lâches, plus ou moins garnies ; les collerettes sont communément polyphylles, & le fruit est ovale ou oblong & strié.

A N A L Y S E.

Ombelle composée de douze rayons ou moins. I.	Ombelle composée de plus de douze rayons. X I I.

I.   *Ombelle composée de douze rayons ou moins.*

Feuilles ayant toutes des folioles élargies, ovales ou lancéolées, & dentées en scie. I I.	Toutes les feuilles, ou seulement les inférieures, ayant des folioles ou des découpures capillaires. I X.

II. *Feuilles ayant toutes des folioles élargies, ovales ou lancéolées, & dentées en scie.*

Collerette universelle, ou nulle ou composée de trois ou quatre folioles très-entières. I I I.	Collerette universelle, composée de cinq folioles ou davantage, dont plusieurs sont dentées. V I I I.

1042. **III.** *Collerette universelle, ou nulle ou composée de trois ou quatre folioles très-entières.*

Ombelles tout-à-fait terminales, & point sessiles. **I V.**	Ombelles axillaires, & presque sessiles. **V I I.**

IV. *Ombelles tout-à-fait terminales, & point sessiles.*

Feuilles n'ayant jamais plus de neuf folioles. **V.**	Feuilles inférieures ayant onze à quinze folioles. **V I.**

V. *Feuilles n'ayant jamais plus de neuf folioles.*

Berle aromatique. *Sium aromaticum.*

> *Sium aromaticum, Sison officinarum.* Tournef. 308.
> *Sison amomum.* Lin. Sp. 362.

Sa tige est grêle, droite, un peu rameuse, & s'élève jusqu'à un pied & demi ; ses feuilles sont ailées, & composées de cinq ou sept folioles ovales-lancéolées, pointues & bordées de dentelures assez fines : les folioles des feuilles supérieures sont quelquefois un peu incisées ; les ombelles sont petites, & n'ont que quatre à six rayons. On trouve cette plante dans les terreins humides & glaiseux ; ses racines & ses semences sont odorantes, carminatives & diurétiques.

VI. *Feuilles inférieures ayant onze à quinze folioles.*

Berle des blés. *Sium segetum.*

> *Sium arvense sive segetum.* Tournef. 308.
> *Sison segetum.* Lin. Sp. 362.

Sa tige est droite, rameuse, & haute de sept à neuf pouces ; ses feuilles inférieures sont longues, composées de folioles nombreuses, petites, ovales, pointues, dentées & quelquefois un peu incisées : les ombelles sont terminales, plus ou moins droites, & n'ont que cinq ou six rayons. On trouve cette plante dans les champs un peu humides. ♂

1042. **VII.** *Ombelles axillaires, & presque sessiles.*

Berle nodiflore. *Sium nodiflorum.* Lin. Sp. 36.

Sium aquaticum ad alas floridum. Tournef. 308.

Ses tiges sont longues, souvent couchées, feuillées & rameuses ; ses feuilles sont ailées, composées de cinq ou sept folioles, ovales-lancéolées, pointues & dentées en scie : les fleurs sont blanches ; leurs ombelles n'ont que six ou huit rayons, & naissent à l'opposition des feuilles, portées sur des péduncules longs d'une à trois lignes. La collerette universelle manque presque toujours. On trouve cette plante dans les ruisseaux & sur le bord des rivières.

VIII. *Collerette universelle, composée de cinq folioles ou davantage, dont plusieurs sont dentées.*

Berle à feuilles étroites. *Sium angustifolium.* Lin. Sp. 1672.

Sium verum Matthioli. Lugd. 1092.

Sa tige est longue d'un pied & demi, rameuse, & ordinairement droite ; ses feuilles inférieures sont composées de treize ou quinze folioles, ovales-oblongues, assez larges, dentées, un peu incisées, & lobées ou auriculées à leur base. Les supérieures sont beaucoup plus petites, & leurs folioles sont presque laciniées : les fleurs sont blanches ; leurs ombelles sont pédunculées, composées de huit à douze rayons, & naissent dans les aisselles supérieures à l'opposition des feuilles. On trouve cette plante dans les ruisseaux & les fossés aquatiques.

IX. *Toutes les feuilles, ou seulement les inférieures, ayant des folioles ou des découpures capillaires.*

Ombelles axillaires ; feuilles supérieures à folioles élargies.	Ombelles terminales ; toutes les feuilles à folioles ou découpures capillaires.
X.	X I.

1042. **X.** *Ombelles axillaires ; feuilles supérieures à folioles élargies.*

Berle inondée. *Sium inundatum.*

> *Sium minimum.* Vaill. Parif. 187.
> *Sison inundatum.* Lin. Sp. 363.

Cette efpèce eft fort petite ; fa tige eft rampante ; fes feuilles inférieures font partagées en découpures capillaires, & les fupérieures qui font communément hors de l'eau, font ailées & compofées de cinq folioles fort petites, élargies, & dentées ou trifides à leur fommet. Les ombelles font axillaires, pédunculées, & n'ont fouvent que deux ou trois rayons ; les ombellules font très-petites. On trouve cette plante dans les foffés aquatiques.

XI. *Ombelles terminales ; toutes les feuilles à folioles ou découpures capillaires.*

Berle verticillée. *Sium verticillatum.*

> *Carvi foliis tenuiffimis, afphodeli radice.* Tournef. 306.
> *Sison verticillatum.* Lin. Sp. 363.

Sa tige eft très-grêle, un peu rameufe vers fon fommet, & s'élève à la hauteur d'un pied ; fes feuilles radicales ont des folioles capillaires très-courtes, très-nombreufes, & qui entourent le pétiole dans la plus grande partie de fa longueur, comme fi elles étoient verticillées ; les feuilles de la tige font diftantes entr'elles, & leurs folioles font un peu plus alongées, & n'ont point un afpect verticillé. Les ombelles font terminales, & compofées de fix à dix rayons : la collerette univerfelle eft formée par cinq folioles très-courtes. On trouve cette plante dans les pâturages humides. ♃

XII. *Ombelle compofée de plus de douze rayons.*

Feuilles dont les folioles font fimples & point décurrentes ni confluentes.	Feuilles dont les folioles font partagées en plufieurs lanières confluentes à leur bafe.
X I I I.	X I V.

1042. *XIII. Feuilles dont les folioles sont simples & point décurrentes ni confluentes.*

Berle à feuilles larges. *Sium latifolium.* Lin. Sp. 361.

Sium. Dod. pempt. 589.

Sa tige est droite, rameuse, cannelée, & s'élève jusqu'à trois pieds; ses feuilles sont ailées, composées de neuf ou onze folioles lancéolées, un peu étroites, longues de deux pouces au moins, & dentées en scie : les fleurs sont blanches, terminales, & forment des ombelles assez amples & bien garnies. On trouve cette plante dans les fossés aquatiques & sur le bord des étangs. ♃

XIV. Feuilles dont les folioles sont partagées en plusieurs lanières confluentes à leur base.

Berle faucillière. *Sium falcaria.* Lin. Sp. 362.

Ammi perenne. Tournef. 305.

Sa tige est haute de deux pieds, cylindrique & rameuse, ses feuilles sont composées de folioles longues, étroites, dentées, glabres, un peu dures, & souvent partagées en plusieurs lanières, sur-tout la terminale, qui est communément trifide, & dont les lanières latérales sont confluentes : les fleurs sont blanches, les ombelles sont amples & bien garnies. On trouve cette plante en Alsace & en Provence le long des haies. ♃

1043. *Folioles de la collerette profondément découpées en lanières étroites.*

Ammi.

Les fleurs d'Ammi sont un peu irrégulières & forment des ombelles ordinairement bien garnies. Leurs fruits sont lisses & plus ou moins striés.

ANALYSE.

Feuilles inférieures ayant des folioles simples, non linéaires, ou des découpures lancéolées. I.	Toutes les feuilles multifides & dont les folioles ou découpures sont linéaires. I I.

I. *Feuilles inférieures ayant des folioles simples, non linéaires, ou des découpures lancéolées.*

Ammi majeur. *Ammi majus.* Lin. Sp. 349.

Ammi majus. Tournef. 304.

Sa tige est haute d'un pied & demi, cylindrique, glabre & rameuse; ses feuilles inférieures sont ailées, composées de cinq folioles ovales-lancéolées, dentées en scie & la plupart simples, ou quelquefois ayant un lobe à leur base; les feuilles supérieures sont moins grandes, plus divisées, & partagées en découpures-lancéolées, dentées, assez étroites, mais point linéaires : les fleurs sont blanches, leurs ombelles sont amples & les folioles de la collerette universelle n'ont communément que trois découpures. On trouve cette plante sur le bord des champs. ⊙

Obs. L'*ammi glaucifolium* de M. Linné croît en France, dans les environs de Luçon, selon M. Guettard. Je ne l'ai point analysé, ne le connoissant pas suffisamment. M. de Haller le rapporte aux *tragoselinum.* Hall. enum. p. 430. n.° 5.

II. *Toutes les feuilles multifides & dont les folioles ou découpures sont linéaires.*

Ammi visnage. *Ammi visnaga.* [Herbe aux cure-dents].

Fœniculum annuum umbellâ contractâ, oblongâ. Tournef. 311.

Daucus visnaga. Lin. Sp. 348.

Sa tige est droite, cylindrique, cannelée, lisse, un peu rameuse, feuillée & s'élève jusqu'à deux pieds; ses feuilles sont toutes découpées très-menu, & leurs découpures sont étroites

1043. & linéaires : les fleurs font blanches & forment au fommet de la tige & des rameaux , des ombelles compofées de rayons nombreux , qui fe contractent dans la maturation des fruits. On trouve cette plante en Languedoc & en Provence. ⊙.

1044. *Fleurs fenfiblement de couleur jaune* . . . . {
Fruit ou comprimé , ou entouré d'ailes remarquables 1045
Fruit non comprimé & n'ayant aucune aile bien fenfible . . 1051

1045. *Fruit ou comprimé , ou entouré d'ailes remarquables* . . . . {
Feuilles dont les folioles font tout-à-fait linéaires 1046
Feuilles dont les folioles ne font point linéaires 1048

1046. *Feuilles dont les folioles font tout-à-fait linéaires* . . . . . {
Ombelle arrondie ou globuleufe. 1047
Ombelle évafée & point arrondie. 1058 — III.

1047. *Ombelle arrondie ou globuleufe.*

Ferule commune. *Ferula communis.* Lin. Sp. 355.

Ferula fœmina Plinii. Tournef. 321.

Sa tige eft haute de quatre à cinq pieds , épaiffe , ferme , cylindrique & un peu rameufe ; fes feuilles font fort grandes , plufieurs fois ailées , décompofées & à folioles longues & & linéaires : fes fleurs forment des ombelles très-garnies , difpofées ordinairement trois à trois , dont une intermédiaire affez grande & deux latérales plus petites , foutenues par des péduncules oppofés. On trouve cette plante dans les lieux montueux & maritimes des Provinces méridionales. ♃ Sa femence eft carminative & fudorifique.

1048. *Feuilles dont les folioles ne sont point linéaires* . . . . {
Fruit oblong & ailé, ou entouré d'un rebord large, mince & feuillé. 1049

Fruit elliptique & simplement comprimé 1050

1049. *Fruit oblong & ailé, ou entouré d'un rebord large, mince & feuillé* . . . .

Thapsie velue. *Thapsia villosa.* Lin. Sp. 375.

Thapsia latifolia, villosa. Tournef. 322.

Sa tige est haute de deux ou trois pieds, cylindrique & presque simple ; ses feuilles sont grandes, larges, velues, blanchâtres en-dessous, deux fois ailées & à folioles dentées, pinnatifides & cohérentes à leur base : les fleurs forment des ombelles lâches fort amples, & composées d'une vingtaine de rayons. On trouve cette plante dans les lieux montagneux du Languedoc & de la Provence, ♃ ; sa racine est âcre & purge avec violence.

1050. *Fruit elliptique & simplement comprimé.*

Panais. *Pastinaca.*

Les fleurs de Panais forment des ombelles évasées, & communément assez bien garnies. Les collerettes sont nulles ou polyphylles, selon les espèces, & les fruits sont aplatis & entourés d'un rebord étroit, non feuillé.

ANALYSE.

Collerettes nulles; pétioles des feuilles glabres & point hérissés de poils.	Collerettes de plusieurs folioles; pétioles des feuilles inférieures hérissés de poils blancs.
I.	I I.

1050. **I.** *Collerettes nulles ; pétioles des feuilles glabres & point hériffés de poils.*

Panais cultivé. *Paftinaca fativa.* Lin. Sp. 376.

Paftinaca fylveftris, latifolia. Tournef. 319.
β. *Paftinaca fativa, latifolia.* Ibid.

Sa tige eft haute de trois pieds, quelquefois un peu plus, cylindrique, cannelée & rameufe; fes feuilles font glabres, une fois ailées, & compofées de folioles affez larges, lobées ou incifées : les fleurs font petites, régulières, & forment des ombelles très-ouvertes, dépourvues de collerette. On trouve cette plante dans les lieux incultes, & le long des haies ou des chemins, ♂ ; on cultive la variété β, dont la racine eft plus grande, moins dure, & d'un ufage affez fréquent dans les cuifines.

II. *Collerettes de plufieurs folioles ; pétioles des feuilles inférieures hériffés de poils blancs.*

Panais élevé. *Paftinaca altiffima.*

Paftinaca fylveftris, altiffima. Tournef. 319.
Paftinaca opoponax. Lin. Sp. 376.
Laferpitium chironium. Ibid. 358.

Sa tige eft haute de cinq à fix pieds, très-droite, cylindrique, glabre dans fa partie fupérieure, & un peu rameufe; fes feuilles font très-amples, deux fois ailées, hériffées en leur pétiole & en leurs nervures poftérieures, compofées de folioles ovales, dentées, & remarquables par un lobe à leur bafe, ou par un de leurs côtés beaucoup plus court que l'autre, ce qui forme un vide ou une échancrure unilatérale : les ombelles font affez petites, toutes garnies de collerette, & les latérales font portées fur des péduncules verticillés trois ou quatre enfemble vers le fommet de la tige; les fruits font tout-à-fait planes. On trouve cette plante fur le bord des champs dans les provinces méridionales. ♃

1051.
Fruit non comprimé, & n'ayant aucune aile bien sensible.

{
Collerette universelle & partielle nulle. 1052

Collerette universelle ou partielle, composée d'une ou plusieurs folioles. 1055
}

1052.
Collerette universelle & partielle nulle . . . .

{
Feuilles dont les folioles sont élargies & arrondies ou ovales. 1053

Feuilles dont les folioles sont toutes étroites & linéaires. 1054
}

1053. *Feuilles dont les folioles sont élargies & arrondies ou ovales.*

Maceron commun. *Smyrnium olusatrum.* Lin. Sp. 376.

Smyrnium Matthioli. Tournef. 316.

Sa tige est haute de deux ou trois pieds, cylindrique & rameuse ; ses feuilles inférieures sont trois fois ternées & composées de folioles ovales-arrondies, dentées, lobées, glabres & luisantes. Les supérieures sont simplement ternées : les fleurs sont d'un jaune pâle, & les fruits sont composés de deux semences cannelées & un peu en forme de croissant. On trouve cette plante dans les pâturages humides & couverts de la Provence, ♂ ; sa racine & ses semences sont diurétiques & emménagogues.

1054. *Feuilles dont les folioles sont toutes étroites & linéaires.*

Anet fenouil. *Anethum fœniculum.* Lin. Sp. 377.

Fœniculum dulce, majore & albo semine. Tournef. 311.

β. *Fœniculum vulgare, germanicum.* Ibid.

Ses tiges sont cylindriques, lisses, rameuses, & s'élèvent jusqu'à quatre ou cinq pieds ; ses feuilles sont deux ou trois fois ailées, très-divisées, & leurs folioles ou découpures sont presque capillaires : les fleurs sont régulières, leurs

1054. pétales sont entiers, & les ombelles sont amples & terminales. On trouve cette plante dans les lieux pierreux, ♂ ; son odeur est agréable, & son goût est doux & aromatique ; elle est apéritive, diurétique, carminative & stomachique.

1055. Collerette universelle ou partielle, composée d'une ou plusieurs folioles.
{ Tige & feuilles glabres.... 1056
Tige & feuilles un peu velues. 1021 — VIII.

1056. Tiges & feuilles glabres ....
{ Fruit très-gros, ovale-arrondi, anguleux, fongueux & disperme. 1057
Fruit oblong, strié, entouré d'un rebord plus ou moins sensible, & composé de deux semences nues. 1058

1057. *Fruit très-gros, ovale-arrondi, anguleux, fongueux & disperme.*

Amarinte libanotide. *Cachris libanotis.* Lin. Sp. 355.

Cachris semine fungoso, lævi, foliis ferulaceis. Tournef. 325.

Sa tige est cylindrique, striée, rameuse & haute de deux pieds ; ses feuilles sont amples, bipinnées & partagées en découpures linéaires & pointues ; ses fleurs sont jaunes, terminales, & forment des ombelles bien garnies. Il leur succède des fruits lisses, sillonnés & qui se divisent en deux portions fongueuses, dans chacune desquelles est renfermée une espèce de noyau. On trouve cette plante dans les lieux montueux & incultes des provinces méridionales. ♃

1058. *Fruit oblong, strié, entouré d'un rebord plus ou moins sensible & composé de deux semences nues.*

Peucedan. *Peucedanum.*

Les fleurs de Peucedan sont jaunâtres, leurs pétales sont

G g ij

1058. entiers, oblongs & égaux, & les rayons de leur ombelle universelle font dans quelques espèces remarquables par leur longueur.

ANALYSE.

Feuilles quatre ou cinq fois de suite partagées en trois. I.	Feuilles ailées deux ou trois fois, & point divisées trois par trois. I I.

I. *Feuilles quatre ou cinq fois de suite partagées en trois.*

Peucedan officinal. *Peucedanum officinale.* Lin. Sp. 353.

Peucedanum germanicum. Tournef. 318.

Sa tige est haute de deux ou trois pieds, cylindrique & rameuse vers son sommet; ses feuilles inférieures sont amples, leur pétiole est divisé trois ou quatre fois de suite trois par trois, & ses dernières divisions se terminent chacune par trois folioles étroites, planes & linéaires; les ombelles sont un peu lâches, ouvertes & disposées au sommet de la tige & des rameaux; les fruits sont oblongs, non comprimés & n'ont point de rebord remarquable. On trouve cette plante dans les lieux couverts & un peu humides. ♃ Elle est incisive, diurétique & emménagogue.

I I. *Feuilles ailées deux ou trois fois, mais point divisées trois par trois.*

Fruits planes; collerette universelle de trois folioles ou davantage. I I I.	Fruits presque point comprimés; collerette universelle d'une ou deux folioles. I V.

I I I. *Fruits planes; collerette de trois folioles ou davantage.*

Peucedan alsatique. *Peucedanum alsaticum.* Lin. Sp. 354.

Oreoselinum pratense, cicutæ folio. Tournef. 318.

Sa tige est haute de quatre ou cinq pieds, striée, & un peu

1058. rameuſe ; ſes premières feuilles radicales ſont deux ou trois fois ailées & reſſemblent par la forme de leurs découpures à celles des carottes ; celles d'enſuite ont leurs découpures un peu plus alongées & plus diſtantes ; enfin celles de la tige ont toutes des folioles étroites, linéaires, pointues & longues de plus d'un pouce. Les pétioles ont les bords de leur gaine un peu rougeâtres. Les ombelles ſont amples & compoſées d'une vingtaine de rayons fort grêles. Cette plante croît en Alſace. ♃

IV. *Fruits preſque point comprimés ; collerette univerſelle d'une ou deux folioles.*

Peucedan des prés. *Peucedanum pratenſe.*

Angelica pratenſis, apii folio. Tournef. 313.
Peucedanum ſilaus. Lin. Sp. 354.

Sa tige eſt haute de deux ou trois pieds, ſtriée, preſque anguleuſe & médiocrement rameuſe vers ſon ſommet ; ſes feuilles ſont d'un vert noirâtre, trois fois ailées, & leurs folioles ſont petites & lancéolées-linéaires ; les folioles du ſommet des pinnules ſont un peu confluentes à leur baſe ; les ombelles ſont lâches, très-ouvertes & terminales ; les fruits ſont oblongs & cannelés. On trouve cette plante dans les prés humides, ♃ ; elle paſſe pour diurétique & anti-calculeuſe.

1059.
Semences contenues dans une baie, ou dans une capſule.
Tige ligneuſe ; feuilles pétiolées. 1060
Tige herbacée ; feuilles amplexi-caules 1109

1060.
Tige ligneuſe ; feuilles pétiolées.
Style ſimple ; pétales non inſérés ſur le calice . . . . 1060 *
Style bifide ; pétales inſérés ſur le calice 1061

1060. *Style simple ; pétales non insérés sur le calice.*

Lierre rampant. *Hedera helix.* Lin. Sp. 292.

Hedera arborea. Tournef. 613.

β. *Hedera major, sterilis.* Bauh. pin. 305.

γ. *Hedera humi repens.* Ibid.

Arbrisseau dont les tiges sont sarmenteuses, rampantes ou grimpantes, & s'attachent aux arbres ou aux vieilles murailles par des vrilles qui s'y implantent en manière de racine; dans un âge avancé, il prend souvent la forme d'un arbre, & se soutient alors sans appui ; ses feuilles sont pétiolées, fermes ou coriaces, luisantes, partagées en plusieurs lobes anguleux sur les individus jeunes ou stériles, & ovales, pointues & entières sur ceux qui sont adultes : les fleurs sont disposées en corymbe ou en manière d'ombelles ; elles sont composées d'un calice très-petit, de cinq pétales oblongs & charnus, de cinq étamines & d'un style simple. Le fruit est une baie à cinq semences. On trouve cet arbrisseau dans les bois, les haies & contre les vieux murs, ♄ ; il est vulnéraire & astringent.

1061. *Style bifide ; pétales insérés sur le calice.*

Groseillier. *Ribes.*

Les fleurs de Groseillier ont un calice à cinq divisions, cinq pétales fort petits insérés sur le calice, cinq étamines, & un style bifide. Le fruit est une baie sphérique, succulente & polysperme.

ANALYSE.

Tige épineuse. I.	Tige non épineuse. I I.

I. *Tige épineuse.*

Groseillier épineux. *Ribes spinosum.*

Grossularia simplici acino, vel spinosa sylvestris. Tournef. 639.

Ribes uva crispa. Lin. Sp. 292.

Ses tiges sont hautes de deux à quatre pieds, rameuses &

1061. garnies d'épines ou d'aiguillons, disposés communément deux ou trois ensemble ; ses feuilles sont petites, pétiolées, arrondies, crénelées, incisées, à trois ou cinq lobes, & un peu velues en-dessous : les fleurs naissent des boutons à feuilles, attachées une ou deux ensemble à des péduncules courts & pendans ; il leur succède des baies verdâtres, un peu velues dans leur jeunesse, mais qui blanchissent ou jaunissent, & deviennent glabres dans leur maturité. Cet arbrisseau est commun dans les haies, ♄ ; on en cultive une variété dans les jardins, dont les fruits sont assez gros. Ces fruits sont astringens & rafraîchissans lorsqu'ils sont verds ; ils deviennent laxatifs en mûrissant.

II.	*Tige non épineuse.*
Fruits noirâtres ; grappes de fleurs velues. I I I.	Fruits rouges ou blancs ; grappes de fleurs glabres. I V.

III. *Fruits noirâtres ; grappes de fleurs velues.*

Groseillier noir. *Ribes nigrum.* Lin. Sp. 291. *[cassis].*

Grossularia non spinosa, fructu nigro, majore. Tournef. 640.

Ses tiges sont hautes de quatre à six pieds, droites & rameuses ; ses feuilles sont pétiolées, assez grandes, anguleuses, à trois ou cinq lobes pointus, dentées, glabres, & ont une odeur forte : les fleurs sont oblongues & disposées en grappes. Cet arbrisseau croît en Languedoc, ♄ ; on le cultive dans les jardins ; ses fruits sont stomachiques & diurétiques : son écorce & ses feuilles sont anti-hydropiques. On vante ses feuilles contre la morsure des bêtes venimeuses & des animaux enragés.

IV. *Fruits rouges ou blancs ; grappes de fleurs glabres.*

Grappes de fleurs toutes pendantes ; bractées moins longues que les fleurs. V.	Grappes de fleurs la plupart droites ; bractées aussi longues que les fleurs. V I.

1061. V. *Grappes de fleurs toutes pendantes; bractées moins longues que les fleurs.*

Groseillier rouge. *Ribes rubrum.* Lin. Sp. 290.

Grossularia multiplici acino, five non spinosa, hortensis rubra, five ribes officinarum. Tournef.

Arbrisseau de quatre à six pieds, droit & très-rameux; ses feuilles sont pétiolées, anguleuses, lobées & dentées; ses fleurs courtes, disposées en grappes, & remplacées par des fruits ordinairement rouges dans leur maturité, blancs dans une variété, & d'un goût acide, mais très-agréable: il croît dans les montagnes de la Provence, ♄; on le cultive dans les jardins; ses fruits sont rafraîchissans & tempérans.

VI. *Grappes de fleurs la plupart droites; bractées aussi longues que les fleurs.*

Groseillier des Alpes. *Ribes Alpinum.* Lin. Sp. 291.

Grossularia vulgaris, fructu dulci. Tournef. 639.

Ses tiges sont hautes de trois pieds, rameuses & recouvertes d'une écorce blanchâtre; ses feuilles sont petites, pétiolées, glabres, trilobées, dentées, vertes en-dessus & un peu pâles en-dessous. Les fleurs forment de petites grappes redressées, verdâtres & garnies de bractées assez longues; il leur succède des baies d'un blanc rougeâtre, douces & d'un goût agréable. On trouve cet arbrisseau dans les haies, en Alsace & en Provence. ♄

1062. *Moins de cinq pétales* ..... Deux étamines. 1063
Quatre étamines. 1064

1063. *Deux étamines.*

Circée. *Circæa.*

Les fleurs de Circée ont un calice de deux pièces, deux

1063. pétales échancrés en cœur, deux étamines & un ſtyle ſimple. Leur fruit eſt une capſule pyriforme, hériſſée & biloculaire.

ANALYSE.

Tige de plus d'un pied ; feuilles un peu velues, & point en cœur à leur baſe. **I.**	Tige de moins d'un pied ; feuilles très-glabres, & ſenſiblement en cœur à leur baſe. **I I.**

I. *Tige de plus d'un pied ; feuilles un peu velues, & point en cœur à leur baſe.*

Circée majeure. *Circæa major.*

Circæa Lutetiana. Tournef. 301. Lin. Sp. 12.

Sa tige eſt droite, rameuſe, un peu velue, & haute d'un pied & demi ; ſes feuilles ſont oppoſées, pétiolées, ovales, pointues, & à peine dentées en leurs bords. Ses fleurs ſont blanches ou rougeâtres, portées ſur des péduncules velus, & diſpoſés au ſommet de la tige & des rameaux, en longs épis ; les folioles de leur calice ſont réfléchies. On trouve cette plante dans les bois. ♃

II. *Tige de moins d'un pied ; feuilles très-glabres, & ſenſiblement en cœur à leur baſe.*

Circée mineure. *Circæa minima.* Tournef. 301.

Circæa Alpina. Lin. Sp. 12.

Sa tige eſt longue de quatre à ſix pouces, glabre & quelquefois couchée ; ſes feuilles ſont oppoſées, pétiolées, très-glabres, cordiformes & garnies en leurs bords de dents bien marquées : les fleurs ne forment ſouvent qu'un ſeul épi ; elles ont leur calice rougeâtre. On trouve cette plante en Alſace ; elle croît auſſi en Dauphiné, où elle a été obſervée par M. Liettard, ♃

1064.
Quatre étamines ....{ Tige herbacée 1065
Tige ligneuse 1066

1065. *Tige herbacée.*

Mâcre flottante. *Trapa natans.* Lin. Sp. 175.

Tribuloides vulgare, aquis innascens. Tournef. 655.

Sa tige est longue, rampe dans l'eau, & jette çà & là quelques feuilles capillaires, garnies vers leur base de filets latéraux, disposés en forme d'aile ; elle s'élève jusqu'à la surface de l'eau, & produit alors beaucoup de feuilles flottantes disposées en rond, & qui forment une belle rosette à la superficie de ce fluide ; ces feuilles sont glabres en - dessus, triangulaires ou rhomboïdales, dentées & portées sur de longs pétioles : les fleurs sont presque sessiles, composées d'un calice quadrifide & persistant, de quatre pétales blancs, de quatre étamines, & d'un style simple. Le fruit est monosperme & hérissé de quatre pointes formées par le calice. On trouve cette plante dans les étangs & les fossés aquatiques. ☉ On mange son fruit ; il est astringent & anti-diarrhoïque.

1066. *Tige ligneuse.*

Cornouiller. *Cornus.*

Les fleurs de Cornouiller ont un calice fort petit & à quatre dents, quatre pétales pointus, quatre étamines & un style terminé par un stigmate épais & obtus. Le fruit est arrondi, ombiliqué & contient un noyau biloculaire.

A N A L Y S E.

Fleurs jaunes paroissant avant le développement des feuilles.	Fleurs blanches, paroissant après le développement des feuilles.
I.	I I.

1066. I. *Fleurs jaunes, paroiſſant avant le développement des feuilles.*

Cornouiller mâle. *Cornus mas.* Lin. Sp. 171.

Cornus ſylveſtris, mas. Tournef. 641.

Arbriſſeau de dix à douze pieds, rameux, & dont le bois eſt dur ; ſes feuilles ſont oppoſées, portées ſur de courts pétioles, ovales, pointues, chargées de quelques poils en-deſſous, & garnies de nervures parallèles & convergentes : les fleurs forment de petites ombelles, compoſées de dix à quinze rayons très-courts & uniflores. Ces ombelles ont chacune une collerette de quatre folioles ovales, pointues, & auſſi longues que les rayons ; les fruits ſont d'un beau rouge dans leur maturité. On trouve cet arbriſſeau dans les bois & les haies, ♄ ; ſes fruits ſont bons à manger & un peu aſtringens.

II. *Fleurs blanches, paroiſſant après le développement des feuilles.*

Cornouiller ſanguin. *Cornus ſanguinea.* Lin. Sp. 171.

Cornus fœmina. Tournef. 641.

Cet arbriſſeau s'élève un peu moins que le précédent ; ſes rameaux ſont longs, droits & recouverts d'une écorce liſſe, qui devient ſouvent d'un rouge vif pendant l'hiver ; ſes feuilles ſont oppoſées, pétiolées, ovales, pointues, entières, & garnies de nervures convergentes : les fleurs forment des ombelles aſſez grandes, ſans collerette, & dont les rayons ſont rameux ; les fruits ſont noirâtres dans leur maturité. On trouve cette eſpèce dans les haies & les bois. ♄

1067.

Fleurs incomplettes . . . .

Tige ligneuſe, & de plus de trois pieds 1068

Tige herbacée, & de moins de deux pieds . . . . 930 *

1068. *Tige ligneuse, & de plus trois pieds.*

Olinet blanchâtre: *Elæagnus incanus.*

Elæagnus orientalis angustifolius, fructu parvo olivæ formi, subdulci. Tournef. cor. 53.

Elæagnus angustifolius. Lin. Sp. 176.

Grand arbrisseau dont les jeunes rameaux sont couverts d'un duvet blanc & cotonneux ; ses feuilles sont alternes, ovales - oblongues , molles , blanchâtres , cotonneuses en-dessous , & portées sur de courts pétioles : ses fleurs sont petites, presque sessiles , & disposées dans les aisselles des feuilles, souvent deux ou trois ensemble ; elles ont une corolle campanulée , quadrifide & jaunâtre intérieurement ; il leur succède un fruit à noyau qui a la forme d'une olive. On trouve cet arbrisseau en Provence. ♄

1069.
Six étamines ou plus ......
{
Tige herbacée........ 1070

Tige ligneuse........ 1078
}

1070.
Tige herbacée ....
{
Cinq pétales........ 1071

Moins de cinq pétales.. 1073
}

1071.
Cinq pétales ....
{
Calice ou double , ou hérissé de pointes roides à sa base , & portant la corolle............ 1072

Calice très-simple , non hérissé de pointes , & ne portant point la corolle............... 1112
}

1072. *Calice ou double, ou hériffé de pointes roides à fa bafe, & portant la corolle.*

Aigremoine officinale. *Agrimonia officinarum.* Tournef. 381.

Agrimonia eupatoria. Lin. Sp. 643.

Sa tige eft haute de deux pieds, plus ou moins, un peu dure, velue, & ordinairement fimple; fes feuilles font alternes, ailées avec une impaire, & compofées de fept ou neuf folioles ovales-lancéolées, dentées en fcie, velues, & entre lefquelles on en trouve d'autres extrêmement petites : les folioles vont en augmentant de grandeur vers le fommet des feuilles : les fleurs font jaunes, petites, prefque feffiles, & forment un épi grêle, alongé & terminal; les fruits font difpermes, & très-hériffés de pointes crochues. On trouve cette plante le long des haies, des chemins, & dans les bois, ♃ ; elle eft vulnéraire, aftringente, apéritive & déterfive.

1073.

Moins de cinq pétales..... { Trois pétales........ 1074

{ Quatre pétales....... 1075

1074. *Trois pétales.*

Stratiote aloïde. *Stratiotes aloïdes.* Lin. Sp. 754.

Sedum aquatile five ftratiotes potamios. Dod. pempt. 588.

Ses feuilles font nombreufes, longues, étroites, pointues, bordées de cils durs & piquans, & difpofées en un faifceau ou une large rofette qui eft communément enfoncée en grande partie dans l'eau. De la bafe de cette rofette partent plufieurs fibres déliées, cylindriques, vermiformes, & que l'on peut regarder comme des racines ; fes tiges font de petites hampes fimples, uniflores, & à peine de la longueur des feuilles : les fleurs font blanches, compofées d'un calice à trois divifions, de trois pétales arrondis & plus grands que le calice, d'une vingtaine d'étamines, & de fix ftyles fimples; il leur fuccède une baie à fix loges. On trouve cette plante en Flandre dans les eaux tranquilles, les foffés aquatiques & les étangs. ♃

1075.

Quatre pétales . . . . $\left\{\begin{array}{l}\text{Fleurs jaunes ; femences nues.}\\ \qquad\qquad\qquad 1076 \\ \text{Fleurs rouges ou blanchâtres ;}\\ \text{femences à aigrette. . . . . . 1077}\end{array}\right.$

1076.   *Fleurs jaunes ; femences nues.*

Onagre bifannuelle. *Onagra biennis.* Scop. carn. 1,
     p. 269.

     Onagra latifolia. Tournef. 302.
     Oenothera biennis. Lin. Sp. 492.

Sa tige eft haute de trois ou quatre pieds, velue, feuillée,
& un peu rameufe vers fon fommet; fes feuilles font ovales-
lancéolées, dentées en leurs bords, & remarquables par une
nervure blanche qui les traverfe dans leur longueur; fes fleurs
font grandes, pédunculées, terminales, & compofées d'un
calice à quatre divifions réfléchies, de quatre pétales jaunes
& un peu échancrés en cœur, de huit étamines, & d'un
ftyle terminé par un ftigmate quadrifide. Le fruit eft une
capfule fort longue, pointue, quadriloculaire & polyfperme.
Cette plante eft étrangère, mais elle s'eft naturalifée dans
plufieurs provinces où elle eft maintenant très-commune. ♂

1077.   *Fleurs rouges ou blanchâtres; femences à aigrette.*

Épilobe. *Epilobium.*

Les fleurs d'Épilobe ont un calice de quatre feuilles, quatre
pétales, huit étamines, & un ftyle terminé par un ftigmate
quadrifide, mais qui dans fa jeuneffe paroît quelquefois entier.
Le fruit eft une capfule très-longue, grêle, communément
tétragone, & remplie de femences à aigrette, attachées à un
placenta libre & linéaire.

A N A L Y S E.

Fleurs régulières ; la plupart des feuilles oppofées. I.	Fleurs irrégulières ; toutes les feuilles alternes. X.

1077. I. *Fleurs régulières ; la plupart des feuilles opposées.*

Tige abondamment velue. I I.	Tige glabre ou presque glabre. V.

II. *Tige abondamment velue.*

Feuilles toutes amplexicaules, les inférieures formant à leur base une gaine décurrente. I I I.	Feuilles presque pétiolées, & ne formant point à leur base une gaine décurrente. I V.

III. *Feuilles toutes amplexicaules, & les inférieures formant à leur base une gaine décurrente.*

Épilobe amplexicaule. *Epilobium amplexicaule.*

Chamænerion villosum, magno flore purpureo. Tourn. 303.

Sa tige est haute de trois à cinq pieds, cylindrique, feuillée, velue & un peu branchue dans sa partie supérieure ; ses feuilles sont grandes, lancéolées, pointues, d'un vert noirâtre, toutes amplexicaules, & ont leurs bords un peu décurrens, & qui se réunissent pour former une gaine plus ou moins distincte : les fleurs sont purpurines, fort grandes, & ont leurs pétales échancrés en cœur. On trouve cette plante sur le bord des eaux. ♃

IV. *Feuilles presque pétiolées, & ne formant point à leur base une gaine décurrente.*

Épilobe mollet. *Epilobium molle.*

Chamænerion hirsutum, parvo flore. Tournef. 303.

Cette espèce me paroît suffisamment distinguée de la précédente ; sa tige est haute de deux ou trois pieds, velue & cylindrique ; ses feuilles sont lancéolées, denticulées, non

1077. amplexicaules, d'un vert blanchâtre, très-molles & pubescentes : ses fleurs sont petites, composées de quatre pétales échancrés, peu ouverts, & d'une couleur de chair assez pâle. On trouve cette plante dans les lieux humides & couverts. ♃

V.   *Tige glabre ou presque glabre.*

Tige droite, & haute de plus d'un pied. V I.	Tige souvent couchée à sa base, & haute de moins d'un pied. I X.

VI.   *Tige droite, & haute de plus d'un pied.*

Feuilles étroites-lancéolées, & toutes entièrement sessiles. V I I.	Feuilles ovales-lancéolées, & la plupart distinctement pétiolées. V I I I.

VII. *Feuilles étroites-lancéolées, & toutes entièrement sessiles.*

Épilobe tétragone. *Epilobium tetragonum.* Lin. Sp. 494.

> *Chamænerion glabrum, minus.* Tournef. 303.
> β. *Chamænerion angustifolium, glabrum.* Ibid.
> *Epilobium palustre.* Lin. Sp. 495.

Sa tige est haute d'un pied & demi, glabre & un peu branchue ; ses feuilles sont longues de deux pouces, & ont à peine quatre lignes de largeur ; elles sont sessiles, glabres & un peu dentées en leurs bords, même celles de la variété β. Les fleurs sont petites, leurs pétales sont échancrés, & leur stigmate, long à se développer, paroît souvent très-simple. On trouve cette plante sur le bord des ruisseaux. ♃

1077. **VIII.** *Feuilles ovales-lancéolées , & la plupart distinctement pétiolées.*

Épilobe de montagne. *Épilobium montanum.* Lin. Sp. 494.

Chamænerion glabrum , majus. Tournef. 303.

Sa tige est cylindrique, branchue, & s'élève jusqu'à deux pieds ; ses feuilles sont ovales-lancéolées, pointues, dentées en leurs bords, glabres, & ont la plupart plus de quatre lignes de largeur : elles sont opposées & quelquefois ternées , mais celles du sommet sont alternes. Les fleurs sont petites, purpurines ou couleur de chair , & leurs pétales sont échancrés. On trouve cette plante dans les lieux montagneux & les bois. ♃

IX. *Tige souvent couchée à sa base, & haute de moins d'un pied.*

Épilobe des Alpes. *Epilobium Alpinum.* Lin. Sp. 495.

Chamænerion Alpinum , minus ; brunellæ foliis. Tournef. 303.

Sa tige est haute de cinq à huit pouces, rameuse, glabre, & plus ou moins droite ; ses feuilles sont ovales-lancéolées , dentées en leurs bords, rarement entières, glabres, nerveuses & émoussées à leur sommet : les inférieures sont ovales & un peu pétiolées. Les fleurs sont petites, purpurines , & disposées en petit nombre au sommet de la tige & des rameaux. On trouve cette plante dans les montagnes , sur le bord des ruisseaux. ♃

X. *Fleurs irrégulières ; toutes les feuilles alternes.*

Péduncules nus , & sortant de l'aisselle d'une petite bractée. X I.	Péduncules chargés d'une petite feuille ou bractée étroite. X I I.

1077. **XI.** *Péduncules nus , & sortant de l'aisselle d'une petite bractée.*

Épilobe à épi. *Epilobium spicatum.* [Laurier S.ᵗ Antoine].

Chamænerion latifolium , vulgare. Tournef. 302.

Sa tige est haute de trois ou quatre pieds, simple, glabre & souvent rougeâtre ; ses feuilles ressemblent un peu à celles de l'amandier : elles sont longues, lancéolées, pointues, à peine denticulées, glabres, traversées par une nervure blanche & longitudinale, & d'un vert blanchâtre en-dessous. Ses fleurs sont grandes, fort belles, d'une couleur rouge ou violette, & forment un épi superbe au sommet de la tige ; elles ont leur calice coloré & leur ovaire cotonneux. J'ai trouvé cette plante dans les bois de Bondy, aux environs de Paris. ♃

XII. *Péduncules chargés d'une petite feuille ou bractée étroite.*

Épilobe à feuilles étroites. *Epilobium angustifolium.*

Chamænerion angustifolium , Alpinum , flore purpureo. Tournef. 302.

Sa tige est haute de deux pieds ou environ, cylindrique, glabre & rameuse ; ses feuilles sont alternes, éparses, linéaires, étroites & rarement dentées. Ses fleurs sont assez grandes, purpurines, & portées sur des péduncules chargés à leur base d'une bractée longue & linéaire ; elles ont leurs pétales presque entiers, oblongs, & moins larges que ceux de l'espèce précédente. On trouve cette plante dans les montagnes du Dauphiné & de la Provence. ♃

1078. *Tige ligneuse.* . . . . { Un seul style. 1079

Plusieurs styles. 1083

1079.

Un seul style . . . . { Feuilles très-entières . . . 1080

{ Feuilles découpées. 1084 — I

1080.

Feuilles très-entières . . . . . . { Fleurs blanches ; baie à deux ou trois semences 1081

{ Fleurs rouges ; fruit multiloculaire & polysperme 1082

1081. *Fleurs blanches ; baie à deux ou trois semences.*

Myrte commun. *Myrtus communis.* Lin. Sp. 673.

Myrtus minor, vulgaris. Tournef. 640.
β. *Myrtus sylvestris, foliis acutissimis.* Ibid.

Arbrisseau peu élevé, dont la tige se divise en beaucoup de rameaux flexibles, feuillés, & d'un port très-agréable ; ses feuilles sont petites, nombreuses, fort rapprochées les unes des autres, lancéolées, pointues, vertes, lisses & un peu dures : elles ne tombent point pendant l'hiver. Ses fleurs sont axillaires, solitaires, pédunculées, composées d'un calice à cinq divisions, de cinq pétales insérés sur le calice, de beaucoup d'étamines & d'un style simple. Ses fruits sont de petites baies ovales & ombiliquées ; il croît dans les lieux incultes des provinces méridionales, ♄ ; ses feuilles & ses baies sont astringentes & détersives.

1082. *Fleurs rouges ; fruit multiloculaire & polysperme.*

Grenadier épineux. *Punica spinosa.*

Punica sylvestris. Tournef. 636.

Punica granatum. Lin. Sp. 676.

Arbrisseau élevé, épineux, & dont les rameaux sont re-couverts d'une écorce rougeâtre ; ses feuilles sont assez petites, lancéolées, pointues, très-lisses & rougeâtres dans leur jeunesse. Ses fleurs sont grandes, fort belles, d'un rouge éclatant, composées d'un calice monophyle, campanulé, coloré &

1082. quinquefide, de cinq pétales inférés sur le calice, de beaucoup d'étamines affez courtes & d'un ftyle fimple. Le fruit eft fort gros, arrondi, ombiliqué, & renferme beaucoup de femences entourées d'une pulpe rougeâtre. On trouve cet arbriffeau en Provence & en Languedoc, ♄ ; fon fruit eft rafraîchiffant & aftringent.

1083.

Plufieurs ftyles . . . . {
Deux ftyles dans la plupart des fleurs . . . . 1084.
Plus de deux ftyles dans toutes les fleurs 1085

1084. *Deux ftyles dans la plupart des fleurs.*

Alifier. *Cratægus.*

Les fleurs d'Alifier font compofées d'un calice à cinq divifions, de cinq pétales inférés fur le calice, d'une vingtaine d'étamines, & communément de deux ftyles droits. Les fruits font des baies couronnées & difpermes ; les feuilles font rarement deux fois plus longues que larges.

A N A L Y S E.

Tige ou rameaux garnis d'épines. I.	Tige & rameaux n'ayant aucune épine. I I.

I. *Tige ou rameaux garnis d'épines.*

Alifier aubepin. *Cratægus oxyacantha.* Lin. Sp. 683.

   Mefpilus apii folio, fylveftris, fpinofa, five oxyacantha. Tournef. 642.

  β. *Mefpilus apii folio, laciniato.* Ibid.

   Cratægus azarolus. Lin. Sp. 683. [Azerolier].

Arbriffeau élevé, dont le bois eft dur, le tronc tortueux, & les rameaux nombreux, diffus & armés de fortes épines ; fes feuilles font alternes, pétiolées, liffes, vertes des deux côtés, profondément découpées, incifées, élargies vers leur bafe, & émouffées ou obtufes à leur fommet. Ses fleurs font blanches, difpofées par bouquets corymbiformes, n'ont

1084. souvent qu'un seul style, & ont une odeur très-agréable; les fruits sont rouges & quelquefois monospermes. Cet arbrisseau est commun dans les haies & autour des bois, ♄; ses fruits sont un peu astringens.

L'Azerolier est moins épineux & plus grand dans toutes ses parties.

II. *Tige & rameaux n'ayant aucune épine.*

Feuilles ovales, simplement dentées, & point incisées, ni anguleuses. I I I.	Feuilles incisées, sensiblement anguleuses, & dentées en leurs angles. V I.

III. *Feuilles ovales simplement dentées, & point incisées, ni anguleuses.*

Feuilles vertes des deux côtés; fleurs rougeâtres. I V.	Feuilles blanchâtres & cotonneuses en-dessous; fleurs blanches. V.

IV. *Feuilles vertes des deux côtés; fleurs rougeâtres.*

Alisier nain. *Cratægus humilis.*

> *Cratægus folio oblongo, serrato, utrinque virente.* Tournef. 633.
>
> *Mespilus chamæmespilus.* Lin. Sp. 685.

Arbrisseau de deux ou trois pieds, rameux, tortueux, & dont l'écorce est noirâtre; ses feuilles sont ovales, dentées en scie, un peu dures, d'un vert foncé en-dessus, pâles en-dessous, glabres des deux côtés dans leur parfait développement, & portées sur de courts petioles : les fleurs sont rougeâtres, disposées en corymbe au sommet des rameaux, & n'ont que deux styles, selon Mrs de Haller, Jacquin & Scopoli. On le trouve dans les montagnes de la Provence. ♄

1084.

V. *Feuilles blanchâtres & cotonneuses en-dessous; fleurs blanches.*

Alisier commun. *Cratægus aria.* Lin. Sp. 681.

> *Cratægus folio subrotundo, serrato, subtus incano.* Tournef. 633.

Arbrisseau communément de dix à quinze pieds, & qui s'élève en arbre jusqu'à la hauteur de trente à quarante pieds, lorsqu'on le cultive; ses feuilles sont pétiolées, ovales, dentées, un peu fermes, vertes en-dessus, & garnies en-dessous d'un coton blanc très-remarquable : ses pétioles, ses péduncules & ses calices, sont aussi très-cotonneux. Ses fleurs sont disposées en corymbe, & portées sur des péduncules rameux; il leur succède des baies rouges dans leur maturité, & bonnes à manger. On trouve cet arbrisseau dans les bois. ♄

VI. *Feuilles incisées, sensiblement anguleuses, & dentées en leurs angles.*

Feuilles ovales-arrondies, non en cœur à leur base, & dont les angles sont médiocres.	Feuilles un peu en cœur à leur base., & à sept angles dont les inférieurs sont fort grands.
V I I.	**V I I I.**

VII. *Feuilles ovales-arrondies, non en cœur à leur base, & dont les angles sont médiocres.*

Alisier à feuilles larges. *Cratægus latifolia.*

> *Cratægus folio subrotundo, serrato & laciniato.* Vaill. Paris. 42.

Arbre élevé, très-rameux, dont l'écorce est grisâtre & le bois blanc, mais assez dur; ses feuilles sont pétiolées, larges, ovales - arrondies, pointues, dentées, anguleuses particulièrement vers leur base, vertes en-dessus, blanchâtres & un peu cotonneuses en-dessous : ses fleurs sont blanches, & disposées en corymbe; leurs péduncules & leurs calices sont cotonneux; ses fruits sont d'un jaune-rougeâtre, & d'un goût amer. On trouve cet arbre dans la forêt de Fontainebleau. ♄

1084. VIII. *Feuilles un peu en cœur à leur base, & à sept angles, dont les inférieurs sont fort grands.*

Alisier torminal. *Cratægus torminalis.* Lin. Sp. 681.

Cratægus folio laciniato. Tournef. 633.

Arbrisseau, ou arbre médiocre, rameux & dont l'écorce est rougeâtre; ses feuilles ressemblent un peu à celle de quelques espèces d'érable; elles sont pétiolées, assez larges, courtes, très-anguleuses, incisées, dentées & remarquables par leurs angles inférieurs, écartés & divergens : elles sont légèrement velues en-dessous, mais presque point cotonneuses : les fleurs sont blanches & disposées en corymbe. On trouve cet arbre dans les forêts. ♄

1085. *Plus de deux styles dans toutes les fleurs* . . . . { Feuilles ailées ou profondément pinnatifides 1086
Feuilles très-simples, entières ou seulement dentées 1087

1086. *Feuilles ailées ou profondément pinnatifides.*

Sorbier. *Sorbus.*

Les fleurs de Sorbier ne diffèrent de celles des alisiers que parce qu'elles ont toujours plus de deux styles, & les fruits sont des baies ombiliquées qui contiennent plus de deux semences.

A N A L Y S E.

Feuilles ailées, glabres des deux côtés, & la plupart à plus de treize folioles. **I.**	Feuilles ailées, cotonneuses en-dessous, & n'ayant jamais plus de treize folioles. **I I.**

I. *Feuilles ailées, glabres des deux côtés, & la plupart à plus de treize folioles.*

Sorbier des Oiseleurs. *Sorbus aucuparia.* Lin. Sp. 683.

Sorbus aucuparia. Tournef. 634.

Arbre droit, rameux & médiocre; ses feuilles sont ailées,

H h iv

1086. composées de treize à dix - sept folioles ovales - lancéolées, pointues, dentées en leurs bords, glabres des deux côtés, mais d'une couleur pâle en-dessous, & même un peu velues dans leur jeunesse ; ses fleurs sont blanches & disposées en corymbe, sur des péduncules rameux : il leur succède des fruits d'un beau rouge, contenant trois ou quatre semences. Cet arbre est commun dans les bois. ♄

II. *Feuilles ailées, cotonneuses en-dessous, & n'ayant jamais plus de treize folioles.*

Sorbier domestique. *Sorbus domestica.* Lin. Sp. 684.

Sorbus sativa. Tournef. 633.

Cet arbre est plus élevé que le précédent ; son tronc est uni & fort droit, & ses branches forment une tête assez régulière : les folioles de ses feuilles sont ovales, dentées, un peu obtuses, blanchâtres & légèrement velues en-dessous, même dans leur développement parfait. Ses fleurs sont blanches, disposées en corymbe, & remplacées par des fruits pyriformes & d'un rouge jaunâtre. On trouve cet arbre dans les bois en **Alsace** & en **Provence**, ♄ ; ses fruits sont astringens.

1087. *Feuilles très-simples, entières ou seulement dentées* .... { Fruit contenant trois à cinq semences très-dures & osseuses. 1088

Fruit contenant cinq à dix semences non osseuses, noirâtres, & qu'on nomme *pepins* 1089

1088. *Fruit contenant trois à cinq semences très-dures & osseuses.*

Neflier. *Mespilus.*

Les Nefliers ne diffèrent des Alisiers que par le nombre des styles de leurs fleurs, & par celui des semences que contiennent leurs fruits. Leurs feuilles simples les distinguent suffisamment des Sorbiers.

ANALYSE.

Fleurs solitaires & presque sessiles. I.	Fleurs pédunculées & point solitaires. I I.

I.   *Fleurs solitaires & presque sessiles.*

Neflier germanique. *Mespilus germanica.* Lin. Sp. 684.

Mespilus germanica, folio laurino non serrato, sive mespilus sylvestris. Tournef. 641.

Arbrisseau ou arbre médiocre, dont le tronc est tortueux, & les rameaux ordinairement garnis de fortes épines, qu'ils perdent lorsqu'on le cultive ; ses feuilles sont ovales-lancéolées, légèrement dentées en leurs bords, vertes en-dessus, d'une couleur pâle, & un peu velues en-dessous : leurs pétioles sont très-courts. Les fleurs sont blanches ou un peu rougeâtres, solitaires, terminent les rameaux, & sont remarquables par les découpures de leur calice, alongées & pointues ; il leur succède des fruits connus sous le nom de *nefle.* On trouve cet arbrisseau dans les bois & les haies, ♄ ; les nefles sont un peu astringentes.

II.   *Fleurs pédunculées & point solitaires.*

Tige épineuse ; feuilles dentées. I I I.	Tige sans épines ; feuilles très-entières. I V.

III.   *Tige épineuse ; feuilles dentées.*

Neflier pyracanthe. *Mespilus pyracantha.* Lin. Sp. 685. [Buisson ardent].

Mespilus aculeata, amygdali folio. Tournef. 642.

Arbrisseau très-rameux, diffus, disposé en buisson, & garni de fortes épines ; son écorce est rougeâtre ou noirâtre : ses feuilles sont ovales-lancéolées, légèrement dentées, un peu fermes, lisses en-dessus, nerveuses, & quelquefois un peu velues en-dessous. Ses fleurs sont d'une couleur pâle ou rougeâtre, & sont remplacées par des fruits petits, obronds, d'un rouge écarlate, & qui, par leur grand nombre, font

1088. souvent paroître cet arbrisseau comme en feu ; il croît en Provence. ♄

IV. *Tige sans épines ; feuilles très-entières.*

Néflier cotonnier. *Mespilus cotoneaster.* Lin. Sp. 686.

Mespilus folio subrotundo, fructu rubro. Tournef. 642.

Arbrisseau peu élevé, tortueux, rameux, & dont l'écorce est d'un rouge noirâtre ; ses feuilles sont pétiolées, ovales-arrondies, très-entières, vertes en-dessus, blanchâtres & cotonneuses en-dessous. Ses fleurs sont petites, de couleur herbacée, & disposées deux à cinq ensemble par bouquets axillaires ; elles n'ont souvent que trois styles, & leurs fruits sont des baies rouges, obtuses & trispermes. On trouve cet arbrisseau en Provence. ♄

1089. *Fruit contenant cinq à dix semences non osseuses, noirâtres, & qu'on nomme pepins.*

Poirier. *Pyrus.*

Le grand rapport, & même la ressemblance presque parfaite dans toutes les parties de la fructification des poiriers proprement dits, des pommiers & du coignassier, exige que l'on réunisse ces différens arbres sous un seul genre, comme l'a fait M. Linné ; leurs fleurs ont un calice monophylle à cinq divisions, cinq pétales arrondis ou oblongs, insérés sur le calice, une vingtaine d'étamines & cinq styles. Les fruits sont ordinairement charnus, divisés intérieurement en cinq petites loges membraneuses ou cartilagineuses, qui renferment presque toujours chacune deux semences oblongues, noirâtres, & connues sous le nom de *pepins*.

ANALYSE.

Fruit très-charnu, & d'une couleur verdâtre, ou jaunâtre, ou rougeâtre.	Fruit peu charnu, petit, & d'un bleu noirâtre.
I.	VI.

1089. I. *Fruit très-charnu, & d'une couleur verdâtre, ou jaunâtre,*
ou rougeâtre.

Fleurs disposées par bouquets. I I.	Fleurs solitaires. V.

II.   *Fleurs disposées par bouquets.*

Bouquets de fleurs corymbiformes; fruit conique, & point concave à l'insertion de son péduncule. I I I.	Bouquets de fleurs ombelliformes; fruit obrond, & concave à l'insertion de son péduncule. I V.

III.   *Bouquets de fleurs corymbiformes; fruit conique,*
& point concave à l'insertion de son péduncule.

Poirier commun. *Pyrus communis.* Lin. Sp. 686.

Pyrus sylvestris. Tournef. 632.
β. *Pyrus sativa [& varietates]* Ibid. 628, &c.

Les nombreuses variétés de Poiriers que l'on cultive dans
les jardins, paroissent la plupart provenir du poirier sauvage
que la culture & la greffe ont avec le temps perfectionné.
Cet arbre est médiocre, rameux & épineux; ses feuilles sont
pétiolées, ovales-lancéolées, pointues, glabres & un peu
dentées; ses fleurs sont blanches, & leurs péduncules s'insèrent en manière de corymbe sur un péduncule commun;
il leur succède des fruits qui sont très-âcres. On trouve cet
arbre dans les forêts, ♄; son bois est fort dur.

I V.   *Bouquets de fleurs ombelliformes; fruit obrond*
& concave à l'insertion de son péduncule.

Poirier pommier. *Pyrus malus.* Lin. Sp. 686.

Malus sylvestris, fructu valde acerbo. Tournef. 634.
β. *Malus sativa [& varietates].* Ibid. 634, 635, &c.

Le Pommier sauvage paroît être aussi le type de toutes

1089. les variétés de pommier que l'on cultive dans les jardins, & dont le nombre est prodigieux. Cet arbre est d'une moyenne grandeur, étalé, & quelquefois épineux; ses feuilles sont pétiolées, ovales, pointues, un peu dentées, d'un vert triste, nerveuses, & légèrement velues en-dessous; ses fleurs sont d'un blanc mélangé de couleur de rose, & remplacées par des fruits fort acerbes. On trouve cet arbre dans les bois & les haies, ♄; on s'en sert pour greffer les pommiers que l'on veut cultiver en plein vent.

V. *Fleurs solitaires.*

Poirier coignassier. *Pyrus cydonia.* Lin. Sp. 687.

Cydonia angustifolia, vulgaris. Tournef. 633.

Cet arbre ressemble au coignassier cultivé, mais il est plus petit dans toutes ses parties; son tronc est tortueux, & ne s'élève qu'à une hauteur médiocre; ses feuilles sont pétiolées, ovales, très-entières, molles, vertes en-dessus, blanchâtres & cotonneuses en-dessous: ses fleurs sont assez grandes, d'un blanc mêlé de rose, & ont les divisions de leur calice dentées; il leur succède des fruits jaunâtres, odorans, & couverts d'un duvet fin. On trouve cet arbre en Provence, ♄; les variétés que l'on cultive ont leurs fruits en général assez gros. Ces fruits sont astringens, fortifians & stomachiques.

VI. *Fruit peu charnu, petit & d'un bleu noirâtre.*

Poirier amélanchier. *Pyrus amelanchier.*

Mespilus folio rotundiori, fructu nigro, subdulci. Tournef. 642.

Mespilus amelanchier. Lin. Sp. 685.

Arbrisseau de quatre à six pieds, rameux, & dont l'écorce est d'un rouge noirâtre; ses feuilles sont pétiolées, ovales, presque obtuses, dentées, glabres, souvent rougeâtres, & pubescentes en-dessous dans leur jeunesse: ses fleurs sont blanchâtres, & remarquables par leurs pétales alongés & lancéolés; il leur succède des fruits lisses, d'un bleu noirâtre, ombiliqués, d'une saveur douce, & qui renferment six à dix semences semblables à des pepins. On trouve cet arbrisseau dans les lieux montagneux. ♄

1090. *Six pétales ou plus.......* { Six étamines ou moins. 1091

Plus de six étamines... 1110

1091. *Six étamines ou moins......* { Trois ou six étamines.. 1092

Moins de trois étamines. 1101

1092. *Trois ou six étamines......* { Trois étamines....... 1093

Six étamines......... 1098

1093. *Trois étamines..........* { Corolle régulière & symétrique. 1094

Corolle irrégulière & point symétrique............ 1097

1094. *Corolle régulière & symétrique..........* { Trois stigmates grêles, roulés, & qui ne recouvrent point les étamines............ 1095

Trois stigmates larges, pétaliformes, & qui recouvrent les étamines............ 1096

1095. *Trois stigmates grêles, roulés, & qui ne recouvrent point les étamines.*

Safran cultivé. *Crocus sativus.* Lin. Sp. 50.

α. *Crocus autumnalis.*
Crocus sativus. Tournef. 350.
β. *Crocus vernalis.*
Crocus vernus [& varietates]. Tournef. 351, &c.

Les feuilles de cette plante sont radicales, très-étroites,

1095. linéaires, pointues, glabres, divisées dans leur longueur par une ligne blanche, & enveloppées à leur base par une gaine composée de membranes sèches & transparentes ; sa tige est une hampe à peine haute de quelques pouces, & terminée par une fleur qui ressemble un peu à celle du colchique : la corolle de cette fleur forme à sa base un tube étroit & fort long, qui se dilate insensiblement vers son sommet, & se termine en un limbe partagé en six découpures redressées & ovales - oblongues ; cette corolle varie beaucoup dans sa couleur, mais elle est souvent d'un violet plus ou moins foncé, & quelquefois mélangé de pourpre : les étamines sont au nombre de trois ; le stigmate est à trois divisions roulées en cornet, communément assez longues, & un peu incisées à leur extrémité. La variété α fleurit en automne, & est cultivée pour l'usage, dans plusieurs provinces & particulièrement en Gâtinois. On trouve la variété β dans les lieux incultes & montagneux de la Provence & du Languedoc ; elle fleurit au printemps, ♃ : les stigmates du safran sont anodins, aléxitères, stomachiques, carminatifs, emménagogues, résolutifs & ophtalmiques.

1096. *Trois stigmates larges, pétaliformes, & qui recouvrent les étamines.*

Iris.

Les fleurs d'Iris sont grandes, fort belles, composées de six pétales, dont trois intérieurs sont redressés, & les trois autres très-ouverts ou réfléchis, de trois étamines cachées sous les divisions du stigmate, & d'un style simple, terminé par un stigmate à trois divisions pétaliformes & bifides à leur extrémité. Le fruit est une capsule oblongue, à trois angles & à trois loges polyspermes.

ANALYSE.

Pétales réfléchis chargés d'une raie très-barbue.	Tous les pétales nus, & sans barbe.
I.	I V.

1096. I. *Pétales réfléchis chargés d'une raie très-barbue.*

Tige pluriflore, & haute d'un pied ou davantage. I I.	Tige uniflore, & haute de moins d'un pied. I I I.

II. *Tige pluriflore, & haute d'un pied ou davantage.*

Iris germanique. *Iris germanica.* Lin. Sp. 55.

Iris vulgaris, germanica, sive sylvestris. Tournef. 358.

Sa tige est haute d'environ deux pieds, droite, souvent un peu rameuse, & feuillée dans sa partie inférieure; ses feuilles sont ensiformes, pointues, planes, un peu épaisses, moins longues que la tige, amplexicaules, & disposées sur deux côtés opposés : les fleurs sont grandes, d'une couleur violette ou bleuâtre & peu nombreuse. On trouve cette plante dans les lieux incultes & sur les vieux murs, ♃; sa racine est purgative, diurétique, anti-hydropique & errhine.

III. *Tige uniflore, & haute de moins d'un pied.*

Iris naine. *Iris pumila.* Lin. Sp. 56.

Iris humilis, minor, flore purpureo. Tournef. 361.
β. *Iris humilis, flore pallido & albo.* Ibid. 362.
γ. *Iris humilis, flore luteo.* Ibid.
δ. *Iris humilis, saxatilis, gallica.* Ibid.

Sa tige est ordinairement très-basse, & s'élève rarement au-delà de six ou huit pouces; elle porte à son sommet une fleur fort belle, mais de couleur différente, selon les variétés de cette espèce qui sont assez nombreuses : les feuilles sont petites, un peu étroites, amplexicaules, & excèdent quelquefois la hauteur de la tige, comme dans la variété δ. On trouve cette plante dans les lieux stériles & montueux des provinces méridionales. ♃

1096. IV. *Tous les pétales nus & sans barbe.*

Fleurs jaunes; pétales intérieurs plus petits que les divisions du stigmate. **V.**	Fleurs bleuâtres; pétales intérieurs plus grands que les divisions du stigmate. **V I.**

V. *Fleurs jaunes; pétales intérieurs plus petits que les divisions du stigmate.*

Iris jaune. *Iris lutea.*

> *Iris palustris, lutea.* Tourn. 361.
> *Iris pseudo-acorus.* Lin. Sp. 56.

Sa tige est haute de deux à quatre pieds, un peu fléchie en zig-zag vers son sommet, & chargée d'un petit nombre de fleurs; ses feuilles sont longues, ensiformes, pointues, & excèdent quelquefois la hauteur de la tige : ses fleurs sont remarquables par les trois pétales intérieurs de leur corolle, qui sont extrêmement petits. On trouve cette plante sur le bord des étangs & des fossés aquatiques, ♃ ; sa racine est astringente & desficative.

VI. *Fleurs bleuâtres; pétales intérieurs plus grands que les divisions du stigmate.*

Pétales intérieurs très-ouverts; tige à peine plus haute que les feuilles. **V I I.**	Pétales intérieurs redressés; tige beaucoup plus haute que les feuilles. **V I I I.**

VII. *Pétales intérieurs très-ouverts; tige à peine plus haute que les feuilles.*

Iris fétide. *Iris fœtidissima.* Lin. Sp. 57.

> *Iris fœtidissima, seu xyris.* Tournef. 360.

Cette plante est un peu plus petite que la précédente, à laquelle

1096. laquelle elle reſſemble par ſon port ; ſes feuilles ſont plus étroites, d'un vert noirâtre ou moins clair, & rendent une mauvaiſe odeur lorſqu'on les preſſe entre les doigts : ſes fleurs ſont aſſez petites, & d'un bleu triſte, tirant ſur le pourpre. On trouve cette eſpèce dans les bois taillis & ſur les bords des chemins du Dauphiné & de la Provence, ♃ ; ſa racine eſt anti-hyſtérique & fondante.

VIII. *Pétales intérieurs redreſſés ; tige beaucoup plus haute que les feuilles.*

Pétales extérieurs étroits, & terminés chacun par un appendice arrondi & échancré.	Pétales extérieurs s'élargiſſant par degrés vers leur ſommet, qui eſt entier, & ſans appendice.
I X.	X.

IX. *Pétales extérieurs étroits, & terminés chacun par un appendice arrondi & échancré.*

Iris maritime. *Iris maritima.*

> *Iris anguſtifolia, pratenſis, folio fœtido.* Tournef. 360.
> *Iris anguſtifolia, maritima, major [& minor].* Ibid. 361.

Sa tige eſt haute de deux pieds, ſimple, feuillée, & un peu fléchie en zig-zag dans ſa partie ſupérieure ; ſes feuilles ſont enſiformes, étroites, pointues, & la plupart aſſez droites ou ſerrées contre la tige : les radicales ſont un peu recourbées en-dehors. Les fleurs ſont grandes, & remarquables par leurs pétales longs & étroits ; les trois pétales intérieurs ſont re-dreſſés, & d'une belle couleur bleue ou violette ; les trois autres ſont réfléchis ou ſimplement ouverts, & diſtingués par un appendice arrondi & échancré qui les termine. Ces pétales ſont agréablement panachés de veines jaunâtres, violettes & purpurines. On trouve cette plante en Languedoc. ♃

1096. X. *Pétales extérieurs s'élargissant par degrés vers leur sommet, qui est entier & sans appendice.*

Iris des prés. *Iris pratensis.*

> *Iris pratensis, angustifolia, non fœtida, altior.* Tournef. 361.
>
> *Iris sibirica.* Lin. Sp. 57.

Sa tige est haute de trois pieds, droite, cylindrique, grêle, & presque nue dans sa partie supérieure ; ses feuilles sont longues, linéaires, pointues & très-étroites : ses fleurs sont d'un beau bleu, & leurs pétales extérieurs sont panachés de blanc & de jaune à leur base ; les spathes sont scarieux & desséchés. On trouve cette plante dans les prés en Dauphiné & en Alsace. ♃

1097. *Corolle irrégulière & point symétrique.*

Glayeul commun. *Gladiolus communis.* Lin. Sp. 52.

> *Gladiolus floribus uno versu dispositis, major & procerior, flore purpuro-rubente [& candicante].* Tournef. 365.
>
> β. *Gladiolus utrinque floridus.* Ibid. 366.

Sa tige est haute d'un à deux pieds, lisse, feuillée, très-simple & terminée par un épi communément unilatéral ; ses feuilles sont ensiformes, pointues, nerveuses & amplexicaules. Ses fleurs sont ordinairement purpurines, sessiles, un peu distantes entr'elles, tournées souvent d'un seul côté, & garnies chacune à leur base d'un spathe assez long, lancéolé & de deux pièces : leur corolle est partagée en six découpures profondes & inégales, & forme à sa base un tube court & un peu courbé. On trouve cette plante dans les champs des provinces méridionales.

1098. *Six étamines* . . . .
{ Corolle composée de six pétales presqu'égaux & entiers. . 1099

{ Corolle composée de six pétales, dont trois intérieurs sont cordiformes & beaucoup plus petits que les autres 1100

1099. *Corolle composée de six pétales presqu'égaux & entiers.*

Perce-neige. *Leucoium.*

Les fleurs de Perce-neige sont blanches, régulières & campaniformes ; leurs pétales sont épaissis & verdâtres à leur extrémité & leur stigmate est très-simple : le fruit est une capsule en forme de poire, & à trois loges polyspermes.

ANALYSE.

Tige chargée d'une ou deux fleurs.	Tige chargée de plus de deux fleurs.
I.	II.

I. *Tige chargée d'une ou deux fleurs.*

Perce-neige printannière. *Leucoium vernum.* Lin. Sp. 414.

Narcisso-leucoium vulgare. Tournef. 387.

Sa tige est haute de six à huit pouces, lisse, nue & ordinairement uniflore ; ses feuilles sont radicales & ressemblent un peu à celles de la plupart des narcisses, mais elles sont plus courtes : la fleur est terminale, penchée & sort d'un spathe alongé, étroit & blanchâtre en ses bords : elle a six étamines dont les anthères sont jaunâtres, & un style en massue. On trouve cette plante dans les prés humides & couverts, ♃ ; elle fleurit à la fin de février.

II. *Tige chargée de plus de deux fleurs.*

Perce-neige d'été. *Leucoium æstivum.* Lin. Sp. 414.

Narcisso-leucoium pratense, multiflorum. Tournef. 387.

Cette espèce ressemble beaucoup à la précédente, mais sa tige s'élève jusqu'à un pied & demi, & soutient à son sommet cinq ou six fleurs pendantes, & qui sortent d'un spathe commun ; ses feuilles sont radicales, longues, lisses, planes, un peu convexes en-dessous & émoussées à leur extrémité. On trouve cette plante dans les prés couverts des provinces méridionales, ♃ ; elle fleurit en avril & en mai.

1100. *Corolle composée de six pétales, dont trois intérieurs sont cordiformes & beaucoup plus petits que les autres.*

Galant d'hiver. *Galanthus nivalis.* Lin. Sp. 413.

Narcisso - leucoium triphyllum, minus. Tournef. 387.

Sa tige est une hampe grêle, lisse & haute de cinq ou six pouces : elle porte à son sommet une seule fleur pendante, composée de trois pétales extérieurs oblongs, presqu'obtus, blancs & légèrement rayés, & de trois autres intérieurs plus épais, plus courts, verdâtres & échancrés en cœur, de six étamines courtes, dont les anthères sont jaunes, réunies & pointues, & d'un style terminé par un stigmate simple : les feuilles sont radicales, planes, lisses & étroites. On trouve cette plante dans les prés couverts & montagneux, ♃ ; elle fleurit en février.

1101. *Moins de trois étamines.*

Orquides. *Orchideæ.* Lin.

Les plantes orquides ont beaucoup de rapport avec les liliacées ; leurs fleurs ont une corolle composée communément de six pétales, dont l'inférieur est presque toujours plus grand que les autres, & d'une forme qui varie considérablement : il est souvent garni postérieurement d'un éperon plus ou moins alongé, & qui ressemble à une corne ou à une petite bourse : les étamines sont au nombre de deux, & ont une forme & une situation tout-à-fait particulières. Dans la plupart de ces plantes on trouve au centre de la fleur un corps membraneux que l'on dit être le stigmate, & qui forme en avant deux petites loges droites, dans lesquelles sont nichées les anthères des étamines : les filamens qui soutiennent ces anthères, s'insèrent en un point commun, situé antérieurement à la base de la cloison qui forme les loges de ce stigmate ; les anthères sont composées de spirales nombreuses, serrées & formées par la partie supérieure des filamens qui est contournée & roulée en tire-bourre. Le fruit est une

1101. capfule ovale-oblongue, uniloculaire, trivalve, & qui contient des femences ramaffées fur trois placenta ou trois bandes affez larges; les racines font tendres & bulbeufes : les tiges font fimples & les feuilles font très-entières, & ont leurs nervures parallèles.

ANALYSE.

Fleurs ayant poftérieurement un éperon plus ou moins alongé, mais très-fenfible.	Fleurs n'ayant poftérieurement aucun éperon remarquable.
1102.	1105.

1102.

Fleurs ayant poftérieurement un éperon plus ou moins alongé, mais très-fenfible.

Éperon alongé & reffemblant à une corne............ 1103	
Éperon très-court & reffemblant à une petite bourfe...... 1104	

1103. *Éperon alongé & reffemblant à une corne.*

Orquis. Orchis.

Les Orquis ne diffèrent des Satirions que par l'éperon de leur corolle qui eft communément grêle, corniforme & dont la longueur excède toujours une ligne : les étamines dans prefque toutes les efpèces ont des filamens très-fenfibles.

ANALYSE.

Bulbes de la racine arrondies & point divifées.	Bulbes de la racine palmées ou fafciculées.
I.	X X.

I. *Bulbes de la racine arrondies & point divifées.*

Pétale inférieur entier, ou à trois divifions.	Pétale inférieur à quatre ou cinq divifions bien diftinctes.
I I.	X I.

I iiij

1103. **II.** *Pétale inférieur entier ou à trois divisions.*

Pétale inférieur très-entier. I I I.	Pétale inférieur à trois divisions. I V.

III. *Pétale inférieur très-entier.*

Orquis blanc. *Orchis alba.*

> *Orchis alba, bifolia, minor, calcari oblongo.* Tournef. 433.
> β. *Orchis trifolia minor.* Ibid.
> *Orchis bifolia.* Lin. Sp. 1331. [α. β.]

Sa tige est lisse, garnie de deux ou trois petites feuilles lancéolées & s'élève jusqu'à un pied & demi ; ses feuilles radicales sont au nombre de deux ou de trois, fort longues & larges de deux ou trois pouces ; ses fleurs sont blanches ou un peu verdâtres, d'une odeur agréable & forment un épi lâche & terminal ; leur pétale inférieur est presque linéaire & obtus à son extrémité, & leur éperon est extrêmement long & très-grêle. On trouve cette plante dans les prés couverts, les bois. ♃

IV. *Pétale inférieur à trois divisions.*

Pétale inférieur à trois divisions pointues. V.	Pétale inférieur à trois divisions arrondies ou obtuses. V I.

V. *Pétale inférieur à trois divisions pointues.*

Orquis punais. *Orchis coriophora.* Lin. Sp. 1332.

> *Orchis odore hirci, minor.* Tournef. 433.

Sa tige est haute de sept à dix pouces, lisse & garnie de quelques feuilles lancéolées - linéaires ; ses feuilles radicales n'ont que trois ou quatre lignes de largeur ; ses fleurs sont assez petites, nombreuses, d'un rouge - sale mêlé de vert, & disposées en épi un peu serré : les pétales supérieurs sont ramassés, connivens & rougeâtres ; l'inférieur est verdâtre

1103. & réfléchi vers la tige, & ses divisions latérales sont un peu dentées : l'éperon est courbé & regarde en bas. On trouve cette plante dans les prés, ♃ ; ses fleurs ont une odeur forte de punaise.

VI. *Pétale inférieur à trois divisions arrondies ou obtuses.*

Pétale inférieur à trois divisions égales & très-entières.	Pétale inférieur à trois divisions dont celle du milieu est un peu échancrée.
V I I.	V I I I.

VII. *Pétale inférieur à trois divisions égales & très-entières.*

Orquis pyramidal. *Orchis pyramidalis.* Lin. Sp. 1332.

> *Orchis militaris montana, spicâ rubente conglomeratâ.* Tourn. 432.

Sa tige est haute d'un pied ou environ, & garnie sur-tout dans sa partie inférieure, de quelques feuilles oblongues-lancéolées, dont la largeur égale à peine un pouce ; elle se termine par un épi un peu dense, court, & d'une forme pyramidale dans sa jeunesse : ses fleurs sont purpurines, & remarquables par leur éperon très-alongé & très-grêle. On trouve cette plante dans les pâturages secs. ♃

VIII. *Pétale inférieur à trois divisions, dont celle du milieu est un peu échancrée.*

Fleurs d'une couleur pâle & jaunâtre.	Fleurs purpurines & presque violettes.
I X.	X.

IX. *Fleurs d'une couleur pâle & jaunâtre.*

Orquis pâle. *Orchis pallens.* Lin. mant. 292.

> *Orchis radicibus subrotundis, petalis galeâ lineatis, labello trifido, integerrimo.* Hall. hist. n.° 1281.

Sa tige est lisse, peu garnie de feuilles, & haute de cinq

1103. ou six pouces; ses feuilles sont lancéolées, pointues, & les radicales ont quelquefois plus d'un pouce de largeur : ses fleurs sont jaunâtres, & forment un épi lâche & peu garni. Leur pétale inférieur est d'un jaune plus marqué que les autres, & leur éperon est un peu courbé & regarde en haut. On trouve cette plante dans les bois, ♃; son odeur est désagréable.

X.   *Fleurs purpurines & presque violettes.*

Orquis à fleurs lâches. *Orchis laxiflora.*

Orchis morio fæmina procerior, majori flore. Vail. Paris. 150, tab. 31, fig. 33, 34.

Sa tige s'élève un peu au-delà d'un pied; ses feuilles sont assez étroites, pointues, & ordinairement pliées en gouttière; ses fleurs sont grandes, d'un pourpre foncé ou presque violet, & disposées en épi très-lâche; leur pétale inférieur est large & à trois lobes, dont les deux latéraux sont grands, crénelés, & s'avancent davantage que celui du milieu qui est fort petit, court & légèrement échancré. Les pétales supérieurs ne sont pas connivens, ce qui suffit pour distinguer cette espèce de la suivante. On la trouve dans les prés montagneux. ♃

XI. *Pétale inférieur à quatre ou cinq divisions bien distinctes.*

Pétale inférieur à quatre divisions.	Pétale inférieur à cinq divisions.
X I I.	X V I I.

XII.   *Pétale inférieur à quatre divisions.*

Éperon aussi long, ou presque aussi long que l'ovaire.	Éperon de moitié au moins plus court que l'ovaire.
X I I I.	X V I.

1103. **XIII.** *Éperon auſſi long, ou preſqu'auſſi long que l'ovaire.*

Pétales latéraux & ſupérieurs, ramaſſés & connivens. X I V.	Deux pétales latéraux très-ouverts , & redreſſés ou réfléchis. X V.

XIV. *Pétales latéraux & ſupérieurs, ramaſſés & connivens.*

Orquis bouffon. *Orchis morio.* Lin. Sp. 1333.

> *Orchis morio, fœmina.* Tournef. 433. Vaill. tab. 31,
> f. 13, 14.

Sa tige eſt haute de cinq à ſept pouces, liſſe & garnie de quelques feuilles étroites ; ſes feuilles radicales ſont lancéolées & n'ont que quatre ou cinq lignes de largeur. Ses fleurs ſont purpurines & forment un épi aſſez lâche ou peu garni ; elles ont les lobes latéraux de leur pétale inférieur crénelés, & communément réfléchis ſur les côtés ou en arrière : l'éperon eſt obtus ou quelquefois échancré à ſon extrémité, & va en montant. On trouve cette plante ſur les pelouſes & les collines sèches ♃.

XV. *Deux pétales latéraux très - ouverts & redreſſés ou réfléchis.*

Orquis mâle. *Orchis maſcula.* Lin. Sp. 1333.

> *Orchis morio, mas foliis maculatis.* Tournef. 431.
> β *Orchis morio, foliis ſeſſilibus, non maculatis.* Ibid.

Sa tige s'élève depuis un pied juſqu'à un pied & demi ; ſes feuilles ſont oblongues-lancéolées, planes, pointues & ſouvent tachées : ſes fleurs ſont grandes, purpurines, & forment un bel épi, long de trois pouces & un peu lâche ; leur pétale inférieur eſt large, quadrifide, crénelé, & remarquable par les deux diviſions du milieu plus avancées ou plus prolongées que les deux latérales extérieures : l'éperon eſt obtus & preſque droit. On trouve cette plante dans les prés, ♃ ; ſa racine paſſe pour ſtimulante & aphrodiſiaque : lorſqu'on la fait bouillir dans l'eau & enſuite ſécher, elle ſe change en une eſpèce de gomme farineuſe, que l'on emploie avec ſuccès pour adoucir les âcretés dans la phthiſie, la

1103. dyſſenterie, &c. Cette dernière vertu paroît être la ſeule que l'expérience confirme, & eſt à peu-près commune à toutes les plantes orquides.

XVI. *Éperon de moitié au moins plus court que l'ovaire.*

Orquis piété. *Orchis uſtulata.* Lin. Sp. 1333.

Orchis militaris, pratenſis, humilior. Tournef. 432.

Sa tige eſt haute de ſept à huit pouces, liſſe, & garnie de quelques feuilles oblongues-lancéolées & un peu étroites; ſes fleurs forment un épi un peu denſe, long d'un pouce & demi ou environ, d'un poupre foncé ou noirâtre à ſon ſommet, & panaché de rouge & de blanc dans ſa partie inférieure; elles ſont petites : leurs pétales ſupérieurs ſont preſque connivens, & l'inférieur eſt pendant, blanchâtre & chargé de points rouges. Ce pétale eſt partagé en trois diviſions principales, dont celle du milieu eſt plus alongée & diviſée en deux lobes; les bractées ſont plus courtes que les ovaires. On trouve cette plante dans les prés. ♃

XVII. *Pétale inférieur à cinq diviſions.*

Pétale inférieur peu alongé & à cinq diviſions, dont les deux latérales intérieures ſont fort larges.	Pétale inférieur alongé & à cinq diviſions, toutes fort étroites, & preſque linéaires.
XVIII.	**XIX.**

XVIII. *Pétale inférieur peu alongé & à cinq diviſions, dont les deux latérales intérieures ſont fort larges.*

Orquis militaire. *Orchis militaris.* Lin. Sp. 1333.

Orchis militaris, major. Tournef. 432.

Sa tige eſt haute d'un pied & demi ou quelquefois davantage, & garnie de quelques feuilles droites & lancéolées; ſes feuilles inférieures ſont fort grandes, longues au moins d'un demi-pied, & larges de deux ou trois pouces. Ses fleurs

1103. font grandes, mélangées de pourpre & de blanc, & dif-
poſées en un épi long de trois ou quatre pouces; lès pétales
ſupérieurs ſont tous rapprochés & connivens, & extérieurement d'un pourpre ferrugineux ou noirâtre : l'inférieur eſt
large, blanchâtre & chargé de points pourpres; ſes deux
diviſions latérales extérieures ſont étroites, les deux latérales
intérieures ſont larges d'une ligne au moins & ſouvent dentées,
& celle du milieu eſt fort petite & pointue; l'éperon eſt de
moitié plus court que l'ovaire. On trouve cette plante dans
les prés & les lieux couverts. ♃

XIX. *Pétale inférieur alongé & à cinq diviſions,
toutes fort étroites & preſque linéaires.*

Orquis ſinge. Orchis ſimia.

> *Orchis latifolia, hiante cucullo major.* Tournef. 432.
> Vail. Pariſ. 148, t. XXXI, f. 21.
>
> β. *Orchis flore ſimiam referens.* Vail. Pariſ. 148, t. XXXI,
> f. 25.

Sa tige eſt haute d'un pied ou un peu plus; ſes feuilles
inférieures ſont longues de quatre pouces, & n'ont pas
plus d'un pouce & demi de largeur : ſes fleurs ſont blanchâtres, tachées de pourpre, & diſpoſées en un épi court &
compact dans ſa jeuneſſe; les pétales ſupérieurs ſont ramaſſés
& pointus, & l'inférieur reſſemble à un petit ſinge pendu,
dont les bras ſont repréſentés par les deux diviſions latérales
extérieures, & les cuiſſes par les deux diviſions latérales
intérieures qui terminent le corps du ſinge : toutes ces diviſions ſont fort étroites & d'une couleur rougeâtre à leur
extrémité; la cinquième n'eſt qu'une ſpinule ou une languette fort petite & aiguë, mais très-apparente. On trouve
cette plante dans les prés. ♃

XX. *Bulbes de la racine, palmées ou faſciculées.*

Pétale inférieur à trois diviſions; tige garnie de feuilles.	Pétale inférieur entier; tige non feuillée, mais écailleuſe.
X X I.	X X V I I I.

1103. **XXI.** *Pétale inférieur à trois divisions ; tige garnie de feuilles.*

Éperon plus court que l'ovaire. **X X I I.**	Éperon plus long que l'ovaire. **X X V I I.**

XXII. *Éperon plus court que l'ovaire.*

Division moyenne du pétale inférieur, obtuse ; tige fistuleuse. **X X I I I.**	Division moyenne du pétale inférieur, un peu pointue ; tige pleine. **X X I V.**

XXIII. *Division moyenne du pétale inférieur, obtuse ; tige fistuleuse.*

Orquis à feuilles larges. *Orchis latifolia.* Lin. Sp. 1334.

> *Orchis palmata, pratensis, latifolia, longis calcaribus.* Tournef. 434.

> *Orchis palmata, pratensis, maculata.* Ibid. 435.

Sa tige est haute d'un pied ou un peu plus, creuse, lisse & garnie dans toute sa longueur de feuilles oblongues-lancéolées & pointues ; ses feuilles inférieures sont larges d'un pouce & demi, & souvent tachées. Les fleurs sont purpurines & forment un épi dense & cylindrique : leur pétale inférieur est large, ponctué & légèrement divisé en trois lobes, dont les deux latéraux sont réfléchis en arrière & dentés en leur contour. L'éperon est conique, & les bractées sont plus longues que les fleurs ; cette plante est commune dans les prés humides. ♃

XXIV. *Division moyenne du pétale inférieur, un peu pointue ; tige pleine.*

Fleurs panachées de blanc & de pourpre ; feuilles étroites-lancéolées & presque toujours tachées. **X X V.**	Fleurs tout-à-fait purpurines ; feuilles linéaires & point tachées. **X X V I.**

1103. **XXV.** *Fleurs panachées de blanc & de pourpre; feuilles étroites-lancéolées & presque toujours tachées.*

Orquis taché. *Orchis maculata.* Lin. Sp. 1335.

Orchis palmata, montana, maculata. Tournef. 436.

Sa tige est pleine, feuillée & s'élève jusqu'à un pied & demi; ses feuilles sont ordinairement chargées de taches noirâtres, & n'ont pas plus d'un pouce de largeur. Ses fleurs forment un épi conique, pointu & médiocre : leur pétale inférieur est presque plane & partagé en trois lobes, dont les deux latéraux seulement sont dentés, & celui du milieu petit, entier & pointu : les bractées ne sont pas plus longues que les fleurs. On trouve cette plante dans les prés montagneux & les bois ♃.

XXVI. *Fleurs tout-à-fait purpurines; feuilles linéaires & point tachées.*

Orquis odorant. *Orchis odoratissima.* Lin. Sp. 1335.

Orchis palmata, angustifolia, minor odoratissima. Tournef. 435.

Sa tige est haute d'un pied, grêle, feuillée & un peu dure; ses feuilles sont très-étroites, linéaires, pointues, & les inférieures ont au moins cinq pouces de longueur. Ses fleurs sont d'une couleur uniforme, d'une odeur très-agréable, & disposées en un épi long de deux pouces & assez grêle : leur éperon est court ; les bractées sont aiguës & plus longues que les ovaires. On trouve cette plante dans les prés des provinces méridionales.

XXVII. *Éperon plus long que l'ovaire.*

Orquis conopsé. *Orchis conopsea.* Lin. Sp. 1335.

Orchis palmata, minor, calcaribus oblongis. Tournef. 435.

Sa tige est grêle, feuillée & haute d'un pied & demi; ses feuilles sont étroites & pointues : les inférieures sont longues de cinq ou six pouces, & les supérieures sont fort petites. Ses fleurs sont purpurines, non panachées, odorantes & disposées en un épi long de trois pouces ; les trois pétales

1103. ſupérieurs ſont ramaſſés, les deux latéraux ſont très-ouverts, & l'inférieur eſt à trois diviſions égales : l'éperon eſt fort long & ſétacé. On trouve cette plante dans les prés montueux ♃.

XXVIII. *Pétale inférieur entier ; tige non feuillée, mais écailleuſe.*

Orquis avorté. *Orchis abortiva.* Lin. Sp. 1336.

Limodorum auſtriacum. Tournef. 437.

Sa tige eſt haute d'un pied ou davantage, & garnie d'écailles courtes, lancéolées & vaginales ; elle eſt, ainſi que ſes écailles & ſes fleurs, d'une couleur violette plus ou moins foncée, & ſe termine par un épi lâche. Ses fleurs ſont grandes & ont un éperon preſque auſſi long que l'ovaire ; leur pétale inférieur eſt ovale, un peu concave & pointu : les racines ſont des bulbes faſciculées, longues, grêles & preſque filiformes. On trouve cette plante dans les lieux couverts & montagneux ♃.

1104. *Éperon très-court, & reſſemblant à une petite bourſe.*

Satirion. *Satyrium.*

Les Satirions ne diffèrent des Orquis que par leur éperon qui eſt court, aſſez gros, & reſſemble plus à une bourſe qu'à une corne.

ANALYSE.

Bulbes de la racine, arrondies & très-entières.	Bulbes de la racine, palmées ou faſciculées.
I.	I I.

I. *Bulbes de la racine, arrondies & très-entières.*

Satirion bouquin. *Satyrium hircinum.* Lin. Sp. 1337.

Orchis barbata odore hirci, breviore latioreque folio. Tourn. 433.

Orchis barbata, fœtida. Vail. 149, t. XXX, f. 6.

Sa tige eſt haute de deux pieds, cylindrique, ferme, feuillée & terminée ſupérieurement par un long épi de fleurs

1104. blanchâtres & d'une odeur de bouc très-désagréable ; ses feuilles sont larges, lancéolées, pointues & très-lisses : ses fleurs sont nombreuses, & naissent chacune de l'aisselle d'une bractée étroite, presque linéaire & aiguë. Les cinq pétales supérieurs de leur corolle sont ramassés en casque, & le sixième ou l'inférieur est fort grand, taché de pourpre à sa base, & partagé en trois lanières, dont les deux latérales sont petites, subulées & ondulées, & celle du milieu est longue d'un à deux pouces, linéaire & comme rongée ou déchirée à son extrémité ; cette lanière est roulée sur elle-même avant l'épanouissement de la fleur. On trouve cette plante dans les prés montueux & sur le bord des bois. ♃

II. *Bulbes de la racine, palmées ou fasciculées.*

Pétale inférieur ovale - lancéolé, & entier ou un peu crénelé.	Pétale inférieur à trois divisions, dont les deux latérales sont pointues.
III.	IV.

III. *Pétale inférieur ovale-lancéolé, & entier ou un peu crénelé.*

Satirion noir. *Satyrium nigrum.* Lin. Sp. 1338.

> *Orchis palmata, angustifolia, alpina, nigro flore.* Tournef. 436.

Sa tige est grêle, feuillée, & haute de six ou sept pouces ; ses feuilles sont étroites & linéaires : ses fleurs sont petites, très-odorantes, d'un pourpre foncé ou noirâtre, & disposées en un épi court, dense & ovale-conique ; ces fleurs sont souvent dans une situation renversée. On trouve cette plante dans les prés des montagnes. ♃

IV. *Pétale inférieur à trois divisions, dont les deux latérales sont pointues.*

Divisions latérales du pétale inférieur, plus longues que celle du milieu.	Divisions latérales du pétale inférieur, moins longues que celle du milieu.
V.	VI.

1104.

V. *Divisions latérales du pétale inférieur, plus longues que celle du milieu.*

Satirion verdâtre. *Satyrium viride.* Lin. Sp. 1337.

Orchis palmata, flore viridi. Tournef. 435. Vail. t. XXXI, f. 6, 7, 8.

Sa tige est haute de cinq à sept pouces; ses feuilles inférieures sont assez larges, presque ovales, & les supérieures sont lancéolées & en petit nombre. Ses fleurs sont d'un vert pâle ou quelquefois un peu jaunâtre; les pétales supérieurs sont ramassés en casque : l'inférieur est étroit, pendant, & ses divisions latérales sont presque linéaires & pointues, les bractées sont plus longues que les ovaires. Cette plante croît dans les prés humides. ♃

VI. *Divisions latérales du pétale inférieur, moins longues que celle du milieu.*

Satirion blanchâtre. *Satyrium albidum.* Lin. Sp. 1338.

Orchis radicibus confertis, teretibus, calcare brevissimo, labello trifido. Hall. Hist. n.° 1270, t. XXVI.

Sa racine est divisée jusqu'à son collet, en six ou huit portions cylindriques & ramassées; elle pousse une tige haute d'un pied, garnie de feuilles lancéolées, & terminée par un épi alongé & un peu dense. Ses fleurs sont petites, d'un vert blanchâtre ou quelquefois légèrement purpurines; les trois pétales supérieurs sont ramassés, les deux latéraux sont ouverts, & l'inférieur est court & trifide. Cette plante croît en Provence. ♃

1105.

Fleurs n'ayant postérieurement aucun éperon remarquable.

{ Pétale inférieur pendant, & postérieurement concave ou en gouttière; feuilles lisses. 1106

Pétale inférieur concave intérieurement; feuilles dont les nervures sont très-saillantes. 1107

1106. *Pétale inférieur pendant, & postérieurement concave ou en gouttière ; feuilles lisses.*

Ophris.

Les Ophris se distinguent aisément des Orquis & des Satirions, par leur corolle tout-à-fait sans éperon, & des Helleborines, par leur pétale inférieur concave postérieurement ; leurs feuilles sont lisses, & n'ont que des nervures fines & peu saillantes.

ANALYSE.

Bulbes de la racine, arrondies, & point au-delà de deux. **I.**	Bulbes de la racine, alongées, ou fasciculées ou rameuses. **X.**

I. *Bulbes de la racine arrondies & point au-delà de deux.*

Racine composée d'une seule bulbe. **II.**	Racine composée de deux bulbes. **III.**

II.   *Racine composée d'une seule bulbe.*

Ophris unibulbe. *Ophris monorchis.* Lin. Sp. 1342.

Orchis odorata moschata, sive monorchis. Bauh. pin. 84.

Sa tige est haute de trois à cinq pouces, grêle, nue, ou chargée d'une petite feuille linéaire, & se termine par un épi très-menu, quelquefois un peu en spirale ; ses feuilles radicales sont ovales-lancéolées & au nombre de deux ou trois. Ses fleurs sont petites & d'un vert jaunâtre ; leurs pétales sont pointus, & l'inférieur est à trois divisions disposées en forme de croix. On trouve cette plante dans les prés montagneux. ♃

1106. **III.** *Racines composées de deux bulbes.*

Tige nue.	Tige feuillée.
I V.	V.

IV. *Tige nue.*

Ophris des Alpes. *Ophris alpina.* Lin. Sp. 1342.

Orchis humilis Alpina, gramineo folio. Tournef. 432.

Sa tige est haute de trois ou quatre pouces, nue & terminée par un épi de cinq à dix fleurs ; ses feuilles sont radicales, étroites, linéaires, graminées, & presque aussi longues que la tige ; ses fleurs sont verdâtres ou un peu jaunâtres ; leurs pétales sont ramassés & l'inférieur est entier. Cette plante croît dans les pâturages des montagnes des provinces méridionales, où elle a été observée par Dom Fourmault. ♃

V. *Tige feuillée.*

Pétales supérieurs ramassés en casque ; l'inférieur très - étroit, & à quatre divisions linéaires.	Pétales supérieurs très-ouverts ; l'inférieur élargi & à divisions non linéaires.
V I.	V I I.

V I. *Pétales supérieurs ramassés en casque ; l'inférieur très-étroit, & à quatre divisions linéaires.*

Ophris homme. *Ophris antropophora.* Lin. Sp. 1343.

Orchis flore nudi hominis effigiem representans, fœmina. Tournef. 433. Vaill. t. 31. f. 19, 20.

Sa tige est haute d'un pied & terminée par un épi assez long ; ses feuilles radicales sont longues-lancéolées & un peu étroites, celles de la tige sont petites & peu nombreuses : ses fleurs représentent en quelque sorte un homme pendu par la tête : cette partie est formée par les pétales supérieurs qui sont d'un blanc-jaunâtre : le pétale inférieur forme le corps & les quatre membres ; sa couleur tire sur le soufre doré ; mais

1106. celle de ſes diviſions ou des membres eſt d'un rouge ferrugineux. On trouve cette plante dans les prés. ♃

VII. *Pétales ſupérieurs très - ouverts ; l'inférieur élargi, & à diviſions non linéaires.*

Pétale inférieur un peu rétréci dans ſa partie moyenne, & terminé par une échancrure tout-à-fait nue.	Pétale inférieur large, ovale & terminé par un lobe en ſaillie, ou placé dans une échancrure.
V I I I.	**I X.**

VIII. *Pétale inférieur un peu rétréci dans ſa partie moyenne, & terminé par une échancrure tout-à-fait nue.*

Ophris mouche. *Ophris muſcaria.*

Orchis muſcæ corpus referens, minor, gâleâ & alis herbidis. Tournef. 434. Vail. t. 31. f. 17, 18.

Sa tige eſt haute d'un pied ou environ ; ſes feuilles ſont liſſes, étroites-lancéolées & ont à peine un pouce de largeur ; ſes fleurs ſont diſpoſées en épi lâche, peu garni & reſſemblent à des mouches bleuâtres : les trois pétales ſupérieurs ſont d'un blanc-verdâtre ; les deux intérieurs ſont très-petits, extrêmement grêles & rougeâtres ; l'inférieur eſt pendant, forme le corps de la mouche, & eſt chargé d'une tache bleue, remarquable : il ſe termine par une fourche formée par deux lobes pointus, qui laiſſent entr'eux un vide ou une échancrure dans lequel on ne trouve ni lobe ni appendice quelconque. Cette plante croît dans les pâturages montueux. ♃

IX. *Pétale inférieur large, ovale & terminé par un lobe en ſaillie ou placé dans une échancrure.*

Ophris araignée. *Ophris arachnites.*

Orchis fucum referens, major, folioli's ſuperioribus candidis & purpuraſcentibus. Tournef. 433. Vail. t. 30. f. 10, 11, 12, 13.

β. *Orchis fucum referens, colore rubiginoſo.* Tournef. 434. Vail. tab. 31. f. 15, 16.

Sa tige s'élève depuis huit pouces juſqu'à un pied ou

1106. quelquefois un peu davantage ; ſes feuilles ſont liſſes, lancéolées & pointues ; ſes fleurs ſont grandes , diſtantes , en petit nombre, & forment à peine l'épi : les trois pétales ſupérieurs & extérieurs ſont lancéolés & rougeâtres : les deux intérieurs ſont très-petits & herbacés : l'inférieur eſt pendant, large, convexe, velu, d'un rouge-brun, marqué vers ſa baſe, de quelques lignes jaunâtres, & terminé par un lobe pointu, placé en forme de ſaillie, ou dans une échancrure : la pointe de ce lobe eſt repliée vers la partie poſtérieure & concave du pétale, de ſorte qu'on ne l'aperçoit qu'en la redreſſant : le corps membraneux qui ſoutient ou reçoit les étamines, ſe termine en avant par un bec très remarquable. On trouve cette plante dans les prés & les pâturages montagneux. ♃

X. *Bulbes de la racine alongées, ou faſciculées, ou rameuſes.*

Pétale inférieur bifide à ſon ſommet.	Pétale inférieur entier, ou denticulé à ſon ſommet.
X I.	**X I V.**

XI. *Pétale inférieur bifide à ſon ſommet.*

Tige garnie de deux feuilles ovales & oppoſée	Tige non feuillée & n'ayant que des écailles alternes.
X I I.	**X I I I.**

XII. *Tige garnie de deux feuilles ovales & oppoſées.*

Ophris double-feuille. *Ophris bifolia.* Tournef. 437.

Ophris ovata. Lin. Sp. 1340.

Sa tige eſt pubeſcente & s'élève juſqu'à un pied & demi ; elle eſt garnie dans ſa partie inférieure de deux feuilles larges, ovales, un peu nerveuſes & qui paroiſſent entièrement oppoſées ; ſes fleurs ſont d'un vert-pâle & jaunâtre, nombreuſes & diſpoſées en un épi grêle, lâche, & aſſez long : les pétales

1106. supérieurs sont courts & à demi-ouverts ; l'inférieur est long, pendant, étroit & bifide. On trouve cette plante dans les bois & les prés couverts. ♃

XIII. *Tige non feuillée & n'ayant que des écailles alternes.*

Ophris nid-d'oiseau. *Ophris nidus avis.* Lin. Sp. 1339.

Nidus avis. Tournef. 438.

Sa racine est composée de fibres charnues, cylindriques, nombreuses, & ramassées presqu'en forme de nid d'oiseau ; sa tige est haute d'un pied ou environ & garnie de quelques écailles pointues, amplexicaules, desséchées & d'un blanc-sale ou roussâtre ; ses fleurs sont assez nombreuses, disposées en épi cylindrique, & d'une couleur semblable à celle de la tige, c'est-à-dire jaunâtre ou roussâtre : les cinq pétales supérieurs sont courts & un peu ramassés en casque ; l'inférieur est pendant & se termine par deux divisions divergentes. On trouve cette plante dans les lieux couverts & les bois.

XIV. *Pétale inférieur entier ou denticulé à son sommet.*

Pétale inférieur denticulé ; épi grêle, disposé en spirale. X V.	Pétale inférieur entier à son sommet ; épi non en spirale. X V I.

XV. *Pétale inférieur denticulé ; épi grêle, disposé en spirale.*

Ophris en spirale. *Ophris spiralis.* Lin. Sp. 1340.

Orchis spiralis, alba, odorata. Tournef. 433.

β. *Orchis spiralis, alba, odorata, longo angustoque folio.* Vail. 147.

Sa racine est composée d'une à trois bulbes alongées & presque cylindriques ; elle pousse une tige grêle, garnie de quelques feuilles courtes & étroites, & qui s'élève depuis six pouces jusqu'à un pied : ses feuilles radicales sont au

1106. nombre de trois ou quatre, ovales ou lancéolées, lisses & un peu succulentes. Ses fleurs sont petites, blanchâtres, & disposées en une série imparfaitement unilatérale, formant sensiblement la spirale autour de l'axe de l'épi. On trouve cette plante sur les pelouses & les collines sèches. La variété β croît dans les lieux humides : sa tige ne naît point à côté des feuilles, comme cela arrive souvent à la première.

XVI. *Pétale inférieur entier à son sommet ; épi non en spirale.*

Ophris corallorise. *Ophris corallorhiza.* Lin. Sp. 1339.

Orobanche radice coralloide. Bauh. pin. 88.

Les bulbes de sa racine sont très-rameuses, tortueuses, & ressemblent par leur forme à des morceaux de corail ; sa tige est haute de cinq à sept pouces, nue & garnie de quelques écailles vaginales qui tiennent lieu de feuilles. Ses fleurs sont petites, d'une couleur herbacée ou blanchâtre, peu nombreuses, & ont quatre étamines selon M. de Haller. On trouve cette plante dans les bois en Languedoc. ♃

1107.

Pétale inférieur concave intérieurement ; feuilles dont les nervures sont très-saillantes.

Six pétales très-distincts, dont un inférieur légèrement concave à sa base. 1108

Cinq pétales, dont un inférieur fort grand, ventru & creusé en sabot. 1109

1108. *Six pétales très - distincts, dont un inférieur légèrement concave à sa base.*

Helleborine. *Serapias.*

Les fleurs d'Helleborine sont composées de six pétales presque égaux, mais dont l'inférieur, un peu en nacelle vers sa base, a ordinairement son sommet plus ouvert ou rejeté en-dehors en forme d'appendice particulière.

1108.

| Pétale inférieur entier ou échancré ; bulbes de la racine longues & fibreuses. I. | Pétale inférieur à trois lobes ; bulbes de la racine arrondies. VIII. |

I. *Pétale inférieur entier ou échancré ; bulbes de la racine longues & fibreuses.*

| Ovaire sessile, & jamais pendant. I I. | Ovaire pédunculé, & un peu pendant. V. |

II. *Ovaire sessile & jamais pendant.*

| Fleurs blanches ; pétale inférieur court & un peu obtus. I I I. | Fleurs rouges ; pétale inférieur alongé & pointu. I V. |

III. *Fleurs blanches ; pétal inférieur court & un peu obtus.*

Helleborine grandiflore. *Serapias grandiflora.* Lin. mant. 491.

Helleborine flore albo, vel damasonium montanum, latifolium. Tournef. 436.

Sa tige est haute d'un pied ou un peu plus, & garnie dans toute sa longueur, de feuilles ovales-lancéolées, nerveuses, & dont les inférieures sont engaînées ou amplexicaules. Ses fleurs sont blanches, assez grandes, au nombre de cinq à dix ou environ, & disposées en épi terminal, garni de bractées assez longues ; leur pétale inférieur est jaunâtre vers son extrémité, & chargé de trois lignes saillantes. On trouve cette plante dans les pâturages montagneux. ♃

1108. IV. *Fleurs rouges ; pétale inférieur alongé & pointu.*

Helleborine rouge ; *Serapias rubra.* Lin. mant. 490.

Helleborine montana, angustifolia, purpurascens. Tournef. 436.

Sa tige s'élève jusqu'à un pied & demi, & est garnie de feuilles étroites-lancéolées, pointues, & plus longues que celles de l'espèce précédente. Ses fleurs sont assez grandes, purpurines, & au nombre de huit ou dix seulement ; elles sont peu ouvertes, & leur pétale inférieur est chargé de lignes ondulées très-remarquables. Cette plante croît dans les lieux couverts des montagnes. ♃

V.   *Ovaire pédunculé & un peu pendant.*

Pétale inférieur, terminé par une appendice saillante, élargie, & obtuse ou échancrée à son sommet.	Pétale inférieur, terminé par une appendice courte, pointue, & recourbée en-dehors.
V I.	V I I.

VI. *Pétale inférieur, terminé par une appendice saillante, élargie, & obtuse ou échancrée à son sommet.*

Helleborine des marais. *Serapias palustris.* Scop. carn. II, p. 205.

Helleborine angustifolia, palustris sive pratensis. Tournef. 436.

Serapias longifolia. Lin. mant. 490.

Sa tige est haute d'un à deux pieds, feuillée & légèrement pubescente ; ses feuilles sont étroites-lancéolées, ensiformes, glabres & nerveuses : les inférieures sont engainées, & les supérieures sessiles. Les fleurs sont d'un vert blanchâtre un peu mêlé de pourpre, & disposées au nombre de dix à quinze, en un épi assez lâche ; leur ovaire est un peu cotonneux, & leur pétale inférieur est grand, plus saillant que les autres, marqué de lignes pourpres à sa base, & terminé par une appendice obtuse, presque en cœur, & plissée

1108. ou ondulée en ses bords. Cette plante est commune dans les prés marécageux. ♃

VII. *Pétale inférieur terminé par un appendice courte, pointue, & recourbée en-dehors.*

Helleborine à feuilles larges. *Serapias latifolia.* **Lin. mant.** 490.

Helleborine latifolia, montana. **Tournef.** 436.

Sa tige est haute d'un pied & demi, feuillée & terminée par un épi long de quatre à six pouces; ses feuilles sont ovales-lancéolées, nerveuses & engainées ou amplexicaules: les inférieures ont près de deux pouces de largeur, & sont terminées par une pointe émoussée ou obtuse; les supérieures sont plus étroites & aiguës. Les fleurs sont d'un vert blanchâtre dans leur jeunesse, & deviennent rougeâtres ou purpurines en vieillissant; elles sont plus petites que celles de l'espèce précédente: leur pétale inférieur n'est pas plus grand ni plus saillant que les autres, & son appendice ou son sommet est sensiblement pointue. On trouve cette plante dans les lieux couverts & les bois. ♃

VIII. *Pétale inférieur à trois lobes; bulbes de la racine arrondies.*

Helleborine à languette. *Serapias lingua.* **Lin. Sp.** 1344.

Orchis montana, italica, flore ferrugineo, linguâ oblongâ. **Tournef.** 434.

Sa tige est haute d'un pied, creuse, & garnie de feuilles un peu étroites & pointues; ses fleurs sont d'une couleur ferrugineuse, & disposées, au nombre de cinq ou sept, en un épi lâche & assez long: elles sont remarquables par leur pétale inférieur, garni à sa base de deux lobes latéraux, courts & obtus, & terminé par une languette étroite, pendante, & longue de six ou huit lignes; les anthères ne sont point sessiles comme celles des autres espèces de ce genre. Cette plante croît dans les lieux montagneux des provinces méridionales. ♃

1109. *Cinq pétales, dont un inférieur fort grand, ventru, & creusé en sabot.*

Sabot de Vénus. *Cypripedium calceolus.* Lin. Sp. 1346.

Calceolus marianus. Tournef. 437.

Sa tige est haute d'un pied ou environ, feuillée & chargée d'une ou deux fleurs d'une grandeur remarquable, & jaunâtres ou un peu purpurines ; elles sont composées de quatre pétales lancéolés, pointus & très-ouverts, & d'un cinquième inférieur, très-ventru, concave, rétréci à son ouverture, & ressemblant en quelque manière à un sabot : ses feuilles sont larges, ovales-lancéolées, pointues, nerveuses & engainées à leur base. On trouve cette plante dans les prés couverts des provinces méridionales. ♃

1110. *Plus de six étamines.*

Cactier aux raquettes. *Cactus opuntia.* Lin. Sp. 669.

Opuntia vulgò herbariorum. Tournef. 239.

Cette plante est une espèce d'arbrisseau qui s'élève jusqu'à six ou huit pieds ; il est entièrement composé de feuilles épaisses, charnues & articulées, ou qui naissent toutes les unes sur les autres ; ces feuilles sont grandes, ovales, assez semblables à des raquettes par leur forme, & chargées d'épines sétacées, disposées par petits faisceaux. Les fleurs sont jaunes & naissent sur les feuilles ; elles ont un calice monophylle & garni d'écailles, une dixaine de pétales, beaucoup d'étamines & un style terminé par un stigmate multifide. Le fruit est une baie ovale-oblongue, ombiliquée & uniloculaire. Cette plante croît en Provence parmi les rochers, ♄ ; ses feuilles passent pour anodines & rafraîchissantes.

1111.

Cinq pétales . . . . {
Calice très-simple, non hérissé de pointes & ne portant pas la corolle. 1112

Calice double, ou hérissé de pointes & portant la corolle. 1072

1112. *Calice très-simple, non hérissé de pointes & ne portant pas la corolle.*

{ Feuilles alternes, ou embriquées, ou radicales 1113

{ Tige garnie de feuilles opposées & distantes . . . . 722 — II

1113. *Feuilles alternes ou embriquées, ou radicales.*

Saxifrage. *Saxifraga.*

Les Saxifrages font des plantes herbacées, la plupart charnues & fucculentes ; leurs fleurs font compofées d'un calice à cinq divifions, de cinq pétales plus grands que le calice, de dix étamines, & d'un ovaire plus ou moins infé-rieur & qui fe change en une capfule à deux cornes, prefque biloculaire & polyfperme.

ANALYSE.

Feuilles inférieures toutes très - fimples & entières, ou dentées, ou crénelées. **I.**	Feuilles inférieures toutes ou la plupart divifées & découpées. **X X X.**

I. *Feuilles inférieures toutes très - fimples, & entières, ou dentées, ou crénelées.*

Tige prefque nue ; les feuilles font la plupart ramaffées à fa bafe en rofette denfe. **I I.**	Tige feuillée par-tout à peu-près également, & n'ayant point à fa bafe de rofette denfe. **X I X.**

II. *Tige prefque nue ; les feuilles font la plupart ramaffées à fa bafe en rofette denfe.*

Calices droits. **I I I.**	Calices réfléchis. **X.**

1113. III.   *Calices droits.*

Tige paniculée & chargée de plus de six fleurs, dont les péduncules font rameux.	Tige chargée d'une à six fleurs foutenues par des péduncules fimples.
I V.	V.

IV. *Tige paniculée & chargée de plus de six fleurs, dont les péduncules font rameux.*

Saxifrage cotyledone. *Saxifraga cotyledon.* Lin. Sp. 570.

 α. *Saxifraga fedi folio anguftiore, ferrato.* Tournef. 252.
 β. *Saxifraga foliis fubrotundis, ferratis.* Ibid.
 γ. *Saxifraga fedi folio, flore albo, multiflora.* Ibid.

Ses feuilles radicales font dures, charnues, d'un vert un peu glauque, bordées de dents cartilagineufes & blanchâtres, & ramaffées en rofettes ferrées & étalées fur la terre : du milieu de ces rofettes s'élève une tige prefque nue, paniculée dans fa partie fupérieure & haute de fix pouces à un pied : les fleurs font blanches, fouvent ponctuées & portées fur des péduncules chargés de poils vifqueux. La variété α eft fort petite & fe diftingue par fes feuilles alongées & étroites. La variété β s'élève davantage ; fes feuilles font plus larges, plus courtes & prefque arrondies. La variété γ eft une plante fuperbe, remarquable par fa tige très-rameufe dans prefque toute fa longueur, & qui forme une belle panicule pyramidale, garnie de beaucoup de fleurs. On trouve ces plantes dans les lieux montagneux & pierreux des provinces méridionales. ♃

V. *Tige chargée d'une à fix fleurs foutenues par des péduncules fimples.*

Fleurs blanches.	Fleurs jaunes.
V I.	I X.

$\textbf{1113.}$ **VI.** *Fleurs blanches.*

Feuilles glauques, pointues, & dont le sommet est recourbé en-dehors. **VII.**	Feuilles vertes, obtuses, & n'ayant point leur sommet recourbé. **VIII.**

VII. *Feuilles glauques, pointues, & dont le sommet est recourbé en-dehors.*

Saxifrage bleuâtre. *Saxifraga cæsia.* Lin. Sp. 571.

Saxifraga alpina, minima, foliis cæsiis, deorsum incurvis. Tournef. 253.

Cette plante est fort petite; le collet de sa racine se divise en plusieurs souches garnies de beaucoup de feuilles ramassées, & disposées en rosettes très-denses; ces feuilles sont très-petites, oblongues, pointues, recourbées, ciliées à leur base, légèrement ponctuées en-dessous, un peu dures & d'une couleur glauque : les tiges sont grêles, presque nues, hautes de deux à quatre pouces, & soutiennent une à cinq fleurs d'un blanc de lait. On trouve cette plante dans les montagnes, parmi les rochers. ♃

VIII. *Feuilles vertes, obtuses, & n'ayant point leur sommet recourbé.*

Saxifrage androsace. *Saxifraga androsacea.* Lin. Sp. 571.

Saxifraga foliis ellipticis & tridentatis, hirsutis, caule pauci-floro. Hall. Hist. n.° 984.

Ses feuilles sont petites, oblongues, obtuses, planes, ordinairement entières, velues, & ramassées sur la terre en rosettes ou petits gazons bien garnis; ses tiges sont très-menues, hautes de deux ou trois pouces, chargées de quelques feuilles étroites & distantes, & portent à leur sommet une ou deux fleurs blanchâtres. Cette plante croît dans les lieux pierreux des montagnes. ♃

1113. **IX.** *Fleurs jaunes.*

Saxifrage bryoïde. *Saxifraga bryoides.* **Lin. Sp.** 572.

Saxifraga pyrenaica, minima, lutea, musco similis. Tournef. 253.

Ses feuilles sont très-petites, lancéolées, d'un vert jaunâtre, luisantes & ciliées ; elles ont à peine une ligne de longueur, & les inférieures sont ramassées en rosettes denses ou en petits gazons compacts, qui ressemblent à de la mousse : les tiges sont filiformes, hautes de deux pouces, garnies de quelques petites feuilles étroites, & chargées d'une ou deux fleurs assez grandes ; les pétales sont oblongs, jaunes, & distingués par des taches roussâtres. Cette plante croît dans les lieux pierreux & couverts du Dauphiné, où elle a été observée par M. Faujas de Saint-Fond. ♃

X. *Calices réfléchis.*

Feuilles très-obtuses.	Feuilles pointues à leur sommet.
X I.	X V I I I.

XI. *Feuilles très-obtuses.*

Feuilles courantes sur leur pétiole, & crénelées seulement en leur bord supérieur.	Feuilles non courantes sur leur pétiole, & crénelées en leur contour.
X I I.	X V.

XII. *Feuilles courantes sur leur pétiole, & crénelées seulement en leur bord supérieur.*

Feuilles spatulées, ovoïdes à leur sommet, & à crénelures distantes.	Feuilles tout-à-fait cunéiformes, & à crénelures peu distantes.
X I I I.	X I V.

1113. **XIII.** *Feuilles spatulées, ovoïdes à leur sommet, &*
à crénelures distantes.

Saxifrage ombragée. *Saxifraga umbrosa.* Lin. Sp. 574.

Geum folio subrotundo minori, pistillo floris rubro. Tournef.
251.

Sa racine pousse, outre les tiges fleuries, des rejets stériles,
rougeâtres, couchés & rampans; ses feuilles forment des
rosettes assez larges & étalées sur la terre : elles sont spatulées,
arrondies à leur sommet, cartilagineuses & blanchâtres en
leurs bords, glabres, chargées de points argentés très-petits,
souvent rougeâtres en-dessous, & un peu dures ou coriaces.
La tige est haute de six ou sept pouces, nue, très-grêle, &
se termine par une panicule médiocre, composée de cinq à
huit fleurs portées sur des péduncules courts & rameux; les
pétales sont blancs & un peu jaunâtres en leur onglet. Cette
plante croît dans les lieux couverts des montagnes en Dauphiné. ♃

XIV. *Feuilles tout-à-fait cunéiformes, & à crénelures*
peu distantes.

Saxifrage cunéiforme. *Saxifraga cuneifolia.* Lin. Sp. 574.

Geum folio subrotundo, minimo. Tournef. 251.

Cette plante ressemble beaucoup à la précédente, mais
elle est plus petite, & ses feuilles sont plus étroites, moins
arrondies & parfaitement cunéiformes ; elles sont coriaces,
chargées de points argentés, & entourées d'un rebord carti-
lagineux & blanchâtre : la tige est grêle, nue, & haute de
cinq à six pouces ; les pétales sont blancs, & les anthères
d'un rouge écarlate. Cette plante croît en Provence, dans
les rochers & les lieux couverts. ♃

XV. *Feuilles non courantes sur leur pétiole, & crénelées*
en leur contour.

Pétales blancs, & chargés de points rouges.	Pétales tout-à-fait blancs, & sans points remarquables.
X V I.	**X V I I.**

1113.

XVI. *Pétales blancs, & chargés de points rouges.*

Saxifrage velue. *Saxifraga hirfuta.* Lin. Sp. 574.

> *Geum folio circinato, acute crenato, piftillo floris rubro.* Tournef. 251.

> *Geum folio circinato, piftillo floris pallido.* Ibid.

Sa tige eft haute de fept à huit pouces, nue, rougeâtre, rameufe & paniculée dans fa partie fupérieure ; fes feuilles font radicales, ovales-arrondies, crénelées affez également dans leur contour, fouvent rougeâtres en leurs bords, & portées fur des pétioles velus & longs d'un pouce au moins ; fes fleurs font petites & portées fur des péduncules velus & d'un rouge-noirâtre : leurs pétales font blancs & agréablement ponctués. Cette plante croît dans les montagnes des provinces méridionales. ♃

XVII. *Pétales tout-à-fait blancs & fans points remarquables.*

Saxifrage mignonette. *Saxifraga geum.* Lin. Sp. 574.

> *Geum rotundifolium, minus.* Tournef. 251.

Cette efpèce a beaucoup de rapport avec la précédente, mais elle eft plus petite ; fes feuilles font radicales, vertes, arrondies, crénelées & portées fur des pétioles velus & affez longs ; fa tige eft haute de cinq ou fix pouces, rougeâtre vers fon fommet, nue, grêle, & porte huit à douze fleurs difpofées en une panicule médiocre : leurs pétales font petits, oblongs & tout-à-fait blancs. On trouve cette plante dans les lieux couverts des montagnes. ♃

XVIII. *Feuilles pointues à leur fommet.*

Saxifrage étoilée. *Saxifraga ftellaris.* Lin. Sp. 572.

> *Geum paluftre, minus, foliis oblongis, crenatis.* Tournef. 252.

Sa racine pouffe plufieurs fouches couchées & garnies de feuilles difpofées en gazons ou en rofettes lâches ; ces feuilles font oblongues, un peu cunéiformes, élargies vers leur fommet, & garnies en leur bord fupérieur de quelques angles ou de dents pointues & diftantes ; elles font un peu charnues

&

1113. & communément affez glabres : la tige eft nue , haute de quatre à fix pouces , & un peu rameufe ou paniculée à fon fommet : les fleurs font petites & leurs pétales font lancéolés, blancs , & diftingués par deux taches rouffâtres, placées dans le voifinage de leur onglet. On trouve cettte plante fur le bord des ruiffeaux, dans les montagnes des provinces méridionales. ♃

XIX. *Tige feuillée par-tout à peu-près également & n'ayant point à fa bafe de rofette denfe.*

Feuilles feffiles , petites & ovales ou lancéolées. X X.	Feuilles pétiolées , affez grandes & réniformes. X X V I I.

XX. *Feuilles feffiles , petites & ovales ou lancéolées.*

Fleurs jaunâtres ; feuilles pointues & éparfes ou alternes. X X I.	Fleurs purpurines ou bleuâtres ; feuilles obtufes & embriquées. X X V I.

XXI. *Fleurs jaunâtres ; feuilles pointues & éparfes.*

Calice réfléchi ; tige chargée d'une ou deux fleurs. X X I I.	Calice non réfléchi ; tige chargée de plus de deux fleurs. X X I I I.

XXII. *Calice réfléchi ; tige chargée d'une ou deux fleurs.*

Saxifrage jaune. *Saxifraga flava.*

Saxifraga foliis ellipticis, caule unifloro. Hall. hift. n.º 972.
Saxifraga hirculus. Lin. Sp. 576.

Sa tige eft droite, fimple, feuillée, un peu velue dans le voifinage de la fleur, & s'élève jufqu'à un pied ; fes feuilles font éparfes, alternes, lancéolées & point ciliées en leurs bords : la fleur eft terminale, grande & d'un beau jaune ; fes

1113. pétales font larges, marqués de lignes & quelquefois tachés à leur bafe. Cette plante croît dans les lieux humides des montagnes des provinces méridionales, où elle a été obfervée par Dom Fourmault.

XXIII. *Calice non réfléchi ; tige chargée de plus de deux fleurs.*

Feuilles nues ou légèrement ciliées ; fleurs jaunes & diftinguées par des taches fafrannées. **X X I V.**	Feuilles bordées de cils durs ; fleurs d'un jaune-pâle & point tachées. **X X V.**

XXIV. *Feuilles nues ou légèrement ciliées ; fleurs jaunes & diftinguées par des taches fafrannées.*

Saxifrage d'automne. *Saxifraga autumnalis.* Lin. Sp. 575.

> *Geum anguftifolium, autumnale, flore luteo, guttato.* Tournef. 252.

> β. *Saxifraga aizoides.* Lin. Sp. 576.

Cette efpèce a beaucoup de rapport avec la précédente, mais elle eft plus petite ; fa racine pouffe plufieurs tiges affez fimples, un peu couchées dans leur partie inférieure, feuillées & hautes de cinq à fept pouces ; fes feuilles font éparfes, feffiles, lancéolées & médiocrement ciliées en leurs bords ; fes fleurs font au nombre de trois à fix, difpofées au fommet de chaque tige, fur des pédunculES fimples & un peu velus ; leurs pétales font lancéolés, jaunes & remarquables par des taches de couleur de fafran. On trouve cette plante en Provence, fur le bord des ruiffeaux. ♃

XXV. *Feuilles bordées de cils durs ; fleurs d'un jaune pâle & point tachées.*

Saxifrage rude. *Saxifraga afpera.* Lin. Sp. 575.

> *Saxifraga alpina, foliis crenatis & afperis.* Tournef. 252.

Ses tiges font hautes d'un demi-pied, foibles, feuillées &

1113. un peu rameuses ; ses feuilles sont étroites-lancéolées, pointues , un peu dures & bordées de cils rudes & presque piquans ; les fleurs sont au nombre de trois ou quatre sur chaque tige, soutenues par des péduncules nus, simples & assez longs : la corolle est supérieure à l'ovaire. On trouve cette plante en Provence. ♃

XXVI. *Fleurs purpurines ou bleuâtres ; feuilles obtuses & embriquées.*

Saxifrage embriquée. *Saxifraga imbricata.*

> *Saxifraga alpina, ericoïdes, flore purpurascente [& cæruleo]*. Tournef. 253.

> *Saxifraga retusa.* Gouan. obs. 28. t. XVIII, f. 1.

Sa racine est ligneuse & pousse un grand nombre de tiges couchées, ramassées en un gazon dense, & longues de deux ou trois pouces ; ces tiges sont couvertes dans presque toute leur longueur, de feuilles extrêmement petites, ovales, un peu dures, lisses, légèrement ciliées à leur base, très-rapprochées les unes des autres & embriquées sur quatre faces : les fleurs sont terminales, solitaires ou géminées, purpurines dans leur jeunesse & ensuite bleuâtres : la capsule du fruit est remarquable par deux pointes longues & très-aiguës. On trouve cette plante en Provence parmi les rochers : elle a été aussi observée en Dauphiné par M.rs de Villars & Faujas de Saint-Fond. ♃ On ne doit pas la distinguer du *Saxifraga oppositifolia* de M. Linné, ni du *Saxifraga*, n.° 980 de M. Haller, *hist. p.* 420.

XXVII. *Feuilles pétiolées , assez grandes & réniformes.*

Pétales pointus & ponctués.	Pétales obtus & non ponctués.
X X V I I I.	X X I X.

XXVIII.   *Pétales pointus & ponctués.*

Saxifrage à feuilles rondes. *Saxifraga rotundifolia.* Lin. Sp. 576.

> *Geum rotundifolium, majus.* Tournef. 251.

Sa tige est haute d'un pied ou un peu plus, feuillée,

1113. légèrement rameuse & chargée de poils blancs un peu écartés les uns des autres ; ses feuilles sont arrondies, réniformes, bordées de grandes crénelures, ou de dents assez larges, dont la pointe est souvent glanduleuse & rougeâtre ; elles sont portées sur de longs pétioles : les fleurs au sommet de la tige sont disposées en une panicule médiocre : leurs pétales sont lancéolés & chargés de points rouges. On trouve cette plante dans les montagnes des provinces méridionales. ♃

XXIX.   *Pétales obtus & non ponctués.*

Saxifrage granulée. *Saxifraga granulata.* Lin. Sp. 576.

Saxifraga rotundifolia, alba. Tournef. 252.

Sa racine est fibreuse, garnie de plusieurs grains ou tubercules bulbeux, & pousse une tige cylindrique, velue, médiocrement rameuse, peu feuillée & haute d'un pied & demi ou environ ; ses feuilles inférieures sont réniformes, bordées de grandes crénelures & portées sur de longs pétioles : les supérieures sont petites, à peine pétiolées, incisées & presque palmées : les fleurs sont assez grandes, terminales & de couleur blanche : leurs calices & leurs péduncules sont chargés de poils courts & visqueux. On trouve cette plante dans les prés secs & sur le bord des bois, ♃ ; elle est diurétique, & passe pour lithontriptique.

XXX. *Feuilles inférieures, toutes ou la plupart divisées & découpées.*

Feuilles inférieures, toutes palmées, à cinq divisions ou davantage, & portées sur des pétioles longs de plus d'un pouce. X X X I.	Feuilles inférieures, toutes ou plusieurs, simplement trifides, & point longues de plus d'un pouce. X X X I V.

1113. **XXXI.** *Feuilles inférieures, toutes palmées, à cinq divisions ou davantage, & portées sur des pétioles longs de plus d'un pouce.*

Feuilles glabres, & dont les divisions font toutes très-étroites & presque linéaires. XXXII.	Feuilles velues, & dont les divisions font élargies & point linéaires. XXXIII.

XXXII. *Feuilles glabres, & dont les divisions font toutes très-étroites & presque linéaires.*

Saxifrage quinquefide. *Saxifraga quinquefida.*

An saxifraga geranioides. Lin. Sp. 578.

Sa tige est grêle, rougeâtre, chargée de quelques poils très-courts, quelquefois tout-à-fait glabre, un peu couchée à sa base, presque nue, & haute de huit ou neuf pouces; les feuilles naissent pour la plupart du collet de la racine, ou sont disposées sur les jeunes pousses non fleuries : elles sont glabres & quinquefides, ou à trois divisions principales, dont les latérales sont bifides. Leurs pétioles sont grêles & longs d'un pouce & demi; celles du sommet de la tige sont courtes & trifides, & les supérieures sont tout-à-fait linéaires. Les fleurs sont blanches & disposées six à douze au sommet de la tige en une panicule simple & médiocre; leurs pétales sont un peu obtus & chargés de trois lignes verdâtres. Cette plante croît dans les montagnes des provinces méridionales ♃.

XXXIII. *Feuilles velues, & dont les divisions font élargies & point linéaires.*

Saxifrage de roche. *Saxifraga petræa.* Lin. Sp. 578.

Saxifraga alba, petræa ponæ. Tournef. 252.
β *Saxifraga Pyrenaica, tridactylites, latifolia.* Ibid. 253.

Sa tige est haute d'un pied, rameuse, rougeâtre & chargée ainsi que les pétioles, les péduncules & les calices, de poils courts & visqueux; ses feuilles inférieures sont nombreuses

ΥΙΙᴣ. & forment un gazon épais : elles font palmées, divifées en trois lobes principaux & élargis, dont celui du milieu eft trifide, & les latéraux font partagés chacun en deux autres lobes incifés ou découpés : ces feuilles font portées fur des pétioles longs prefque de deux pouces ; les feuilles de la tige font un peu diftantes les unes des autres, plus petites, & foutènues par des pétioles plus courts. Les fleurs font blanches, & forment, au fommet de la tige, une panicule courte & un peu refferrée ; les péduncules font chargés de deux ou trois fleurs : les pétales font obtus, & vont en fe rétréciffant vers leurs onglets. La variété β s'élève moins, & fa tige eft beaucoup moins rameufe. Cette plante croît en Languedoc parmi les rochers. La variété β a été obfervée par M. Rivière, dans les environs de Paris, auprès de Montlhéry. ♃

XXXIV. *Feuilles inférieures, toutes ou plufieurs fimple-ment trifides, & point longues de plus d'un pouce.*

Tige fleurie, ayant à fa bafe des rejets nombreux alongés & couchés fur la terre. X X X V.	Tige fleurie, n'ayant à fa bafe aucun rejet particulier couché fur la terre. X X X V I.

XXXV. *Tige fleurie, ayant à fa bafe des rejets nom-breux, alongés & couchés fur la terre.*

Saxifrage hypnoïde. *Saxifraga hypnoides.* Lin. Sp. 579.

Saxifraga mufcofa, trifido folio. Tournef. 252.

Sa racine pouffe un grand nombre de rejets ou de tiges ftériles, feuillées, couchées, & tellement entrelacées les unes dans les autres, qu'elles forment un gazon très-denfe, & femblable à une mouffe épaiffe ; fes feuilles font petites, linéaires, pointues, les unes fimples, les autres trifides, & toutes d'un vert jaunâtre : les tiges fleuries font hautes de trois ou quatre pouces, grêles, prefque nues, droites, & portent à leur fommet une à quatre fleurs affez grandes, dont les pétales font ovales, obtus, blancs, & marqués de trois lignes

1113. pâles ou verdâtres. Cette plante croît en Provence, parmi les rochers, dans les lieux couverts. ♃

XXXVI. *Tige fleurie, n'ayant à sa base aucun rejet particulier, couché sur la terre.*

Feuilles inférieures n'ayant pas trois lignes de longueur, & ramaffées en rofette denfe ; tige prefque nue. **XXXVII.**	Feuilles inférieures longues de fix lignes ou davantage, & point ramaffées en rofette denfe ; tige feuillée. **XXXVIII.**

XXXVII. *Feuilles inférieures n'ayant pas trois lignes de longueur, & ramaffées en rofette denfe ; tige prefque nue.*

Saxifrage des gazons. *Saxifraga cefpitofa.* Lin. Sp. 578.

Saxifraga tridactylites, Pyrenaica, pallidè lutea, minima. Tournef. 253.

β. *Saxifraga Pyrenaica, foliis partim integris, partim trifidis.* Ibid.

Cette efpèce eft une des plus petites de ce genre ; le collet de fa racine eft très-divifé, & pouffe un grand nombre de rofettes de feuilles denfes & fort petites, mais qui, par leur affemblage, forment des gazons très-garnis ; les feuilles, qui compofent ces rofettes, font étroites, ligulées, trifides à leur fommet qui eft comme tronqué, glabres ou un peu ciliées à leur bafe, & d'un vert tendre : les tiges font grêles, hautes de deux pouces, garnies d'une ou deux feuilles fimples ou trifides, & portent deux ou trois fleurs petites, d'un blanc jaunâtre, & foutenues par des pédunculcs fimples. On trouve cette plante dans les lieux pierreux & couverts des montagnes. ♃

1113. XXXVIII. *Feuilles inférieures longues de six lignes ou davantage, & point ramassées en rosette dense; tige feuillée.*

Saxifrage tridactyle. *Saxifraga tridactylites.* Lin. Sp. 578.

Saxifraga annua, verna, humilior. Tournef. 252.

Sa tige est haute de trois à cinq pouces, grêle, plus ou moins rameuse, souvent rougeâtre, & chargée, ainsi que les péduncules & les calices, de poils courts & visqueux; ses feuilles inférieures sont assez longues, rétrécies en pétiole, & partagées en trois lobes à leur sommet : celles de la tige sont moins longues, pareillement trilobées; mais leurs lobes latéraux sont souvent chargés d'une découpure, ce qui les fait paroître quinquefides : les fleurs sont blanches, petites, & terminent les rameaux & la tige. Cette plante est commune sur les toits & les vieux murs, ⊙ ; elle fleurit de bonne heure.

1114 à 1145. *Numéros de reste.*

1146.

Fleurs non pétalées. ......
{ Fleurs tout-à-fait nues, & n'ayant aucune enveloppe propre, bien distincte............. **1147**

Fleurs enfermées dans des écailles ou paillettes, insérées par opposition ou par embrication..... **1157** }

1147.

Fleurs tout-à-fait nues, & n'ayant aucune enveloppe propre, bien distincte.
{ Fleurs disposées sur un chaton ou réceptacle commun, cylindrique ou linéaire........... **1148**

Fleurs libres, & point disposées sur un réceptacle commun.. **1155** }

1148.

Fleurs disposées sur un chaton ou réceptacle commun, cylindrique ou linéaire.
{ Chaton cylindrique, & garni d'un spathe membraneux, très-distingué des feuilles...... **1149**

Chaton linéaire, n'ayant aucun spathe sensible, différent de la gaine que forment les feuilles.. **1152** }

1149.

Chaton cylindrique & garni d'un spathe membraneux, très-distingué de la gaine que forment les feuilles.

Spathe en cornet..... 1150

Spathe plane........ 1151

1150. *Spathe en cornet.*

Pied-de-veau. *Arum.*

Les fleurs de Pied-de-veau sont ramassées autour d'un chaton cylindrique, qui naît dans un grand spathe membraneux, en cornet ou en oreille d'âne, plus ou moins coloré & caduc ; les étamines sont nombreuses, disposées dans la partie moyenne du chaton & composées d'anthères sessiles & tétragones : la partie inférieure de ce réceptacle est occupée par les ovaires, & son sommet est nu, coloré & se flétrit de bonne heure. Les fruits sont des baies rondes, ordinairement polyspermes.

A N A L Y S E.

Feuilles simples, en cœur ou sagittées. I.	Feuilles pédiaires & à cinq ou six digitations profondes. I V.

I. *Feuilles simples, en cœur ou sagittées.*

Feuilles sagittées ; spathe & chaton droits. I I.	Feuilles cordiformes ; spathe & chaton courbés. I I I.

II. *Feuilles sagittées ; spathe & chaton droits.*

Pied-de-veau commun. *Arum vulgare.*

Arum vulgare, non maculatum. Tournef. 158.

β *Arum vulgare, maculis candidis [& nigris].* Ibid.

Arum maculatum. Lin. Sp. 1370. *[α β].*

Sa racine est tubéreuse, charnue, garnie de fibres & pousse

1150. une tige nue, cylindrique, haute de six à huit pouces, & terminée par le chaton qui porte les fleurs ; ses feuilles sont radicales, pétiolées, sagittées, très lisses & souvent tachées : le spathe est fort grand, pointu & coloré en-dedans. Le chaton est blanchâtre, & son sommet représente une massue qui se colore, se flétrit, & tombe avant la maturation du fruit ; les baies en murissant acquièrent une couleur rouge éclatante. On trouve cette plante dans les bois, les haies & les lieux couverts, ♃ ; sa saveur est âcre & brûlante. Sa racine sèche est incisive, détersive & expectorante.

Obs. Lorsque le chaton fleuri est dans un certain état de perfection ou de développement, il est chaud au point de paroître brûlant, & n'est point du tout à la température des autres corps ; cet état ne dure que quelques heures : j'ai observé ce phénomène sur une variété de cette plante, que M. de Tournefort nomme *arum venis albis, italicum, maximum.* Inst. 158.

III. *Feuilles cordiformes ; spathe & chaton courbés.*

Pied-de-veau courbé. *Arum incurvatum.*

> *Arisarum latifolium, majus.* Tournef. 161.
> *Arum arisarum.* Lin. Sp. 1370.

Sa racine est ronde, charnue, assez petite, & pousse une ou deux tiges grêles, hautes de deux ou trois pouces ; ses feuilles sont radicales, pétiolées, cordiformes, à angles postérieurs arrondis, lisses & un peu épaisses : le chaton des fleurs est incliné & environné par un spathe entier & tubulé à sa base, ouvert d'un côté dans sa moitié supérieure, & terminé par une languette courbée en manière de coqueluchon. On trouve cette plante dans les lieux pierreux & couverts de la Provence ♃.

IV. *Feuilles pédiaires & à cinq ou six digitations profondes.*

Pied-de-veau serpentaire. *Arum dracunculus.* Lin. Sp. 1367.

> *Dracunculus polyphyllus.* Tournef. 160.

Sa tige est haute de deux ou trois pieds, épaisse, imparfaitement cylindrique, lisse, tachée & comme marbrée ; ses

1150. feuilles font pétiolées, liffes, vertes, fouvent tachées de blanc, & compofées de cinq ou fix lobes lancéolés, difpofés en manière de digitations, fur la bifurcation de leur pétiole : le fpathe eft fort grand, verdâtre en-dehors & d'un pourpre noirâtre en-dedans : le chaton eft pointu & rougeâtre à fon fommet. Cette plante croît dans les lieux ombrageux & incultes des provinces méridionales ♃.

1151. *Spathe plane.*

Calle des marais. *Calla paluftris.* Lin. Sp. 1373.

Arum paluftre, radice arundinaceâ. Mapp. Alfat. 30.

Sa racine eft une fouche couchée, rampante, d'une groffeur médiocre, longue de fix ou fept pouces, & qui produit à différens intervalles, les feuilles & les hampes qui portent les fleurs ; fes feuilles font pétiolées, cordiformes & terminées par une pointe courte : les hampes font longues de trois pouces, cylindriques, & foutiennent à leur fommet un chaton court & fleuri dans toute fa longueur. Les étamines font blanches & femées entre les ovaires, fans nombre déterminé ; le fpathe eft ovale, plane, terminé par une petite pointe, verdâtre en-dehors & de couleur blanche en-dedans. On trouve cette plante en Alface dans les marais & les lieux humides ♃.

1152.

Chaton linéaire, n'ayant aucun fpathe fenfible différent de la gaine que forment les feuilles.

{ Chaton portant les étamines d'un côté fur un feul rang, & les ovaires de l'autre............ 1153

{ Chaton portant les étamines & les ovaires fur les mêmes côtés, & fans féparation remarquable. 1154

1153. *Chaton portant les étamines d'un côté fur un feul rang, & les ovaires de l'autre.*

Algue marine. *Alga marina.* Lob. Ic. II, p. 248.

Alga anguftifolia vivariorum. Tournef. 569.

Zoftera marina. Lin. Sp. 1374.

Sa racine eft articulée, rampante, & pouffe, à différens

1153. intervalles, des paquets de feuilles difposées en faifceau : ces feuilles font longues, étroites, planes & pointues : la tige eft nulle, & le chaton qui porte les fleurs, naît du centre de chaque faifceau, porté fur un péduncule grêle & fort court. Ce chaton eft long d'un demi-pouce, & chargé d'un côté de huit ou dix étamines alternes, & de l'autre, d'un pareil nombre d'ovaires, qui deviennent des fruits monofpermes. Cette plante croît au fond des eaux ; on l'obferve dans les étangs, les rivières & fur les bords de la mer. ♃

1154. *Chaton portant les étamines & les ovaires fur les mêmes côtés, & fans féparation remarquable.*

Ruppie maritime. *Ruppia maritima.* Lin. Sp. 184.

Corallina fœniculi folio longiore. Tournef. 571.

Sa tige eft grêle, herbacée & très-rameufe ; fes feuilles font affez longues, étroites, linéaires, aiguës & alternes : les chatons naiffent dans les aiffelles des feuilles ; ils portent des fleurs nues, compofées chacune de quatre anthères feffiles, & de quatre ou cinq ovaires qui fe changent en femences foutenues par des péduncules longs & filiformes. Cette plante croît dans les étangs & fur les bords de la mer. ☉

1155. *Fleurs libres & point difpofées fur un réceptacle commun.* } Tige herbacée. 1156

Tige ligneufe. . . . . 543* — II

1156. *Tige herbacée.*

Peffe commune. *Hippuris vulgaris.* Lin. Sp. 6.

Limnopeuce. Vail. Parif. 117.

Ses tiges font droites, fimples, feuillées, & s'élèvent au-deffus de la furface de l'eau jufqu'à huit ou dix pouces ; elles font garnies dans toute leur longueur de feuilles verticillées, étroites & linéaires : les verticilles font nombreux, très-rapprochés, & compofés de dix à douze feuilles ; la longueur de ces feuilles eft d'autant moindre, que les verticilles

1156. font plus voifins du fommet des tiges. Les fleurs font axillaires, feffiles, & n'ont qu'une étamine; leur ovaire fe change en un fruit ovale & monofperme. On trouve cette plante dans les foffés aquatiques & fur le bord des étangs. ♃

1157. *Fleurs enfermées dans des écailles ou paillettes, inférées par oppofition ou par embrication.*

Graminées.

Les fleurs des Plantes graminées font petites, d'une couleur herbeufe, ordinairement hermaphrodites, & compofées communément de trois étamines, dont les anthères font oblongues, & fouvent fourchues à leurs extrémités, & d'un ovaire chargé, en général, de deux ftyles velus ou plumeux; ces fleurs font renfermées dans des écailles ou paillettes minces, coriaces, pointues, perfiftantes, prefque toujours un peu inégales entre elles, & fouvent chargées d'un filet plus ou moins terminal, qu'on nomme *barbe* : ces paillettes, auxquelles on donne le nom de *valves*, tiennent lieu de corolle, lorfqu'elles font contre les fleurs ou lorfqu'elles les enveloppent immédiatement, & celles qui font fecondaires ou extérieures, font cenfées faire les fonctions de calice; les premières forment la bâle immédiate ou florale, & les fecondes, la bâle calicinale. Le fruit eft une femence nue, qui contient une fubftance farineufe.

Ces plantes font monocotyledones, & ont beaucoup de rapport avec les liliacées; leur tige eft grêle, communément articulée, & porte le nom de *chaume* : leurs feuilles font fimples, entières, alongées, pointues, à nervures parallèles, & embraffent la tige par une gaine fendue d'un côté dans toute fa longueur, dans le plus grand nombre.

OBS. N'ayant pas encore eu occafion d'examiner fur le *vert*, les parties de la fructification de toutes ces plantes, & trouvant la plupart des Auteurs partagés fur les caractères qu'ils leur attribuent, & fur la manière d'en déterminer les genres, je vais préfenter ces genres tels que les a formés M. Linné, & felon l'ordre de fes claffes. Je ne les analyferai pas, parce que leur imperfection rend ce travail impraticable, la plupart d'entre eux n'ayant que des caractères vagues, non limités, & fujets à beaucoup d'exceptions. Je me bornerai

1157. dans cet ouvrage à fixer la diſtinction des eſpèces, en attendant que j'aie achevé la nouvelle formation des genres, qui me paroît indiſpenſable.

Claſſes de M. Linnée.

Diandrie ; fleurs hermaphrodites & ayant deux étamines.	Triandrie ; fleurs hermaphrodites & ayant trois étamines.	Polygamie ; des fleurs hermaphrodites, & des fleurs uniſexuelles ſur le même pied.
1158.	1159.	1191.

1158. *Diandrie.*

Flouve odorante. *Anthoxanthum odoratum.* Lin. Sp. 40.

Gramen anthoxanthum, ſpicatum. Tournef. 518.

Sa tige eſt haute de huit ou diɣ pouces, ſimple & garnie de deux ou trois articulations ; elle ſe termine par un épi lâche, long d'un pouce ou un peu plus, légèrement jaunâtre & compoſé de fleurs oblongues, pointues, chargées de barbes courtes, & médiocrement pédunculées ; ſes feuilles ſont un peu velues & aſſez courtes. On trouve cette plante dans les prés, ♃ ; ſa racine eſt odorante.

1159. *Triandrie.* . . . .
{ Triandrie monogynie ; trois étamines & un ſeul ſtyle. 1160
{ Triandrie dyginie ; trois étamines & deux ſtyles. 1166

1160. *Triandrie monogynie.*

Bâles univalves . . . .
{ Chouin 1161
{ Souchet 1162
{ Scirpe 1163
{ Linaigrette 1164
Bâles nues & bivalves . . . . Nard 1165

1161. **Choin.** *Schœnus.*

Les fleurs de Choin sont composées de paillettes ramassées & disposées en recouvrement les unes sur les autres. Les fruits sont des semences rondes & solitaires entre les bâles.

ANALYSE.

Tige terminée par un seul épi, ou par plusieurs épillets sessiles & ramassés.	Tige terminée par des fleurs en panicule, ou par des épillets lâches & pédunculés.
I.	V I.

I. *Tige terminée par un seul épi, ou par plusieurs épillets sessiles & ramassés.*

Collerette de deux ou trois feuilles sous l'épi de fleurs.	Collerette d'une seule feuille sous l'épi de fleurs.
I I.	V.

II. *Collerette de deux ou trois feuilles sous l'épi de fleurs.*

Collerette de deux ou trois feuilles presque égales & plus longues que l'épi.	Collerette de deux feuilles, dont une seule est plus longue que l'épi.
I I I.	I V.

III. *Collerette de deux ou trois feuilles presqu'égales & plus longues que l'épi.*

Choin maritime. *Schœnus maritimus.*

> *Scirpus maritimus, capite glomerato.* Tournef. 528.
> *Schœnus mucronatus.* Lin. Sp. 63.

Sa tige est haute d'un pied, nue, lisse & cylindrique ; ses feuilles sont radicales, nombreuses, disposées en faisceau, souvent plus longues que la tige, sémi-cylindriques, canaliculées & un peu rudes en leurs bords ; les épillets sont

1161. ramaſſés en un faiſceau terminal , gloměrulé , rouſſâtre &
luiſant. On trouve cette plante dans les lieux maritimes des
provinces méridionales. ♃.

IV. *Collerette de deux feuilles , dont une ſeule eſt plus
longue que l'épi.*

Choin noirâtre. *Schœnus nigricans.* Lin. Sp. 64.

> *Gramen ſpicatum , junci facie , lithoſpermi ſemine.* Tournef.
> 518.

Sa tige eſt haute d'un pied ou un peu plus , grêle , nue
& cylindrique ; ſes feuilles ſont radicales , nombreuſes , diſpoſées en faiſceau très - garni , longues , étroites , preſque
cylindriques , un peu roides & aiguës ; ſes fleurs forment une
tête brune ou noirâtre , ſur-tout avant leur développement , &
compoſée de quelques épillets ſerrés & faſciculés : les folioles
de la collerette ſont élargies & noirâtres à leur baſe ; l'une des
deux eſt fort courte , & l'autre eſt terminée par une pointe en
alène , longue de près d'un pouce. On trouve cette plante
dans les prés humides. ♃

V. *Collerette d'une ſeule feuille ſous l'épi de fleurs.*

Choin comprimé. *Schœnus compreſſus.* Lin. Sp. 65.

> *Scirpus planifolius , ſpica terminante diſticha.* Hall. hiſt.
> n.° 1342.

Sa tige eſt légèrement triangulaire , feuillée dans ſa partie
inférieure , & s'élève juſqu'à un pied ; ſes feuilles radicales
ſont planes , un peu en gouttière , larges d'une ligne ou
environ , & longues de quatre ou cinq pouces ; ſes fleurs
forment un épi terminal , d'un brun-rouſſâtre , comprimé , &
compoſé de cinq à ſept épillets , ſeſſiles , alternes & diſpoſés
ſur deux côtés oppoſés. On trouve cette plante en Provence ,
dans les lieux humides. ♃

VI.

1161. VI. *Tige terminée par des fleurs en panicule, ou par des épillets lâches & pédunculés.*

Feuilles fétacées, & n'ayant pas une ligne de largeur. **V I I.**	Feuilles larges de plus d'une ligne, & bordées de dents tranchantes. **V I I I.**

VII. *Feuilles fétacées, & n'ayant pas une ligne de largeur.*

Choin blanc. *Schœnus albus.* Lin. Sp. 65.

Juncus paluſtris, glaber, floribus albis. Vail. Pariſ. 110,

Sa tige eſt haute de cinq à huit pouces, très-grêle, preſque filiforme, feuillée & un peu triangulaire; elle eſt chargée d'un à trois bouquets de fleurs, dont un eſt terminal & les deux autres axillaires & écartés entre eux : ces bouquets ſont compoſés d'épillets cylindriques, pointus, diſpoſés en faiſceau lâche, d'une couleur blanche dans leur jeuneſſe, & qui devient rouſſâtre lorſqu'ils vieilliſſent. Les ſemences ſont garnies à leur baſe de pluſieurs filets blancs qui les environnent. On trouve cette plante dans les lieux humides & fangeux. ♃

VIII. *Feuilles larges de plus d'une ligne, & bordées de dents tranchantes.*

Choin mariſque. *Schœnus mariſcus.* Lin. Sp. 62.

Scirpus paluſtris, altiſſimus, foliis & carinâ ſerratis. Tournef. 528.

Sa tige eſt haute de trois à cinq pieds, feuillée & cylindrique ; ſes feuilles ſont longues, triangulaires, pointues, larges de deux à quatre lignes, & garnies de dents aiguës en leurs bords & ſur le dos. Ses fleurs forment une panicule rameuſe, alongée & compoſée de beaucoup d'épillets courts, glomérulés & rouſſâtres. On trouve cette plante ſur le bord des étangs & dans les lieux aquatiques. ♃

1162. ## Souchet. *Cyperus.*

Les Souchets font remarquables par leurs épillets aplatis, & dont les écailles paroiffent embriquées fur deux rangs oppofés.

ANALYSE.

Deux ou trois feuilles formant une collerette fous les péduncules communs des épillets. I.	Plus de trois feuilles en collerette fous les péduncules communs des épillets. I V.

I. *Deux ou trois feuilles formant une collerette fous les péduncules communs des épillets.*

Épillets d'une couleur pâle ou jaunâtre. I I.	Épillets d'une couleur brune ou noirâtre. I I I.

II. *Épillets d'une couleur pâle ou jaunâtre.*

Souchet jaunâtre. *Cyperus flavefcens.* Lin. Sp. 68.

Cyperus minimus, paniculâ fparfâ, flavefcente. Tournef. 527.

Sa racine pouffe des tiges nombreufes, difpofées en gazon, triangulaires, nues ou feuillées feulement à leur bafe, & hautes de deux à cinq pouces ; elles portent chacune à leur fommet une panicule ou une ombelle compofée de quelques péduncules inégaux, qui foutiennent chacun cinq à dix épillets feffiles, ramaffés, lancéolés & jaunâtres : les feuilles font affez longues, étroites & pointues. On trouve cette planre dans les prés humides. ♃

III. *Épillets d'une couleur brune ou noirâtre.*

Souchet brun. *Cyperus fufcus.* Lin. Sp. 69.

Cyperus minimus, panicula fparfâ, nigricante. Tournef. 527.

Cette plante reffemble beaucoup à la précédente ; fes tiges

1162. ſont nombreuſes, triangulaires, preſque nues, & hautes de trois à ſix pouces : ſes feuilles ſont auſſi longues que la tige, & n'ont pas plus d'une ligne de largeur ; celles qui forment la collerette, ſont au nombre de trois, dont deux ſont fort longues : les épillets ſont noirâtres, petits, étroits & preſque linéaires. On trouve cette eſpèce dans les lieux humides & aquatiques. ♃

IV. *Plus de trois feuilles en collerette ſous les péduncules communs des épillets.*

Ombelle lâche ; péduncules communs très-inégaux, & les plus longs rameux à leur ſommet. **V.**	Ombelle ramaſſée ; tous les péduncules communs ſimples, & point rameux. **V I.**

V. *Ombelle lâche ; péduncules communs très-inégaux, &, les plus longs rameux à leur ſommet.*

Souchet long. *Cyperus longus.* Lin. Sp. 67.

Cyperus odoratus, radice longâ, ſive cyperus officinarum Tournef. 527.

Sa tige eſt nue, triangulaire, & haute d'un à deux pieds ou quelquefois davantage ; ſes feuilles ſont aſſez longues, carinées, ſtriées, pointues & radicales : les péduncules communs ſont au nombre de cinq à dix, très-inégaux, & diſpoſés en ombelle : les intérieurs ſont fort courts, & les autres ont trois à cinq pouces de longueur ; les épillets ſont extrêmement petits, linéaires, pointus & rouſſâtres : la collerette a trois de ſes feuilles fort longues : les autres ſont petites & moins remarquables. On trouve cette plante dans les marais ; ſa racine eſt alongée, & a une odeur agréable : elle eſt diurétique, emménagogue, ſtomachique & déterſive.

1162. **VI.** *Ombelle ramaſſée ; tous les péduncules communs ſimples,*
& point rameux.

Souchet comeſtible. *Cyperus eſculentus.* Lin. Sp. 67.

Cyperus rotundus , eſculentus , anguſtifolius. Tournef.
527.

Sa racine eſt compoſée de fibres menues , auxquelles ſont
attachés pluſieurs tubercules arrondis ou oblongs , d'une
couleur brune en-dehors , & d'une ſubſtance blanche , tendre
& comme farineuſe ; ſes tiges ſont hautes de ſept à huit pouces,
nues , dures & triangulaires : ſes feuilles ſont radicales , preſque
auſſi longues que les tiges , étroites , pointues , un peu rudes
en leurs bords , carinées & d'un vert glauque. Ses fleurs
forment une panicule ou une ombelle denſe & peu éparſe ;
les épillets ſont d'un brun rouſſâtre , longs de deux ou trois
lignes , ſeſſiles & ramaſſés ſur les péduncules communs ,
dont la longueur ſurpaſſe rarement un pouce. On trouve
cette plante en Provence , dans les lieux humides , ♃ ; les
tubercules de ſa racine ont un goût aſſez agréable , & paſſent
pour adouciſſans & diurétiques.

1163. Scirpe. *Scirpus.*

Les épillets des Scirpes ſont moins comprimés que ceux
des Souchets , & ſont compoſés d'écailles embriquées aſſez
uniformément de tous côtés. Le fruit eſt une ſemence nue ,
mais ſouvent nichée dans un faiſceau de poils fort courts.

A N A L Y S E.

Un ſeul épi ſimple & terminal.	Pluſieurs épillets ramaſſés , ou pédunculés , ou paniculés.
I.	V I I I.

I. *Un ſeul épi ſimple & terminal.*

Tige feuillée & rameuſe.	Tige nue & très-ſimple.
I I.	I I I

II. *Tige feuillée & rameuſe.*

Scirpe flottant. *Scirpus fluitans.* Lin. Sp. 71.

Scirpus equiſeti capitulo minori. Tournef. 528.

Sa tige eſt grêle , rampante ou flottante , & pouſſe à différens

1163. intervalles plusieurs faisceaux de feuilles planes, linéaires & aiguës : les péduncules sont filiformes, nus, longs de deux ou trois pouces, & naissent chacun du milieu des faisceaux de feuilles : ils sont la plupart redressés en manière de hampes, & terminés par un épi extrêmement petit & pauciflore. On trouve cette plante dans les mares & les lieux aquatiques.

III. *Tige nue & très-simple.*

Épi composé de trois à cinq fleurs, & dont la longueur ne surpasse pas deux lignes.	Épi composé de beaucoup plus de cinq fleurs, & long de quatre à six lignes.
I V.	V I I.

IV. *Épi composé de trois à cinq fleurs, & dont la longueur ne surpasse pas deux lignes.*

Épi ayant à sa base deux valves fort petites, & qui ne l'égalent point en longueur.	Épi ayant à sa base deux valves, dont une l'égale ou le surpasse en longueur.
V.	V I.

V. *Épi ayant à sa base deux valves fort petites, & qui ne l'égalent point en longueur.*

Scirpe en épingle. *Scirpus acicularis.* Lin. Sp. 71.

Scirpus omnium minimus, capitulo breviore. Tournef. 528.

Ses tiges sont hautes de trois pouces, nues, capillaires, & terminées chacune par un épi fort petit, pauciflore & verdâtre ou panaché de blanc & de brun ; ses feuilles sont radicales, aussi menues que des cheveux, & forment avec les tiges, un gazon très-fin. On trouve cette plante dans les lieux humides & sur le bord des étangs.

1163.

VI. *Épi ayant à sa base deux valves, dont une l'égale ou le surpasse en longueur.*

Scirpe des gazons. *Scirpus cespitosus.* Lin. Sp. 71.

Scirpus montanus, capitulo breviore. Tournef. 528.

Ses tiges sont hautes de trois à six pouces, nombreuses, très-grêles & disposées en gazon; ses feuilles sont cylindriques, menues, aiguës, un peu dures & moins longues que les tiges; l'épi est d'un brun-jaunâtre, très-petit & composé de deux ou trois fleurs. On trouve cette plante dans les lieux humides & montagneux, & les allées des bois. ♃

VII. *Épi composé de beaucoup plus de cinq fleurs, & long de quatre à six lignes.*

Scirpe des marais. *Scirpus palustris.* Lin. Sp. 70.

Scirpus equiseti capitulo majori. Tournef. 528.

β. *Scirpus equiseti capitulo rotundiori.* Vaill. Parif. 179.

Ses tiges sont nues, cylindriques, & s'élèvent depuis huit pouces jusqu'à un pied & demi; elles sont terminées par un épi cylindrique, pointu, & embriqué d'écailles roussâtres & scarieuses ou blanchâtres en leurs bords. La variété β a son épi ovale, obtus & presque arrondi. Cette plante est commune dans les marais & sur le bord des étangs. ♃

VIII. *Plusieurs épillets ramassés, ou pédunculés, ou paniculés.*

Épillets sessiles, ramassés & point disposés en panicule. I X.	Épillets, ou pédunculés, ou disposés en panicule. X I V.

IX. *Épillets sessiles, ramassés, & point disposés en panicule.*

Tige filiforme ou cylindrique. X.	Tige triangulaire & point filiforme. X I I I.

1163. **X.** *Tige filiforme ou cylindrique.*

Deux ou trois épillets extrêmement petits, & comprimés latéralement. X I.	Plus de trois épillets glomerulés, & point comprimés latéralement. X I I.

XI. *Deux ou trois épillets extrêmement petits, & comprimés latéralement.*

Scirpe sétacé. *Scirpus setaceus.*

> *Scirpus omnium minimus, capitulo breviori.* Scheuch. Gram. 358. *Non vero synonyma.*

> *Juncellus omnium minimus.* Morif. Hift. 3, p. 232, t. X. f. 23.

> β. *Scirpus supinus, minimus, capitulis conglobatis, foliis rotundo-teretibus.* Tournef. 528.

> *Scirpus supinus.* Lin. Sp. 73.

Ses tiges font capillaires, très-foibles, & longues de trois à fept pouces; fes feuilles font fétacées, & moins longues que les tiges; fes épillets font au nombre de deux ou trois, fessiles, très-petits, ovales, ramaffés, & difpofés toujours à quelque diftance au-deffous du fommet des tiges, fans jamais les terminer; d'où il fuit que l'obfervation de M. Linné *[fcirpus fetaceus.* Mant. 321] ne convient point à cette plante. La variété β a fes épillets difpofés prefque au milieu des tiges. Cette efpèce eft commune dans les lieux couverts & les bois humides.

XII. *Plus de trois épillets glomérulés, & point comprimés latéralement.*

Scirpe glomérulé. *Scirpus glomeratus.*

> *Scirpoides acutum, maritimum, capitulo glomerato, folitario.* Scheuch. Gram. 373. t. VIII. f. 6.

> *Scirpus romanus.* Lin. Sp. 72.

Ses tiges font grêles, cylindriques, nues, & s'élèvent

1163. jufqu'à un pied & demi ; fes feuilles font radicales, pareillement cylindriques , prefque auffi longues que les tiges &
terminées par une pointe aiguë & un peu dure : les épillets
font ramaffés à quelque diftance au - deffous du fommet de
chaque tige , en un glomérule denfe , ferré , d'un brun-rouf-
fâtre & garni à fa bafe d'une bractée fouvent réfléchie en bas.
Cette plante croît dans les lieux maritimes de la Provence. ♃

XIII.   *Tige triangulaire & point filiforme.*

Scirpe piquant. *Scirpus mucronatus.* Lin. Sp. 73.

   Cyperus maritimus , capitulis glomeratis. Tournef. 527.

   Scirpus glomeratus. Scop. carn. 1, p. 47.

Ses tiges font nues , triangulaires , molles , hautes d'un
pied, & terminées par une pointe aiguë & un peu piquante :
les épillets font oblongs, feffiles & ramaffés cinq à vingt à
quelque diftance au-deffous du fommet des tiges. Cette plante
croît en Provence fur le bord des ruiffeaux & dans le voifinage de la mer. ♃

XIV.   *Épillets ou pédunculés , ou difpofés en panicule.*

Tige cylindrique.	Tige triangulaire.
X V.	X V I I I.

XV.   *Tige cylindrique.*

Épillets globuleux ; une bractée faillante à la bafe des péduncules & diftinguée de la continuation de la tige.	Épillets ovales ; point de bractée faillante à la bafe des péduncules, mais feulement une écaille courte.
X V I.	X V I I.

XVI. *Épillets globuleux ; une bractée faillante à la bafe*
des péduncules, & diftinguée de la continuation
de la tige.

Scirpe junciforme. *Scirpus holofchœnus.* Lin. Sp. 72.

   Scirpus maritimus, capitulis rotundioribus glomeratis. Tourn.
528.

Ses tiges font hautes de trois ou quatre pieds, cylindriques,

1163. nues, vertes & pleines d'une moëlle fpongieufe & blanchâtre; elles font enveloppées inférieurement par des gaines rouffâtres, qui fe terminent chacune en une pointe dure & aiguë. Les épillets font arrondis ou fphériques, d'un brun rouffâtre, la plupart pédunculés, & difpofés un peu au-deffous du fommet des tiges, dans l'aiffelle d'une bractée affez longue & linéaire. On trouve cette plante dans les lieux aquatiques des provinces méridionales. ♃

XVII. *Épillets ovales; point de bractées faillantes à la bafe des péduncules, mais feulement une écaille courte.*

Scirpe des étangs. *Scirpus lacuftris.* Lin. Sp. 72.

Scirpus paluftris, altiffimus. Tournef. 528.

Sa tige eft haute de quatre à fix pieds, nue, cylindrique, liffe, affez groffe, molle, pleine d'une moëlle blanche, & garnie à fa bafe de gaines remarquables; fes épillets font rouffâtres, ovales ou un peu coniques, la plupart pédunculés, & tournés fouvent du même côté. Les péduncules font inégaux; les plus courts ne portent ordinairement qu'un feul épillet, & les autres en portent deux ou trois. Cette plante eft commune dans les étangs. ♃

XVIII. *Tige triangulaire.*

Péduncules communs des épillets très-fimples, & point paniculés.	Péduncules communs des épillets rameux & paniculés.
X I X.	X X.

XIX. *Péduncules communs des épillets très-fimples, & point paniculés.*

Scirpe cyperoïde. *Scirpus cyperoides.*

Cyperus vulgatior, paniculâ fparfâ. Tournef. 527.

β. *Cyperus rotundus. inodorus, germanicus.* Ibid.

γ. *Cyperus rotundus, vulgaris.* Ibid.

Scirpus maritimus. Lin. Sp. 74. [α , β.]

Cette plante a entièrement le port des fouchets; fa tige eft

1163. haute d'un à trois pieds, triangulaire, & feuillée dans sa partie inférieure; ses feuilles sont longues, planes, & ont une côte saillante sur leur dos; ses épillets sont assez gros, ovales - coniques, d'un brun roussâtre, barbus à leur extrémité, & disposés par paquets de trois à sept, au sommet de chaque péduncule : ils sont embriqués d'écailles sèches, obtuses, ou comme tronquées, mais terminées par trois dents, dont celle du milieu s'alonge en une barbe tortue, & longue d'une ligne. Les péduncules varient dans leur longueur depuis deux lignes jusqu'à deux pouces, & se réunissent en une ombelle garnie à sa base de trois ou quatre feuilles, dont une est quelquefois longue de plus de six pouces. Cette plante est commune par-tout sur le bord des eaux & dans les marais. ♃

XX. *Péduncules communs des épillets, rameux &*
paniculés.

Scirpe des bois. *Scirpus sylvaticus.* Lin. Sp. 75.

Cyperus gramineus. Tourn. 527.

Sa tige est haute d'un pied & demi, triangulaire, feuillée, & terminée supérieurement par une panicule ombelliforme & très-rameuse; les épillets sont ovales, très-nombreux, extrêmement petits, d'un vert sale ou roussâtre, & ramassés deux à cinq ensemble au sommet des divisions des péduncules : les feuilles sont planes, larges de deux ou trois lignes, & rudes en leurs bords lorsqu'on les glisse entre les doigts de haut en bas. L'ombelle en a deux ou trois à sa base, disposées en manière de collerette. On trouve cette plante dans les bois & les lieux humides & couverts. ♃

1164. ## Linaigrette. *Linagrostis.*

Les Linaigrettes se distinguent des scirpes par des poils blancs fort longs & très-fins, qui naissent du réceptacle, environnent chaque semence, & font une saillie considérable en forme de panache ou d'aigrette, disposée sur les épis.

1164.

A N A L Y S E.

Un feul épi terminal.	Plufieurs épis pédunculés.
I.	I I.

I.   *Un feul épi terminal.*

Linaigrette à gaine. *Linagroftis vaginata.* Scop. carn. 47.

> *Juncus alpinus, capitulo lanuginofo.* Bauh. Prod. 23.
> *Eriophorum vaginatum.* Lin. Sp. 67.

Sa tige eft haute d'un pied, grêle, cylindrique, feuillée feulement à fa bafe, & garnie de quelques gaines courtes ; fes feuilles font menues, cylindriques, ou un peu comprimées, & difpofées en un faifceau qui enveloppe la bafe de la tige : l'épi eft folitaire, ovale, droit & terminal ; fes écailles font oblongues, pointues & fcarieufes. Cette plante croît dans les lieux humides & montagneux. ♃

II.   *Plufieurs épis pédunculés.*

Linaigrette paniculée. *Linagroftis paniculata.*

> *Linagroftis paniculâ ampliore.* Tournef. 664.
>
> β. *Linagroftis paniculâ minore.* Ibid.
> *Eriophorum polyftachion.* Lin. Sp. 76. [α , β]

Sa tige eft cylindrique, feuillée, & haute de deux pieds ; fes feuilles font planes, larges d'une ou deux lignes, & embraffent la tige par une gaine entière & longue d'un pouce ; fes épis font au nombre de quatre à fept, la plupart pédunculés, pendans ou flottans, & difpofés en une efpèce de panicule fimple & terminale. On trouve cette plante dans les prés humides & marécageux. ♃

1165.

Nard. *Nardus.*

Les fleurs de Nard font difpofées en un épi fimple, linéaire ou unilatéral ; les bâles font feffiles, nues, bivalves & uniflores.

ANALYSE.

Tiges simples ; épi grêle & unilatéral. I.	Tiges rameufes ; épi articulé & point unilatéral. I I.

I. *Tiges fimples ; épi grêle & unilatéral.*

Nard ferré. *Nardus ftricta.* Lin. Sp. 77.

> *Gramen loliaceum, minimum, foliis junceis, paniculâ unam partem fpectante.* Tournef. 517.

Ses tiges font très menues & hautes de cinq à fept pouces ; elles font terminées par un épi long de deux pouces, d'un vert fouvent un peu violet, & compofé de fleurs toutes difpofées d'un feul côté. Les bâles font feffiles ; étroites, pointues & chargées de barbes courtes : les feuilles font capillaires. On trouve cette plante dans les lieux fecs, montagneux & ftériles. ♃.

II. *Tiges rameufes ; épi articulé & point unilatéral.*

Nard courbé. *Nardus incurva.* Gouan. Monfp. 33.

> *Gramen loliaceum, maritimum, fpicis articulatis.* Tournef. 517.
>
> *Nardus ariftatus.* Lin. Sp. 78.
>
> β. *Gramen loliaceum, fpicis articulofis, erectis.* Tournef. 517.
>
> *Ægilops incurvata.* Lin. Sp. 1430.

Sa racine pouffe plufieurs tiges longues de fix à huit pouces, couchées dans leur partie inférieure, rameufes vers leur bafe, feuillées & articulées : fes feuilles font planes & un peu étroites ; les radicales font affez longues & difpofées en un gazon bien garni ; celles des tiges ont rarement plus de deux pouces de longueur ; les épis font linéaires, articulés, d'un vert blanchâtre, un peu courbés ; & ne font pas plus épais que les tiges : les fleurs font alternes, & ferrées contre l'axe de leur épi : elles ont deux ftyles felon M. Scopoli. On trouve cette plante dans les provinces méridionales. ♃

166.

Triandrie. *Digynie.*

[α]	[β]	[δ]
Vulpin.. 1167	Foin.... 1176	Cynofure. 1185
Fléau... 1168	Mélique. 1177	
Phalaris . 1169	**[γ]**	Yvroie.. 1186
Millet... 1170	Brife... 1178	Élime... 1187
Agroftis . 1171	Paturin.. 1179	Seigle... 1188
Stipe.... 1172	Fétuque . 1180	Orge... 1189
Lagurier . 1173	Brome.. 1181	Froment. 1190
Sucre... 1174	Avoine.. 1182	
Panic ... 1175	Rofeau.. 1183	
	Dactyle.. 1184	

[α] Bâles calicinales uniflores & difpofées ou en épi, ou en panicule, ou en forme de digitations.

[β] Bâles calicinales, biflores & difpofées en panicule plus ou moins lâche.

[γ] Bâles calicinales, multiflores dans le plus grand nombre, & difpofées communément en panicule.

[δ] Bâles calicinales fouvent multiflores & difpofées prefque toujours en épi, fur un réceptacle en alène & denté.

1167.

Vulpin. *Alopecurus.*

Les fleurs de Vulpin font compofées chacune de trois écailles, dont deux extérieures & oppofées, font les fonctions de calice, & une feule enfermée avec les étamines & le piftil dans les deux valves calicinales, eft regardée comme leur corolle. Ces fleurs font difpofées en épi cylindrique, garni de barbes affez longues.

ANALYSE

Épi fimple, ferré & cylindrique. I.	Épi lâche, compofé & prefque paniculé. VIII.

1167. I.   *Épi simple, serré & cylindrique.*

Tige droite, & point coudée à ses articulations.	Tige couchée dans sa partie inférieure, & coudée à ses articulations.
I I.	V I I.

II. *Tige droite, & point coudée à ses articulations.*

Bâles glabres.	Bâles velues.
I I I.	I V.

III.   *Bâles glabres.*

Vulpin des champs. *Alopecurus agrestis.* Lin. Sp. 89.

> *Gramen spicatum, spicâ cylindraceâ, tenuissimâ, longiore.* Tournef. 519.

Sa tige est grêle, droite, & haute d'un pied ou environ; elle est chargée de deux ou trois feuilles glabres & un peu étroites, & se termine par un épi grêle, long de trois ou quatre pouces, d'une couleur verdâtre ou un peu purpurine, & garni de barbes longues de deux ou trois lignes. On trouve cette plante sur le bord des champs. ☉

IV.   *Bâles velues.*

Racine bulbeuse; épi grêle & pointu à son sommet.	Racine non bulbeuse; épi un peu dense, mollet & souvent obtus.
V.	V I.

V. *Racine bulbeuse; épi grêle & pointu à son sommet.*

Vulpin bulbeux. *Alopecurus bulbosus.* Lin. Sp. 1665.

> *Gramen myosuroïdes, nodosum.* Raj. synopf. 397, t. XX, f. 2.

Sa tige est haute d'un pied, grêle, & garnie de deux ou trois articulations; ses feuilles sont étroites, glabres & pointues;

‡ 1167. celles de la tige ont à peine deux pouces de longueur : l'épi est terminal, long d'un pouce, cylindrique, velu, & garni de barbes. On trouve cette plante dans les environs de Montpellier.

VI. *Racine non bulbeuse ; épi un peu dense, mollet, & souvent obtus.*

Vulpin des prés. *Alopecurus pratensis.* Lin. Sp. 88.

> *Gramen spicatum, spicâ cylindraceâ, longioribus villis donatâ.* Tournef. 520.

> *Gramen spicatum, spicâ cylindraceâ, molli & densâ.* Ibid.

Sa tige est haute de deux pieds, glabre, & garnie de trois ou quatre feuilles, larges d'une ligne, & un peu rudes en leurs bords, mais point velues, comme celles de la plante dont parle M. de Haller *[Hist. n.° 1539]* ; son épi est terminal, cylindrique, un peu dense, mollet, velu, d'un vert blanchâtre ou cendré, & long de deux pouces. On trouve cette plante dans les prés. ♃

VII. *Tige couchée dans sa partie inférieure, & coudée à ses articulations.*

Vulpin genouillé. *Alopecurus geniculatus.* Lin. Sp. 89.

> *Gramen spicatum, aquaticum, spicâ cylindraceâ brevi.* Tournef. 520.

Ses tiges sont longues d'un pied, glabres, à demi-couchées, & pliées à leurs articulations, qui sont rougeâtres & fréquentes dans leur partie inférieure ; ses feuilles sont glabres, & ont rarement plus d'une ligne de largeur : l'épi est cylindrique, grêle, serré, & panaché de vert & de blanc : les bâles sont fort petites, comprimées, un peu velues, & terminées par deux petites cornes, comme celles des fléaux. On trouve cette plante dans les fossés aquatiques & sur le bord des eaux. ♃

1167. **VIII.** *Épi lâche, composé & presque paniculé.*

Vulpin panicé. *Alopecurus paniceus.* Lin. Sp. 90.

Panicum maritimum, spicâ longiore, villosâ. Tournef. 515.
β. *Alopecurus Monspeliensis.* Lin. Sp. 90.

Sa tige est haute d'un pied plus ou moins, feuillée, glabre, & un peu coudée à ses articulations, dont la couleur est brune ; ses feuilles sont larges d'une ou deux lignes, & celles du sommet ont l'entrée de leur gaine garnie d'une membrane blanche : l'épi est terminal, long de deux à trois pouces, verdâtre, lâche, mollet, très-garni de barbes soyeuses, & composé de rameaux courts, chargés de beaucoup de fleurs ramassées comme par paquets. Les bâles n'ont chacune que deux écailles, & une membrane blanche extrêmement petite qui enveloppe l'ovaire. Chaque écaille porte sur son dos, à peu de distance de son sommet, une barbe blanche, longue de trois lignes. On trouve cette plante dans les lieux incultes & stériles des provinces méridionales. ☉

1168. Fléau. *Fleum.*

Les Fléaux sont remarquables par leurs épis serrés, ordinairement cylindriques & un peu rudes ; la bâle calicinale de chaque fleur paroît tronquée, & terminée par deux dents aiguës ; elle est composée de deux valves égales, opposées, & qui ont chacune leur angle extérieur prolongé en une pointe aiguë & assez roide. La bâle intérieure est courte & bivalve.

ANALYSE.

Tige simple, & chargée d'un seul épi.	Tige rameuse, ou chargée de plusieurs épis.
I.	VI.

I.	*Tige simple, & chargée d'un seul épi.*	

Tige tout-à-fait droite ; racine non bulbeuse.	Tige couchée dans sa partie inférieure ; racine bulbeuse.
II.	V.

II.

1168. **II.** *Tige tout-à-fait droite; racine non bulbeuse.*

Épi cylindrique, blanchâtre, & long de plus de deux pouces.	Épi ovale-cylindrique, noirâtre, & long de moins de deux pouces.
I I I.	I V.

III. *Épi cylindrique, blanchâtre, & long de plus de deux pouces.*

Fléau des prés. *Phleum pratense.* Lin. Sp. 87.

Gramen spicatum, spicâ cylindraceâ, longiſſimâ. Tournef. 519.

Sa tige eſt haute de trois ou quatre pieds, très-droite, articulée & feuillée ; elle ſe termine par un épi cylindrique, un peu grêle, ſerré, & long de trois à cinq pouces : les bâles ſont fort petites, nombreuſes, blanches ſur leur dos, vertes ſur les côtés, ciliées, & terminées par deux dents ſétacées, longues d'une demi-ligne. Cette plante eſt commune dans les prés. ♃

IV. *Épi ovale-cylindrique, noirâtre, & long de moins de deux pouces.*

Fléau des Alpes. *Phleum Alpinum.* Lin. Sp. 88.

Gramen typhoides Alpinum, spicâ brevi, densâ & velut villoſâ. Scheuch. Agroſt. 64.

Sa tige eſt haute d'un pied, glabre, articulée & feuillée ; elle ſe termine par un épi long à peine d'un pouce, un peu denſe, velu, & d'une couleur preſque noirâtre : les bâles ſont ciliées, & velues même ſur leurs cornes, qui ſont un peu longues ; les feuilles ſont larges d'une ligne, & longues de trois ou quatre pouces. Cette plante eſt commune dans les montagnes du Dauphiné & de la Provence. ♃

1168. **V.** *Tige couchée dans sa partie inférieure ; racine bulbeuse.*

Fléau noueux. *Phleum nodosum.* Lin. Sp. 88.

Gramen typhoides , asperum , alterum. Bauh. Pin. 4.

β. *Gramen spicatum, spicâ cylindraceâ, brevi, radice nodosâ.* Tournef. 520.

Sa tige est longue d'un pied ou davantage, couchée dans sa partie inférieure, glabre, feuillée & coudée à ses articulations ; ses feuilles sont larges d'une ligne, & rudes en leurs bords : son épi est cylindrique, assez rude, & long d'un à trois pouces ; les bâles sont très - petites, serrées, blanchâtres ou un peu purpurines, & ciliées très-distinctement. La variété β est beaucoup plus petite ; son épi est presque ovale, & n'a que cinq ou six lignes de longueur : les fleurs de sa base sont imparfaites & comme avortées. On trouve cette plante sur le bord des chemins & des fossés humides. ♃

VI. *Tige rameuse, ou chargée de plusieurs épis.*

Épi nu à sa base ; bâles velues & ciliées.	Épi enveloppé à sa base par deux feuilles ; bâles glabres & pointues.
V I I.	**V I I I.**

VII. *Épi nu à sa base ; bâles velues & ciliées.*

Fléau des sables. *Phleum arenarium.* Lin. Sp. 88.

Gramen spicatum, maritimum, minimum, spicâ cylindraceâ. Tournef. 520.

Ses tiges sont hautes de quatre à six pouces, feuillées, articulées, communément rameuses dans leur partie inférieure, & un peu coudées à leurs articulations ; ses feuilles ont leur gaine lâche, glabre & striée : les épis sont cylindriques, souvent rétrécis vers leurs extrémités, longs de six à dix lignes, & terminent les tiges & les rameaux. On trouve cette plante dans les lieux sablonneux & maritimes des provinces méridionales. ☉

1168. **VIII.** *Épi enveloppé à sa base par deux feuilles ; bâles glabres & pointues.*

Épi plus long que large, & d'une forme ovale.	Épi plus large que long, & hémisphérique.
I X.	X.

IX. *Épi plus long que large, & d'une forme ovale.*

Fléau couché. *Phleum supinum.*

Phleum schœnoides. Lin. Sp. 88.

Ses tiges sont longues d'un pied, couchées, feuillées, garnies d'articulations assez fréquentes & rougeâtres, glabres & plus ou moins rameuses ; ses feuilles sont longues de trois à cinq pouces, larges d'une ligne & demie, & d'une couleur un peu glauque : leur gaine est lâche & striée ; les épis naissent au sommet de la tige & des rameaux, & dans les aisselles des feuilles supérieures : ils sont ovales-obtus, un peu denses & longs de cinq ou six lignes. Je n'ai pu apercevoir que deux étamines dans chaque fleur, ce que j'ai attribué au mauvais état de l'individu sec que j'ai observé ; les bâles sont pointues, blanches sur leur dos, & vertes en leurs bords. On trouve cette plante dans les lieux humides en Languedoc.

X. *Épi plus large que long, & hémisphérique.*

Fléau piquant. *Phleum aculeatum.*

Gramen spicatum, spicis in capitulum foliatum congestis. Tournef. 519.

Schœnus aculeatus. Lin. Sp. 63.

Ses tiges sont hautes de quatre à sept pouces, plus ou moins droites, articulées, feuillées & rameuses ; ses feuilles sont d'un vert glauque ou blanchâtre, communément assez courtes & très-aiguës : elles ont leur gaine lâche, glabre & striée ; les épis sont arrondis, très-courts & enveloppés chacun par deux feuilles courtes, roides, aiguës à leur sommet, presque piquantes, & qui ressemblent à des épines. Les fleurs

Nn ij

1168. font d'ailleurs en tout femblables à celles de l'efpèce précédente. On trouve cette plante dans les lieux maritimes & fablonneux de la Provence & du Languedoc. ♃

O B s. Il faut faire un genre à part de ces deux dernières efpèces.

1169.

Phalaris.

Les fleurs de Phalaris font difpofées en épi lâche ou quelquefois en panicule ; leur bâle extérieure eft compofée de deux valves égales, oppofées, concaves, fouvent comprimées fur les côtés, & plus grandes que celles de la bâle intérieure.

O B s. La dernière efpèce trouble le caractère de ce genre, qui eft très-marqué dans la compreffion des bâles.

A N A L Y S E.

Fleurs difpofées en épi lâche, ovale ou cylindrique. I.	Fleurs difpofées en panicule ample & alongée. V I I I.

I. *Fleurs difpofées en épi lâche, ovale ou cylindrique.*

Bâles terminées par deux dents ; épi long & fort grêle. I I.	Bâles fimplement pointues ; épi médiocre & affez épais. I I I.

II. *Bâles terminées par deux dents ; épi long & fort grêle.*

Phalaris phléoïde. *Phalaris phleoides.* Lin. Sp. 80.

> *Gramen fpicatum, fpicâ cylindraceâ, tenuiori, longâ.* Tournef. 520.

Sa tige eft droite, haute de deux ou trois pieds, feuillée, glabre, & d'un vert fouvent un peu rougeâtre ; fes feuilles ont à peine une ligne & demie de largeur : les fupérieures font courtes, & ont une gaine fort longue. Les fleurs forment un épi grêle, long de trois ou quatre pouces, & affez

1169. semblable à celui du fléau des prés, mais ses bâles sont portées sur des pédoncules lâches & rameux, que l'on aperçoit aisément en glissant l'épi entre les doigts, de haut en bas. On trouve cette plante dans les prés & sur le bord des bois. ♃

III. *Bâles simplement pointues ; épi médiocre & assez épais.*

Épi ovale ou cylindrique, & point dilaté à son sommet ; toutes les fleurs fertiles.	Épi oblong, étroit à sa base, & dilaté à son sommet ; fleurs inférieures, imparfaites ou avortées.
IV.	VII.

IV. *Épi ovale ou cylindrique, & point dilaté à son sommet ; toutes les fleurs fertiles.*

Épi nu & sans barbes.	Épi garni de barbes.
V.	VI.

V.   *Épi nu & sans barbes.*

Phalaris de Canarie. *Phalaris Canariensis.* Lin. Sp. 79.

Gramen spicatum, semine miliaceo, albo. Tournef. 518.

β. *Phalaris paniculâ ovato-cylindricâ, spiciformi, glumis ciliatis.* Ger prov. 77.

Ses tiges sont hautes de deux pieds ou environ, articulées, feuillées & communément assez droites ; ses feuilles sont larges de deux ou trois lignes, molles, quelquefois un peu pubescentes, & ont leur gaîne assez longue, & garnie à son entrée d'une petite membrane blanche : la gaîne de la feuille supérieure est un peu ventrue ou enflée ; l'épi est terminal, ovale ou cylindrique, épais & panaché de vert & de blanc. Les bâles sont glabres, & portées sur de courts pédoncules ; celles de la variété β sont légèrement velues. On trouve cettte plante dans les lieux maritimes de la Provence & du Languedoc. ☉

1169. **VI.** *Épi garni de barbes,*

Phalaris à vessies. *Phalaris utriculata.* Lin. Sp. 80.

> *Gramen spicatum, pratense, spicâ ex utriculo prodeunte.*
> Tournef. 519.

Ses tiges sont articulées, feuillées & hautes d'un pied ou environ; ses feuilles sont larges d'une ligne ou un peu plus, & remarquables par leur gaine, lâche, glabre & striée: la gaine de la feuille supérieure est très-enflée, ventrue, & ressemble à une vessie ou une espèce de spathe qui enveloppe l'épi dans sa jeunesse: cet épi est ovale, long de six à neuf lignes, épais, garni de barbes qui naissent de la bâle interne de chaque fleur, & panaché de vert & de blanc, ou quelquefois un peu rougeâtre. On trouve cette plante dans les prés humides, en Languedoc, aux environs de Lyon, & en Bourgogne. ☉

VII. *Épi oblong, étroit à sa base, & dilaté à son*
sommet; fleurs inférieures, imparfaites
ou avortées.

Phalaris rongé. *Phalaris præmorsa.*

> *Phalaris paniculâ ovato-oblongâ, apice dilatatâ.* Ger. prov.
> 75.
> *Phalaris paradoxa.* Lin. Sp. 1665.

Cette espèce a beaucoup de rapport avec la précédente, mais elle s'élève un peu plus, ses feuilles sont plus longues & plus larges, & son épi, qui naît aussi dans la gaine oblongue & ventrue de la feuille supérieure, a au moins deux pouces de longueur; il est rétréci & comme rongé dans sa partie inférieure, & son sommet est élargi, plus épais, panaché de vert & de blanc, & couvert de fleurs fertiles: les valves de la bâle extérieure sont très-aiguës, & leur pointe ressemble souvent à une petite barbe. On trouve cette plante en Provence. ☉

VIII. *Fleurs disposées en panicule ample & alongée.*

Phalaris roseau. *Phalaris arundinacea.* Lin. Sp. 80.

> *Gramen paniculatum, aquaticum, phalaridis semine.* Tournef.
> 523.
> β. *Gramen paniculatum, folio variegato.* Bauh. Pin. 3.

Sa tige est haute de trois ou quatre pieds, articulée &

1169. garnie de feuilles affez longues, un peu rudes en leurs bords, terminées par une pointe très-aiguë & qui reffemblent un peu à celles du rofeau commun : les fleurs forment une panicule alongée, fouvent contractée en épi, & d'une couleur blanche, communément mélangée de violet : les bâles font pointues, glabres même intérieurement, & un peu ramaffées par pelotons. La variété β eft remarquable par fes feuilles rayées de vert & de blanc, & femblables à des rubans panachés. On trouve cette plante dans les lieux humides & les bois. ♃

OBS. Le *phalaris oryzoides* de M. Linné fe diftingue aifément de cette efpèce par fes bâles comprimées & bordées de cils : il croît dans les environs de Paris, fi le *gramen paluftre, paniculâ fpeciofâ* de Bauhin, cité par Vaillant, en eft véritablement le fynonyme ; ce que ne confirme point la defcription de Scheuchzer, *p. 184.*

1170. ## Millet. *Milium.*

Les fleurs de Millet font difpofées en panicule très-lâche ou quelquefois refferrée en épi : leur bâle intérieure eft bivalve & fort petite ; l'extérieure eft uniflore & compofée de deux valves affez égales, un peu ventrues & fouvent fcarieufes en leurs bords.

OBS. Ce genre eft mal diftingué des Agroftis.

ANALYSE.

Fleurs nues & fans barbes.	Fleurs garnies de barbes.
I.	I I.

I. *Fleurs nues & fans barbes.*

Millet épars. *Milium effufum.* Lin. Sp. 90.

Gramen fylvaticum, paniculâ miliaceâ, fparfâ. Tournef. 522.

Sa tige eft haute de trois pieds, grêle & garnie de quelques feuilles affez longues & larges de deux ou trois lignes ; fes fleurs font difpofées en une panicule terminale, longue de près d'un pied, très-lâche & peu garnie. On trouve cette plante dans les bois. ♃

1170. II. *Fleurs garnies de barbes.*

Panicule en épi, & dont les rameaux n'ont pas un pouce de longueur. I I I.	Panicule étalée, & dont les rameaux font longs de plus de deux pouces. I V.

III. *Panicule en épi, & dont les rameaux n'ont pas un pouce de longueur.*

Millet lendier. *Milium lendigerum.* Lin. Sp. 91.

Panicum ferotinum, arvenfe, fpicâ pyramidatâ. Tournef. 515.

Sa tige eft haute de fix ou fept pouces, articulée, feuillée & ordinairement rameufe dans fa partie inférieure ; fes feuilles font longues de deux ou trois pouces, & à peine larges d'une ligne ; fes fleurs font petites, d'un vert-jaunâtre & difpofées au fommet de la tige & des rameaux en une panicule refferrée en épi, pyramidale, longue d'un pouce & demi, & large de trois ou quatre lignes à fa bafe. Cette panicule refemble un peu à celle du vulpin panic *n.º 1167* — VIII, mais elle eft plus petite & les barbes des fleurs font moins longues. Cette plante croît dans les environs de Montpellier ; elle a été aufi obfervée auprès de Grenoble dans les champs, par M. Liottard, neveu. ☉

IV. *Panicule étalée, & dont les rameaux font longs de plus de deux pouces.*

Millet noir. *Milium nigrum.*

Gramen paniculatum, latifolium, locuftis craffioribus, femine nigro aquilegiæ fimili. Tournef. 522.

Milium paradoxum. Lin. Sp. 90.

Ses tiges font hautes de deux ou trois pieds, droites, glabres, feuillées & articulées ; elles fe terminent fupérieurement par une panicule très-lâche, dont les rameaux font fort longs, & difpofés deux ou trois enfemble comme par étages. Les bâles font oblongues, un peu pointues, liffes, vertes à

1170. leur bafe, blanchâtres & prefque tranfparentes vers leur fommet, & chargées chacune d'une barbe longue de quatre ou cinq lignes, qui naît d'une des valves intérieures : les femences font ovales, noires & luifantes. On trouve cette plante en Provence le long des chemins & des haies. ♃

1171. *Agroftis.*

Les Agroftis ont beaucoup de rapport avec les millets ; leurs fleurs font petites, nombreufes, & difpofées communément en panicule finement ramifiée : la bâle extérieure eft bivalve, uniflore, & un peu plus grande que l'intérieure.

A N A L Y S E.

Fleurs garnies de barbes.	Fleurs nues & fans barbes.
I.	X I I.

I. *Fleurs garnies de barbes.*

Rameaux de la panicule prefque fimples, & chargés de deux à cinq fleurs.	Rameaux de la panicule très-divifés, & chargés de plus de cinq fleurs.
I I.	I I I.

II. *Rameaux de la panicule prefque fimples, & chargés de deux à cinq fleurs.*

Agroftis bromoïde. *Agroftis bromoides.* Lin. mant. 30.

Agroftis panicula lineari fimpliciffima, flofculis binatis ternatifque altero feffili, arifla recta flofculis triplo longiore. Gouan. obf. 8, tab. 1, f. 3.

Ses tiges font droites, liffes, un peu roides, & hautes d'un à deux pieds ; fes feuilles font très-étroites, canaliculées, ou ayant leurs bords roulés en-dedans, & paroiffent fouvent cylindriques ; fes fleurs forment une panicule droite, fimple, alongée & étroite : la bâle intérieure eft légèrement pubefcente, & chargée d'une barbe fort longue, & l'extérieure

1171. est composée de deux valves pointues, lisses, & d'un jaune rougeâtre. On trouve cette plante dans les environs de Montpellier. ♃

III. *Rameaux de la panicule très-divisés, & chargés de plus de cinq fleurs.*

Bâle intérieure très-velue & soyeuse. I V.	Bâle intérieure glabre & point soyeuse. V.

IV. *Bâle intérieure très-velue & soyeuse.*

Agrostis argenté. *Agrostis argentea.*

> *Gramen arundinaceum, paniculâ densâ, viridi argenteâ, splendente.* Scheuch. Gram. 146.
> *Agrostis calamagrostis.* Lin. Sp. 92.

Ses tiges sont hautes de deux à trois pieds, articulées, feuillées, & souvent rameuses à leur base; ses feuilles sont assez longues, larges de deux ou trois lignes, & un peu rudes en leurs bords : les fleurs sont disposées en une panicule terminale, un peu resserrée, dense, & longue de quatre à six pouces : leur bâle calicinale est ovale-pointue, verte à sa base, blanche, luisante, & argentée en ses bords & à son sommet. On trouve cette plante dans les environs de Montpellier. ♃

V. *Bâle intérieure glabre & point soyeuse.*

Barbes trois fois au moins plus longues que les fleurs. V I.	Barbes une fois seulement plus longues que les fleurs. I X.

VI. *Barbes trois fois au moins plus longues que les fleurs.*

Panicule très-étroite, interrompue, & dont les rameaux n'ont pas plus d'un pouce de longueur. V I I.	Panicule ample, bien garnie, & dont les rameaux ont plus d'un pouce de longueur. V I I I.

171.

VII. *Panicule très-étroite, interrompue, & dont les rameaux n'ont pas plus d'un pouce de longueur.*

Agrostis interrompu. *Agrostis interrupta.* Lin. Sp. 92.

Gramen capillatum, paniculis interruptis, angustioribus. Vail. Parif. 88 , t. XVII, f. 4.

Ses tiges font hautes de six ou sept pouces, grêles, articulées, feuillées, & plus ou moins droites; ses feuilles font glabres, un peu rudes en leurs bords, & à peine larges d'une demi-ligne : ses fleurs font très-petites, & disposées en une panicule resserrée, étroite, interrompue ou entre-coupée, & longue de deux à trois pouces. On trouve cette plante dans les environs de Paris.

***

VIII. *Panicule ample, bien garnie, & dont les rameaux ont plus d'un pouce de longueur.*

Agrostis éventé. *Agrostis spica venti.* Lin. Sp. 91.

Gramen capillatum , paniculis viridantibus [& rubentibus]. Tournef. 524.

Gramen segetum , paniculâ arundinaceâ. Ibid.

Ses tiges font articulées, feuillées, presque entièrement droites, & s'élèvent jusqu'à deux ou trois pieds ; ses feuilles font larges de deux à trois lignes, un peu rudes en leurs bords, & ont leur gaine striée. Les fleurs font très-petites, verdâtres ou rougeâtres, extrêmement nombreuses, & disposées en panicule ample, quelquefois longue d'un pied, & composée de rameaux foibles, presque capillaires & très-divisés; la bâle calicinale est glabre, lisse, & l'intérieure est chargée d'une barbe capillaire & fort longue. On trouve cette plante sur le bord des champs & parmi les blés. ☉

***

IX. *Barbes une fois seulement plus longues que les fleurs.*

Tiges couchées dans leur plus grande partie, & très-coudées à leurs articulations. X.	Tiges presque entièrement droites, & point coudées à leurs articulations. X I.

1171. **X.** *Tiges couchées dans leur plus grande partie, &*
très-coudées à leurs articulations.

Agroſtis genouillé. *Agroſtis geniculata.*

> *Gramen caninum, ſupinum, paniculatum, folio varians.*
> Bauh. pin. 1, theatr. 12.
>
> *Agroſtis canina.* Lin. Sp. 92.

Ses tiges ſont longues d'un pied ou environ, grêles,
feuillées, preſque entièrement couchées & pliées à leurs articulations; ſes feuilles ſont glabres, aſſez courtes, & larges
d'une ligne ou quelquefois beaucoup moins. Ses fleurs ſont
petites, d'un pourpre un peu violet, & diſpoſées aux extrémités des tiges, en panicule reſſerrée, étroite, & longue de
deux ou trois pouces. On trouve cette plante dans les
lieux humides. ♃

XI. *Tiges preſque entièrement droites, & point coudées*
à leurs articulations.

Agroſtis miliacé. *Agroſtis miliacea.* Lin. Sp. 91.

> *An gramen à gramine pratenſi ſpicâ ferè arundinaceâ, glumis*
> *parum ariſtatis differens.* Scheuch. gram. 142.

Ses tiges ſont articulées, feuillées, & hautes d'un à deux
pieds; ſes feuilles ſont aſſez longues, larges d'une à deux
lignes, glabres & ſtriées. Ses fleurs ſont petites, très-nombreuſes, un peu rougeâtres, garnies de barbes courtes, &
diſpoſées en une panicule un peu reſſerrée, & longue de
trois à ſix pouces; les péduncules ſont preſque capillaires &
très-diviſés. On trouve cette plante en Languedoc dans les
lieux ſablonneux. ♃

XII. *Fleurs nues & ſans barbes.*

Tiges rameuſes, & couchées dans leur plus grande partie.	Tiges ſimples, & droites dans leur plus grande partie.
X I I I.	X I V.

171. **XIII.** *Tiges rameuses, & couchées dans leur plus grande partie.*

Agrostis traçant. *Agrostis stolonifera.* Lin. Sp. 93.

Gramen caninum, supinum, minus. Vail. Paris. 86.

Poa stolonifera monantha, calycibus leviter exasperatis. Hall. Hist. n.° 1473,

Ses tiges sont longues d'un pied, rougeâtres, feuillées, rampantes, & coudées à leurs articulations, qui sont assez nombreuses, & poussent souvent des racines ; ses feuilles sont glabres, un peu courtes, & larges d'une demi-ligne ou quelquefois un peu plus. Ses fleurs sont disposées en une panicule un peu resserrée, longue de deux ou trois pouces, & d'un vert rougeâtre. On trouve cette plante sur le bord des chemins & dans les lieux sablonneux. ♃

XIV. *Tiges simples & droites dans leur plus grande partie.*

Fleurs en panicule finement ramifiée.	Fleurs presque sessiles, & en épi filiforme.
X V.	X V I.

XV. *Fleurs en panicule finement ramifiée.*

Agrostis chevelu. *Agrostis capillaris.* Lin. Sp. 93.

Gramen montanum, paniculâ spadiceâ, delicatiore. Tournef. 523.

Sa tige est grêle, feuillée, presque entièrement droite, & haute d'un pied plus ou moins ; ses feuilles sont larges d'une ligne ou environ, glabres, striées sur leur gaine & un peu rudes en leurs bords. Ses fleurs sont très-petites, nombreuses, d'un vert-pâle dans leur jeunesse, ensuite rougeâtres & disposées en une panicule étendue, composée de rameaux très-divisés & capillaires. On trouve cette plante sur le bord des champs & des chemins. ☉

1171. XVI. *Fleurs presque sessiles, & en épi filiforme.*

Agrostis mineur. *Agrostis minima.* Lin. Sp. 93.

Gramen loliaceum, minimum, elegantissimum. Tournef. 517.

Cette espèce est fort petite ; ses tiges sont hautes d'un ou deux pouces, nombreuses, droites, lisses, capillaires, feuillées à leur base, & terminées chacune par un épi linéaire, rougeâtre, & long de quatre ou cinq lignes : les fleurs sont presque sessiles, disposées alternativement, serrées contre l'axe de l'épi, & souvent tournées d'un seul côté ; les feuilles sont courtes, à peine larges d'une demi-ligne, naissent de la racine ou de la base des tiges, & forment un petit gazon serré & fort joli. On trouve cette plante dans les terreins sablonneux, ♃ ; elle fleurit de très-bonne heure.

1172. Stipe. *Stipa.*

Les fleurs de Stipe sont remarquables par une barbe très-longue, articulée à sa base, & qui naît du sommet d'une des valves de leur bâle intérieure.

A N A L Y S E.

Barbes velues & plumeuses. I.	Barbes nues & point plumeuses. I I.

I.   *Barbes velues & plumeuses.*

Stipe empenné. *Stipa pennata.* Lin. Sp. 115.

Gramen spicatum, aristis pennatis. Tournef. 518.

Ses feuilles radicales sont droites, fasciculées, glabres, très-étroites, roulées en leurs bords, junciformes, & longues de six à dix pouces ; ses tiges sont hautes d'un pied & demi, droites, grêles, feuillées, & terminées par une panicule étroite & pauciflore, qui naît de la gaine de la feuille supérieure. Chaque fleur est chargée d'une barbe longue de près d'un pied, plumeuse, & torse ou en spirale dans sa partie inférieure. On trouve cette plante dans les lieux secs, montagneux & pierreux. ♃

172. II. *Barbes nues & point plumeuses.*

Stipe joncier. *Stipa juncea.* Lin. Sp. 116.

Festuca junceo folio. Bauh. Pin. 9 , Theatr. 145.
β. *Festuca longissimis aristis.* Bauh. Pin. 10 , Theatr. 152;
153.

Ses tiges font hautes de deux ou trois pieds, feuillées, &
garnies de deux ou trois articulations; ses feuilles font étroites,
assez longues, roulées en leurs bords, presque cylindriques,
junciformes, & d'un vert un peu glauque; en les dépliant,
on les aperçoit sensiblement velues dans leur intérieur : les
fleurs forment une panicule médiocrement éparse, & longue
presque d'un pied; elles font chargées chacune d'une barbe
capillaire longue de quatre à six pouces, d'abord droite, mais
qui se courbe & se tortille ensuite en tout sens. Les deux
valves extérieures de chaque bâle font longues, très-aiguës,
verdâtres sur leur dos, blanches & luisantes en leurs bords.
La variété β a sa panicule moins alongée, & ses fleurs rougeâtres dans leur parfait développement. On trouve cette
plante dans les lieux pierreux des provinces méridionales. ♃

1173. ## Lagurier. *Lagurus.*

Les fleurs de Lagurier ont leur bâle calicinale très-velue,
& font disposées en épi cotonneux, mollet & assez semblable à une queue de lièvre.

ANALYSE.

Fleurs chargées de longues barbes, très-distinguées des poils qui les environnent.	Fleurs environnées de beaucoup de poils, mais point chargées de barbes.
I.	I I.

I. *Fleurs chargées de longues barbes, très - distinguées*
des poils qui les environnent.

Lagurier ovale. *Lagurus ovatus.* Lin. Sp. 119.

Gramen spicatum, tomentosum, longissimis aristis donatum.
Tournef. 518.

Sa tige est haute de six ou sept pouces, grêle & garnie

1173. d'une ou deux feuilles larges d'une à trois lignes, & dont la gaine est pubescente & blanchâtre ; elle porte à son sommet un épi ovale ou oblong, très-velu, blanchâtre, quelquefois d'une couleur roussâtre, & chargé de barbes très-saillantes. Les valves calicinales sont plumeuses, mais les barbes sont très-glabres dans toute leur longueur. On trouve cette plante dans les champs des provinces méridionales. ☉

II. *Fleurs environnées de beaucoup de poils, mais point chargées de barbes.*

Lagurier cylindrique. *Lagurus cylindricus.* Lin. Sp. 120.

Gramen tomentosum, spicatum. Tournef. 518.

Sa tige est haute d'un à deux pieds, articulée, feuillée & communément glabre ; ses feuilles radicales sont assez longues, & ont une nervure un peu saillante : celles de la tige sont plus courtes que les entre-nœuds ; l'épi est long de cinq à sept pouces, cylindrique, pointu, très-velu & cotonneux. On trouve cette plante en Provence. ♃

1174. *Sucre.*

Les fleurs de Sucre ne diffèrent de celles des roseaux que par leur bâle calicinale, qui est très-velue en-dehors.

Sucre de Ravenne *Saccharum Ravennæ.* Murr. Syst. véget. 88.

Gramen paniculatum, arundinaceum, ramosum, paniculâ densâ, sericeâ. Tournef. 523.

Ses tiges sont hautes de trois ou quatre pieds, fermes, articulées, feuillées & souvent rougeâtres vers leur sommet ; ses feuilles sont longues de près d'un pied, larges de trois ou quatre lignes, garnies d'une nervure blanche, striées, rudes en leurs bords, & plus ou moins velues à l'entrée de leur gaine. Ses fleurs sont disposées en une panicule rameuse, longue de six à huit pouces, un peu dense, luisante, & soyeuse ou plumeuse. On trouve cette plante en Provence, sur le bord des ruisseaux. ♃

Panic. *Panicum.*

Les fleurs de Panic font remarquables dans la plupart des efpèces, par leur bâle calicinale compofée de trois valves, dont deux font oppofées & affez égales, & la troifième fort petite & hors de rang; elles font fouvent environnées de filets fétacés qui naiffent des péduncules propres.

A N A L Y S E.

Épi fimple ou rameux, & ne formant point de digitations.	Plufieurs épis linéaires, difpofés en manière de digitations.
I.	V I.

I. *Épi fimple ou rameux, & ne formant point de digitations.*

Péduncules chargés de filets fétacés; épi cylindrique & prefque fimple.	Péduncules nus; épi rameux & point cylindrique.
I I.	V.

II. *Péduncules chargés de filets fétacés; épi cylindrique & prefque fimple.*

Filets rudes & très-accrochans, lorfque l'on gliffe l'épi de bas en haut entre les doigts.	Filets point accrochans, lorfque l'on gliffe l'épi de bas en haut entre les doigts.
I I I.	I V.

III. *Filets rudes & très-accrochans, lorfque l'on gliffe l'épi de bas en haut entre les doigts.*

Panic rude. *Panicum afperum.*

Panicum vulgare, fpicâ fimplici & afperâ. Tournef. 515.
Panicum verticillatum. Lin. Sp. 82.

Ses tiges font plus ou moins droites, articulées, feuillées &

1175. s'élèvent jusqu'à un pied & demi; ses feuilles font larges de deux ou trois lignes, un peu velues à l'entrée de leur gaine, & garnies d'une nervure blanche; son épi est long de deux à trois pouces, cylindrique, verdâtre & remarquable par les filets très-accrochans, dont il est garni; cet épi est composé de petits rameaux ou paquets de fleurs, qui font souvent un peu écartés & distincts, mais ce caractère s'observe aussi dans l'espèce suivante. On trouve cette plante dans les champs. ⊙

IV. *Filets point accrochans, lorsque l'on glisse l'épi de bas en haut, entre les doigts.*

Panic lisse. *Panicum lævigatum.*

> *Panicum vulgare, spicâ simplici & molliori.* Tournef. 515.
>
> *Panicum vulgare, spica simplici vestibus non adhærente.* Vaill. 156.
>
> *Panicum viride.* Lin. Sp. 83.
>
> β. *Panicum glaucum.* Ibid.

Cette espèce a beaucoup de rapport avec la précédente; ses tiges font assez droites, articulées, feuillées & s'élèvent depuis huit pouces jusqu'à un pied & demi; ses feuilles font larges de deux à quatre lignes, & un peu velues à l'entrée de leur gaine; son épi est cylindrique, long d'un à deux pouces, verdâtre & point accrochant : il est composé de paquets de fleurs plus ou moins serrés ou distincts, selon le degré de la floraison. Pendant la maturation des fruits, les filets sétacés acquièrent de la roideur, mais ils ne s'accrochent point à ce qui les touche. La variété β a ses filets d'un iaune-roussâtre, & les gaines de ses feuilles garnies de poils blancs assez longs. On trouve cette plante sur le bord des champs. ⊙

V. *Péduncules nus; épi rameux & point cylindrique.*

Panic pied-de-coq. *Panicum crus galli.* Lin. Sp. 83.

> *Panicum vulgare, spicâ multiplici, asperiuscula.* Tournef. 515.
>
> β. *Panicum vulgare, spicâ multiplici, longis aristis circumvallatâ.* Ibid.

Ses tiges font longues d'un à deux pieds, articulées, feuillées, & couchées dans leur partie inférieure; ses feuilles font glabres, planes, & larges de deux à quatre lignes. Les

175. fleurs font difpofées en une efpèce de panicule compofée
d'épis alternes, verdâtres, rudes au toucher, & dont les
inférieurs font plus longs & plus-écartés entre eux que les
autres ; les bâles font un peu hériffées d'afpérités, & communément chargées de longues barbes. On trouve cette plante
dans les champs & les lieux cultivés. ☉

VI. *Plufieurs épis linéaires , difpofés en manière de*
digitations.

Feuilles velues en leur fuperficie ; fleurs la plupart géminées le long de l'axe de leur épi.	Feuilles velues feulement à l'entrée de leur gaine ; fleurs prefque toutes folitaires le long de l'axe de leur épi.
V I I.	**V I I I.**

VII. *Feuilles velues en leur fuperficie ; fleurs la plupart*
géminées le long de l'axe de leur épi.

Panic fanguin. *Panicum fanguinale.* Lin. Sp. 84.

Gramen dactylon, folio latiore. Tournef. 520.

Ses tiges font longues de fix à dix pouces, grêles, articulées, feuillées, & un peu couchées dans leur partie
inférieure ; fes feuilles font molles, fenfiblement velues des
deux côtés, & larges de trois lignes ou environ : fes épis
font au nombre de cinq à fept, longs de plus de deux pouces,
linéaires, rougeâtres, & difpofés en digitations peu ouvertes.
On trouve cette plante dans les champs & les lieux cultivés. ☉

VIII. *Feuilles velues feulement à l'entrée de leur gaine ;*
fleurs prefque toutes folitaires le long de l'axe
de leur épi.

Panic dactyle. *Panicum dactylon.* Lin. Sp. 85.

Gramen dactylon , radice repente , five officinarum.
Tournef. 520.

Cette efpèce eft remarquable par des rejets ou des fouches

1175. rampantes, cylindriques, articulées & écailleuses ; ses tiges font longues de cinq à huit pouces, articulées, feuillées, presque entièrement couchées, & disposées sur la terre en rosette large & bien garnie : elles font en partie redressées, lorsqu'elles fleuriffent ; ses feuilles font larges d'une ou deux lignes, glabres, excepté à l'entrée de leur gaine, ordinairement vertes, mais quelquefois d'un rouge obscur & presque noirâtre : ses épis font au nombre de trois à cinq, communément très-ouverts, & n'ont pas plus de deux pouces de longueur. On trouve cette plante dans les champs & les lieux fablonneux. ♃

1176.   • Foin. *Aira.*

Les fleurs de Foin font disposées en panicule lâche ou quelquefois un peu resserrée en épi ; leur bâle calicinale renferme deux fleurs, entre lesquelles on ne trouve point de corpuscule particulier comme dans les Meliques.

OBS. Les Avoines, dont les bâles font biflores, ne font pas distinguées de ce genre.

A N A L Y S E.

Fleurs nues & fans barbes.	Fleurs chargées de barbes.
I.	I I.

I.   *Fleurs nues & fans barbes.*

Foin aquatique. *Aira aquatica.* Lin. Sp. 95.

Gramen paniculatum, aquaticum, miliaceum. Tournef. 521. Vail. parif. 89, t. XVII, f. 7.

Sa racine est rampante, articulée, & garnie de beaucoup de fibres ; ses tiges font hautes d'un pied ou un peu plus : ses feuilles font glabres, larges de deux lignes, & ont une petite membrane blanche à l'entrée de leur gaine. Ses fleurs font petites, disposées en une panicule lâche, oblongue, & dont les rameaux font verticillés ; elles font d'une couleur verdâtre, souvent mélangée de violet : la bâle calicinale est fort courte, & ne contient que deux fleurs, dont une est plus petite ou moins faillante que l'autre. On trouve cette plante dans les fossés aquatiques. ♃

1176. **II.** *Fleurs chargées de barbes.*

Panicule très-lâche. **I I I.**	Panicule resserrée en épi. **V I I I.**

III. *Panicule très-lâche.*

Feuilles planes; barbes n'étant pas plus longues que les fleurs. **I V.**	Feuilles sétacées; barbes d'une ligne au moins plus longues que les fleurs. **V.**

IV. *Feuilles planes ; barbes n'étant pas plus longues que les fleurs.*

Foin élevé. *Aira altissima.*

> *Gramen pratense, paniculatum, altissimum, locustis parvis, splendentibus, non aristatis.* Tournef. 524. Vail. Parif. 86.
>
> *Aira cespitosa.* Lin. Sp. 96.

Sa tige est haute de deux à trois pieds, ou même quelquefois davantage ; ses feuilles sont assez longues, larges d'une ligne ou un peu plus, & rudes au toucher lorsqu'on les glisse entre les doigts de haut en bas. Ses fleurs sont très-petites & extrêmement nombreuses ; elles sont disposées en une panicule très-ample, longue de huit à dix pouces, & composée de bâles lisses, luisantes & d'un vert argenté, souvent mélangé de violet ; les bâles florales sont velues à leur base. On trouve cette plante dans les prés couverts & les bois. ♃

V. *Feuilles sétacées ; barbes d'une ligne au moins plus longues que les fleurs.*

Bâles florales velues à leur base. **V I.**	Bâles florales tout - à - glabres. **V I I.**

1176. **VI.** *Bâles florales velues à leur bafe.*

Foin de montagne. *Aira montana.*

> *Gramen avenaceum, capillaceo folio, paniculâ ampliore, locuftis fplendentibus.* Tournef. 525.
>
> *Aira flexuofa.* Lin. Sp. 96.
>
> β. *Gramen avenaceum, capillaceum, minoribus glumis.* Tourn. 524.
>
> *Aira montana.* Lin. Sp. 96.

Sa tige eft grêle, un peu foible, fouvent rougeâtre, peu garnie de feuilles, & s'élève depuis huit pouces jufqu'à un pied & demi ; fes feuilles font glabres, junciformes, très-menues, & prefque capillaires ; fes fleurs forment une panicule bien étalée, peu garnie, & dont les rameaux, & fur-tout les péduncules, font tortueux : les bâles font luifantes, d'une couleur argentée, & fouvent d'un rouge-brun à leur bafe. La variété β ne diffère que par fa panicule moins ample & un peu plus étroite, les bâles florales de l'une & de l'autre étant certainement velues à leur bafe. On trouve cette plante dans les lieux montagneux & fur le bord des bois. ♃

VII. *Bâles florales tout-à-fait glabres.*

Foin œilleté. *Aira caryophyllea.* Lin Sp. 97.

> *Gramen paniculatum, minimum, molle.* Tournef. 522.

Cette efpèce eft beaucoup plus petite que la précédente ; fes feuilles radicales font menues, courtes & ramaffées en gazon ; fes tiges font très-grêles, chargées de deux ou trois feuilles, & hautes de quatre à huit pouces ; elles foutiennent à leur fommet une panicule lâche, très-étalée & peu garnie ; les bâles font fort petites, verdâtres, blanches & luifantes à leur extrémité, & quelquefois un peu rougeâtres à leur bafe. On trouve cette plante dans les lieux fecs & fur le bord des bois.

176. **VIII.** *Panicule resserrée en épi.*

Barbes en massue ; gaine de la feuille supérieure spathacée & peu distante de la panicule. I X.	Barbes non en massue ; gaine de la feuille supérieure non spathacée & distante de la panicule. X.

IX. *Barbes en massue ; gaine de la feuille supérieure spathacée & peu distante de la panicule.*

Foin blanchâtre. *Aira canescens.* Lin. Sp. 97.

Gramen foliis junceis , radice albâ. Scheuch. p. 242.

Ses tiges sont hautes de six à huit pouces, menues, articulées, feuillées, nombreuses & disposées en gazon ; ses feuilles sont sétacées, junciformes, glabres, un peu dures & d'un vert-blanchâtre ; celle du sommet de chaque tige a une gaine ample, spathacée, rougeâtre en ses bords & embrasse la base de la panicule dans sa jeunesse ; cette panicule est longue d'un pouce & demi, resserrée en épi, composée de bâles pointues, & d'une couleur argentée, mélangée de rose ou de violet : les barbes sont fort courtes & un peu épaisses à leur sommet. On trouve cette plante dans les lieux sablonneux. ☉

X. *Barbes non en massue ; gaine de la feuille supérieure non spathacée & distante de la panicule.*

Foin précoce. *Aira præcox.* Lin. Sp. 97.

Gramen parvum , præcox , spicâ laxa , canescente. Raj. Synop. 3 , p. 407 , t. 22 , f. 2.

Cette espèce a beaucoup de rapport avec la précédente, mais elle est beaucoup plus petite ; ses tiges sont menues, feuillées, articulées & hautes de deux à cinq pouces ; ses feuilles sont glabres, vertes, courtes & sétacées ; sa panicule est longue à peine d'un pouce, tout-à-fait resserrée en épi, pauciflore & d'un vert-blanchâtre, mélangé de pourpre. On trouve cette plante dans les lieux sablonneux & humides. ☉

Melique. *Melica.*

Les fleurs de Melique font difpofées communément en panicule alongée, peu étalée & médiocrement garnie ; les bâles calicinales contiennent chacune deux fleurs, entre lefquelles on obferve un corpufcule particulier qui paroit être l'élément d'une troifième.

ANALYSE.

Bâle florale ayant une de fes valves très-velue ou ciliée.	Bâle florale ayant fes deux valves entièrement glabres.
I.	I I.

I. *Bâle florale ayant une de fes valves très-velue ou ciliée.*

Melique ciliée. *Melica ciliata.* Lin. Sp. 97.

Gramen avenaceum, fpicâ fimplici, locuflis denfiffimis, candicantibus & lanuginofis. Tournef. 524.

Ses tiges font hautes d'un pied & demi, droites, menues, & garnies de quelques feuilles très-étroites, glabres & un peu roulées en leurs bords ; fes fleurs font difpofées en une panicule longue de trois ou quatre pouces, étroite & tout-à-fait refferrée en épi : les bâles calicinales ont leurs valves pointues, liffes, luifantes, & d'un blanc pâle prefque jaunâtre. On trouve cette plante dans les lieux ftériles & pierreux des provinces méridionales. ♃

II. *Bâle florale ayant fes deux valves entièrement glabres.*

Bâles ovales ; panicule pauciflore.	Bâles cylindriques ; panicule multiflore.
I I I.	V I.

III. *Bâles ovales ; panicule pauciflore.*

Feuilles très-menues, roulées & junciformes ; panicule droite.	Feuilles planes, & point junciformes ; panicule penchée.
I V.	V.

1177. **IV.** *Feuilles très-menues, roulées & junciformes;*
panicule droite.

Melique pyramidale. *Melica pyramidalis.*

An gramen avenaceum, angustifolium, paniculâ pyramidali. Scheuch. gram. 173.

Sa tige est haute de sept ou huit pouces, très-grêle, droite, rameuse à sa base, & garnie de quatre ou cinq feuilles un peu courtes, sétacées, junciformes, glabres & d'un vert glauque. Ses fleurs sont disposées en une panicule droite, très-lâche; d'une forme un peu pyramidale, & composée de trois ou quatre rameaux très-menus, alternes, un peu distans, ouverts, à angles droits des deux côtés de l'axe de la panicule, & d'autant plus courts, qu'ils sont plus près du sommet de la plante; les bâles calicinales sont composées de deux valves assez grandes, un peu inégales, lisses, blanches en leurs bords, & brunes ou roussâtres sur leur dos: le corpuscule, placé entre les deux fleurs, est pédiculé & tronqué à son sommet. Cette plante croît en Dauphiné, d'où elle m'a été envoyée par M. Liottard, neveu.

V. *Feuilles planes & point junciformes; panicule*
penchée.

Melique penchée. *Melica nutans.* Lin. Sp. 98.

Gramen montanum, avenaceum, locustis rubris. Tournef. 524.

Gramen avenaceum, locustis rarioribus. Bauh. Pin. 10.

Ses tiges sont grêles, foibles, feuillées, & s'élèvent à peine jusqu'à un pied & demi; ses feuilles sont planes, nerveuses, assez longues, larges d'une à deux lignes, & un peu rudes lorsqu'on les glisse de haut en bas entre les doigts: la panicule est oblongue, peu garnie, rétrécie presque en épi, & communément penchée sous le poids des fleurs; les bâles sont d'un rouge brun sur leur dos, écartées les unes des autres, tournées d'un même côté, & portées par des péduncules filiformes. On trouve cette plante dans les bois & les lieux couverts. ♃

1177. **VI.** *Bâles cylindriques ; panicule multiflore.*

Melique bleue. *Melica cærulea.* Lin. mant. 324.

> *Gramen paniculatum, autumnale, paniculâ ampliore [& angustiore] ex viridi nigricante.* Tournef. 521.

Ses tiges font hautes de trois ou quatre pieds, grêles, cylindriques, garnies de quelques feuilles longues & étroites, & n'ont qu'une feule articulation placée fort près de la racine ; elles fe terminent par une panicule longue de près d'un pied, & communément refferrée & fort étroite : les bâles font très-petites, cylindriques, pointues, droites, affez nombreufes, & panachées de vert & de bleu ou d'un violet noirâtre. On trouve cette plante dans les bois taillis & dans les prés couverts, ♃ ; elle fleurit en Août & Septembre.

1178. # Brize. *Briza.*

Les fleurs de Brize font difpofees en panicule très-lâche & plus ou moins garnie, les bâles calicinales font multiflores ; les épillets font communément ventrus & compofés de deux rangs de bâles florales, dont les valves font un peu obtufes & prefque cordiformes.

Obs. La dernière efpèce rompt la limite de ce genre, déjà très-imparfaitement établie.

A N A L Y S E.

Panicule compofée de deux à fept épillets.	Panicule compofée de plus de fept épillets.
I.	I I.

I. *Panicule compofée de deux à fept épillets.*

Brize majeure. *Briza maxima.* Lin. Sp. 103.

> *Gramen paniculatum, majus, locufis maximis, candicantibus, tremulis.* Tournef. 523.

> ß. *Briza Monfpeffulana.* Gouan. hort. 45.

Sa tige eft grêle, cylindrique, feuillée & s'élève rarement au-delà d'un pied ; elle eft garnie de deux ou trois feuilles planes, larges d'une ligne & demie, & glabres ou quelquefois

1178. un peu velues sur leur gaine ; les épillets sont au nombre de deux à sept, fort grands, lisses, panachés de vert & de blanc, composés de cinq à quinze fleurs, souvent penchés ou pendans, & soutenus par des péduncules presque toujours simples. On trouve cette plante en Provence & en Languedoc. ⊙.

II. *Panicule composée de plus de sept épillets.*

Épillets de sept fleurs ou moins & presque aussi larges que longs.	Épillets de plus de dix fleurs & beaucoup plus longs que larges.
I I I.	I V.

III. *Épillets de sept fleurs ou moins & presque aussi larges que longs.*

Brize tremblante. *Briza tremula.*

> *Gramen tremulum, majus, locustis magnis, phœnicœis, [& candicantibus] tremulis.* Tournef. 523.
>
> *Briza media.* Lin. Sp. 103.
>
> β. *Gramen paniculatum, minus, locustis parvis tremulis.* Tournef. 523.
>
> *Briza minor.* Lin. Sp. 102.

Sa tige est haute d'un pied plus ou moins, grêle, souvent rougeâtre dans sa partie supérieure & garnie de quelques feuilles glabres, & larges d'une à deux lignes : la panicule dans sa jeunesse est un peu enveloppée par la gaine de la feuille supérieure ; cette panicule est lâche, très-ouverte & composée de rameaux géminés, dont les ramifications sont ondulées, capillaires & laissent facilement trembler les épillets qu'elles soutiennent : ces épillets sont ovales-arrondis ou un peu triangulaires, d'un vert mêlé de blanc, souvent de couleur violette à leur base, & composés de cinq à sept fleurs : la variété β ne s'élève que jusqu'à sept ou huit pouces ; ses épillets sont plus petits & plus sensiblement triangulaires, mais leurs valves calicinales ne fournissent aucunes proportions suffisantes pour la distinguer comme une espèce. On trouve cette plante dans les prés secs, sur les pelouses & les collines. ⊙

1178. **IV.** *Épillets de plus de dix fleurs, & beaucoup plus longs que larges.*

Brize amourettes. *Briza eragrostis.* Lin. Sp. 103.

Gramen paniculis elegantissimis, sive eragrostis majus. Tourn. 522.

Ses tiges sont grêles, articulées, feuillées, plus ou moins droites, & longues de six à huit pouces; ses feuilles sont larges d'une ligne, & garnies de quelques poils à l'entrée de leur gaine : la panicule est oblongue, composée de rameaux alternes, dont les inférieurs sont les plus grands, & qui soutiennent des épillets lancéolés, & d'un brun - violet ou olivâtre. On trouve cette plante dans les lieux sablonneux & sur le bord des champs. ☉

1179. Paturin. *Poa.*

Les Paturins ont beaucoup de rapport avec les Brizes, & n'en sont qu'imparfaitement distingués : leurs épillets sont ovales, comprimés & composés de deux rangs de bâles, dont les valves sont scarieuses en leurs bords & un peu pointues.

A N A L Y S E.

Épillets de deux à cinq fleurs seulement. I.	La plupart des épillets composés de plus de cinq fleurs. X I V.

I. *Épilets de deux à cinq fleurs seulement.*

Base des feuilles radicales, renflée en manière de bulbe ; panicule prolifère. I I.	Base des feuilles radicales, non bulbeuse ; panicule nue & point prolifère. I I I.

1179. **II.** *Base des feuilles radicales, renflée en manière de bulbe ; panicule prolifère.*

Paturin bulbeux. *Poa bulbosa.* Lin. Sp. 102.

Gramen vernum, radice ascalonica. Vail. Parif. 91, t. XVII. f. 8.

β. *Gramen paniculatum, proliferum.* Tournef. 523.

Ses feuilles radicales font ramaffées par faifceaux, dont la bafe eft épaiffe, ferrée, & reffemble à une bulbe ; elles font glabres, & n'ont pas plus d'une ligne de largeur : les tiges font cylindriques, feuillées, & hautes d'un pied ou environ ; leurs articulations font d'un rouge noirâtre : la gaine des feuilles eft garnie à fon entrée, d'une petite membrane blanche ; les épillets font verdâtres, & compofés de trois ou quatre fleurs, dont les valves s'alongent communément en manière de feuilles, ce qui fait paroître la panicule feuillée, chevelue & comme frifée. On trouve cette plante dans les pâturages montueux & fur le bord des chemins. ♃

III. *Base des feuilles radicales, non bulbeuse ; panicule nue & point prolifère.*

Panicule en épi, & dont les rameaux ne font pas plus longs que les épillets. I V.	Panicule non en épi, & dont les rameaux font beaucoup plus longs que les épillets. V.

IV. *Panicule en épi, & dont les rameaux ne font pas plus longs que les épillets.*

Paturin à crête. *Poa criftata.* Murr. Syft. vég. 99.

Gramen fpicâ criftatâ, fubhirfutum. Tournef. 519.

Sa tige eft haute d'un à deux pieds, droite, grêle, garnie de quelques feuilles étroites, & un peu nue vers fon fommet ; fes feuilles font légèrement velues en leurs bords. Les fleurs font difpofées en un épi terminal, long de deux pouces & demi, un peu interrompu à fa bafe, luifant & panaché de vert & de blanc ou quelquefois d'un afpect jaunâtre ; les

1179. épillets font compofés de deux ou trois fleurs, dont les valves font très-aiguës : la bâle calicinale eft chargée de poils très-courts, ainfi que les pédunucles & l'axe de l'épi. On trouve cette plante fur les collines sèches. ♃

V. *Panicule non en épi, & dont les rameaux font beaucoup plus longs que les épillets.*

Bâles florales tout-à-fait glabres.	Bâles florales velues ou pubefcentes fur leur dos.
V I.	I X.

VI. *Bâles florales tout-à-fait glabres.*

Tige droite, cylindrique, & haute d'un pied ou davantage.	Tige inclinée, comprimée, & n'ayant pas un pied de hauteur.
V I I.	V I I I.

VII. *Tige droite, cylindrique, & haute d'un pied ou davantage.*

Paturin des prés. *Poa pratenfis.* Lin. Sp. 99.

Gramen paniculatum, majus, latiore folio, poa Theophrafti. Tournef. 521.

Ses tiges font hautes d'un à trois pieds, grêles, cylindriques, & garnies de quelques feuilles un peu rudes en leurs bords, & à peine larges d'une ligne & demie ; la panicule eft lâche, multiflore, & compofée de rameaux prefque verticillés, & quatre ou cinq enfemble par étage : les épillets font fort petits, verdâtres, quelquefois un peu violets, & n'ont le plus fouvent que deux ou trois fleurs. On trouve cette plante dans les prés. ♃

VIII. *Tige inclinée, comprimée, & n'ayant pas un pied de hauteur.*

Paturin annuel. *Poa annua.* Lin. Sp. 99.

Gramen pratenfe, paniculatum, minus, album [& rubrum]. Tournef. 521.

Ses tiges font hautes de quatre à fept pouces, comprimées,

1179. feuillées, un peu coudées à leurs articulations, & rarement tout-à-fait droites ; ses feuilles font glabres, & larges presque d'une ligne & demie : les radicales font nombreuses & disposées en gazon ; les rameaux de la panicule font ouverts, à angles droits, & communément géminés : les épillets font verdâtres ou rougeâtres, & composés de trois ou quatre fleurs. Cette plante est commune par-tout, sur le bord des chemins, des champs, dans les lieux cultivés & incultes. ⊙

IX. *Bâles florales velues ou pubescentes sur leur dos.*

Tige très-foible & penchée ; presque tous les épillets biflores.	Tige droite ; la plupart des épillets composés de plus de deux fleurs.
X.	**X I.**

X. *Tige très-foible & penchée ; presque tous les épillets biflores.*

Paturin des bois. *Poa nemoralis.* Lin. Sp. 102.

Gramen nemorosum, paniculâ laxâ, radice repente. Vail. Parif. 90.

Ses tiges font hautes d'un à trois pieds, très-grêles, foibles, penchées & garnies de quelques feuilles glabres, & à peine larges d'une ligne ; les fleurs forment une panicule très-lâche, peu étalée, longue de quatre à six lignes, & composée de rameaux capillaires, trois à cinq ensemble par étage : les épillets font très-petits & d'un vert blanchâtre. On trouve cette plante dans les lieux couverts & les bois. ♃

XI. *Tige droite ; la plupart des épillets composés de plus de deux fleurs.*

Feuilles larges d'une ligne & demie ou davantage, & très-rudes en-dessous.	Feuilles à peine larges d'une ligne, & point rudes en-dessous.
X I I.	**X I I I.**

1179.

XII. *Feuilles larges d'une ligne & demie ou davantage, & très-rudes en-dessous.*

Paturin des marais. *Poa palustris.* Lin. Sp. 98.

Gramen palustre, paniculâ speciosâ. Bauh. Pin. 3, theatr. 39.

Ses tiges sont articulées, feuillées, & hautes de deux ou trois pieds ; ses feuilles sont assez longues, arides & remarquables par leurs nervures postérieures, garnies de petites dents, qui les rendent très-rudes au toucher : la panicule est terminale, diffuse, d'une forme pyramidale, & longue de six ou sept pouces : les épillets sont oblongs, pointus, d'un vert mêlé de rouge ou de brun, & composés de deux ou trois fleurs. On trouve cette plante sur le bord des fossés aquatiques.

XIII. *Feuilles à peine larges d'une ligne, & point rudes en-dessous.*

Paturin à feuilles étroites. *Poa angustifolia.* Lin. Sp. 99.

Gramen pratense, paniculatum, majus, angustiore folio. Tournef. 522.

β. *Gramen pratense, paniculatum, medium.* Ibid. 521.

Poa trivialis. Lin. Sp. 99.

Ses tiges sont grêles, feuillées, garnies de quelques articulations, & s'élèvent depuis huit pouces jusqu'à un pied & demi ; ses feuilles sont assez longues, glabres, très-étroites, & presque sétacées : la panicule est terminale, lâche, mais peu étalée, & longue de trois à cinq pouces ; les épillets sont petits, verdâtres, quelquefois un peu violets, & composés presque toujours de trois fleurs, & rarement de quatre. La variété β a sa panicule plus ouverte, plus garnie, & ses feuilles moins sétacées & plus distinctement planes. On trouve cette plante dans les lieux incultes, pierreux, & les prés secs. ♃

XIV. *La plupart des épillets composés de plus de cinq fleurs.*

Tige haute de plus de deux pieds.	Tige n'ayant pas deux pieds de hauteur.
X V.	X V I.

XV.

1179.

XV. *Tige haute de plus de deux pieds.*

Paturin aquatique. *Poa aquatica.* Lin. Sp. 98.

Gramen aquaticum, paniculatum, latifolium. Tournef. 522.

Sa tige est haute de quatre à six pieds, cylindrique, articulée, feuillée & assez épaisse ; ses feuilles sont larges de quatre à huit lignes, glabres, lisses, striées & marquées d'une tache brune à l'origine de leur gaine ; la panicule est terminale, très-ample, longue presque d'un pied, & garnie de beaucoup d'épillets alongés, composés de six à huit fleurs, & d'une couleur pâle ou d'un rouge-brun mêlé de vert. On trouve cette plante sur le bord des étangs & dans les fossés aquatiques. ♃

XVI. *Tige n'ayant pas deux pieds de hauteur.*

Panicule étroite, & dont les épillets sont tournés d'un seul côté.	Panicule plus ou moins lâche, mais dont les épillets ne sont pas tournés d'un seul côté.
X V I I.	X X.

XVII. *Panicule étroite, & dont les épillets sont tournés d'un seul côté.*

Tige cylindrique & longue de quatre à sept pouces.	Tige comprimée & longue de plus de sept pouces.
X V I I I.	X I X.

XVIII. *Tige cylindrique & longue de quatre à sept pouces.*

Paturin duret. *Poa rigida.* Lin. Sp. 101.

Gramen minus, vulgare, paniculâ rigidâ. Tournef. 522.

β. *Gramen paniculatum, minus, radice repente, paniculâ duriore.* Ibid. 521.

Ses tiges sont assez droites, nombreuses, un peu dures, feuillées & souvent coudées à leurs articulations inférieures ; ses feuilles

Tome III. P p

1179.

font glabres & larges d'une demi-ligne ; la panicule est terminale, longue de deux pouces, un peu étroite, pointue & a une roideur très-remarquable ; ses rameaux sont courts, rudes, alternes & soutiennent chacun quelques épillets étroits & presque linéaires. On trouve cette plante dans les lieux secs & sablonneux. ☉

XIX. *Tige comprimée & longue de plus de six pouces.*

Paturin comprimé. *Poa compressa.* Lin. Sp. 101.

> *Gramen paniculatum, radice repente, culmo compresso.* Vaill. Paris. 91, t. 18, f. 5.

Ses tiges sont longues d'un pied ou un peu plus, feuillées, aplaties, coudées à leurs articulations & à demi-couchées ; ses feuilles sont glabres & larges d'une ligne seulement ; sa panicule est un peu étroite, plus ou moins resserrée, unilatérale & longue de deux ou trois pouces ; elle a une roideur sensible, mais moindre que celle de l'espèce précédente : les épillets sont pointus, verdâtres & ont leurs valves rougeâtres à leur sommet ; ce qui leur donne un aspect très-agréable. On trouve cette plante sur les murs & dans les lieux sablonneux. ♃

XX. *Panicule plus ou moins lâche, mais dont les épillets ne sont pas tournés d'un seul côté.*

Panicule assez courte, un peu dense & panachée de vert & de brun. **X X I.**	Panicule alongée, très-lâche, très-rameuse & point panachée. **X X I I.**

XXI. *Panicule assez courte, un peu dense & panachée de vert & de brun.*

Paturin des Alpes. *Poa alpina.* Lin. Sp. 99.

> *Gramen alpinum, paniculatum majus, paniculâ speciosâ, variegatâ.* Scheuch. gram. 186. app. t. 3.

Sa tige est grêle, feuillée, & s'élève rarement au-delà d'un

1179. pied ; ſes feuilles ſont glabres, molles, larges d'une ligne & demie, & couvrent preſqu'entièrement la tige par leur gaîne ; la panicule eſt denſe, ramaſſée & compoſée de rameaux gé-minés, qui ſoutiennent chacun quelques épillets aſſez grands & agréablement panachés. Cette plante m'a été envoyée du Dauphiné par M. Liottard neveu : on la trouve auſſi dans les montagnes de la Provence. ♌.

XXII. *Panicule alongée, très - lâche, très - rameuſe & point panachée.*

Paturin élégant. *Poa eragroſtis.* Lin. Sp. 103.

Gramen paniculis elegantiſſimis, minimum. Tournef. 522.

Ses tiges ſont hautes de ſix à dix pouces, un peu foibles, feuillées & garnies de deux ou trois articulations, ſes feuilles n'ont qu'une ligne de largeur : la panicule eſt fort belle, longue de trois à cinq pouces, compoſée de rameaux fili-formes, très-diviſés, lâches & qui ſoutiennent des épillets étroits & de couleur brune ou d'un violet-noirâtre : ces épillets ſont compoſés de ſept à dix fleurs. On trouve cette plante dans les provinces méridionales, ⊙ ; elle a le plus grand rapport avec la briſe amourettes, *n.º 1178 — IV.*

1180. ### Fétuque. *Feſtuca.*

Les Fétuques ne diffèrent des Paturins que par la forme oblongue, pointue & preſque cylindrique de leurs épillets ; elles ont auſſi beaucoup de rapport avec les bromes, & ne peuvent s'en diſtinguer que par leurs épillets, ou dépourvus de barbes, ou qui n'en ont que de terminales ; mais pluſieurs eſpèces de bromes ſont dans ce dernier cas.

A N A L Y S E.

Tous les épillets, ou la plupart nus & ſans barbes.	Tous les épillets garnis de barbes.
I.	X I I.

1180. I. *Tous les épillets ou la plupart nus & sans barbes.*

Bâle calicinale aussi longue que l'épillet.	Bâle calicinale beaucoup plus courte que l'épillet.
I I.	I I I.

II. *Bâle calicinale aussi longue que l'épillet.*

Fétuque inclinée. *Festuca decumbens.* Lin. Sp. 110.

Gramen avenaceum, parvum, procumbens paniculis non aristatis. Tournef. 255. Raj. Syn. 408.

Ses tiges sont hautes de six à dix pouces, garnies de deux ou trois articulations, feuillées, & en général assez droites, excepté pendant la maturation des semences où elles sont souvent inclinées : les feuilles sont un peu velues & larges d'une ligne ; la panicule est resserrée presqu'en épi & composée d'un petit nombre d'épillets courts, ovales, durs, lisses & d'un vert-blanchâtre, quelquefois un peu violet : ces épillets ne contiennent que trois ou quatre fleurs. On trouve cette plante dans les lieux secs.

III. *Bâle calicinale beaucoup plus courte que l'épillet.*

Rameaux de la panicule, ou nuls ou plus courts que les épillets.	Panicule ayant des rameaux plus longs que les épillets.
I V.	V.

IV. *Rameaux de la panicule, ou nuls ou plus courts que les épillets.*

Fétuque piquante. *Festuca pungens.*

Gramen loliaceum, maritimum, foliis pungentibus. Tournef. 516.

Festuca phenicoides. Lin. mant. 33.

Ses tiges sont droites, feuillées, & hautes de deux pieds ; ses feuilles sont d'un vert glauque, roulées en leurs bords, & terminées par une pointe un peu roide & piquante ; ses

180. épillets font alternes, prefque feffiles, alongés, cylindriques, pointus, & compofés de fix à huit fleurs. Cette plante croît en Provence dans les lieux fablonneux & maritimes. ♃

V. *Panicule ayant des rameaux plus longs que les épillets.*

Feuilles capillaires, & n'ayant pas une demi-ligne de largeur. **V I.**	Feuilles non capillaires, & larges de plus d'une ligne. **V I I.**

VI. *Feuilles capillaires, & n'ayant pas une demi-ligne de largeur.*

Fétuque chevelue. *Feftuca capillata.*

> *Gramen capillatum, locuftis pennatis, non ariftatis.* Vaill. Parif. 92.

> β. *Gramen montanum, foliis capillaceis, longioribus, paniculâ heteromallâ, fpadiceâ & veluti amethyftina.* Scheuch. p. 276.

> *Feftuca amethyftina.* Lin. Sp. 109.

Ses feuilles radicales font nombreufes, auffi menues que des cheveux, & longues de fix à neuf pouces; fes tiges font hautes d'un à deux pieds, filiformes & nues dans toute leur moitié fupérieure; la panicule eft longue de deux ou trois pouces, peu garnie, & plus ou moins unilatérale; fes épillets font petits, diftiques, d'un vert pâle ou jaunâtre, & compofés de cinq ou fix fleurs. La variété β eft un peu plus grande dans toutes fes parties, & remarquable par fa tige & fa panicule d'un rouge livide tirant fur le violet. On trouve cette plante dans les lieux montueux & fur le bord des bois; fa variété croît dans les lieux fecs. ♃

VII. *Feuilles non capillaires, & larges de plus d'une ligne.*

Épillets compofés de quatre fleurs, & rarement de cinq. **V I I I.**	La plupart des épillets compofés de plus de cinq fleurs. **I X.**

1180. **VIII.** *Épillets composés de quatre fleurs, & rarement de cinq.*

Fétuque dorée. *Festuca aurea.*

> *Gramen paniculâ pendulâ, aureâ.* Bauh. Pin. 3.
>
> β. *Gramen alpinum, latifolium, paniculâ heteromallâ, spadiceâ, locustis pennatis.* Scheuch. 278.
>
> *Poa,* n.° 11, Ger. prov. 91, tab. 95, f. 1. *Festuca.* Hall. n.° 1436.

Sa tige est haute d'un pied & demi, cylindrique, feuillée, & garnie de deux ou trois articulations; ses feuilles sont larges d'une ligne & demie, fort longues, très-glabres, & point rudes en leurs bords; leur gaine est un peu lâche & striée : la panicule est longue de trois pouces, peu ouverte, souvent penchée d'un côté, & d'un jaune rougeâtre ou d'une couleur rousse remarquable. Ses épillets sont composés de quatre fleurs, dont les bâles sont rousses, longues de deux lignes, très-pointues & glabres; la bâle calicinale de chaque épillet est formée par deux valves un peu inégales, pointues, lisses, luisantes & blanchâtres en leurs bords. Cette belle plante m'a été communiquée par M. Liottard neveu, qui l'a trouvée dans les prés des montagnes en Dauphiné.

IX. *La plupart des épillets composés de plus de cinq fleurs.*

Panicule très-ouverte; épillets ovales-cylindriques, & dont les valves sont toutes très-pointues.	Panicule longue & étroite; épillets grêles tout-à-fait cylindriques, & dont les valves sont émoussées.
X.	X I.

X. *Panicule très-ouverte; épillets ovales - cylindriques, & dont les valves sont toutes très-pointues.*

Fétuque élevée. *Festuca elatior.*

> *Gramen loliaceum, spicâ multiplici, pratense, majus.* Moris. sec. 8, tab. 2, f. 15.
>
> *Poa foliis latis asperis, locustis teretibus, muticis, glumarum oris membranaceis.* Hall. Hist. n.° 1451.

Ses tiges sont hautes de deux à quatre pieds, feuillées &

1180. cylindriques; ses feuilles font glabres, un peu rudes lorfqu'on les gliffe entre les doigts, & larges de deux ou trois lignes. La panicule eft ample, très-lâche, & fouvent tournée d'un feul côté; ses épillets font médiocres, d'un vert mêlé de rouge ou de violet, & compofés de fix ou fept fleurs, dont les valves font blanches & fcarieufes en leurs bords. On trouve cette plante dans les lieux incultes & les pâturages montagneux. ♃

XI. *Panicule longue & étroite; épillets grêles, tout-à-fait*
cylindriques, & dont les valves font émouffées.

Fétuque flottante. *Feftuca fluitans.* Lin. Sp. 111.

Gramen paniculatum, aquaticum, fluitans. Tournef. 521.

Ses tiges font longues d'un à trois pieds, plus ou moins droites, feuillées, & garnies de trois ou quatre articulations; fes feuilles font glabres, molles, un peu rudes en leurs bords & en leurs nervures, & larges de deux ou trois lignes. La panicule eft fort longue, refferrée prefque en épi, & compofée d'épillets alongés, grêles, cylindriques, liffes, d'un vert blanchâtre, & portés d'abord fur des péduncules fort courts, mais qui s'alongent enfuite & fe ramifient fenfiblement. Les fleurs du fommet des épillets tombent de bonne heure. On trouve cette plante fur le bord des ruiffeaux & dans les foffés aquatiques.

XII.   *Tous les épillets garnis de barbes.*

Barbes moins longues, ou feulement auffi longues que les épillets.	Barbes beaucoup plus longues que les épillets.
X I I I.	X X.

XIII. *Barbes moins longues, ou feulement auffi longues*
que les épillets.

Tige haute d'un pied ou davantage.	Tige n'ayant pas un pied de hauteur.
X I V.	X I X.

1180. **XIV.** *Tige haute d'un pied ou davantage.*

Feuilles radicales larges de deux lignes ou davantage. **X V.**	Feuilles radicales n'ayant pas une ligne de largeur. **X V I.**

XV. *Feuilles radicales larges de deux lignes ou davantage.*

Fétuque des prés. *Festuca pratensis.*

> *An festuca locustis teretibus, multifloris, glumis semimembranaceis, breviter aristatis.* Hall. Hist. n.° 1433.

> *Gramen arundinaceum, locustis viridi-spadiceis, loliaceis, brevius aristatis.* Scheuch. 266.

Sa tige est haute de trois pieds, feuillée & cylindrique; ses feuilles sont larges de deux ou trois lignes, ou quelquefois davantage, glabres, & rudes au toucher lorsqu'on les glisse de haut en bas entre les doigts. La panicule est lâche, longue de six à neuf pouces, un peu unilatérale, & composée de rameaux géminés, dont un est toujours plus long que l'autre; les épillets sont un peu comprimés, distiques, longs de cinq ou six lignes, & n'ont pas plus de sept fleurs : ils sont communément verdâtres, & quelquefois un peu rougeâtres vers le sommet des bâles. Les barbes ont à peu-près une ligne de longueur; dans les individus que j'ai observés, toutes les fleurs en étoient garnies. Cette plante croît dans les prés & les pâturages humides. ♃

XVI. *Feuilles radicales n'ayant pas une ligne de largeur.*

Feuilles caulinaires plus larges que les radicales. **X V I I.**	Feuilles caulinaires aussi étroites que les radicales. **X V I I I.**

XVII. *Feuilles caulinaires plus larges que les radicales.*

Fétuque hétérophile. *Festuca heterophylla.*

> *Gramen avenaceum, minus, foliis inferioribus capillaceis, superioribus verò latioribus.* Tournef. 525.

Ses feuilles radicales sont très-étroites, capillaires, assez

1180. longues, & disposées en gazon très-fin ; ses tiges sont hautes de deux ou trois pieds, grêles, & garnies de quelques feuilles larges d'une demi-ligne, ou quelquefois un peu plus ; la panicule est lâche, verdâtre, peu garnie, & longue de trois à cinq pouces. Les épillets contiennent rarement plus de cinq fleurs, & leurs barbes sont longues d'une ligne ou environ. On trouve cette plante dans les bois & les lieux couverts. ♃

XVIII. *Feuilles caulinaires aussi étroites que les radicales.*

Fétuque ovine. *Festuca ovina.* Lin. Sp. 108.

> *Gramen foliis junceis, brevibus, majus, radice nigra.* Scheuch. 279.

> β. *Gramen alpinum. pratense, paniculâ duriore, laxâ, spadiceâ, locustis majoribus.* Scheuch. 287.

> *Festuca rubra.* Lin. Sp. 109.

Ses tiges sont hautes d'un à deux pieds, grêles, lisses, nues dans leur moitié supérieure, & un peu anguleuses ou imparfaitement cylindriques ; ses feuilles sont très-menues, à peine larges d'une demi-ligne, & souvent beaucoup moins : la panicule est lâche, quelquefois tout-à-fait resserrée, longue de deux ou trois pouces, & un peu unilatérale ; ses rameaux inférieurs sont les plus longs, & souvent ouverts à angle droit ; ses épillets sont distiques, & composés de cinq à sept fleurs, dont les bâles sont d'un vert jaunâtre & très-pointues. La variété β se distingue par la couleur de ses tiges & de ses épillets, qui est d'un rouge obscur, tirant un peu sur le violet. On trouve cette plante dans les lieux secs & montagneux. ♃

XIX. *Tige n'ayant pas un pied de hauteur.*

Fétuque durète. *Festuca duriuscula.*

> *Gramen foliis junceis, brevibus, minus.* Bauh. Pin. 5, theatr. 73, Scheuch. 282.

Ses racines sont chevelues & noirâtres ; ses feuilles radicales sont nombreuses, très-étroites, canaliculées ou pliées dans leur largeur, courbées, roides, un peu dures & d'un vert pâle, presque glauque : elles n'ont pas plus de trois pouces de longueur, & sont ramassées par faisceaux disposés en gazon assez dense ; les tiges sont hautes de cinq à sept pouces tout au plus, garnies chacune d'une couple de feuilles

1180. fort courtes, & terminées par une panicule étroite, presque en épi, unilatérale, & longue d'un pouce & demi seulement : les épillets sont fort petits, ovales-coniques, pointus, d'un vert mélangé de beaucoup de violet, & n'ont que trois ou quatre fleurs ; les barbes sont extrêmement petites. On trouve cette plante dans les lieux secs & sablonneux. ♃

XX. *Barbes beaucoup plus longues que les épillets.*

Panicule longue de plus de six pouces, très-étroite, & tout-à-fait resserrée en épi.	Panicule un peu lâche, & n'ayant pas plus de six pouces de longueur.
X X I.	X X I I.

XXI. *Panicule longue de plus de six pouces, très-étroite, & tout-à-fait resserrée en épi.*

Fétuque queue-de-rat. *Festuca myuros.* Lin. Sp. 109.

Gramen murorum, spicâ longissimâ. Vail. Paris. 94.

Ses tiges sont grêles, plus ou moins droites, articulées, feuillées, & longues d'un pied ou environ ; ses feuilles sont glabres & à peine larges d'une ligne : la panicule est longue de cinq à dix pouces, très-resserrée, & ressemble à un épi fort long, grêle & penché par la foiblesse de son axe : les épillets sont distiques, verdâtres, garnis de barbes droites, longues de six à dix lignes, & n'ont que quatre ou cinq fleurs. La bâle calicinale de chaque épillet est composée de deux valves très-aiguës, dont une est beaucoup plus petite que l'autre. On trouve cette plante sur les murs & dans les lieux sablonneux. ☉

XXII. *Panicule un peu lâche, & n'ayant pas plus de six pouces de longueur.*

Fétuque bromoïde. *Festuca bromoides.*

Gramen paniculatum, bromoides, minus, paniculis aristatis, unam partem spectantibus. Tournef. 518. Raj. Synop. 415.

Cette plante a beaucoup de rapport avec la précédente, n'en est peut-être qu'une variété, mais ne ressemble point

180. à la fétuque ovine *[Lin. Mant. 325]*. Ses tiges sont droites, grêles, articulées, feuillées, & ne s'élèvent pas au-delà d'un pied & demi : ses feuilles sont glabres, non rudes en leurs bords, & larges d'une demi-ligne ou quelquefois un peu plus; la panicule est longue de deux à cinq pouces, lâche dans sa partie inférieure, resserrée vers son sommet, unilatérale, & composée d'épillets verdâtres & remarquables par leurs barbes longues de cinq à huit lignes; ces épillets ont communément cinq fleurs & rarement six : leur bâle calicinale est composée de deux valves très-inégales, dont la plus petite n'est qu'un filet sétacé, & l'autre une écaille très - aiguë. On trouve aussi cette espèce dans les lieux sablonneux. ⊙

1181.

Brome. *Bromus.*

Les Bromes ont leurs épillets alongés, multiflores, & tous garnis de barbes; dans beaucoup d'espèces, ces barbes ne sont pas tout-à-fait terminales, mais s'insèrent sur le dos & un peu au-dessous du sommet de la valve florale extérieure : parmi les espèces, dont les barbes sont terminales, celles qui ont leurs épillets sessiles ou presque sessiles, ne sont pas distinguées des fromens, & les autres se confondent avec les fétuques.

ANALYSE.

Barbes insérées un peu au-dessous du sommet des valves.	Barbes sensiblement terminales.
I.	X.

I. *Barbes insérées un peu au-dessous du sommet des valves.*

Épillets très-grêles, & composés la plupart de quatre à six fleurs.	Presque tous les épillets composés de plus de six fleurs.
I I.	V.

1181. **II.** *Épillets très-grêles & composés la plupart de quatre à six fleurs.*

La plupart des épillets composés de quatre fleurs ; rameaux de la panicule géminés par étage.	La plupart des épillets composés de six fleurs ; rameaux de la panicule beaucoup plus de deux ensemble par étage.
I I I.	I V.

III. *La plupart des épillets composés de quatre fleurs ; rameaux de la panicule géminés par étage.*

Brome gigantesque. *Bromus giganteus.* Lin. Sp. 114.

Gramen avenaceum, glabrum, paniculâ è spicis raris, strigosis compositâ, aristis tenuissimis. Tournef. 526.

Sa tige est haute de trois à cinq pieds, feuillée, articulée & assez ferme ; ses feuilles sont larges de six ou sept lignes, fort longues, garnies d'une nervure blanche, très-marquée, presque glabres des deux côtés, velues sur leur gaine, & rudes lorsqu'on les glisse entre les doigts de haut en bas ; sa panicule est très-lâche, longue d'un pied au moins, composée de rameaux géminés, fort longs & qui soutiennent des épillets extrêmement petits ; ces épillets sont cylindriques, presque glabres, & verdâtres ou un peu violets vers le sommet de leurs écailles. On trouve cette plante dans les lieux humides & les prés couverts. ♃

IV. *La plupart des épillets composés de six fleurs, rameaux de la panicule plus de deux ensemble par étage.*

Brome à grappe. *Bramus racemosus.* Lin. Sp. 114.

Gramen avenaceum, spicis strigosioribus, glabris. Tournef. 526.

Cette espèce a beaucoup de rapport avec la précédente ; sa tige est haute de deux ou trois pieds, articulée & garnie de feuilles molles un peu velues, nerveuses en - dessous, & larges de trois ou quatre lignes ; leur gaine est striée & couverte d'un duvet fin, presque cotonneux ; la panicule est longue de huit à dix pouces, médiocrement ouverte & forme

2181. une espèce de grappe , composée de rameaux très-menus , nombreux & qui soutiennent des épillets fort petits , écartés les uns des autres & verdâtres. On trouve cette plante sur les bord des champs montueux & pierreux.

V. *Presque tous les épillets composés de plus de six fleurs.*

Rameaux de la panicule géminés par étage ; épillets longs d'un pouce au moins.	Rameaux de la panicule plus de deux ensemble par étage ; épillets n'ayant pas un pouce de longueur.
V I.	**V I I.**

VI. *Rameaux de la panicule géminés par étage ; épillets longs d'un pouce au moins.*

Brome des buissons. *Bromus dumetorum.*

Gramen avenaceum , dumetorum , paniculâ sparsâ. Tournef. 225. Vaill. Parif. 93. *An. br. arvenfis.* Lin. Sp. 113.

Sa tige est haute de quatre à six pieds ; je l'ai obfervée très-fouvent de cette dernière grandeur ; fes feuilles font velues ; molles , longues & larges de cinq ou fix lignes : fa panicule est très-lâche , composée de rameaux fort longs , folitaires ou géminés , foibles & qui laiffent pendre les épillets ; ces épillets font grêles , un peu velus , d'un vert fouvent mélangé de violet , & formés par neuf ou dix fleurs chargées de barbes moins longues que leur bâle. Cette plante est commune dans les lieux couverts & les bois , & ne croît point dans les champs.

VII. *Rameaux de la panicule plus de deux emfemble par étage ; épillets n'ayant pas un pouce de longueur.*

Bâles florales ayant leurs valves glabres fur leur dos , & ciliées en leurs bords.	Bâles florales ayant leurs valves velues fur leur dos , blanches en leurs bords & prefque point ciliées.
V I I I.	**I X.**

1181. VIII. *Bâles florales ayant leurs valves glabres fur leur dos, & ciliées en leurs bords.*

Brome rude. *Bromus fquarrofus.* Lin. Sp. 112.

Gramen avenaceum, locuflis amplioribus, candicantibus, glabris, & ariflatis. Tournef. 525.

Sa tige eft haute de deux pieds ou quelquefois davantage; fes feuilles font larges de deux ou trois lignes, velues en-deffous, & un peu rudes lorfqu'on les gliffe entre les doigts; la panicule eft lâche, penchée dans la maturité des femences & remarquable par fes épillets ovales, affez gros & compofés de fept à neuf fleurs dont les bâles & leurs barbes divergent un peu à mefure que la maturation des fruits fe perfectionne; mais ces barbes ne font point réfléchies comme le prétend M. de Haller *[avena, n.° 1501]*, ni auffi fortement rejetées en dehors, que le préfentent les figures de Scheuchzer & de Barrelier. On trouve cette plante fur le bord des champs, & parmi les blés. ⊙

IX. *Bâles florales ayant leurs valves velues fur leur dos, blanches en leurs bords, & prefque point ciliées.*

Brome feglin. *Bromus fecalinus.* Lin. Sp. 112.

Gramen avenaceum, locuflis villofis, craffioribus. Tournef. 525.

Bromus mollis. Lin. Sp. 112.

Sa tige eft haute de deux pieds ou fouvent moins, droite, & garnie de quelques feuilles planes, molles, vélues, nerveufes en-deffous, & larges de deux ou trois lignes; fa panicule eft droite, un peu refferrée, & longue de deux ou trois pouces: fes rameaux font la plupart fimples, les uns affez longs, & les autres plus courts que les épillets. Ces épillets font ovales-pointus, velus, panachés de vert & de blanc, & compofés de huit ou dix fleurs. On trouve cette plante fur le bord des champs, des chemins & fur les murs. ⊙

1181. **X.** *Barbes sensiblement terminales.*

| Fleurs en panicule; les épillets sont portés sur des péduncules qui naissent plusieurs ensemble par étage. **X I.** | Fleurs en manière d'épi; les épillets sont alternes, & la plupart sessiles. **X I V.** |

XI. *Fleurs en panicule.*

| Barbes beaucoup plus longues que les écailles qui les portent. **X I I.** | Barbes beaucoup plus courtes que les écailles qui les portent. **X I I I.** |

XII. *Barbes beaucoup plus longues que les écailles qui les portent.*

Brome stérile. *Bromus sterilis.* Lin. Sp. 113.

Gramen avenaceum, paniculâ sparsâ, locustis majoribus & aristatis. Tournef. 526. Scheuch. 258.

Ses tiges sont hautes d'un à deux pieds, feuillées & garnies de deux ou trois articulations; ses feuilles sont larges de deux à quatre lignes, velues & un peu rudes lorsqu'on les glisse entre les doigts. La panicule est fort lâche, composée de rameaux assez longs, menus, foibles, & qui laissent souvent pendre les épillets. Plusieurs de ces rameaux sont simples; les épillets sont composés de cinq à sept fleurs, dont les valves sont verdâtres, blanches & scarieuses en leurs bords, & les barbes droites, roides & fort longues. Cette plante est commune le long des haies, sur les murs & dans les lieux incultes.

XIII. *Barbes beaucoup plus courtes que les écailles qui les portent.*

Brome des champs. *Bromus arvensis.*

Gramen bromoides, segetum, latiore paniculâ. Vail. Paris. 95.

β. *Festuca avenacea, sterilis, spicis erectis.* Raj. synops. 413.

Sa tige est haute de deux ou trois pieds, articulée, & garnie

1181. de quelques feuilles à peine larges d'une ligne & demie, légèrement velues dans la partie inférieure de leur gaîne, ou quelquefois en leurs bords, & un peu rudes lorsqu'on les glisse entre les doigts de haut en bas. La panicule est médiocrement lâche, longue de trois ou quatre pouces, & composée de rameaux tous un peu redressés, la plupart simples, & dont les plus grands sont rarement longs de plus de deux pouces ; les épillets ont huit à dix fleurs, & sont panachés de vert & de violet ou de pourpre. La variété β ne diffère que par les rameaux de sa panicule fort courts ; elle est bien rendue par la figure qu'en a donnée Morison *[sec. 8, tab. 7, f. 13].* Cette plante est commune dans les champs & les prés secs. ⊙

OBS. La description du *gramen bromoides, pratense, foliis præter culmum angustissimis, rará lanugine villosis,* de Scheuchzer, p. 255, convient beaucoup à cette plante.

XIV.   *Fleurs en manière d'épi.*

Épillets grèles, cylindriques & en forme de corne. X V.	Épillets très-comprimés, distiques, & point en forme de corne. X V I I I.

XV. *Épillets grèles, cylindriques & en forme de corne.*

Barbes une fois plus courtes que les écailles qui les portent ; épillets presque glabres. X V I.	Barbes aussi longues, ou plus longues, que les écailles qui les portent ; épillets très-velus. X V I I.

XVI. *Barbes une fois plus courtes que les écailles qui les portent ; épillets presque glabres.*

Brome corniculé. *Bromus corniculatus.*

> *Gramen loliaceum, corniculatum, spicis glabris.* Tournef. 516.

> *Bromus pinnatus.* Lin. Sp. 115.

Sa tige est droite, articulée, feuillée ; & haute de deux à quatre

1181. quatre pieds; ses feuilles sont larges de deux ou trois lignes, un peu rudes lorsqu'on les glisse entre les doigts, & légèrement velues, particulièrement sur leur gaine; les épillets sont longs d'un pouce, grêles, verdâtres, tous redressés, quelquefois courbés en manière de corne, & la plupart sessiles. On trouve cette plante sur le bord des champs. ♉

XVII. *Barbes aussi longues, ou plus longues que les écailles qui les portent; épillets très-velus.*

Brome des bois. *Bromus sylvaticus.*

> *Gramen loliaceum, corniculatum, spicis villosis.* Tournef. 516.

Sa tige est haute de deux ou trois pieds, grêle, un peu foible, & garnie de quelques feuilles molles, velues, d'un vert grisâtre, assez longues, & larges de deux ou trois lignes : les épillets sont alternes, sessiles, velus, verdâtres, grêles, toujours droits, & à peine longs d'un pouce ; ils n'ont presque toujours que huit ou neuf fleurs, & sont garnis de barbes longues de quatre ou cinq lignes. Cette plante est commune dans les bois. ♉

XVIII. *Épillets très-comprimés, distiques, & point en forme de corne.*

Brome cilié. *Bromus ciliatus.*

> *Gramen loliaceum, minus, spicâ brizæ perlongâ, aristis donatâ.* Tournef. 517.
>
> *Bromus distachyos.* Lin. Sp. 115.

Sa tige s'élève depuis six pouces jusqu'à un pied ; elle est feuillée, quelquefois rameuse à sa base, & un peu coudée à ses articulations, qui sont pubescentes ; ses feuilles sont larges d'une à deux lignes, & ciliées en leurs bords : les épillets sont grands, comprimés, distiques, roides, durs, d'un vert blanchâtre, garnis de barbes fort longues, & au nombre de deux à cinq. J'en ai dans mon herbier plusieurs individus qui sont dans ce dernier cas. La valve extérieure de chaque bâle florale est garnie en ses bords de cils très-remarquables. Cette plante croît dans les provinces méridionales sur le bord des champs & des chemins. ☉

Avoine. *Avena.*

1182.

Les Avoines ont leurs épillets composés de deux à six fleurs; leurs barbes sont tortillées, & s'insèrent sur le dos des valves florales.

ANALYSE.

Péduncules des épillets, crochus & courbés en hameçon. I.	Péduncules des épillets, ou nuls ou droits, & presque point courbés. IV.

I. *Péduncules des épillets crochus & courbés en hameçon.*

Bâles florales glabres. I I.	Bâles florales très-velues. I I I.

II. *Bâles florales glabres.*

Avoine cultivée. *Avena sativa.* Lin. Sp. 118.

Avena vulgaris, alba, [*& nigra*] Tournef. 514.

Ses tiges sont droites, feuillées, & hautes de deux ou trois pieds; ses feuilles sont larges de quatre ou cinq lignes, glabres, & un peu rudes lorsqu'on les glisse entre les doigts. La panicule est très-lâche, quelquefois unilatérale, & longue de six à huit pouces; ses épillets sont inclinés ou pendans sur leur péduncule, & ont leur bâle calicinale composée de deux valves lisses, striées, verdâtres, blanches en leurs bords, pointues, & plus longues que les fleurs. Les valves florales sont chargées de barbes fort longues, roussâtres à leur base, & qu'elles perdent souvent par la culture : les semences sont alongées, lisses & noires ou blanches, selon les variétés. Cette plante est cultivée dans les champs, ⊙; ses semences sont rafraîchissantes, adoucissantes & résolutives.

III. *Bâles florales très-velues.*

Avoine follette. *Avena fatua.* Lin. Sp. 118.

Gramen avenaceum, locustis lanugine flavescentibus. Tournef. 524. Scheuch. p. 239.

β. *Avena sterilis.* Lin. Sp. 118.

Ses tiges sont hautes de deux ou trois pieds, articulées,

1182. & garnies de quelques feuilles assez longues, larges de deux lignes ou quelquefois plus, & ordinairement glabres ; la panicule est très-lâche; ses épillets sont grands, assez semblables à ceux de l'avoine cultivée, & contiennent deux ou trois fleurs garnies de barbes fort longues : les bâles florales sont remarquables par des poils roux très-abondans, qui couvrent toute leur moitié inférieure. La variété β est plus grande dans toutes ses parties, & ses épillets contiennent jusqu'à cinq fleurs. On trouve cette plante dans les champs; sa variété croît en Languedoc. ☉

IV. *Péduncules des épillets, ou nuls ou droits, & presque point courbés.*

Épillets de deux ou trois fleurs seulement.	La plupart des épillets composés de plus de trois fleurs.
V.	X.

V. *Épillets de deux ou trois fleurs seulement.*

Épillets de deux fleurs, dont une seule est parfaite & fertile.	Épillets de trois fleurs, dont deux au moins sont fertiles.
V I.	V I I.

VI. *Épillets de deux fleurs, dont une seule est parfaite & fertile.*

Avoine élevée. *Avena elatior.* Lin. Sp. 117.

Gramen avenaceum, elatius, jubâ longâ, splendente. Vail. 89.

β. *Gramen nodosum, avenaceâ paniculâ.* Tournef. 525.

Ses racines sont fibreuses, rampantes, & poussent des tiges hautes de trois ou quatre pieds, garnies de feuilles glabres, striées, & larges de trois lignes ou environ; la panicule est longue de six à dix pouces, assez lâche, mais fort étroite & pointue : les épillets sont composés de deux fleurs, dont une fertile est chargée d'une barbe courte, & l'autre imparfaite ou stérile, en porte communément une fort longue ;

Q q ij

1182. la bâle calicinale eſt liſſe, preſque luiſante, & verdâtre ou quelquefois un peu violette. La variété β a ſa racine compoſée de pluſieurs tubercules arrondis, blanchâtres, & ſitués les uns ſur les autres; ſes feuilles ſont un peu velues, & ſes épillets n'ont ſouvent qu'une ſeule barbe. On trouve cette plante dans les prés & ſur le bord des champs & des bois. ♃

VII. *Épillets de trois fleurs, dont deux au moins ſont fertiles.*

Rameaux de la panicule ne portant pas plus de quatre épillets.	Panicule ayant des rameaux chargés de plus de quatre épillets.
V I I I.	I X.

VIII. *Rameaux de la panicule ne portant pas plus de quatre épillets.*

Avoine pubeſcente. *Avena pubeſcens.* Lin. Sp. 1665.

Gramen avenaceum, paniculâ purpuro-argenteâ, ſplendente. Tournef. 525. Scheuch. 226.

Sa tige eſt haute de deux pieds ou environ; ſes feuilles ſont velues, particulièrement les inférieures, & ont à peu-près deux ou trois lignes de largeur: la panicule eſt un peu reſſerrée, & longue de trois ou quatre pouces; ſes épillets ſont tous aſſez droits, liſſes, luiſans, rougeâtres ou violets à leur baſe, & d'une couleur argentée à leur ſommet; les péduncules propres de chaque bâle florale, ſont très-velus. On trouve cette belle plante dans les prés ſecs & montagneux. ♃

IX. *Panicule ayant des rameaux chargés de plus de quatre épillets.*

Avoine jaunâtre. *Avena flaveſcens.* Lin. Sp. 118.

Gramen avenaceum, pratenſe, elatius, paniculâ flaveſcente, locuſtis parvis. Tournef. 525.

Ses tiges ſont grêles, feuillées, & hautes de deux ou

1182. trois pieds ; ses feuilles sont légèrement velues, garnies d'une nervure blanche en-dessous, & ont à peine deux lignes de largeur : la panicule est longue de trois à cinq pouces, souvent un peu étroite, d'un vert jaunâtre, & composée d'épillets très-nombreux, fort petits, lisses & luisans ; les bâles florales ont leurs péduncules propres un peu velus, & leurs valves intérieures sont argentées. On trouve cette plante sur les colines & dans les prés secs.

X. *La plupart des épillets composés de plus de trois fleurs.*

Plusieurs des épillets pédunculés. X I.	Tous les épillets sessiles. X I I.

XI.   *Plusieurs des épillets pédunculés.*

Avoine des prés. *Avena pratensis.* Lin. Sp. 119.

> *Gramen avenaceum, locustis splendentibus & bicornibus.* Vail. Paris. t. XVIII, f. 1.
>
> *Gramen avenaceum, montanum, spicâ simplici, aristis recurvis.* Tournef. 525. Raj. Synops. 405, t. XXI, f. 1.
>
> β *Avena bromoides.* Lin. Sp. 1666.

Sa tige est haute d'un pied & demi, souvent rougeâtre vers son sommet, & garnie de quelques feuilles à peine larges d'une ligne, glabres & un peu rudes ; la panicule est étroite, tout-à-fait en épi, longue de deux ou trois pouces, & composée d'épillets cylindriques, redressés, serrés contre la tige, & qui contiennent quatre ou cinq fleurs : les deux valves de la bâle calicinale sont lisses, purpurines ou d'un violet pâle & argenté en leurs bords. La variété β a ses épillets fort longs & en petit nombre. On trouve cette plante dans les prés secs ; sa variété croît dans les provinces méridionales.

XII.   *Tous les épillets sessiles.*

Avoine fragile. *Avena fragilis.* Lin. Sp. 119.

> *Gramen loliaceum, lanuginosum, spicâ fragili, articulatâ, glumis pilosis, aristatum.* Scheuch. 32.

Ses tiges sont rameuses à leur base, feuillées, coudées

1182. à leurs articulations inférieures, & s'élèvent depuis huit pouces jusqu'à un pied & demi; ses feuilles sont molles, vertes, velues, & larges presque de deux lignes : les épillets sont sessiles, alternes, verdâtres, & disposés en un épi long de quatre à cinq pouces : ils sont composés de quatre à six fleurs un peu écartées les unes des autres, & situées alternativement sur l'axe de l'épillet. On trouve cette plante en Provence & en Languedoc; elle croît aussi en Dauphiné, d'où elle m'a été communiquée par M. Liottard, neveu. ☉

1183. ### Roseau. *Arundo.*

Les Roseaux sont remarquables par des poils qui enveloppent leur bâle florale dans sa partie inférieure; leur bâle calicinale est uniflore ou multiflore selon les espèces : celles qui sont dans le premier cas, ne sont point distinguées de plusieurs espèces d'Agrostis qui ont aussi des poils à la base de leurs fleurs.

A N A L Y S E.

Bâles calicinales uniflores.	Bâles calicinales multiflores.
I.	I V.

I.	*Bâles calicinales uniflores.*

Feuilles planes.	Feuilles roulées & junciformes.
I I.	I I I.

II.   *Feuilles planes.*

Roseau plumeux. *Arundo calamagrostis.* Lin. Sp. 121.

> *Gramen paniculatum, arundinaceum, paniculâ densâ, spa-dicea.* Tournef. 523.
>
> β. *Arundo locustis unifloris, sericeis, muticis, paniculâ strictâ.* Hall. hist. n.° 1520.
>
> *Arundo epigejos.* Lin. Sp. 120. Scop. carn. 87.

Ses tiges sont hautes de deux à quatre pieds, articulées, feuillées & très-souvent simples; elles sont rameuses selon Mrs de Haller & Linné, mais je ne leur ai point encore

1183. obſervé ce caractère; ſes feuilles ſont aſſez longues, larges de deux ou trois lignes, glabres des deux côtés, sèches, arides, & rudes lorſqu'on les gliſſe entre les doigts; la panicule eſt longue de ſix à dix pouces, fort étroite, preſque en épi, & compoſée de rameaux multiflores, reſſerrés contre ſon axe : les fleurs ont leurs bâles très-aiguës, panachées de vert & d'un violet - noirâtre dans leur jeuneſſe, deviennent enſuite blanchâtres ou jaunâtres, & paroiſſent alors plumeuſes par la quantité de poils ſoyeux dont elles ſont garnies. La variété β eſt moins grande, & ſes feuilles ſont un peu velues en leur ſurface ſupérieure. On trouve cette plante dans les prés couverts & les bois. ♃

III.   *Feuilles roulées & junciformes.*

Roſeau des ſables. *Arundo arenaria.* Lin. Sp. 121.

Gramen ſpicatum, ſecalinum, maritimum, maximum, ſpicâ longiore. Tournef. 518. Scheuch. 138.

Ses feuilles radicales ſont nombreuſes, droites, diſpoſées par faiſceaux, roulées, preſque cylindriques, aiguës, piquantes, d'un vert glauque ou blanchâtre, & longues d'un pied & demi; ſes tiges ſont droites, à peine plus hautes que les feuilles, & terminées par une panicule tout - à - fait reſſerrée en épi, longue de cinq à ſix pouces & blanchâtre : les bâles ſont longues & étroites, & les poils qui ſont à la baſe des fleurs fort courts. On trouve cette plante dans les lieux ſablonneux & maritimes des provinces méridionales. ♃

IV.   *Bâles calicinales multiflores.*

Bâles calicinales ne contenant que trois fleurs; panicule lâche.	Bâles calicinales contenant la plupart cinq fleurs; panicule diffuſe.
V.	VI.

V.   *Bâles calicinales ne contenant que trois fleurs; panicule lâche.*

Roſeau commun. *Arundo vulgaris.* Bauh. theatr. 69.

Arundo vulgaris, ſive phragmites Dioſcoridis. Tournef. 526.

Arundo phragmites. Lin. Sp. 120.

Ses racines ſont longues, rampantes & pouſſent des tiges

1183. droites, feuillées, & hautes de quatre à six pieds ; les jeunes tiges sont terminées par une feuille non développée & roulée en une espèce de cône très-pointu ; les feuilles sont longues, larges d'un pouce, glabres, coupantes & comme denticulées en leurs bords ; la panicule est grande, longue de huit à dix pouces, lâche, très-garnie & d'un pourpre noirâtre ou foncé ; ses rameaux sont foibles & souvent penchés ; les bâles sont très-aiguës & les poils qui environnent les fleurs sont longs & soyeux : les individus que j'ai dans mon herbier ont toutes les bâles calicinales triflores. Cette plante est commune sur le bord des étangs & dans les fossés aquatiques, ♃ ; ses racines sont détersives, diurétiques & emménagogues.

VI. *Bâles calicinales contenant la plupart cinq fleurs ; panicule diffuse.*

Roseau cultivé. *Arundo sativa.* Bauh. theatr. 271.

Arundo sativa quæ donax Dioscoridis & Theophrasti. Tourn. 526.

Arundo donax. Lin. Sp. 120.

Ses tiges sont hautes de sept à neuf pieds, dures, ligneuses, assez grosses, creuses & garnies de feuilles & d'articulations nombreuses & peu distantes entr'elles ; ses feuilles sont larges de deux pouces, assez longues, un peu rudes en leurs bords, glabres & lisses en leur superficie, d'un vert un peu glauque & quelquefois panachées ; ses fleurs forment une panicule grande, un peu dense, purpurine & fort belle ; je n'ai pas encore eu occasion de les observer. On trouve cette plante en Provence, ♃ ; on la cultive dans les jardins : ses vertus sont les mêmes que celles de la précédente.

1184. Dactile pelotonné. *Dactylis glomerata.* Lin. Sp. 105.

Gramen paniculatum, spicis crassioribus & brevioribus. Tournef. 521.

Sa tige est droite, articulée, feuillée & haute de trois pieds ; ses feuilles sont longues, larges de trois ou quatre lignes, & paroissent rudes lorsqu'on les glisse de haut en bas entre les doigts ; la panicule est composée de quelques rameaux lâches, chargés d'épillets assez petits, nombreux, comprimés, serrés,

1184. ramaffés par pelotons, & tournés la plupart du même côté : la bâle calicinale de chaque épillet eft formée par deux valves très-inégales & aiguës ; elle renferme trois ou quatre fleurs, dont les valves font chargées de barbes courtes. Cette plante eft commune dans les prés & le long des chemins & des haies. ♃

1185.

Cynofure. *Cynofurus.*

Les fleurs de Cynofure font difpofées en épi ou en grappe plus ou moins ferrée : les bâles calicinales font bivalves, multiflores & ordinairement accompagnées de braclées unilatérales.

A N A L Y S E.

Braclées ailées ou pinnatifides. I.	Braclées nulles ou très - fimples. I V.

I.   *Braclées ailées ou pinnatifides.*

Épi garni de longues barbes. I I.	Épi non garni de barbes. I I I.

II.   *Épi garni de longues barbes.*

Cynofure hériffée. *Cynofurus echinatus.* Lin. Sp. 105.

Gramen fpicatum, echinatum, locuflis unam partem fpeclantibus. Tournef. 519.

Ses tiges font articulées, feuillées & hautes d'un à deux pieds ; fes feuilles font glabres, larges de deux ou trois lignes, & ont leur gaine un peu lâche, particulièrement la fupérieure ; l'épi eft denfe, court, unilatéral, rameux & hériffé de barbes un peu roides, longues & fouvent rougeâtres : les braclées font ailées, & leurs pinnules fe terminent en longues barbes. On trouve cette plante dans les lieux incultes, & fur le bord des champs des provinces méridionales. ♃

III. *Épi non garni de barbes.*

(¹185.

Cynosure à crête. *Cynosurus cristatus.* Lin. Sp. 519.

Gramen spicatum, glumis cristatis. Tournef. 519.

Sa tige est grêle, presque nue & haute d'un à deux pieds; ses feuilles sont glabres, assez courtes & larges d'une ligne ou environ : l'épi est long d'un à trois pouces, étroit, unilatéral ou presque distique & garni dans toute sa longueur d'épillets cachés sous des bractées courtes, pinnatifides, & crêtelées ou pectiniformes. Les épillets sont un peu comprimés & composés de trois à cinq fleurs. On trouve cette plante sur le bord des chemins & dans les prés secs. ♃

IV. *Bractées nulles ou très-simples.*

Épillets pendans & garnis de barbes longues de plus de deux lignes.	Épillets non pendans & sans barbes, ou n'en ayant que de très-courtes.
V.	V I.

V. *Épillets pendans & garnis de barbes longues de plus de deux lignes.*

Cynosure dorée. *Cynosurus aureus.* Lin. Sp. 523.

Gramen barcinonense, paniculâ densâ, aureâ. Tournef. 523.

Ses tiges sont articulées, feuillées & hautes de quatre à sept pouces; ses feuilles sont glabres, larges de deux lignes ou quelquefois plus, & garnies d'une membrane blanche à l'entrée de leur gaine : l'épi est une espèce de panicule étroite, longue de deux ou trois pouces, unilatérale, & composée d'épillets menus, nombreux, la plupart pendans, luisans, d'un jaune-pâle, les uns fertiles & les autres stériles. On trouve cette plante en Provence. ☉

VI. *Épillets non pendans & sans barbes, ou n'en ayant que de très-courtes.*

Épi unilatéral, & tout-à-fait privé de barbes.	Épi non unilatéral, & garni de quelques barbes très-courtes.
V I I.	V I I I.

1185. VII. *Épi unilatéral, & tout-à-fait privé de barbes.*

Cynofure rude. *Cynofurus durus.* Lin. Sp. 105.

Gramen arvenfe, polypodii panicula craffiore. Barr. Ic. 50.
Poa dura. Scop. carn. n.° 1, p. 70.

Ses tiges font nombreufes, en gazon, plus ou moins droites, articulées, feuillées, & hautes de trois à cinq pouces; fes feuilles font glabres, plus longues que leur gaine, & larges d'une ligne & demie; l'épi eft droit, comprimé, ovale-fpatulé, unilatéral, panaché de vert & de blanc, & d'une roideur très-remarquable; fes épillets font glabres, triflores, redreffés, ferrés, & comme embriqués d'un côté de l'épi. Cette plante croît en Dauphiné, d'où elle m'a été communiquée par M. Liottard. ⊙

VIII. *Épi non unilatéral, & garni de quelques barbes très-courtes.*

Cynofure bleue. *Cynofurus cæruleus.* Lin. Sp. 106.

Gramen fpicatum, glumis variis. Tournef. 519.

Sa tige eft haute de fept à dix pouces, grêle, prefque entièrement nue, & garnie de quelques gaines courtes; fes feuilles font glabres, larges d'une ligne & demie, un peu rudes en leurs bords, & naiffent de la racine & de la partie inférieure de la tige. L'épi eft à peine long d'un pouce, ferré & un peu cylindrique; fes épillets font biflores ou triflores, portés fur de très-courts péduncules, & d'un blanc bleuâtre ou tirant fur le violet. On trouve cette plante dans les lieux montagneux. ♃

1186. Yvroie. *Lolium.*

Les Yvroies font remarquables par leurs épillets feffiles, ordinairement comprimés, & difpofés alternativement le long d'un axe commun, de manière qu'un de leurs côtés tranchans eft appuyé contre cet axe, & l'autre forme une faillie qui lui eft oppofée. La bâle calicinale de chaque épillet eft formée par une feule valve placée en-dehors, la valve intérieure avortant prefque toujours, entièrement, ou en grande partie.

ANALYSE.

Épillets composés de cinq à dix fleurs. I.	Épillets composés de plus de dix fleurs. I V.

I.	Épillets composés de cinq à dix fleurs.

Valve calicinale un peu plus courte que l'épillet ; fleurs toujours nues & sans barbes. I I	Valve calicinale au moins aussi longue que l'épillet ; fleurs ordinairement garnies de barbes. I I I.

II. *Valve calicinale un peu plus courte que l'épillet ; fleurs toujours nues & sans barbes.*

Yvroie vivace. *Lolium perenne.* Lin. Sp. 122. [Raigraff.]

Gramen loliaceum, angustiore folio & spica. Tournef. 516.

β. *Gramen loliaceum, spicis brevibus & latioribus, compressis.* Vaill. Parif. 81.

Ses tiges sont hautes d'un pied & demi ou environ, articulées & chargées de quelques feuilles à peine larges d'une ligne & demie, glabres & un peu rudes lorsqu'on les glisse entre les doigts ; l'épi a presque un pied de longueur ; ses épillets sont glabres, comprimés, disposés alternativement sur deux côtés opposés de l'axe qui les porte, & quelquefois assez écartés entr'eux. La variété β est remarquable par ses épillets un peu larges & fort rapprochés les uns des autres vers le sommet de l'épi. Cette plante est commune le long des chemins, sur les pelouses & dans les lieux incultes. ♃

III. *Valve calicinale au moins aussi longue que l'épillet ; fleurs ordinairement garnies de barbes.*

Yvroie annuelle. *Lolium annuum.*

Gramen loliaceum, spica longiore. Bauh. Pin. 9.

Lolium temulentum. Lin. Sp. 122.

Ses tiges sont articulées, feuillées, & s'élèvent jusqu'à

1186. trois ou quatre pieds; ses feuilles sont glabres, assez longues, & larges de deux ou trois lignes; l'épi est droit, un peu roide, long de huit à dix pouces, & composé d'épillets courts & pauciflores. Ces épillets étoient garnis de barbes dans tous les individus que j'ai observés. On trouve cette plante dans les champs parmi les blés, ⊙; ses semences sont un peu âcres & enivrent.

IV. *Épillets composés de plus de dix fleurs.*

Yvroie multiflore. *Lolium multiflorum.*

> *Gramen loliaceum, angustiore folio & spica, aristis donatum.* Vaill. Parif. tab. 17, f. 3.

Ses tiges sont articulées, feuillées, & hautes de trois pieds; ses feuilles sont glabres, longues, & larges de deux lignes ou davantage : l'épi est long d'un pied & demi, un peu courbé & composé de vingt à vingt-cinq épillets glabres, verdâtres, & deux ou trois fois plus longs que leur valve calicinale; ces épillets contiennent chacun douze à quinze fleurs, dont les supérieures seulement sont chargées de barbes courtes. La figure de Vaillant, que j'ai citée, ne rend qu'imparfaitement ma plante; les barbes des épillets sont trop longues & trop nombreuses. J'ai trouvé cette plante sur le bord des prés & des champs, dans les environs de Péronne.

1187. Elyme des sables. *Elymus arenarius.* Lin. Sp. 122.

> *Gramen loliaceum, radice repente, maritimum.* Tourn. 516.

Cette plante est d'une belle couleur glauque ou blanchâtre dans toutes ses parties; sa racine est rampante, & pousse beaucoup de feuilles longues d'un à deux pieds, larges de trois lignes ou davantage, quelquefois roulées en leurs bords, & blanches en leur surface supérieure : ses tiges sont droites, articulées, feuillées, & ne surpassent que médiocrement la hauteur des feuilles radicales : elles se terminent

1187. par un bel épi blanchâtre, pubeſcent ou cotonneux, non garni de barbes, & long de trois pouces ou un peu plus; les bâles cālicinales ſont latérales, & compoſées de deux valves plus longues que les fleurs qu'elles accompagnent. On trouve cette plante dans les lieux ſablonneux & maritimes des provinces méridionales. ♃

1188. ## Orge. *Hordeum.*

Les fleurs d'Orge ſont ramaſſées trois à trois par paquets ou faiſceaux ſerrés contre l'axe commun qui les porte, & diſpoſées ſur pluſieurs rangs; elles forment un épi comprimé ou quadrangulaire, & abondamment garni de barbes : à la baſe de chaque paquet de fleurs, on trouve ſix paillettes en alène, qui tiennent lieu de bâle calicinale; ces paillettes ſont un peu écartées par paires, & diſpoſées deux enſemble au côté extérieur de chaque fleur.

A N A L Y S E.

Toutes les fleurs garnies de barbes. **I.**	Fleurs latérales, nues & ſans barbes. **V I.**

I. *Toutes les fleurs garnies de barbes,*

Fleurs latérales de chaque paquet, mâles ou imparfaites, & ſtériles. **I I.**	Toutes les fleurs hermaphrodites & fertiles. **V.**

II. *Fleurs latérales de chaque paquet, mâles ou imparfaites, & ſtériles.*

Paillettes calicinales intermédiaires très-ciliées; barbes des fleurs longues de plus d'un pouce. **I I I.**	Paillettes calicinales toutes preſque glabres; barbes des fleurs longues de moins d'un pouce. **I V.**

1188. **III.** *Paillettes calicinales intermédiaires très-ciliées; barbes des fleurs longues de plus d'un pouce.*

Orge des murs. *Hordeum murinum.* Lin. Sp. 126.

Gramen spicatum, vulgare, secalinum. Tournef. 517.

Ses tiges font articulées, feuillées, & hautes d'un pied ou un peu plus; ses feuilles font molles, velues, & larges de deux ou trois lignes : l'épi eft denfe, long de deux pouces, & garni de barbes fort longues. Cette plante eft commune fur les murs & le long des chemins. ☉

IV. *Paillettes calicinales toutes presque glabres; barbes des fleurs longues de moins d'un pouce.*

Orge feglin. *Hordeum fecalinum.*

Gramen spicatum, fecalinum, minus. Tournef. 518.

Ses tiges font très-grêles, peu garnies de feuilles, & s'élèvent jufqu'à deux pieds ou quelquefois davantage; fes feuilles font glabres, & à peine larges d'une ligne & demie : l'épi eft menu, long d'un pouce & demi, & garni de barbes courtes & très-fines. On trouve cette plante dans les lieux incultes & les prés fecs. ♃

V. *Toutes les fleurs hermaphrodites & fertiles.*

Orge ordinaire. *Hordeum vulgare.* Lin. Sp. 125.

α *Hordeum polyflichum, vernum.* Tournef. 513.[Épaute, Efcourgeon].

β *Hordeum polyflichum, hybernum.* Ibid. *Hordeum hexaflichon.* Lin. Sp. 125.

Ses tiges font articulées, feuillées, & hautes de deux ou trois pieds; elles portent à leur fommet un épi long de trois pouces ou environ, & garni de barbes fort longues : cet épi eft un peu comprimé, & paroît diftique dans la plante α; celui de la plante β a une forme carrée & fes barbes très-rudes. On cultive ces plantes dans les champs, ☉; leur farine eft rafraîchiffante & déterfive.

1188. VI. *Fleurs latérales , nues & sans barbes.*

Orge distique. *Hordeum distichon.* Lin. Sp. 125.

Hordeum distichon, quod spica binos ordines habeat , Plinio. Tournef. 513. [pamele]

β. *Hordeum distichon, spica breviore & latiore, granis confertis.* Tournef. 513. [Riz rustique]

Hordeum zeocrithon. Lin. Sp. 125.

Ses tiges sont hautes d'un pied & demi, ou deux tout au plus, articulées, & chargées de feuilles glabres, larges de trois à cinq lignes. L'épi est comprimé & garni en ses côtés saillans, de fleurs fertiles, chargées de barbes très-longues ; les fleurs stériles ou imparfaites sont disposées en ses côtés planes, & n'ont point de barbes. La plante β est remarquable par son épi fort large, assez court, & dont les barbes sont ouvertes en éventail. On cultive ces plantes dans les champs. ☉

1189. Seigle commun. *Secale cereale.* Lin. Sp. 124.

Secale hybernum vel majus. Tournef. 513.

β. *Secale vernum vel minus.* Ibid.

Ses tiges sont articulées, garnies de feuilles assez étroites, & s'élèvent jusqu'à cinq ou six pieds ; elles portent à leur sommet un épi un peu grêle, long de quatre à six pouces, & chargé de barbes assez longues ; les épillets sont biflores, & ont leurs valves garnies de cils rudes ; ils sont accompagnés chacun de deux paillettes calicinales sétacées, dont la longueur ne surpasse pas celles des fleurs. La variété β est plus petite en toutes ses parties. On cultive cette plante dans les champs, ☉ ; sa farine fait un pain nourrissant, mais un peu lourd, elle est émolliente, résolutive & détersive.

1190. Froment. *Triticum.*

Les fleurs de Froment sont ramassées deux à cinq ensemble par épillets sessiles, disposés en un épi commun sur un réceptacle linéaire & alternativement denté ; ces épillets sont souvent un peu comprimés, présentent un de leurs côtés plats au réceptacle, & ont leur bâle calicinale composée de deux valves

plus

1190. plus ou moins concaves. Les bâles florales ont souvent une de leurs valves terminée par une barbe, quelquefois fort longue.

ANALYSE.

Bâles calicinales très-ventrues. I.	Bâles calicinales presque point ventrues. I I.

I.   *Bâles calicinales très-ventrues.*

Froment cultivé. *Triticum sativum.*

     α. *Triticum hybernum, aristis carens.* Tournef. 512.

       Triticum hybernum. Lin. Sp. 126.

     β. *Triticum aristis longioribus, spicâ albâ.* Tournef. 512.

       Triticum æstivum. Lin. Sp. 126.

     γ. *Triticum spicâ villosâ, quadratâ, breviore & turgidiore.* Vaill. Parif. 196.

       Triticum turgidum. Lin. Sp. 126.

     δ. *Triticum spicâ multiplici.* Tournef. 512.

Ces quatre plantes font, je crois, la plupart des variétés obtenues par la culture ; on peut malgré cela les diftinguer comme des efpèces, & je ne les ai réunies que pour éviter d'alonger inutilement cet Ouvrage. La première eft celle que l'on cultive le plus univerfellement ; fon épi n'a point de barbes, ou n'en a que de très-courtes ; celui de la feconde en a communément d'affez longues ; celui de la troifième eft carré, velu, & pareillement garni de longues barbes ; enfin celui de la quatrième eft fort gros, compofé, rameux, & chargé de barbes fort longues. On cultive ces plantes dans les champs fous le nom de *blé*, & leur utilité les rend fans contredit les plus précieufes du règne végétal, ⊙ ; la farine du blé eft émolliente & réfolutive. Le fon que l'on en retire eft adouciffant, laxatif & déterfif. On prépare avec la farine une pâte sèche que l'on nomme *amidon* : elle eft pectorale, adouciffante & incraffante.

1190. II. *Bâles calicinales presque point ventrues.*

Valves calicinales ayant leur pointe terminale disposée dans une échancrure, ou sur un bord qui paroît tronqué.	Valves calicinales se terminant insensiblement, & sans interruption, en pointe très-simple.
I I I.	V I I I.

III. *Valves calicinales ayant leur pointe terminale disposée dans une échancrure, ou sur un bord qui paroît tronqué.*

Épillets de deux ou trois fleurs. barbes plus longues que l'épi.	Épillets de plus de trois fleurs; barbes ou nulles, ou plus courtes que l'épi.
I V.	V.

IV. *Épillets de deux ou trois fleurs; barbes plus longues que l'épi.*

Froment uniloculaire. *Triticum monococcum.* Lin. Sp. 127.

Hordeum distichum, spicâ nitidâ, zea seu briza nuncupatum. Tournef. 513.

Ses tiges sont hautes d'un pied & demi, articulées, & chargées de quelques feuilles glabres & un peu étroites; elles portent à leur sommet un épi distique, long d'un pouce ou un peu plus, & garni de chaque côté, de barbes fines & fort longues : les épillets sont lisses, luisans, & composés de trois fleurs, dont une seule est fertile. On trouve cette plante dans les provinces méridionales. ☉

1190. V. *Épillets de plus de trois fleurs ; barbes ou nulles,*
ou plus courtes que l'épi.

Épillets de quatre fleurs ; feuilles vertes, & point roulées en leurs bords. V I.	Épillets de cinq fleurs ; feuilles glauques, roulées & junciformes. V I I.

VI. *Épillets de quatre fleurs ; feuilles vertes, & point roulées en leurs bords.*

Froment épautre. *Triticum spelta.* Lin. Sp. 127.

Zea dicoccos vel zea major. Bauh. theatr. 413.

Ses tiges font articulées, feuillées, & hautes de deux à trois pieds ; elles portent à leur sommet un épi un peu comprimé & dépourvu de barbes, ou n'en ayant que de courtes, disposées dans sa partie supérieure : ses épillets font composés de quatre fleurs, dont deux ou trois tout au plus font fertiles. On trouve cette plante dans les provinces méridionales. ⊙

VII. *Épillets de cinq fleurs ; feuilles glauques, roulées & junciformes.*

Froment joncier. *Triticum junceum.* Lin. Sp. 128.

Gramen angustifolium, spicâ tritici muticæ simili. Vail. 81.

Cette plante est d'une couleur glauque dans toutes ses parties ; ses tiges font hautes de deux pieds ou environ, & garnies de quelques feuilles étroites, blanchâtres & pubescentes en-dessus, un peu roides, aiguës, & roulées en leurs bords ; les épillets font alternes, sessiles, & composés de cinq ou six fleurs communément dépourvues de barbes : les valves calicinales font chargées sur leur dos, de cannelures ou stries saillantes. On trouve cette plante dans les environs de Paris.

1.190. **VIII.** *Valves calicinales se terminant insensiblement &*
sans interruption, en pointe très-simple.

Épi commun très-simple. I X.	Épi commun rameux. X I V.

IX. *Épi commun très-simple.*

Tiges deux fois ou davantage plus longues que leur épi. X.	Tiges n'étant pas une fois plus longues que leur épi. X I I I.

X. *Tiges deux fois ou davantage plus longues que*
leur épi.

Feuilles velues en leur superficie; épillets sans barbes, ou n'en ayant que de plus courtes que leurs valves. X I.	Feuilles glabres en leur superficie; épillets garnis de barbes aussi longues ou plus longues que leurs valves. X I I.

XI. *Feuilles velues en leur superficie; épillets sans barbes,*
ou n'en ayant que de plus courtes que leurs valves.

Froment rampant. *Triticum repens.* Lin. Sp. 128.
[Chiendent].

Gramen loliaceum, radice repente, sive gramen officinarum.
Tournef. 516.

Ses racines sont longues, cylindriques, grêles, articulées,
blanches & très-rampantes; elles poussent des tiges droites,
feuillées, & hautes de deux ou trois pieds; ses feuilles sont
longues, larges de deux ou trois lignes, molles, vertes, &
velues en leur surface supérieure : l'épi est long de trois
ou quatre pouces; ses épillets sont assez petits, & composés

1190. de quatre ou cinq fleurs, dont les valves font aiguës, mais communément dépourvues de barbes. Cette plante croît le long des haies, & dans les jardins qu'elle infeste souvent, au point qu'il est très-difficile de la détruire, ♃; sa racine est apéritive, diurétique & rafraîchissante.

XII. *Feuilles glabres en leur superficie; épillets garnis de barbes auffi longues ou plus longues que leurs valves.*

Froment des haies. *Triticum fepium.*

> *Gramen loliaceum, radice fibratâ, ariftis donatum.* Tournef. 516.

Sa racine est compofée de fibres nombreufes affez longues, mais point articulées ni rampantes; elle pouffe des tiges droites, articulées, feuillées, & hautes de deux à quatre pieds; fes feuilles font longues, larges de deux ou trois lignes, glabres & un peu rudes lorfqu'on les gliffe entre les doigts de haut en bas : l'épi est long de quatre à fix pouces, & compofé d'épillets affez rapprochés les uns des autres, mais tous alternes & point géminés; ces épillets contiennent cinq fleurs chargées chacune d'une barbe longue de quatre à fix lignes. On trouve cette plante dans les haies, les buiffons & les lieux un peu couverts. ♃

XIII. *Tiges n'étant pas une fois plus longues que leur épi.*

Froment délicat. *Triticum tenellum.*

> *Gramen loliaceum, foliis & fpicis tenuiffimis.* Tournef. 517. Morif. fec. 8, tab. 2. f. 3.
>
> β. *Triticum unilaterale.* Lin. mant. 35.

Sa racine est fibreufe, & pouffe des tiges menues, feuillées & hautes de trois à fix pouces; fes feuilles font glabres, vertes, & ont rarement plus d'une demi-ligne de largeur : les fupérieures font plus courtes que leur gaine; l'épi est grêle, filiforme, prefque entièrement unilatéral, & communément auffi long que la tige; fes épillets font très-petits, feffiles, comprimés, compofés de trois ou quatre fleurs, & difpofés d'un feul côté fur leur axe commun, qui est quelquefois un peu tors en fpirale : ces épillets font prefque

1190. toujours garnis de barbes. On trouve cette plante sur le bord des chemins un peu humides. ☉

OBS. Lorsqu'on cultive cette plante, les épillets inférieurs naissent souvent plusieurs d'un même point & sont quelquefois pédunculés.

XIV. *Épi commun rameux.*

Froment maritime. *Triticum maritimum.*

Gramen maritimum, paniculâ loliacea. Tournef. 517.

Cette plante, selon la description des Auteurs, me paroît avoir beaucoup de rapport avec la précédente ; ses tiges sont menues, hautes de cinq à sept pouces, coudées à leurs articulations inférieures, & garnies de quelques feuilles glabres, à peine larges d'une ligne ; l'épi est grêle & un peu rameux, à sa base : ses épillets sont lancéolés, comprimés & ont une roideur assez remarquable. On trouve cette espèce dans les lieux sablonneux & maritimes des provinces méridionales.

1191. *Polygamie.*

1192. Racle. *Cenchrus.*

Les Racles ont leur épi hérissé d'aspérités ou de poils roides ; les épillets sont composés de deux fleurs dont une est hermaphrodite & l'autre mâle ou stérile : leur bâle extérieure est laciniée & hérissée.

A N A L Y S E.

Épi court & arrondi.	Épi alongé & linéaire.
I.	I I.

1192. **I.** *Épi court & arrondi.*

Racle capitée. *Cenchrus capitatus.* Lin. Sp. 1488.

Gramen spicâ subrotundâ, echinatâ. Tournef. 519.

Ses tiges sont menues, feuillées dans leur partie inférieure, & hautes de quatre à six pouces ; ses feuilles sont glabres, larges d'une ligne ou environ & naissent de la base des tiges & de la racine ; elles forment un gazon assez garni ; l'épi est verdâtre, hérissé, court, ovale - arrondi, & n'a que quatre ou cinq lignes dans son plus grand diamètre. On trouve cette plante dans les lieux arides des provinces méridionales. ☉

II. *Épi alongé & linéaire.*

Racle linéaire. *Cenchrus linearis.*

Gramen spicatum, locustis echinatis. Tournef. 519.

Cenchrus racemosus. Lin. Sp. 1487.

Ses tiges sont hautes de six à huit pouces, feuillées, un peu coudées à leurs articulations inférieures, & quelquefois rameuses à leur base ; ses feuilles sont larges d'une ligne ou environ, vertes, glabres en leur superficie & ciliées en leurs bords ; l'épi est grêle, linéaire, lâche, long de deux ou trois pouces & rougeâtre dans sa maturité ; ses épillets sont un peu écartés les uns des autres, portés sur de très-courts péduncules & n'ont point de bâle commune ou calicinale. Les bâles florales sont ciliées. On trouve cette plante dans les lieux sablonneux. ☉

1193. Égilope. *Ægilops.*

Les Égilopes ont leur épi dur & ordinairement garni de longues barbes ; les épillets sont sessiles, alternes, plus ou moins serrés les uns contre les autres, & disposés sur un réceptacle denté ; ils contiennent deux ou trois fleurs, & ont leur bâle calicinale fort grande & cartilagineuse.

ANALYSE.

<table>
<tr><td>Épi fort court ;
valves calicinales
de tous les épillets,
chargées de trois barbes.
I.</td><td>Épi alongé ;
valves calicinales
des épillets inférieurs
n'ayant que deux barbes.
I I.</td></tr>
</table>

I. *Épi fort court ; valves calicinales de tous les épillets, chargées de trois barbes.*

Égilope ovale. *Ægilops ovata.* Lin. Sp. 1489.

> *Gramen spicatum, durioribus & crassioribus locustis, spicâ brevi.* Tournef. 519.

Ses tiges font articulées, feuillées, & hautes de six à huit pouces ; ses feuilles font larges d'une ligne & demie, un peu velues en leur superficie, & ciliées en leurs bords. L'épi est court, d'une forme à peu-près ovale, & hérissé de barbes fort longues ; les bâles calicinales des épillets font striées & un peu velues fur leur dos. On trouve cette plante fur le bord des chemins dans les provinces méridionales. ♂

II. *Épi alongé ; valves calicinales des épillets inférieurs n'ayant que deux barbes.*

Égilope alongé. *Ægilops elongata.*

> *Gramen spicatum, durioribus & crassioribus locustis, spicâ longissimâ.* Tournef. 519. Vail. tab. 17, f. 1.
> *Ægilops triuncialis.* Lin. Sp. 1489.

Ses feuilles radicales font nombreuses, assez longues, larges d'une à deux lignes, molles, ciliées & disposées en gazon ; ses tiges font longues de six ou sept pouces, articulées, feuillées & couchées dans leur partie inférieure ; l'épi est long de trois pouces ou environ, moins épais & moins serré que celui de l'espèce précédente : les épillets supérieurs ont des barbes très-longues, & font souvent stériles. On trouve cette plante dans les environs de Paris. ♃

Barbon. *Andropogon.*

Les Barbons ont leurs bâles calicinales uniflores; les bâles florales font chargées d'une barbe inférée à la bafe extérieure d'une de leurs valves. Les fleurs hermaphrodites font ordinairement feffiles, & les mâles ou ftériles font pédunculées.

ANALYSE.

Fleurs difpofées en un feul épi lâche, ou en une panicule.	Fleurs difpofées en plufieurs épis fitués en manière de digitations.
I.	I I.

I. *Fleurs difpofées en un feul épi lâche ou en une panicule.*

Barbon paniculé. *Andropogon paniculatum.*

> *Ægilops bromoides, jubâ purpurafcente.* Scheuch. p. 267.
>
> *Andropogon grillus.* Lin. Sp. 1480.

Sa tige eft articulée, feuillée, & haute de deux ou trois pieds; fes feuilles font légèrement velues, & larges d'une à deux lignes. La panicule eft affez longue, plus ou moins lâche & rougeâtre : les pédunculles ou rameaux font longs d'un à deux pouces, & portent chacun trois fleurs, dont celle du milieu eft feffile, hermaphrodite, velue à fa bafe, & garnie d'une longue barbe; les deux fleurs latérales font mâles & pédunculées. On trouve cette plante dans les environs de Montpellier.

II. *Fleurs difpofées en plufieurs épis, fitués en manière de digitations.*

Épis géminés.	Plus de deux épis enfemble.
I I I.	I V.

III. *Épis géminés.*

Barbon double-épi. *Andropogon diftachyum.* Lin. Sp. 1481.

> *Gramen dactylon, fpicâ geminâ.* Tournef. 521.
>
> β. *Gramen dactylon, ficulum, multiplici paniculâ, fpicis ab eodem exortu geminis.* Ibid.
>
> *Andropogon hirtum.* Lin. Sp. 1482.

Sa tige eft haute de deux pieds, articulée, feuillée, fouvent

1194. simple, mais quelquefois rameuse; ses feuilles sont glabres, assez longues, & larges de deux ou trois lignes : les épis sont géminés, longs d'un pouce & demi, velus, un peu inclinés, & terminent la tige & ses rameaux lorsqu'elle en est garnie : les fleurs sont disposées deux à deux le long de l'axe de leur épi, l'une sessile & hermaphrodite, & l'autre pédunculée & stérile; elles ont leur bâle calicinale velue. La variété β a sa tige plus communément rameuse. On trouve cette plante en Provence. ♃

IV.   Plus de deux épis ensemble.

Barbon velu. *Andropogon villosum.*

> *Gramen dactylon, angustifolium, spicis villosis.* Tourn. 520.
>
> β. *Gramen dactylon, villosum, ramosum, altissimum, gallo-provinciale* Ibid. 521.
>
> *Andropogon ischæmum.* Lin. Sp. 1483. [α, β]

Ses tiges sont hautes d'un pied & demi ou deux, articulées & garnies de feuilles molles, un peu velues & larges d'une ligne ou environ ; les épis sont disposés trois à sept ensemble, en faisceau ou en digitations peu ouvertes : les fleurs ont un petit paquet de poils blancs à leur base. Celles qui sont fertiles n'ont point de pédunculle propre, mais les autres en ont très-distincte-ment. La plante β a sa tige rameuse & haute de trois pieds. On trouve cette espèce sur le bord des champs & dans les lieux stériles; sa variété croît en Provence. ♃

1195.   # Houque. *Holcus.*

Les Houques ont leurs fleurs disposées en panicule plus ou moins lâche ; les bâles calicinales contiennent deux ou trois fleurs, dont une est mâle ou imparfaite & stérile, & a une barbe insérée sur le dos.

Obs. Si la fleur imparfaite, que l'on observe dans chaque bâle, suffit pour séparer ces plantes des avoines, pourquoi l'*avena elatior*, l'*avena sesquitertia* de M. Linné, & quelques autres espèces, ne sont-elles pas de ce genre! comment les en distingue-t-on!

ANALYSE.

Bâles calicinales biflores ; articulations velues. **I.**	Bâles calicinales triflores ; articulations nulles ou glabres. **I V.**

I. *Bâles calicinales biflores ; articulations velues.*

Bâles calicinales presque glabres ; barbes très-apparentes, & au moins aussi longues que les bâles florales. **I I.**	Bâles calicinales très-velues ; barbes peu apparentes, & moins longues que les bâles florales. **I I I.**

II. *Bâles calicinales presque glabres ; barbes très-apparentes, & au moins aussi longues que les bâles florales.*

Houque molle. *Holcus mollis.* Lin. Sp. 1485.

Gramen caninum, paniculatum, molle. Tournef. 522.

Ses tiges sont longues d'un pied & demi, plus ou moins droites, & coudées à leurs articulations inférieures ; elles ont un paquet de poils à chacune de leurs articulations : les feuilles sont larges de deux lignes, & leur gaine paroît glabre à la vue simple ; la panicule est un peu resserrée en épi, & devient à mesure que la fructification se développe, d'un blanc sale, presque roussâtre, & mélangé de violet : les valves calicinales sont très-aiguës, légèrement ciliées sur leur dos & en leurs bords, & presque lisses en leur superficie. On trouve cette plante dans les lieux secs ; elle n'est peut-être qu'une variété de la suivante.

III, *Bâles calicinales très-velues ; barbes peu apparentes, & moins longues que les bâles florales.*

Houque laineuse. *Holcus lanatus.* Lin. Sp. 1485.

Gramen pratense, paniculatum, molle. Tournef. 522.

Ses tiges sont droites, articulées, feuillées, & s'élèvent depuis un pied & demi jusqu'à trois ; ses feuilles sont larges

1195. de deux ou trois lignes, molles, velues, & particulièrement remarquables par le duvet cotonneux dont leur gâine est chargée : la panicule est longue de quatre à six pouces, resserrée dans sa jeunesse, & d'une couleur blanche plus ou moins mêlée de violet ; les bâles calicinales sont velues, laineuses, plus courtes que celles de l'espèce précédente, moins aiguës, & les barbes des fleurs sont crochues & à peine apparentes. On trouve cette plante dans les prés. ♃

IV. *Bâles calicinales triflores ; articulations nulles ou glabres.*

Houque odorante. *Holcus odoratus.* Lin. Sp. 1485.

Gramen paniculatum, odoratum. Scheuch. p. 236.

Ses tiges sont grêles, foibles, hautes d'un pied & demi, feuillées dans leur moitié inférieure, & n'ont souvent qu'une seule articulation peu distante de la racine ; les feuilles sont glabres, larges d'une ligne & demie, & un peu rudes lorsqu'on les glisse entre les doigts ; les radicales sont assez longues : la panicule est petite, peu garnie, à peine longue de deux pouces, & d'une couleur brune mêlée de jaune ; les bâles calicinales sont luisantes. On trouve cette plante dans les environs de Montpellier. ♃

1196.

SUPPLÉMENT

Contenant quelques Plantes oubliées dans le cours de cet Ouvrage, & d'autres récemment découvertes en France, ou qui m'ont été communiquées trop tard pour pouvoir être placées dans leur genre.

ANALYSE.

Tige herbacée.	Tige ligneuse.
1197.	1232.

1197.
Tige herbacée . . . .
{ Fleurs conjointes; étamines réunies par leurs anthères. . . . 1198
{ Fleurs disjointes; étamines non réunies . . . . : 1207

1198.
Fleurs conjointes . . . .
{ Fleurs flosculeuses ou radiées. 1199
{ Fleurs sémi-flosculeuses . 1206

1199.
Fleurs flosculeuses ou radiées.
{ Semences à aigrette. . . . 1200
{ Semences nues. 1203

1200.
Semences à aigrette. . . . . . .
{ Feuilles pétiolées, cordiformes & pointues . . . . / 1201
{ Feuilles sessiles, étroites & linéaires 1202

1201.

Feuilles pétiolées, cordiformes & pointues.

Sarrète, n.° *34*.

Sarrète des Alpes. *Serratula alpina.* Lin. Sp. 1145. γ.

Cirsium alpinum, boni henrici folio. Tournef. 488.

Sa tige est haute d'un pied ou un peu plus, presque simple, cylindrique, feuillée & blanchâtre ; ses feuilles sont la plupart pétiolées, cordiformes, légèrement dentées en leurs bords, très-pointues, vertes en-dessus, cotonneuses & très - blanches en - dessous : les têtes de fleurs sont disposées cinq ou six ensemble en un corymbe terminal : les corolles sont purpurines & les écailles du calice commun sont un peu velues & noirâtres en leurs bords. Cette plante croît dans les montagnes du Dauphiné, où elle a été observée par M. Liottard neveu qui m'en a communiqué un exemplaire. ♃

1202.

Feuilles sessiles, étroites & linéaires.

Jacée, n.° *46*.

Jacée à feuilles de gramen. *Jacea graminifolia.*

Cyanus angustiore folio & longiore, belgicus. Tournef. 445.

Sa tige est haute de six ou sept pouces, feuillée, très-simple, cotonneuse & uniflore ; ses feuilles sont linéaires, longues de trois ou quatre pouces, à peine larges de deux lignes, toutes très-entières, point décurrentes, cotonneuses & blanchâtres des deux côtés ; celles de la partie supérieure de la tige sont un peu plus courtes & moins rapprochées les unes des autres : la fleur est terminale, grande & d'une belle couleur bleue ; elle est remarquable par les écailles du calice commun qui sont glabres, vertes à leur base, noirâtres en leurs bords, & garnies de cils fort grands, palmés & argentés. Cette plante m'a été envoyée par M. Liottard neveu, qui l'a trouvée dans les environs de Gap. ♃

Obs. Cette espèce diffère essentiellement de la Jacée ailée, n.° *46* — XII, par la couleur & la grandeur des cils de ses écailles calicinales, par ses fleurons extérieurs médiocres, & par ses feuilles linéaires & non décurrentes.

1203.

Semences nues . . . . , ... {
Fleurs flosculeuses ; réceptacle nu 1204
Fleurs radiées ; réceptacle chargé de paillettes . . . . , . . 1205

1204. *Fleurs flosculeuses ; réceptacle nu.*

Tanaisie , n.° 58.

Tanaisie annuelle. *Tanacetum annuum.* Lin. Sp. 1148.

Absinthium corymbiferum , annuum, Tournef. 458.

Sa tige est haute d'un pied ou un peu plus , grêle , dure , rameuse & feuillée ; ses rameaux sont redressés, & les inférieurs sont presque aussi longs que la tige ; les feuilles sont assez petites, nombreuses , odorantes , blanchâtres , une ou deux fois pinnatifides & à découpures linéaires & pointues : les fleurs sont jaunes , terminales & forment des corymbes cotonneux. Cette plante croît dans les environs d'Arles , où elle a été observée par Dom Fourmault. ⊙

1205. *Fleurs radiées; réceptacle chargé de paillettes.*

Achillière , n.° 132.

A N A L Y S E.

Feuilles vertes, presque glabres , & larges de plus d'un pouce. I.	Feuilles blanchâtres, laineuses, & à peine larges de trois lignes. I I.

I. *Feuilles vertes , presque glabres , & larges de plus d'un pouce.*

Achillière à grandes feuilles. *Achillea macrophylla.* Lin. Sp. 1265.

Ptarmica alpina, matricariæ foliis. Tournef. 497.

Sa tige est haute d'un pied & demi, droite, simple, feuillée , rougeâtre dans sa partie inférieure , & presque

1205. glabre ; ſes feuilles ſont planes, aſſez larges, ailées, & compoſées de pinnules alongées, pointues, inciſées, dentées, & dont les ſupérieures ſont confluentes. Ces feuilles ſont glabres, chargées de quelques poils courts en leurs nervures, & ont un peu de rapport avec celles de la matricaire odorante ; les fleurs ſont blanches, terminales & diſpoſées en un corymbe un peu lâche : les écailles de leur calice commun ſont brunes en leurs bords. Cette plante eſt commune dans les montagnes du Dauphiné, & m'a été communiquée par M. Liottard neveu. ♃

II. *Feuilles blanchâtres, laineuſes, & à peine larges de trois lignes.*

Achillière laineuſe. *Achillea lanata.*

Millefolium alpinum, incanum, flore ſpecioſo. Tournef. 496.

Achillea nana. Lin. Sp. 1267.

Cette plante eſt très-différente de l'achillière naine que j'ai décrite au n.° *132 — III ;* cette dernière, qui ne me paoît pas avoir été connue de M. Linné, eſt un vrai *ptarmica* de M. de Tournefort, dont il faut par conſéquent ſupprimer les ſynonymes. Celle dont il s'agit ici a ſa tige longue de quatre à ſix pouces, ſimple, feuillée, & couverte d'un coton laineux & blanchâtre ; ſes feuilles ſont longues de deux ou trois pouces, étroites, ailées, chargées d'un duvet laineux très-abondant & compoſées de pinnules très-petites, pointues, ſimples ou inciſées & preſque égales : les feuilles inférieures ſont pétiolées ; les fleurs ſont blanches, terminales, & diſpoſées en un corymbe très-ſerré & glomerulé. Cette plante m'a été communiquée par M. Liottard neveu, qui l'a trouvée dans les montagnes du Dauphiné.

Obs. L'Achillière naine, n.° *132 — III,* a ſes feuilles verdâtres, preſque glabres, un peu ſpatulées & légèrement crénelées à leur ſommet ; ſa tige eſt haute de trois pouces.

1206. *Fleurs ſemi-floſculeuſes.*

Piſſenlit, *n.° 93.*

Piſſenlit de montagne. *Leontodon montanum.*

An hieracium taraxaci. Lin. Sp. 1125.

Sa racine eſt noirâtre, rongée ou tronquée à ſon extrémité, & garnie

1206. & garnie de fibres affez longues ; elle pouffe trois ou quatre hampes nues, plus ou moins droites, longues de trois pouces, uniflores, glabres & menues à leur bafe, velues, & qui vont en s'épaiffiffant vers leur fommet ; les feuilles font toutes radicales, prefque auffi longues que les hampes, glabres, à peine larges de trois lignes ; découpées comme celles du piffenlit commun, & terminées par une pointe un peu émouffée : la fleur eft jaune & remarquable par fon calice velu, compofé d'écailles toutes très-droites, prefque égales entr'elles, & point fenfiblement embriquées : l'aigrette des femences eft feffile, & fes filets font légèrement plumeux. Cette plante croît fur les montagnes du Dauphiné, & m'a été communiquée par M. Liottard neveu. ♃

1207.
Fleurs disjointes . . . . $\Big\{$

Ovaire dans la corolle . . 1208

Ovaire fous la corolle . . . 1226

1208.
Ovaire dans la corolle . . . . . $\Big\{$

Fleurs hermaphrodites . . 1209

Fleurs unifexuelles 1225

1209.
Fleurs hermaphrodites . . . . . $\Big\{$

Cinq étamines ou moins. 1210

Six étamines ou plus . . . 1218

1210.
Cinq étamines ou moins . . . $\Big\{$

Fleurs complettes 1211

Fleurs incomplettes 1217

1211.
Fleurs complettes . . . . $\Big\{$

Corole monopétale 1212

Corolle polypétale 1216

1212.
Corolle monopétale........ { Corolle régulière...... 1213

{ Corolle irrégulière...... 1215

1213.
Corolle régulière........ { Tiges de moins de fix pouces, & point laiteufes....... 1214

{ Tiges longues d'un pied ou davantage, & laiteufes... 1214*

1214. *Tiges de moins de fix pouces, & point laiteufes.*

Androface, n.° 279.

Androface des Alpes. *Androface Alpina.*

> *Aretia foliis ovatis., repandis, fcapis unifloris.* Hall. Hift. n.° 618.

> *Aretia Alpina.* Lin. Sp. 203.

Cette plante eft fort petite; fa racine fe divife fupérieurement en un grand nombre de fouches couvertes de beaucoup de feuilles très-petites, oblongues, émouffées à leur fommet, verdâtres, légèrement velues, prefque embriquées, & ramaffées en gazons bien garnis. Les fleurs font d'un blanc bleuâtre ou un peu violet, & naiffent chacune fur une hampe longue d'une ou deux lignes; elles ont leur corolle partagée en cinq découpures obtufes & très-entières, ou garnies de quelques petites dents, mais point échancrées. Cette plante croît en Dauphiné fur le mont *Cælo*, & m'a été communiquée par M. Liottard, neveu. ♃

1214.* *Tiges longues d'un pied ou davantage, & laiteufes.*

Scammonée, n.° 338.

Scammonée aiguë. *Cynanchium acutum.* Lin. Sp. 310.

> *Periploca Monfpeliaca, foliis acutioribus.* Tournef. 93.

Ses tiges font grêles, farmenteufes, grimpantes, feuillées, & pleines d'un fuc laiteux; fes feuilles font affez petites,

1214. *** opposées, pétiolées, cordiformes, oblongues, pointues, & d'une couleur grisâtre ou cendrée : ses fleurs sont petites, blanchâtres, & disposées par bouquets pédunculés & axillaires. On trouve cette plante dans les environs de Montpellier & de Narbonne. ♃

1215. *Corolle irrégulière.*

Muflier, n.º 393.

Muflier glauque. *Antirrhinum glaucum.* Lin. Sp. 856.

An linaria foliis carnosis, cinereis. Tournef. 170.

Sa tige est haute de sept à huit pouces, d'une couleur glauque, garnie de beaucoup de rameaux grêles, & presque paniculée ; ses feuilles sont linéaires, très-étroites, assez longues, glabres, d'un vert glauque, & un peu charnues : les supérieures sont alternes & éparses, & les inférieures sont verticillées trois ou quatre ensemble à chaque nœud. Les fleurs sont plus petites que celles du Muflier commun, & disposées en épis courts & peu garnis ; leur calice est glabre : leur corolle est d'un jaune un peu pâle, mais son palais est d'un jaune foncé & presque rougeâtre ; elle a un éperon alongé, très - pointu, jaunâtre, & chargé de quelques lignes d'un vert bleuâtre. Cette plante croît en Dauphiné, & m'a été envoyée par M. Liottard, neveu. ☉

1216. *Corolle polypétale.*

Sibbaldie couchée. *Sibbaldia procumbens.* Lin. Sp. 406.

Fragaria foliis ternatis, retusis, tridentatis, flore calyci æquali, pentastemone. Hall. Hist. n.º 1116.

Sa racine se divise en plusieurs souches garnies d'écailles brunes ; ses tiges sont longues de deux ou trois pouces, très-grêles, foibles, feuillées, légèrement velues, & portent à leur sommet deux ou trois fleurs assez petites : ces fleurs sont composées d'un calice à dix divisions, de cinq pétales fort petits, insérés sur le calice, de cinq étamines & de cinq ovaires qui se changent en cinq semences nues ; les feuilles radicales sont pétiolées, & composées de trois folioles

1216. cunéiformes, tronquées à leur sommet, & terminées par trois dents verdâtres, un peu velues, & légèrement soyeuses dans leur jeunesse : celles de la tige sont presque sessiles & en petit nombre ; chaque fleur a une petite bractée à sa base. Cette plante croît sur les montagnes du Dauphiné, & m'a été communiquée par M. Liottard, neveu. ♃

1217. *Fleurs incomplettes.*

Pied-de-lion, *n.° 8 9 0.*

Pied-de-lion quinte-feuille. *Alchemilla pentaphyllea.* Lin. Sp. 179.

Alchimilla Alpina, minor. Tournef. 508.

Sa racine est fibreuse, noirâtre, & pousse plusieurs tiges menues, glabres, feuillées, & longues de quatre pouces ; ses feuilles sont pétiolées, vertes, chargées dans leur jeunesse, de quelques poils écartés les uns des autres, deviennent glabres en vieillissant, & sont composées de trois folioles & non de cinq : ces folioles sont profondément divisées en découpures étroites & presque linéaires ; les deux latérales sont quelquefois partagées en deux, au-delà de moitié, ce qui fait paroître les feuilles quinées, mais elles ne le sont pas réellement. Les fleurs sont verdâtres, & disposées sept à neuf ensemble en ombelles extrêmement petites, garnies d'une ou deux feuilles sessiles, situées en manière de collerette. Cette plante croît en Dauphiné sur le mont *Cælo*, & m'a été communiquée par M. Liottard, neveu.

1218. *Six étamines ou plus* .... $\left\{\begin{array}{l} \text{Corolle régulière...... } 1219 \\ \text{Corolle irrégulière..... } 1224 \end{array}\right.$

1219. *Corolle régulière* .... $\left\{\begin{array}{l} \text{Six étamines........ } 1220 \\ \text{Plus de six étamines.... } 1223 \end{array}\right.$

1220.

Six étamines . . . . { Quatre pétales 1221

{ Six pétales 1222

1221.

Quatre pétales.

Moutarde, n.° *519.*

Moutarde d'Espagne. *Sinapis Hispanica.* Lin. Sp. 934.

Sinapi Hispanicum, nasturtii folio. Tournef. 227.

Sa tige est rameuse, chargée de poils extrêmement courts dans sa partie inférieure, & ne s'élève pas beaucoup au-delà d'un pied; ses feuilles radicales sont simplement en lyre, élargies vers leur sommet qui est arrondi, & remarquables par leurs sinuosités & leurs découpures toutes arrondies & obtuses; les feuilles de la tige sont profondément pinnatifides, & ont leurs pinnules un peu étroites, mais leur sommet & leurs angles sont toujours émoussés ou obtus : les fleurs sont jaunes, leurs pétales ont des onglets très-étroits, & les folioles de leur calice sont colorées & à demi-ouvertes. Les siliques sont pédunculées, la plupart redressées, glabres, très-grêles, longues d'un pouce, & terminées par une corne fort petite. Cette plante a été observée dans les environs de Paris par M. Riviere, qui a rapporté au Jardin du Roi l'individu d'après lequel j'ai fait cette description.

1222.

Six pétales.

Narthec, n.° *879.*

Narthec ossifrage. *Narthecium ossifragum.*

Phalangium anglicum, palustre, iridis folio. Tournef. 368.

Anthericum ossifragum. Lin. Sp. 446.

Sa tige est grêle, presque nue, ou garnie de quelques feuilles fort courtes, & s'élève à la hauteur d'un pied ou environ; ses feuilles radicales sont droites, nombreuses, assez longues, étroites, pointues, d'un vert foncé, & s'engainent

S f iij

1222. par le côté comme celles des iris; ſes fleurs ſont petites, d'un vert jaunâtre, preſque ſeſſiles, & diſpoſées en épi terminal : les filamens de leurs étamines ſont velus. Cette plante a été obſervée dans les environs de Lille par M. Leſtiboudois; elle croît dans les lieux humides. ♃

1223.

Plus de ſix étamines.

Potentille, *n.º* 739.

Potentille laineuſe. *Potentilla lanata.*

Potentilla valderia. Lin. Sp. 714.

Sa racine eſt ligneuſe & diviſée en pluſieurs ſouches garnies d'écailles brunes ou rouſſâtres; ſes feuilles, ſa tige, & particulièrement ſes calices, ſont couverts d'un duvet fin, ſale, preſque rouſſâtre, laineux & très-abondant; ſes feuilles radicales ſont portées ſur de longs pétioles, & compoſées de cinq ou ſept folioles aſſez petites, ovoïdes, obtuſes, preſque arrondies à leur ſommet, molles, laineuſes, ſoyeuſes en leurs bords, & terminées par des dents fort petites, très-rapprochées les unes des autres. La tige eſt droite, haute de cinq ou ſix pouces, grêle, ſimple, chargée de deux ou trois feuilles, & porte à ſon ſommet quatre à ſix fleurs ramaſſées en un bouquet corymbiforme. Les pétales ſont plus courts que le calice, & m'ont paru blancs, mais je ne les ai vus que ſur un individu ſec : la feuille ſupérieure eſt remarquable par ſes ſtipules plus grandes que ſes folioles. Cette plante croît en Dauphiné ſur la montagne d'Uriage dans les fentes des rochers, où elle a été trouvée par M. Liottard neveu. ♃

1224.

Corolle irrégulière.

Aconit, *n.º* 915.

Aconit paniculé. *Aconitum paniculatum.*

Aconitum cammarum. Lin. Sp. 751.

Cette plante a beaucoup de rapport avec l'Aconit napel, mais ſa tige eſt moins ferme, quelquefois penchée, garnie de feuilles plus lâches, rameuſe & paniculée dans ſa partie

1224. supérieure, & s'élève jusqu'à quatre pieds ; ses feuilles sont pétiolées, grandes, palmées, à découpures qui vont en s'élargissant vers leur sommet, lisses, & d'un vert foncé ou noirâtre en-dessus : ses fleurs sont ordinairement de couleur bleue, pédunculées, & disposées en une panicule assez lâche & alongée. Cette plante a été observée dans les provinces méridionales par Dom Fourmault. ♃

1225. *Fleurs unisexuelles.*

Rhodiole odorante. *Rhodiola odorata.*

Anacampseros radice rosam spirante, major. Tournef. 264.
Rhodolia rosea. Lin. Sp. 1465.

Cette plante a beaucoup de rapport avec les Orpins, n.° *723* ; sa racine est charnue, a une odeur agréable, & pousse plusieurs tiges simples, longues de sept ou huit pouces, cylindriques, tendres, & feuillées dans toute leur longueur : ses feuilles sont petites, nombreuses, éparses, oblongues, pointues, un peu élargies & dentées vers leur sommet, lisses, & d'un vert presque glauque. Ses fleurs sont terminales, rougeâtres, & disposées en un bouquet serré & ombelliforme ; elles sont dioïques, composées d'un calice quadrifide & de quatre pétales qui avortent quelquefois : les mâles ont huit étamines, & les femelles quatre ovaires qui se changent en capsules polyspermes. On trouve cette plante sur les montagnes des provinces méridionales, parmi les rochers & dans les lieux couverts, ♃ ; sa racine est anodine & résolutive.

1226. *Ovaire sous la corolle* ...... $\Big\{$ Cinq étamines 1227

Moins de cinq étamines. 1230

1227. *Cinq étamines* .... $\Big\{$ Semences chargées de quatre ailes ou feuillets membraneux.. 1228

Semences simplement striées, & point ailées 1229

1228. *Semences chargées de quatre ailes ou feuillets membraneux.*

Laser, n.° 998.

A N A L Y S E.

Feuilles velues, larges, & trois ou quatre fois ailées. I.	Feuilles glabres, étroites, & une ou deux fois ailées. I I.

I. *Feuilles velues, larges, & trois ou quatre fois ailées.*

Laser velu. *Laferpitium hirfutum.*

Panaces afclepium alterum Dalechampii. Lugd. Gall. I; p. 636.

Sa tige eft haute d'un pied ou environ, nue dans fa partie fupérieure, & fimple ou quelquefois divifée en deux rameaux nus, inégaux, & chargés chacun d'une feule ombelle; les feuilles font au nombre de deux ou trois, & difpofées dans la partie inférieure de la tige : elles font larges, triangulaires, prefque quatre fois ailées, velues, & compofées de pinnules extrêmement petites, pointues & trifides ou pinnatifides. Les fleurs font blanches, régulières, & difpofées en une ombelle denfe, compofée de quarante à cinquante rayons; la collerette univerfelle & les partielles font formées chacune par huit à douze folioles élargies, blanches en leurs bords, pointues, velues & ciliées : les femences font glabres, longues de trois lignes, & chargées de quatre feuillets minces, faillans & blanchâtres. Cette plante croît dans les montagnes du Dauphiné, & m'a été envoyée par M. Liottard, neveu. ♃

OBS. M. de Villars donne à cette plante le nom de *Laferpitium Halleri*, & y rapporte le *Laferpitium Alpinum, extremis lobulis breviter multifidis* de M. de Haller. *Enum. Helv.* p. 441, t. XI; & Hift. n.° 795; mais je crois qu'il fe trompe. La plante de M. de Haller eft très-glabre en toutes fes parties; fa tige porte plus de deux ombelles, & fes feuilles font dures, d'un vert noirâtre & luifantes. [*Voyez la 1.re Édition*]. Ces caractères ne conviennent qu'au Lafer tri-furqué de cet Ouvrage, n.° 998 — IV; la figure, que je

1228. cite de Dalechamp, eſt fort bonne, ſi l'on en excepte les ombelles qu'il repréſente ſans collerette : il dit mal-à-propos que les fleurs ſont de couleur jaune.

II. *Feuilles glabres, étroites, & une ou deux fois ailées.*

Laſer ſimple. *Laſerpitium ſimplex.* Lin. mant. 56.

An laſerpitium humilius paludapii folio. Tournef. 325.

Sa racine eſt groſſe preſque comme le petit doigt, ligneuſe, noirâtre, & ſouvent diviſée à ſon collet en deux ou trois ſouches aſſez courtes, & couvertes d'écailles ou de filets bruns ; ſes feuilles ſont toutes radicales, pétiolées, longues d'un pouce & demi ou deux tout au plus, glabres, liſſes, à peine larges de cinq lignes, & preſque ſimplement ailées : leurs folioles ſont au nombre de cinq ou ſept, oppoſées, inciſées & pinnatifides ; la tige eſt nue, ſimple, haute de quatre ou cinq pouces, & ſoutient à ſon ſommet une ombelle gloméulée, denſe, & compoſée de douze à quinze rayons, dont les plus longs n'ont que ſix lignes de longueur ; la collerette univerſelle eſt formée par cinq ou ſept folioles preſque auſſi longues que les rayons de l'ombelle. Les fleurs ſont blanches ou purpurines, & remplacées par des ſemences aſſez petites, ovales, chargées de quatre ailes, & d'un pourpre noirâtre à leur ſommet. Cette plante eſt commune dans les montagnes du Dauphiné, & m'a été communiquée par M. Liottard, neveu. ♃

Obs. Les folioles de la collerette, ſoit univerſelle, ſoit partielle, ſont ſouvent bifides ou trifides.

1229. *Semences ſimplement ſtriées & point ailées.*

Æthuſe, *n.°* 1025.

Æthuſe de montagne. *Æthuſa montana.*

Æthuſa bunius. Murr. ſyſt. vég. p. 236.

Sa tige eſt haute d'un pied, menue, glabre, un peu foible & rameuſe ; ſes feuilles inférieures ſont deux fois ailées, & ont leurs folioles un peu élargies, légèrement cunéiformes, inciſées & pinnatifides. Celles de la tige ont des découpures

1229. étroites & linéaires ; les fleurs sont blanches, régulières & disposées en ombelles médiocres, composées de huit ou dix rayons à peine longs d'un pouce. Ces ombelles sont penchées dans leur jeunesse, & ont une collerette universelle de deux ou trois folioles linéaires, assez longues & inégales ; les folioles des collerettes partielles sont sétacées & longues d'une ou deux lignes. On trouve cette plante dans les lieux montagneux & pierreux des provinces méridionales ; elle a beaucoup de rapport avec les sefelis.

1230.
Moins de cinq étamines. . . . . $\left\{\begin{array}{l}\text{Feuilles opposées. . . . . . } \quad 1231 \\[2ex] \text{Feuilles alternes. . . . . } \quad 1231* \end{array}\right.$

1231.

Feuilles opposées.

Valériane, n.° 940.

Valériane tubéreuse. *Valeriana tuberosa.* Lin. Sp. 46.

Valeriana alpina, minor. Tournef. 132.

Sa racine est tubéreuse, arrondie ou oblongue, & pousse une tige simple, garnie d'une ou deux paires de feuilles, & haute de six à huit pouces ; ses feuilles radicales sont ovales-lancéolées, rétrécies en pétiole à leur base, lisses, simples & entières, ou quelquefois légèrement crénelées. Celles de la tige sont étroites & pinnatifides ; les fleurs sont purpurines & disposées en un bouquet ombelliforme, assez petit & terminal. On trouve cette plante dans les montagnes du Dauphiné & de la Provence. ♃

1231.*

Feuilles alternes.

Orquis, n.° 1103.

Orquis globuleux. *Orchis globosa.* Lin. Sp. 1332.

Orchis globoso flore. Tournef. 432.

Sa racine est composée de deux bulbes ovales-oblongues, & pousse une tige lisse, feuillée ; & haute d'un pied ou un peu plus ; ses feuilles sont ovales-lancéolées : ses fleurs sont d'un pourpre tirant sur la couleur de chair, assez petites,

1231. * ramaſſées & diſpoſées en un épi denſe, très - court & globuleux ou légèrement conique ; elles ſont ſouvent, ſelon M. de Haller, dans une ſituation renverſée. Les pétales ſupérieurs ſe terminent en une pointe particulière émouſſée à ſon extrémité ; l'inférieur eſt chargé de points pourpres, & partagé en cinq découpures, à peu - près comme celui de l'orquis militaire, n.º *1103* — XVIII. M. l'abbé Haüy a obſervé cette plante à Sceaux dans les environs de Paris. ♉

1232.

Tige ligneuſe . . . . { Arbres ou arbriſſeaux dont les feuilles ſont longues d'un pouce ou davantage 1233

Sous-arbriſſeaux dont les feuilles n'ont pas plus de trois lignes de longueur 1237

1233. *Arbres ou arbriſſeaux dont les feuilles ſont longues d'un pouce ou davantage* . . . . . { Feuilles linéaires & diſpoſées par faiſceaux 1234

Feuilles non linéaires & point faſciculées 1235

1234. *Feuilles linéaires & diſpoſées par faiſceaux.*

Pin, *n.º* 175.

Pin de montagne. *Pinus montana.*

Pinus ſylveſtris, montana, tertia. Tournef. 586.
Pinus cembra. Lin. Sp. 1419.

Arbre médiocre, un peu difforme, & dont les branches ſont étalées & recouvertes d'une écorce griſâtre ; ſes feuilles ſont aſſez longues, étroites, aiguës, un peu roides, & ordinairement au nombre de cinq à chaque faiſceau : ſes cônes ſont un peu gros, courts, obtus & rougeâtres. On trouve cet arbre ſur les montagnes du Dauphiné & de la Provence, ♄ ; il fournit une térébenthine abondante & d'une odeur agréable ; ſes ſemences ſont bonnes à manger.

1235.

Feuilles non linéaires & point fasciculées..........
{ Feuilles palmées & rudes en leur superficie............ 1236
Feuilles simples, ovales, & lisses en leur superficie....... 1236*

1236.   *Feuilles palmées, & rudes en leur superficie.*

Figuier commun. *Ficus communis.* Bauh. Pin. 457.

Ficus sativa. Tournef. 662, 663.
Ficus carica. Lin. Sp. 1513.

Arbre médiocre, rameux, & dont l'écorce est grisâtre; unie, mais chargée de poils rudes & extrêmement courts : son bois est blanc, spongieux, moëlleux, & son suc est laiteux & fort âcre : ses feuilles sont alternes, pétiolées, palmées, obtuses en leurs lobes & en leurs angles, & couvertes particulièrement en-dessous, de poils rudes au toucher. Ses fleurs sont cachées, & enfermées dans une enveloppe commune, qui, sans s'ouvrir, se change en un fruit charnu, d'une forme approchante de celle de la poire, d'un goût délicieux, & connu sous le nom de *Figue.* Si l'on ouvre cette enveloppe avant le développement des graines, on observe dans son intérieur des fleurs de deux sortes ; les unes mâles sont situées vers son sommet, & ont chacune une corolle trifide & trois étamines ; les autres femelles sont disposées dans sa partie inférieure, ont une corolle à quatre ou cinq divisions, & un pistil qui devient une semence arrondie. Cet arbre est commun dans les provinces méridionales, ♄ ; les figues sont pectorales & adoucissantes.

1236.* *Feuilles simples, ovales, & lisses en leur superficie.*

Houx épineux. *Aquifolium spinosum.*

Aquifolium sive agrifolium vulgo. Tournef. 600.
Ilex aquifolium. Lin. Sp. 181.

Arbrisseau médiocre, rameux, & s'élevant quelquefois presque à la hauteur d'un arbre ; son bois est dur, l'écorce de son tronc, grisâtre, & celle de ses rameaux, verte & assez lisse : ses feuilles sont pétiolées, ovales, ondulées, très-lisses, d'un beau vert, coriaces, persistantes, & hérissées

1236. * d'épines dures ; les feuilles des individus très-vieux & élevés en arbre, font presque planes, perdent leurs épines, & n'ont souvent que leur pointe terminale. Les fleurs font blanches, petites, & naissent dans les aisselles des feuilles portées fur des péduncules courts & rameux ; elles ont un calice à quatre dents, une corolle profondément quadrifide & en roue, quatre étamines courtes qui avortent quelquefois, & un ovaire chargé de quatre stigmates : le fruit est une baie rouge, ronde, & qui contient quatre femences osseuses. Cet arbrisseau est commun dans les haies & les bois, ♄ ; fa racine & fon écorce font émollientes & résolutives : fes baies font purgatives. On fe fert de fon écorce moyenne pour faire de la glue.

1237. *Sous - arbrisseaux dont les feuilles n'ont pas plus de trois lignes de longueur . . .*

{ Corolle à trois divisions ; feuilles très-glabres. 1238

{ Corolle à quatre divisions ; feuilles ciliées. 1239

1238. *Corolle à trois divisions ; feuilles très-glabres.*

Camarigne noire. *Empetrum nigrum.* Lin. Sp. 1450.

Empetrum montanum, fructu nigro. Tournef. 579.

Sous-arbrisseau, dont les tiges font longues d'un pied, très - rameufes, grêles, recouvertes d'une écorce brune ou rougeâtre, couchées & étalées fur la terre ; fes feuilles font petites, nombreufes, oblongues, vertes, très-rapprochées les unes des autres & difposées trois ou quatre à chaque étage ou efpèce de verticille ; fes fleurs font petites, d'une couleur herbacée, fessiles & fituées dans les aisselles des feuilles ; elles ont un calice trifide, trois pétales, trois étamines un peu longues, & un piftil dont le ftigmate eft à neuf divifions : on les obferve fouvent unifexuelles & dioïques ; les fruits font des baies noires, qui renferment communément neuf femences. Cette plante croît dans les lieux pierreux, fur le Mont - d'or en Auvergne, & fur les montagnes du Dauphiné. ♄

1239. *Corolle à quatre divisions ; feuilles ciliées.*

Bruyère, *n.° 361*.

Bruyère ciliée. *Erica ciliaris.* Lin. Sp. 503.

Erica hirfuta, anglica. Tournef. 602.

Sous-arbriffeau dont la tige eft très-rameufe & s'élève prefque jufqu'à deux pieds ; fes rameaux font grêles, cylindriques & velus ; fes feuilles font très-petites, ovales, pointues, feffiles ; vertes en-deffus, blanchâtres en-deffous, contractées en leurs bords, garnies de cils remarquables, & difpofées trois à trois ; fes fleurs font grandes, purpurines ou un peu violettes, prefque feffiles & difpofées en grappes unilatérales : leur corolle eft ovale, enflée dans fa partie moyenne & rétrécie à fon entrée qui eft légèrement inégale : le ftyle déborde & fait une faillie très-fenfible. Cette plante a été obfervée par M. Richard à deux lieues au-delà du Mans, fur le chemin de Tours, à gauche dans les Landes. ♄

Nota. *La crainte de rendre ce Volume trop épais m'a engagé à placer la divifion des fleurs indiftinctes à la fin du premier Volume, qui à l'aide de cette addition fe trouvera d'ailleurs plus proportionné aux deux autres.*

Fin du troifième & dernier Volume.

TABLE
DES NOMS FRANÇOIS DES GENRES.

D

TABLE

DES NOMS LATINS DES GENRES.

A

G

GALANTHUS	1100
Galega	626*
Galeopsis	412
Galium	957
Garidella	719
Genista	603
Gentiana	333
Geranium	672
Gladiolus	1097
Glaux	818*
Glechoma	439
Globularia	374
Glycyrrhiza	625
Gnaphalium	54
Gratiola	469

H

HEDERA	1060*
Hedypnois	88
Hedysarum	636
Heliotropium	325
Helleborus	903
Helvella	1286
Hemerocallis	857
Herniaria	834
Hesperis	529
Hieracium	82
Hippocrepis	633
Hippophæ	256
Hippuris	1156
Holcus	1195
Hordeum	1188

Hottonia	276
Hyacinthus	860
Hydrocharis	228
Hydrocotyle	989
Hydnum	1283
Hyoscyamus	478
Hypecoum	645
Hypericum	770
Hypochæris	101
Hypnum	1266
Hyssopus	435

I

JACEA	46 — 1202
Jasione	6
Jasminum	348
Iberis	647
Impatiens	642
Imperatoria	1000
Inula	130
Iris	1096
Isatis	513*
Isnardia	938*
Juglans	190
Juncus	876
Jungermannia	1269
Juniperus	251

L

LACTUCA	79
Lagurus	1173
Lamium	411
Lampsana	85
Lapathum	661

FIN des deux Tables.

ERRATA *pour les trois Volumes.*

Tome Ier

Page xliij, *ligne 25*, aiofpyros, *lifez* diofpyros.

Tome I I.

32, *n.° X, fupprimez* épines calicinales courtes.

147, *n.° III*, inule chevelue, *ajoutez en note*, cette plante eft une variété de l'*inula britannica* de M. Linné.

190, *n.° 155*, quelques-unes de ces hampes [*ajoutez*] font fort courtes &

202, *n.° IX*, pinus excelfus, *lifez* pinus excelfa.

Ibid. n.° X, pinus pectinatus, *lifez*, pinus pectinata.

322, *n.° 371*, quatre étamines fertiles 732, *lifez* 372.

349, *n.° II*, après Eufraife jaune, *lifez Euphrafia lutea.* Sa tige & fes feuilles font velues, & fes fleurs ont leur corole d'un jaune pâle.

350, *n.° III*, Eufraife liniforme, *Euphrafia linifolia.* Cette efpèce eft prefque glabre, un peu vifqueufe, & a fes corolles d'un jaune foncé.

Tome I I I.

49, *n.° VIII*, & difpofés, au fommet des tiges & des *lifez* dans les aiffelles des feuilles fupérieures.

445, *n.° 1029*, Coriandrium, *lifez* Coriandrum.

9 782329 106519